Unternehmensrisiken
erkennen und managen

Friedrich Rosenkranz
Magdalena Missler-Behr

Unternehmensrisiken erkennen und managen

Einführung in die quantitative Planung

Mit 114 Abbildungen und 54 Tabellen

 Springer

Professor Dr. Dr. Friedrich Rosenkranz
Professor Dr. Magdalena Missler-Behr

Universität Basel
Wirtschaftswissenschaftliches Zentrum
Petersgraben 51
4051 Basel
Schweiz

rosenkranz.f@debitel.net
m.missler-behr@unibas.ch

Bibliografische Information Der Deutschen Bibliothek
Die Deutsche Bibliothek verzeichnet diese Publikation in der Deutschen Nationalbibliografie; detaillierte bibliografische Daten sind im Internet über <http://dnb.ddb.de> abrufbar.

ISBN 3-540-24507-3 Springer Berlin Heidelberg New York

Springer ist ein Unternehmen von Springer Science+Business Media

springer.de

© Springer-Verlag Berlin Heidelberg 2005
Printed in Germany

Einbandgestaltung: design & production GmbH, Heidelberg

SPIN 11384182   42/3153-5 4 3 2 1 0 – Gedruckt auf säurefreiem Papier

Vorwort

Unternehmensrisiken, die in den vergangenen Jahren in zunehmendem Masse zur Gefährdung der Unternehmen geführt haben, entstehen entweder auf den Märkten der Unternehmen oder resultieren aus deren internen Geschäftsprozessen. Ex post-Analysen haben vielfach gezeigt, dass Unternehmenskrisen insbesondere dann entstanden sind, wenn die Unternehmen kein systematisches Risikomanagement betrieben haben. Sie konnten die Risiken so weder frühzeitig erkennen noch mit durchdachten Massnahmen proaktiv handeln oder zweckmässig auf die Risiken reagieren.

Diese Entwicklung hat in den letzten Jahren einmal dazu geführt, dass die Unternehmen das Risikomanagement heute mehr und mehr als Teil der Unternehmensplanung und des Controllings begreifen, und zum anderen, dass die Abschlussprüfer, Unternehmensberater, zum Teil auch die Gesetzgeber, ein institutionalisiertes Risikomanagement fordern oder sogar zur Pflicht machen. Dies hat Auswirkungen für die Ausbildungsinhalte, die in der Praxis und an den Hochschulen an die Planungs- und Controllingfachleute vermittelt werden.

Es gibt inzwischen eine kaum noch zu überschauende Literatur zum Thema qualitatives Risikomanagement, aber wenig Unterlagen zu einem quantitativen Risikomanagement in den Unternehmen. Wir haben uns deswegen aus mehreren Gründen zu einem mehr quantitativ orientierten Lehrbuch des Risikomanagements entschlossen. Das Risikomanagement – insbesondere, wenn es strategisch orientiert ist – mag zunächst mehr qualitativer Natur sein. Trotzdem gilt: Die Risiken schlagen sich letztendlich immer auch quantitativ in den Zahlenwerken der Planung und des Rechnungswesens nieder. Es stellt sich nur die Frage, an welcher Stelle beim Risikomanagement die Niveauprogression von nominalen (z.B. externe vs. interne Risiken) oder ordinalen Risikokategorien (z.B. existenzgefährdend, gefährlich, wenig gefährliche Risiken oder sogar grosse Chancen) zu metrische Begriffen – wie Wertberichtigungen, Rückstellungen, Rentabilitäten, dem Value-at-Risk oder Ausfallwahrscheinlichkeiten – erfolgt. Wenn nur mentale Modelle dazu dienen, qualitativ identifizierte Risiken in quantitative Resultate um zu setzen, so erscheint dies gefährlich. Ein weiterer Grund für unsere Behandlung des Themas ist die Feststellung, dass in der Unternehmenspraxis mit dem Risikobegriff oft der Begriff der fehlenden Sicherheit verbunden wird. Diese Risikowahrnehmung berücksichtigt aber häufig nicht, dass es sehr unterschiedliche und riskante Umwelt- und Entscheidungssituationen gibt, die bei der richtigen Klassifikation und Analyse auch Hinweise für eine Vielfalt von zweckmässigen und rationalen unternehmerischen Entscheidungen geben.

Zudem ist zu erkennen, dass quantitativ ausgebildete Fachkräfte einen anderen Risikobegriff als mehr qualitativ urteilende Personen haben, die Risiken häufig nur mit dem Begriff der Gefahr verbinden. Ohne ausreichende Erfahrungen und je nach Kontext besteht die Gefahr, dass Risikosituationen nicht richtig eingeschätzt werden und es zu gefährlichen Entscheidungen kommt. Hier wollen wir mit quantitativ-betriebswirtschaftlichen Beispielen und Übungen eine Lücke schliessen.

Wir danken Frau Sylvia Hegedüs, den Herren Michael Dill und Philipp Zwahlen, insbesondere aber Frau Selina Müller für die Durchsicht und Korrektur des Manuskripts und der Übungsaufgaben, Herrn Adolf Friedl für die bewährte typografische Umsetzung und unseren Familien für die lange geübte Geduld.

Basel, Februar 2005

F. Rosenkranz   M. Missler-Behr

Inhalt

1 Unternehmensrisiken: Erkennen und Handhaben

Unternehmerisches Handeln führt zu unternehmerischem Risiko oder erfolgt unter Risiko. Nach allgemeinem Verständnis hat dies etwas mit den unsicheren oder nicht genau prognostizierbaren Auswirkungen von Umweltentwicklungen und Management-Entscheidungen zu tun. Eine *„riskante Entscheidung"* ist konträr zu einer Entscheidung, bei der das Unternehmen die Konsequenzen mit grosser Sicherheit und Genauigkeit vorhersagen kann. Von dieser einfachen Unterscheidung abgesehen wird sich zeigen, dass der Risikobegriff sehr viele verschiedene Facetten hat. Einige resultieren schon aus der Bedeutung des Wortes.

Unser Wort **Risiko** geht auf das italienische Wort *„rischio"* und auf das frühere griechisch-byzantinische Wort *„rhiziko"* zurück, was soviel wie **Glück, Schicksal oder Zufall** bedeutet. Möglicherweise ist dies auf *„rhizo"* den Reis zurückzuführen, der bei Hochzeiten verstreut wurde, um das Schicksal gnädig zu stimmen und dem Brautpaar Glück und Fruchtbarkeit zu wünschen. Die Etymologie von *„rhiziko"* weist eher auf das passive Erleben des Risikos hin, während der später entstandene zuversichtliche Ausspruch *„Wir sind alle unseres Glückes Schmied"* eher zur aktiven Gestaltung des Schicksals auffordert. Beide Ansätze zum Umgang mit dem Risiko beschäftigen uns auch heute. Unternehmerische **Entscheidungen**, die aus nicht änderbaren also aufgezwungenen Ereignissen oder Umweltentwicklungen resultieren oder Entscheidungen, mit denen die Unternehmen versuchen, eine für sie günstige Umwelt zu gestalten, bestimmen, wie stark wir von Risiken betroffen werden. Die Entscheidungstheorie gibt Hinweise dafür, wie bei verschiedenen Umweltkonstellationen unter Risiko nach Kosten- und Nutzenkriterien entschieden werden sollte.

Unternehmensrisiken haben sehr unterschiedliche Ursachen und Auswirkungen. So ist es nicht einfach, sie nach gemeinsamen Kriterien zu identifizieren, zu ordnen, zu analysieren und Hinweise für ihre richtige Behandlung oder ihr Management zu geben. Dies ist jedoch der Gegenstand des Risikomanagements und der nachfolgenden Kapitel. Durch die Verwendung eines nachvollziehbaren, lehr- und erlernbaren Managementprozesses zum Risikomanagement sollen das Vermögen und die Ertragspotenziale der Unternehmen gesteigert und vor Wertverlusten geschützt werden.

1.1 Zielsetzungen und Vorgehen

Wenngleich Unternehmensrisiken oft nur qualitativ beschrieben, bewertet und gesteuert werden, liegt der Schwerpunkt bei den nachfolgenden Kapiteln auf quantitativen Ansätzen. Ob der Leser nun Praktiker oder Student ist: Er sollte über unsere Ausführungen, über Beispiele und gerechnete Übungsaufgaben so in das Thema und die Praxis des quantitativen Risikomanagements eingeführt werden, dass er sinnvolle Risikoklassifikationen selbst definieren und Risiken auf der Basis von statistischen Grundlagen und Regeln der Entscheidungslehre beschreiben und bewerten kann.

Mit dieser Zielsetzung geht das vorliegende Buch über die mehr qualitativ orientierten Bücher zum Thema Risikomanagement hinaus. Wir konzentrieren uns auf das Management von Unternehmensrisiken. Deshalb sind die Risiken eines Typs, wie sie etwa in sehr grosser Zahl von Banken und Versicherungen gehandhabt werden, in unserem Kontext eher Spezialfälle. Wir beschreiben weder mit komplizierten mathematischen Modellen das Financial Engineering im Bankenbereich, noch gehen wir sehr tief schürfend auf spezielle Probleme der Entscheidungstheorie ein. Stattdessen konzentrieren wir uns auf die praxisorientierte Beschreibung der verschiedenen Schritte des Risikomanagements. Im **zweiten Kapitel** des Buches werden die häufig vorkommenden Typen der Unternehmensrisiken klassifiziert und in Bezug auf einen schrittweise vorgehenden Prozess des Risikomanagements beschrieben. Im **dritten Kapitel** werden verschiedene Grundlagen der Entscheidungstheorie dargestellt. Dies geschieht zum einen, weil wir glauben, dass Elemente der dort skizzierten prototypischen Entscheidungssituationen die praktische Risikoidentifikation erleichtern, zum anderen weil wir meinen, dass die von der Entscheidungstheorie vorgeschlagenen *„rationalen Handlungsalternativen"* auch in den komplexen und vernetzten Entscheidungssituationen der Praxis Hinweise auf denkbare und nachvollziehbare rationale Entscheidungen geben. Das **vierte Kapitel** beschreibt qualitative und semi-quantitative Methoden der Risikoidentifikation, das **fünfte Kapitel** Ansätze zur quantitativen und qualitativen Bewertung von Risikohöhe und Risikofrequenz bzw. Risikohäufigkeit. Das **sechste Kapitel** beschäftigt sich schliesslich mit den möglichen Strategien zur Risikobewältigung. Im abschliessenden **siebten Kapitel** wird kurz auf die in den Unternehmen notwendige Organisation des Risikomanagements und auf das Risikocontrolling eingegangen.

Nach jedem Kapitel findet der Leser zur Vertiefung seiner Kenntnisse und Erfahrungen einige Übungsaufgaben, für die wir im **achten Kapitel** Lösungsvorschläge unterbreiten.

1.2 Weshalb Risikomanagement?

Der zweite Angriff auf das **World Trade Center 2001** hat eine breitere Öffentlichkeit auf die zerbrechliche Sicherheitslage der modernen Welt hingewiesen. Einige sahen in diesem Ereignis in Endzeitstimmung schon ein prophetisches Zeichen wie die dem König Belsazer erscheinende schreibende Hand im alten Testament (Daniel 5), andere sehen nüchtern die unmittelbaren wirtschaftlichen Primärschäden von ca. 40 Mrd Dollar (vgl. Swiss Re 2004) und fragen: *Hätte das Risiko des Angriffs erkannt oder prognoziert werden können? Was waren die Ursachen für den Angriff? Wäre eine Risikoprävention möglich gewesen? Hätte die Rettung der in den Zwillingstürmen eingeschlossenen Personen schneller und effektiver erfolgen können?*

Immerhin war der Angriff nach dem Bombenattentat von 1993 bereits der zweite auf dasselbe Objekt und von ähnlichen weltanschaulichen Ideen inspiriert. Interessant in Bezug auf die Art der entstandenen Schäden sind auch verschiedene Aspekte der Folgewirkungen. Beim ersten Angriff auf das World Trade Center waren die Folgeschäden grösser als die Erstschäden: Mehr als 50% der in das World Trade Center eingemieteten Firmen mussten in der Folgezeit Konkurs anmelden. Die durch den zweiten Angriff verursachte Schadenssumme hat nach Einschätzung der Öffentlichkeit eine katastrophale Grössenordnung, die die Versicherer und Rückversicherer der Gebäude stark getroffen hat. Weniger bekannt ist allerdings, dass die selben Unternehmen, die auf die Versicherung von Risiken spezialisiert sind und über beachtliches Know-how verfügen, im selben Zeitraum grössere Schäden durch die nicht richtig prognostizierte **Börsenbaisse 2000-2002** und ihre Auswirkungen auf die in Wertpapieren investierten Finanzanlagen erlitten haben. Es stellen sich hier die gleichen Fragen wie beim Angriff auf das World Trade Center: *Hätte die Börsenbaisse früher identifiziert und der Aktienanteil am Finanzanlagevermögen der Versicherer früher zurückgefahren werden können? Welche Ursache- und Wirkungsbeziehungen haben die Hausse und Spekulationsgewinne 1995-2000 ermöglicht und warum wurde der Wendepunkt der Entwicklung von den meisten Versicherern nicht erkannt? Weswegen wurde keine genügende Risikovorsorge etwa durch den Einsatz weniger riskanter Anlageformen oder die stärkere Verwendung von Derivaten zur Kursabsicherung betrieben?*

Während die Angriffe auf das World Trade Center und die Gewinne und Verluste aus der Börsenentwicklung der letzten zehn Jahre Beispiele für externe Risiken sind, die sich auf die Unternehmen ausgewirkt haben, können Risiken auch aus den Unternehmen selber resultieren. **Fehler in**

den Geschäftsprozessen der Unternehmen, etwa in der Produktion der Kfz- und Bahntechnik-Hersteller, führen zu Rückrufaktionen, einer stark verringerten Kundenzufriedenheit und finanziellen Verlusten, die die Jahresabschlüsse internationaler Grosskonzerne stark von den angekündigten Planwerten abweichen lassen. *Wieder fragen wir, weshalb die Produktionsrisiken nicht früher identifiziert, ihre Ursachen nicht früher analysiert und erklärt und die richtigen Präventionsmassnahmen nicht rechtzeitig getroffen wurden?*

Die Fragen, die sich bei den drei gewählten Beispielen gestellt haben, sollen über einen in den nachfolgenden Kapitel beschriebenen Prozess des Risikomanagements untersucht und über eine nachvollziehbare Vorgehensweise teilweise beantwortet werden. Insbesondere wollen wir dabei den Zusammenhang von Art des Risikos und möglichen Entscheidungen und Handlungsweisen diskutieren und an Beispielen einüben. Damit sollen in den Unternehmen einerseits mögliche Schäden verhindert oder zumindest eingegrenzt, andererseits Chancen aufgezeigt und verfolgt werden.

1.3 Umwelt, Entscheidungen und Ziele

Unternehmerische Entscheidungen können **autonom** oder geplant getroffen werden, etwa die Entscheidung, eine andere Firma zu übernehmen oder ein neues Produkt zu entwickeln, das bestimmte Kundenbedürfnisse erfüllt. Entscheidungen können aber auch **aufgezwungen** oder nicht-autonom sein, etwa wenn eine wichtige Produktionsanlage zufällig ausgefallen ist und das Management entscheiden muss, wie vereinbarte Lieferungen an die Kunden trotzdem erfolgen können.

Weil die Umwelt der Unternehmen in den letzten Jahren unruhiger oder volatiler geworden ist und weil Aufsehen erregende Firmenzusammenbrüche und Fehlspekulationen zu grossen Vermögensverlusten geführt haben, ist die Identifikation, die Bewertung und das Management von Unternehmensrisiken zunehmend in den Fokus sowohl der Diskussionen in der Unternehmenspraxis, der Betriebswirtschaftslehre als auch der Gesetzgeber gerückt.

Autonome oder aufgezwungene Management-Entscheidungen können auch zunächst unterbleiben, zu spät oder zu langsam erfolgen: Im Allgemeinen sagt man dann auch *„das Management ist nicht entscheidungsfähig"*, weil es z. B. in turbulenten Zeiten die Auswirkungen oder Risiken einer Entscheidung nicht überblicken kann und wie gelähmt, ohne Entscheidungen zu treffen, weitere Entwicklungen abwartet. Entscheidungen können aber auch vergessen, übersehen oder verdrängt werden: Dies kann der Fall sein, wenn die zu entscheidende Sache als unwichtig angesehen wird – so etwa die Genehmigung einer Reiseabrechnung. Leider führen übersehene Entscheidungen, so genannte **Unterlassungsfehler** oder *„errors of ommission"* (Ackoff 1970, S. 21), auch häufig zu sehr ernsten Konsequenzen für die Unternehmen: Etwa, wenn die *„schwachen Signale"* (Ansoff et al. 1976, S. 129-152, Ansoff 1976, S. 3) sich zunächst fast unmerklich anbahnender technologischer Entwicklungen oder Marktentwicklungen mit eventuell grossen Chancen, aber auch möglichen katastrophalen Auswirkungen für ein Unternehmen übersehen werden.

Im Sinne der Entscheidungstheorie (vgl. auch Eisenführ u. Weber 2003) wird vom Management jederzeit und in jeder Situation entschieden.

„Keine Entscheidung" oder eine vergessene oder zu spät erfolgte Entscheidung **ist** also auch **eine Entscheidung**. Die Art und Dynamik der Unternehmensumwelt und die Risikosituation bestimmen dabei in jedem Fall die Konsequenzen für das Unternehmen.

Unternehmerische Entscheidungen dienen gewöhnlich einem **Ziel** oder mehreren Zielen: Entscheidungen werden z. B. so gefällt, dass das Unternehmen überleben oder sich neuen Entwicklungen anpassen kann, oder Entscheidungen werden so gefällt, dass der Unternehmenswert für die Gesellschafter bzw. Aktionäre im Zeitverlauf möglichst grosse Werte annimmt. In Bezug auf die Zielerreichung gibt es richtige oder zielführende und auch falsche Entscheidungen des Managements. Letztere können aus den schon erwähnten Unterlassungsfehlern als auch aus so genannten **Beteiligungsfehlern** (*„errors of commission"*, Ackoff 1970, S. 21) resultieren. Bei den Beteiligungsfehlern entscheidet das Management aktiv oder sogar proaktiv und bewusst bei Risiko. Beteiligungsfehler können somit auch durch zu frühes oder übereiltes Handeln hervorgerufen werden. Eine Entscheidung ist nicht zielführend, weil entweder die Umwelt anders reagiert als eingeplant war oder weil die Risiken einer Entscheidung vorher falsch analysiert und bewertet wurden. Gewöhnlich werden die Konsequenzen und die Bewertung, was richtig und was falsch war, erst im Zeitablauf nach den Entscheidungen offenkundig.

Viele Autoren sind der Meinung, dass Risiken primär durch die zum Entscheidungszeitpunkt fehlenden oder unvollständigen Informationen entstehen. Allerdings ist es oft an sich unmöglich, dass sich ein Entscheidender bei einer zufällig reagierenden Umwelt die notwendigen Informationen für eine rationale Entscheidung in der genügenden Genauigkeit beschaffen kann.

Risiko wird in der Folge als die Möglichkeit oder häufig auch als die Wahrscheinlichkeit verstanden, dass die Unternehmensziele durch unternehmerische Entscheidungen entweder nicht erreicht oder übertroffen werden.

Sehr oft bedeuten Risiken, dass Unternehmensstrategien nicht wie erwartet umgesetzt und daher operative Ziele nicht erreicht werden können.

Wir beobachten in dieser Situation verschiedene Regelkreise: Die Unternehmensumwelt beeinflusst die Unternehmensziele und diese – zusammen mit der Umweltsituation – wiederum die zu treffenden Entscheidungen. Deren Konsequenzen beeinflussen wieder die vom Unternehmen wahrgenommene Umwelt, eventuell angepasste Ziele und die nächsten Entscheidungen usw. (vgl. Abb. 1.1.).

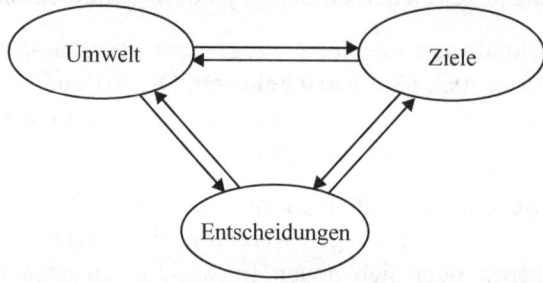

Abb. 1.1. Wechselwirkung Umwelt, Ziele und Entscheidungen

Bei den grob skizzierten Wechselwirkungen lassen sich bestimmte **Prototypen des unternehmerischen Entscheidungsverhaltens** beobachten: Kaum ein Unternehmen würde in einer sicheren Entscheidungssituation, einer Situation also, in der die Konsequenzen von Umweltentwicklungen und Entscheidungen übersehbar und sicher prognostizierbar sind, auf einen sicheren grossen Gewinn wegen eines möglicherweise ebenso sicheren aber kleineren Gewinns verzichten. Bei diesem Vergleich nehmen wir an, dass die Entscheidungsbedingungen dieselben sind: Das Unternehmen würde also bei seinen Entscheidungen nicht opportunistisch kurzfristig auf Kosten einer langfristig besseren Zukunft optimieren.

Aber: Wer setzt bei einer Entscheidung schon *„alles auf eine Karte"*, wenn grosse Gewinne sehr unwahrscheinlich sind und zudem einen Mitteleinsatz erfordern, der das Unternehmen im Falle des Misserfolges in den Grundfesten erschüttern würde?

Insbesondere wird das Management solche Risiken dann nicht eingehen, wenn ihm Entscheidungsalternativen offen stehen, mit denen zufrieden stellende Gewinne mit grosser Wahrscheinlichkeit erreicht werden können.

Risiko in den Umweltbedingungen oder als Folge von Entscheidungen führt also meist zu einem anderen – vielfach vorsichtigeren – unternehmerischen Verhalten als eine sichere Entscheidungssituation. Andererseits sind uns nach dem Motto *„no risk, no fun"* zumindest auf dem Gebiet der Glücksspiele, aber auch bei der Börsenspekulation Situationen bekannt, in denen das mit den Entscheidungen verbundene Risiko die Faszination einer Situation ausmacht. In der Euphorie einer Gewinnsituation oder der aus einer grösseren Verlustsituation resultierenden Verzweiflung werden Risiken häufig *„nicht richtig abgewogen"*. Dies bedeutet dann, dass die Höhe der Gewinne oder Verluste in *„keinem angemessenen Verhältnis"* zum Risiko stehen. Sie werden also nicht richtig bewertet und dann möglicherweise auch nicht richtig verarbeitet und gesteuert.

Ein Risiko nennt man **spekulativ**, wenn es bei unternehmerischen Entscheidungen sowohl zu positiven als auch zu negativen Überraschungen oder Zielabweichungen kommen kann. Ersteres wird manchmal als *Chance* oder **„upside risk"**, Letzteres als *Schaden* oder **„downside risk"** verstanden. Die Begriffe sind oft emotional belegt: Negative Risiken (Schäden) soll man nach Möglichkeit verhindern, positive Risiken oder Chancen aber wahrnehmen. Im Folgenden werden positive und negative Abweichungen von unternehmerischen Zielen oder erwarteten Resultaten gleich behandelt. Dies ist keine Selbstverständlichkeit, da nach deutschem Sprachgebrauch Risiken eher mit Schäden assoziiert werden.

Der Begriff des **„spekulativen Risikos"** ist im Unternehmensumfeld emotional negativ belegt. Ein Manager sollte die richtige Entscheidung kennen und durchsetzen, er sollte aber nicht spekulieren oder *„spielen"*. Genau betrachtet, tut er aber gerade das beinahe täglich: Er handelt in Risikosituationen mit den vorhandenen Informationen oft so, dass negative Überraschungen nach Möglichkeit vermieden, positive Überraschungen aber ermöglicht werden. Bei der negativen Einschätzung des spekulativen Risikos wird auch oft übersehen, dass sowohl die Beschaffungs- als auch Absatzmärkte der Unternehmen ohne spekulativ festgelegte Preise und Mengen in einer unsicheren Umwelt nicht richtig funktionieren würden.

Besonders im Banken- und Versicherungsbereich wird der Risikobegriff meist mit dem Begriff des Schadens und einer Schadenswahrscheinlichkeit verbunden. Diese Risikoauffassung kann so weit gehen, dass die Umwelt für den Entscheidenden nur zwei Konsequenzen bereit hält: den Schadensfall und den Fall ohne Schaden. Man spricht hier auch oft von so genannten **„reinen Risiken"**. Zum Beispiel stellt das Phänomen des Ladendiebstahls für grössere Warenhausketten ein grosses Problem dar.

Wenn wir die – im Falle des Nachweises – vom Täter erhobenen Bussen und Verwaltungsgebühren als praktisch unbedeutende Chance ausser Acht lassen, kann ein Einzelhandelsunternehmen wie z. B. die Migros beim Ladendiebstahl nur entweder verlieren oder unbehelligt bleiben. Ein reines Risiko liegt also dann vor, wenn es die Möglichkeit einer negativen Abweichung von einem erwünschten oder erwarteten Resultat geben kann (Vaughan 1997, S. 8) oder „... *Risiko wird als Verlust- und Schadenspotenzial verstanden, das mit verschiedenen Handlungen verknüpft ist*" (Kromschröder u. Lück 1998, S. 1573).

Ebenfalls in einem negativen Risikoverständnis schreibt etwa das deutsche Aktiengesetz in § 91, Abs. 2 AktG vor:

Der Vorstand wird verpflichtet „... *geeignete Massnahmen zu treffen, insbesondere ein Überwachungssystem einzurichten, damit den Fortbestand der Gesellschaft gefährdende Entwicklungen früh erkannt werden ...*",

oder das deutsche Gesetz zur Kontrolle und Transparenz im Unternehmensbereich (*KonTraG 1998*) formuliert: „... *die Verpflichtung des Vorstandes, für ein angemessenes Risikomanagement und für eine angemessene interne Revision zu sorgen, soll verdeutlicht werden ...*"

und „... *zu den den Fortbestand der Gesellschaft gefährdenden Entwicklungen gehören insbesondere risikobehaftete Geschäfte, Unrichtigkeiten der Rechnungslegung und Verstösse gegen gesetzliche Vorschriften, die sich auf die Vermögens-, Finanz- und Ertragslage der Gesellschaft oder des Konzerns auswirken. Die Massnahmen interner Überwachung sollen so eingerichtet sein, dass solche Entwicklungen frühzeitig, also zu einem Zeitpunkt erkannt werden, in dem noch geeignete Massnahmen zur Sicherung des Fortbestandes der Gesellschaft ergriffen werden können*" (vgl. auch Wolf u. Runzheimer 2003).

Eine ähnliche Zielrichtung haben die Abkommen *Basel I* und *Basel II*, die eine angemessene Unterlegung von Risiken durch Eigenkapital bei den Banken fordern (vgl. Gleissner u. Füser 2003).

Es wird zwar meist angemerkt, dass es in einer unternehmerischen Entscheidungssituation Chancen oder Gewinnmöglichkeiten einerseits und Verluste oder Schäden andererseits gibt. Die für das Risikomanagement kodifizierten Vorschriften sind aber primär auf die Verhinderung von Schäden ausgerichtet. Nachfolgende Abb. 1.2. soll dies verdeutlichen.

Sei X eine zufällige Grösse, deren mögliche Realisationen und deren relative Häufigkeiten durch die gezeigte Dichtefunktion f(X) beschrieben wird. Wir können beispielsweise annehmen, dass X das Forderungsrisiko eines Unternehmens ist, für das die Funktion f(X) aus verfügbaren Daten oder subjektiven Schätzungen ermittelt wird. Die schwarz gekennzeichnete Fläche in Abb. 1.2. entspricht dem so genannten **Value-at-Risk (VaR)**. Dieser gibt das wertmässige Verlustpotenzial eines Risikos bei einer gegebenen Wahrscheinlichkeit an. Der Value-at-Risk quantifiziert also ein reines Risiko.

Die Wahrscheinlichkeit Prob(X < − 200 (GE)) dafür, dass der Schaden X < − 200 (GE) sein wird, entspricht einem bestimmten Sicherheitsniveau α, z.B. α = 5%. Mehr Risiko bedeutet dann, dass für dasselbe Sicherheitsniveau α = 5% ein grösserer Schaden von z.B. X < − 300 (GE) erhalten wird. Bei dieser **schadensorientierten Betrachtung** wird nicht analysiert, dass die Wahrscheinlichkeit dafür, dass X als Chance grössere Werte als X ≥ + 600 annimmt, vielleicht 2.5% beträgt.

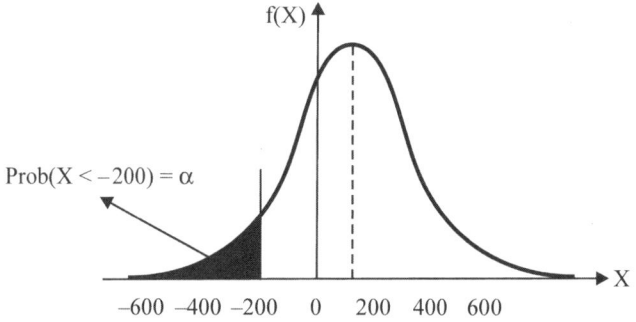

Abb. 1.2. Veranschaulichung des Value-at-Risk

Beim **spekulativen Risiko** sind beide Äste der Dichtefunktion f(X) gleich interessant. Es wird deshalb auch öfters **symmetrisches Risiko** genannt. Diese Bezeichnung erscheint aber eher irreführend, da Unternehmensrisiken – anders als in Abb. 1.2. und 1.3. gezeigt – in der Regel keine symmetrische Verteilung haben.

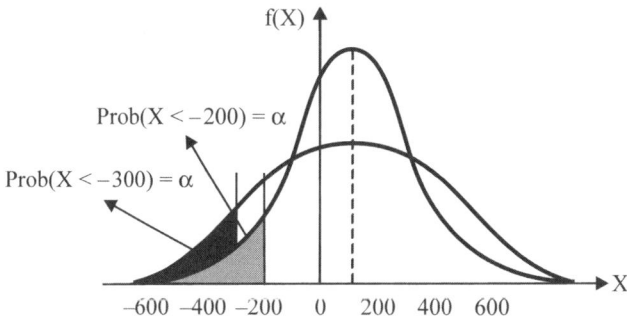

Abb. 1.3. Zur Veranschaulichung des spekulativen Risikos

Wie in Abb. 1.3. gezeigt ist, entspricht ein grösseres spekulatives Risiko einer breiteren Dichtefunktion, also einer grösseren Streuung von X. Die Betrachtung beider Risikotypen führt insofern zum selben Schluss, als die breitere Dichtefunktion für ein gegebenes α zu einem kleineren X führt, was einem grösseren Verlust entspricht.

Bei der Behandlung der Risiken in den Unternehmen können verschiedene Fälle unterschieden werden:

Ein Unternehmen

- muss zu einer gegebenen Zeit mit einem einzelnen Risiko umgehen;
- hat zu einer gegebenen Zeit ein **Portfolio** oder **Kollektiv** von mehreren einzelnen Risiken zu managen;
- hat ein einzelnes Risiko über mehrere Perioden zu steuern;
- plant die Entwicklung eines Risikoportfolios aus mehreren Risiken in verschiedenen Perioden (**Risiken im Kollektiv und in der Zeit**). Dies ist der Normalfall.

Die Ausführungen in den nachfolgenden Kapiteln beziehen sich meist auf die Risiken, mit denen sich ein durchschnittliches Industrie-, Handels- oder Dienstleistungsunternehmen befasst. Das Risikoportfolio des typischen Unternehmens besteht gewöhnlich aus einer kleineren Zahl von der Natur her **sehr heterogener Risiken,** die nach Zielen kontrolliert und gesteuert werden müssen. Es gibt z. B. gleichzeitig ein Forderungsrisiko, weil ein Kunde gefährdet ist, ein rechtliches Risiko, weil eventuell ein Patentprozess gewonnen wird, oder ausgelaufene Lösungsmittel verunreinigen den Boden und führen zu einem Umweltrisiko. Wenn das Unternehmen die Aufnahme eines an sich notwendigen Kredites vertagt, entsteht ein positives oder negatives Zinsrisiko usw. Diese Risiken sind durch verschiedene **Risikohöhen** und **-frequenzen** (bzw. **Häufigkeiten** oder Wahrscheinlichkeiten des Eintreffens) gekennzeichnet. Es wird sich in der Folge allerdings zeigen, dass Risiken nicht nur über Verlust- oder Gewinnwahrscheinlichkeiten beschrieben werden, sondern in Entscheidungssituationen wie der **Ungewissheit**, der **Unschärfe** oder der **Spielsituation** unter Umständen auch anders charakterisiert werden müssen.

Dem Fall des normalen Unternehmens mit einer kleineren Zahl heterogener Risiken steht meist die Situation der auf das Risikogeschäft spezialisierten Unternehmungen gegenüber. Hierzu gehören die Banken, Versicherungen und Fondsgesellschaften: Ihr Risikomanagement baut gewöhnlich auf grösseren Stichproben mit vergleichbaren Risiken oder Risikoklassen auf. In diesem Falle können die Risiken mit Wahrscheinlichkeitsbegriffen oft recht gut quantifiziert werden.

1.4 Umwelt: Gefahr und Chance für die Unternehmen

In Abb. 1.4. ist ein Unternehmen schematisch in seiner Umwelt dargestellt. Ähnliche Darstellungen finden sich in grosser Zahl als Risk-Maps, Risiko-Landschaften, Listen von Risiko-Einflussfaktoren u. Ä. in der Literatur.

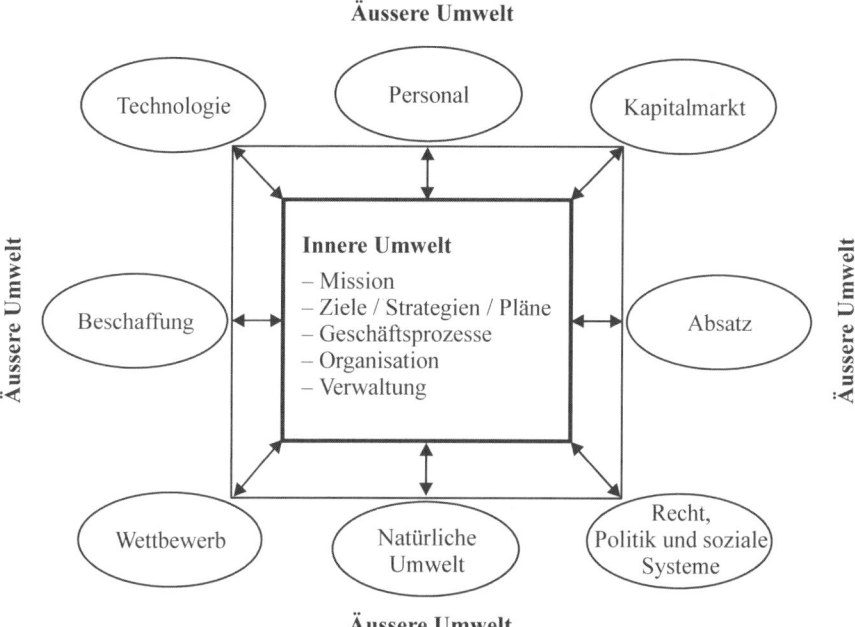

Abb. 1.4. Innere und äussere Umwelt des Unternehmens

Die Abbildung gibt weitgehend eine Selbstverständlichkeit wieder: Ein Unternehmen beschafft sich Produktionsfaktoren wie Personal oder Kapital auf seinen Beschaffungsmärkten, kombiniert und bearbeitet diese durch die betrieblichen Geschäftsprozesse und verkauft Produkte und Dienstleistungen auf den Absatzmärkten (vgl. Rosenkranz 1979, S. 50).

Die Bedingungen, zu denen die Faktoren eingekauft und die erzeugten Leistungen abgesetzt werden, gehören genauso zur **„weiteren oder äusseren Umwelt"** der Unternehmen wie die Wettbewerbs- oder Konkurrenzbedingungen, die natürliche Umwelt und die rechtlichen, sozialen und politischen Rahmenbedingungen, unter denen die Erstellung der betrieblichen Leistungen erfolgt.

Von jedem Faktor der äusseren Umwelt gehen Risiken aus, die entweder Gefahren oder Chancen für das Unternehmen bedeuten (vgl. Tabelle 1.1.):

Tabelle 1.1. Chancen und Gefahren aus der äusseren Umwelt

Umweltfaktor	Chance / Gefahr
Personal	• Motivation, Ausbildung • Personelle Abhängigkeiten • Sicherheit, Qualität, Innovation
Kapitalmarkt	• Zinsrisiko, Wechselkursrisiko, Aktienkursrisiko • Bonitätsrisiko, Kreditrisiko
Absatzmarkt	• Konjunktur der Volkswirtschaften • Branchenkonjunktur • Forderungsrisiko • Preisrisiko durch Absatzmacht
Recht, Politik und soziale Systeme	• Steuer- und Abgaberisiken • Gewerkschaften, Mitbestimmung, Streiks • Neue Gesetze
Natürliche Umwelt	• Naturkatastrophen • Umweltverbrauch z.B. Wasser, CO_2-Emissionen
Wettbewerb	• Markteintritt neuer Konkurrenten • Preis- und Qualitätskonkurrenz
Beschaffungsmarkt	• Abhängigkeit von Lieferanten • Qualität und Verlässlichkeit der Lieferanten
Technologie	• F&E-Risiko • Risiko durch Technologiewandel

In Abb. 1.4. zeigen kausale Pfeile, dass die äussere Umwelt das Unternehmen beeinflusst. Die vom Unternehmen zu den externen Faktoren eingezeichneten Pfeilrichtungen deuten an, dass das Unternehmen mit seinen Entscheidungen seine Umwelt ändern kann. Es wird in Abb. 1.4. also unterstellt, dass die externen Risikofaktoren nicht vollständig exogen sind.

Für die natürliche Umwelt mag diese Annahme zunächst fraglich sein. Eine Naturkatastrophe, z. B. hervorgerufen durch einen Wirbelsturm, ist nicht durch die Entscheidungen einzelner Unternehmen aufzuhalten. Die resultierenden Schäden sind exogen verursacht. Steigende Schadentrends in diesem Sektor zeigen, dass aufgrund einer engeren und wertvolleren Bebauung, einem wachsenden Anteil versicherter Vermögen oder aufgrund der Erwärmung der Erdatmosphäre sowohl Risikohöhe als auch Risikofrequenz zugenommen haben. Mit anderen Worten: Bei längerfristiger Betrachtung ist auch hier von einer Rückkopplung unternehmerischer Entscheidungen auf die Umwelt auszugehen. Auch bei den aus der Konjunktur- und Branchenentwicklung folgenden Absatzrisiken verhält es sich ähnlich: Diese **aggregierten Risiken** geben die Bedingungen auf den Absatzmärkten der Unternehmen kurz- bis mittelfristig vor und können von Einzelfirmen kaum geändert werden. Da die Unternehmen durch Entscheidungen aber ihre Umwelt ändern können, ist auch hier von einer Rückwirkung auszugehen.

Die so genannte **„innere Umwelt"** eines Unternehmens hat ebenfalls einen starken Einfluss auf die Unternehmensrisiken. So gibt es viele Hinweise dafür, dass ein gut ausgebildetes, erfahrenes und hochmotiviertes Management stark zum Unternehmenserfolg beiträgt. Dieser *„weiche Erfolgsfaktor"* findet bei der Kreditvergabe der Banken, aber inzwischen auch beim **Unternehmensrating** nach Basel II seinen Niederschlag. Das Unternehmensrating bedeutet eine externe Bonitäts- und Erfolgseinschätzung der Unternehmen. Es wird in Zukunft noch stärker als bisher die Kreditkonditionen bestimmen, die ein Unternehmen bei den Banken erhält. Der interne Erfolgsfaktor *„Qualität des Managements"* hat also eine Rückwirkung auf das äussere Kreditrisiko. Mit Recht weisen verschiedene Autoren inzwischen auch darauf hin, dass die Art, Schnelligkeit und Qualität der Geschäftsprozesse die Wettbewerbsposition eines Unternehmens massgeblich bestimmen. Die Wettbewerbsposition wird in Zukunft auch zunehmend Einfluss auf das Rating der Unternehmen gewinnen. Damit verbunden ist das Image und Ansehen eines Unternehmens. Ein Unternehmen, dessen **Unternehmensmission und -ziele** den Mitarbeitern verständlich vermittelt und auch verinnerlicht werden, hat gegenüber einem anderen Unternehmen Wettbewerbsvorteile. Unternehmen ohne formalisierte Planungsprozedur und ohne systematisches Risikomanagement haben interne Schwächen, die als Risiko oder Schadenspotenzial auch auf die äussere Umwelt rückwirken.

In Analogie zu Tabelle 1.1. können die Unternehmensrisiken nach verschiedenen anderen Schemata identifiziert, erfasst, bewertet und gesteuert werden. Möglichkeiten hierzu werden in den Folgekapiteln beschrieben. Ein solches Schema muss aussagefähig, konsistent und in wichtigen Dingen vollständig sein. Es führt zu einem qualitativen oder quantitativen **Risikoinventar** bzw. einem **Risikoportfolio**, wie es etwa in Abb. 1.5. dargestellt ist. Diese Abbildung zeigt die Bewegung von zwei Risikoklassen im Feld der erwarteten (durchschnittlichen) jährlichen Risikohöhe und der Standardabweichung des jährlichen Risikos im Zeitablauf. Durch zielorientierte Entscheidungen oder Risikomassnahmen wird entweder das erwartete Risiko oder seine Streuung (Standardabweichung) oder beides geändert. Das obere der in Abb. 1.5. abgebildeten Risiken hat im Jahr 2005 eine kleine erwartete Risikohöhe, aber eine grosse Streuung. Bis zum Jahr 2011 vergrössert sich der Erwartungswert des Risikos bei abnehmender Streuung. Das darunter eingezeichnete Risiko nimmt – entweder aufgrund von Management-Entscheidungen oder von Umweltentwicklungen – den entgegengesetzten Weg.

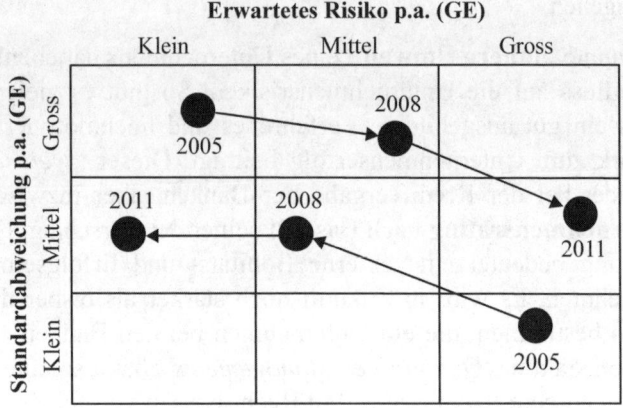

Abb. 1.5. Zum Begriff des Risikoportfolios

Graphische Risikodarstellungen wie in Abb. 1.5. gibt es in grosser Zahl mit unterschiedlichen Achsenbezeichnungen und Zielsetzungen. Sie sind weit verbreitet und veranschaulichen die Risikosituation eines Unternehmens. Sie haben aber auch entscheidende Schwächen, weil sie die Kopplung verschiedener Risiken mit ihren Folgewirkungen nicht richtig sichtbar machen können. Hierzu sind quantitative Hilfsmittel notwendig, die in den Folgekapiteln beschrieben werden.

1.5 Vorschriften zum Risikomanagement

Die in den letzten Jahren stark gestiegene Zahl von Unternehmenskrisen, von Insolvenzen und den bekannt gewordenen Fällen von falschen bis hin zu betrügerischen Darstellungen der Unternehmensergebnisse hat eine weite Öffentlichkeit auf Risikofragen aufmerksam gemacht. Dies hat nicht nur zu einer Sensibilisierung des Managements für das Risikomanagement geführt, sondern auch die Gesetzgeber und die internationalen Bankorganisationen tragen dieser Entwicklung durch explizit formuliere Vorschriften für das Risikomanagement Rechnung. Diese Bemühungen sind überwiegend auf das reine Risiko mit der Bestimmung von Verlust- und Schadenshöhen als Value-at-Risk einerseits, sowie der Ermittlung entsprechender Eintrittswahrscheinlichkeiten andererseits ausgerichtet. Wenn man davon ausgeht, dass das strategische Management und die strategische Planung in den Unternehmen das Ziel haben, Erfolgschancen und -potenziale für zukünftige Gewinne und Steigerungen des **Unternehmenswertes** zu eröffnen, dann sind Risikomanagement und strategische Planung zwei sich ergänzende Seiten der **wertorientierten Unternehmensführung** (vgl. z. B. Schierenbeck u. Lister 2001, Coenenberg u. Salfeld 2003).

Abkommen Basel I (1988) und Basel II (2006/07)

Die Abkommen betreffen in erster Linie die Kreditvergabe der Banken. Damit sind sie aber für alle Kreditnehmer und die ganze Wirtschaft von Interesse. In Abb. 1.6. sind die Zusammenhänge skizziert.

Das Abkommen Basel I (1988) verpflichtete die Banken zunächst, jeden vergebenen Kredit, unabhängig von der Bonität des Schuldners, mit einem bestimmten Prozentsatz des Kreditbetrages oder des Kreditrisikos mit Eigenkapital zu unterlegen. Diese unspezifische Vorschrift soll durch das 2004 verabschiedete und 2006/07 einzuführende Abkommen Basel II ersetzt werden, das eine unternehmensspezifische Risikobewertung verlangt (vgl. z.B. Gleissner u. Füser 2003, Romeike u. Finke 2003, S. 65-80). Die Risikobewertung soll von den Banken für die eigenen Kunden oder von den **Ratingagenturen**, z.B. S&P, Moody's, Fitch, vorgenommen werden. Für die Versicherungsbranche ist eine Übertragung der Ideen von Basel II auf ein Abkommen **Solvency II** geplant.

Rating heisst, dass eine auf verschiedenen Einzelkriterien aufbauende multidimensionale Risikoeinschätzung eines Unternehmens durch eine Punktezahl oder einen **Score** gesamthaft ausgedrückt wird.

So bewertet eine Bank die in Abb. 1.6. (links) angegebenen Kriterien für ein Kredit ansuchendes Unternehmen jeweils mit Punkten. Kleine Punktezahlen bei einem Kriterium entsprechen einer schlechten Bewertung, hohe Punktezahlen dagegen einer guten Bewertung eines Unternehmens. Beim Rating nach Basel II wird ferner angenommen, dass die verschiedenen Ratingkriterien eine unterschiedliche relative Wichtigkeit für das Gesamtrating eines Unternehmens haben. So kann das Kriterium *„wirtschaftliche Verhältnisse"* z.B. doppelt so wichtig sein wie das Kriterium *„Qualität des Managements"*. Das Rating bzw. die Bonitäts- oder Risikoeinschätzung eines Unternehmens insgesamt folgt aus der Addition der mit ihren Kriteriumsgewichten multiplizierten einzelnen Punktezahlen oder Scores (vgl. Keitsch 2003, S. 20-27; Gersbach u. Wehrspon 2001, S. 3-32). Die prozentmässige Unterlegung eines Kredites durch Eigenkapital des Kreditgebers hängt von der durch das Rating erreichten Risikobeurteilung ab. Ein schlechtes Rating führt zu einer höheren Eigenkapitalunterlegung des Kredits beim Kreditgeber und über die erhöhten Eigenkapitalkosten zu höheren Kreditzinsen für den Kreditnehmer. Der Kreditnehmer kann seinerseits über gezielte Massnahmen der Risikovorsorge an einer Verbesserung seines Ratings arbeiten und damit seine Kreditkosten beeinflussen. Interessanterweise werden für das Unternehmensrating z.T. ähnliche qualitative und quantitative Kriterien vorgeschlagen, wie sie in der strategischen Planung bei Bewertung von Geschäftsfeldern oder bei der finanziellen Unternehmensbewertung nach der Methode des diskontierten freien Cash-Flows üblich sind (vgl. Abb. 1.6. und Rosenkranz 1999, S. 20-24, S. 230-231).

Unternehmen	
Kriterien nach Basel II	**Schritte Risikomanagement**
– Qualität des Managements – Organisation und Struktur des Unternehmens – Schritte im Risikomanagement – Wirtschaft, Märkte, Konkurrenz – Wirtschaftliche Verhältnisse – Unternehmensentwicklung – Zukunftsaussichten	– Risikostrategie – Identifizierung der Risiken – Risikoanalyse – Bewertung der Risiken – Risikosteuerung – Controlling, Revision

Abb. 1.6. Kriterien zum Risikomanagement und zu Basel II

KonTraG (1998)

Nach dem deutschen Gesetz zur Kontrolle und Transparenz im Unternehmensbereich (KonTraG) werden insbesondere die börsennotierten Unternehmen zum kontinuierlichen Risikomanagement verpflichtet (vgl. Wolf u. Runzheimer 2003, Pausenberger u. Nassauer 2000).

Es gehört zu den Pflichten der Unternehmensleitung, den Prozess des Risikomanagements zu organisieren und seinen Risikoentscheidungen zugrunde zu legen. Die Aufsichtsgremien eines Unternehmens (Aufsichtsrat oder Verwaltungsrat) haben das Management hierbei zu kontrollieren; die Revisoren und Wirtschaftsprüfer des Unternehmens sind verpflichtet, den Prozess zu begutachten und gegebenenfalls zu testieren. Das Gesetz schreibt den Prozess des Risikomanagements nicht im Detail vor, weil er sehr stark vom Typ des Unternehmens beeinflusst werden kann.

Es hat sich jedoch eingebürgert, dass er aus den Schritten der Ausarbeitung einer Risikostrategie, der Risikoidentifizierung, der Risikoanalyse und -bewertung sowie der Risikosteuerung und dem Controlling des ganzen Prozesses besteht (vgl. Abb. 1.6. rechts und Nücke u. Feinendegen 1998).

Wie zu erkennen ist, hängen die Schritte der Risikoidentifizierung, der Analyse und Bewertung stark mit den Kriterien zusammen, die von Basel II für das Kreditrating vorgesehen sind. Ohne Risikostrategie, die das Unternehmen vor Fehlentscheidungen bewahren hilft und die dem Unternehmen durch bessere und strukturierte Vorbereitung mehr Handlungsalternativen eröffnet, wird das Unternehmen nach den Kriterien von Basel II bei den Einzelkriterien Risikomanagement bzw. Qualität des Managements keine grossen Punktezahlen erreichen. Umgekehrt folgt auch, dass der Prozess des Risikomanagements und die Ausarbeitung einer Risikostrategie unvollständig ist, wenn keine qualitative und quantitative Beschreibung der vergangenen Unternehmensentwicklung und eine Prognose der zukünftigen Entwicklung mit ihren Chancen und Problemen vorliegt.

1.6 Übungsaufgaben

Aufgabe 1.6.1: Klassifikation von Risiken

Geben Sie für ein Unternehmen des Maschinenbaus, für ein Softwarehaus und eine Bank Risiken an, die den Begriffen

- kurzfristig/operativ vs. langfristig/strategisch
- finanziell vs. leistungswirtschaftlich
- extern vs. intern
- planbar/autonom vs. nicht planbar/aufgezwungen

entsprechen.

Aufgabe 1.6.2: Chancen und Risiken

Geben Sie für ein Handelsunternehmen an, welche Risiken und Chancen sich bei folgenden Aspekten in den letzten 10 Jahren ergeben haben könnten:

- Demographische Entwicklung der Bevölkerung
- Veränderte Arbeitszeiten
- Qualitätsbewusstsein der Verbraucher
- Verbreitung des Internets
- Veränderte Ladenschlussgesetze
- Arbeitslosigkeit
- Konjunkturelle Entwicklung
- Währungsumstellung auf den EURO

2 Risiko und Risikomanagement

Unternehmensrisiken können sehr unterschiedliche Formen annehmen. Damit sie zunächst identifiziert, dann analysiert und erklärt, nach Häufigkeit, Wert und Wichtigkeit bewertet und gesteuert sowie schliesslich kontrolliert werden können, benötigt man ein *Raster* oder eine *Klassifikation* der Risiken. Diese Klassifikation muss den betrieblichen Gegebenheiten Rechnung tragen, damit die darauf aufbauende Risikostrategie und der gesamte Prozess des Risikomanagements im Unternehmen verstanden und gelebt wird.

Nachfolgend werden zunächst verschiedene Risikotypen definiert und veranschaulicht. Danach werden Beispiele für die Herkunft oder Entstehung der Risiken in den Unternehmen sowie ihre möglichen Auswirkungen auf die Unternehmen gegeben. Auf dieser Grundlage wird ein mehrstufiger Prozess des Risikomanagements skizziert, der in den Folgekapiteln dann detaillierter erläutert wird.

Wichtige Aufgaben dieses Prozesses sind u. a.

- der Schutz des Unternehmensvermögens,
- die Finanzierung von Vermögensverlusten,
- der Sicherheitsschutz für Mitarbeiter, Kunden und Partner des Unternehmens sowie die Finanzierung etwaiger Ansprüche,
- die Absicherung von Unternehmensanlagen wie Geld, EDV-Systeme, Patentschriften, Betriebsgeheimnisse, Unterlagen des Rechnungswesens,
- der Schutz vor Schadensersatzansprüchen, die aus den Tätigkeiten der Mitarbeiter resultieren können und die Befriedigung etwaiger Ansprüche,
- die Sicherung und Finanzierung von Sozialleistungen wie Pensionen und Versicherungen,
- die rechtzeitige Einleitung und Finanzierung von Massnahmen der Forschung und Entwicklung (F & E),
- die Einleitung von zukunftssichernden Ausbildungs- und Personalmassnahmen.

2.1 Was ist Risiko?

Unternehmensrisiken liegen dann vor, wenn die Auswirkungen von Umweltentwicklungen oder unternehmerischen Entscheidungen nach Art, Ort, Höhe oder Häufigkeit nicht mit Sicherheit vorhergesagt werden können. Die Risiken entstehen u. a. dadurch, dass der Entscheidende die Wirkungszusammenhänge zwischen seinen Entscheidungen und der Entwicklung der Umwelt (bzw. den Variablen, die diese beschreiben) nicht gut genug versteht. Die Informationen über solche Wirkungszusammenhänge können auch fehlen, oder der Entscheidende kann durch zu viele, zuweilen widersprüchliche oder auch unscharfe Informationen daran gehindert werden, adäquat zu handeln.

Autoren, die das Managen von Risiken als die primäre Aufgabe der Versicherungen ansehen, verstehen unter Risiken meist die **reinen Risiken.** Bei diesem Risikoverständnis ist das Management im Prinzip in einer zweiwertigen Entscheidungssituation: Es kann entweder eine negative Zielabweichung bzw. ein Schaden vorkommen, oder aber es entsteht kein Schaden. Dabei wird nicht berücksichtigt, dass positive Zielabweichungen gewöhnlich zu einem Gewinn führen. Nach dieser Auffassung entspricht ein Risiko entweder der Möglichkeit (engl. *„possibility"*) oder der Wahrscheinlichkeit (engl. *„chance"*) eines Verlustes. Mehr Risiko bedeutet demnach eine grössere Verlustwahrscheinlichkeit, ein grösserer Verlustbetrag oder beides.

Beispiel: Ist ein Revolver beim *„russischen Roulette"* nicht geladen, dann liegt die Sicherheitssituation vor, und ein Schaden (der Tod) kann nicht entstehen. Ist lediglich eine Patrone in der sich zufällig drehenden Trommel des Revolvers, dann beträgt die Schadenswahrscheinlichkeit oder das Risiko 1/6, bei zwei Patronen steigt es auf 2/6 usw. bis bei sechs Patronen im Revolver diesmal mit Sicherheit der Schadensfall eintritt. Das Ziel – am Leben zu bleiben – wird dann mit Sicherheit nicht erreicht.

Ähnlich verhält es sich beim Sterberisiko, das man durch eine geeignete Lebensweise manchmal vermindern, gegen das man sich aber auch versichern kann: Das Leben ist das Ziel oder die Erwartung, der Schaden ist aus Sicht des Betroffenen der Tod. Er lässt sich auf längere Sicht leider nicht verhindern, aber als Folge können vereinbarte Geldzahlungen an die Erben ausgelöst werden.

Reine Risiken sind weit verbreitet. Das Verlustrisiko wird häufig gegen Prämienzahlung auf eine Versicherungsgesellschaft übertragen.

Beispiele:

- **Persönliches Risiko** wie Tod, Alter, Krankheit oder Arbeitslosigkeit.

- **Vermögensrisiko:** Die Zerstörung eines Gebäudes führt zu einem direkten oder indirekten Schaden, weil das Gebäude nicht vermietet oder zu Produktionszwecken eingesetzt werden kann. Eine Gewinnsituation existiert nicht.

- **Haftpflichtrisiko:** Ein Unternehmen haftet z. B. für die Fehler seiner Mitarbeiter.

- **Risiken aus Fehlern anderer:** Ausfall von Debitoren, Ladendiebstahl, eine Baufirma stellt ein Gebäude nicht rechtzeitig fertig.

Die den Unternehmen drohenden **Gefahren** sind in der Regel unter der Definition des reinen Risikos einzuordnen. Versicherer orientieren sich meist an reinen Risiken und Verlustwahrscheinlichkeiten: Dazu gehört das so genannte **Ruinrisiko**, d. h. das Risiko, dass das Eigenkapital einer Versicherung verloren geht, der **Value-at-Risk**, d. h. ein Schadensbetrag, der nur mit einer definierten Wahrscheinlichkeit unterschritten wird (vgl. Abb. 1.2.), das Risiko mangelnder **Solvabilität**, d. h. das Risiko, dass das Verhältnis der freien unbelasteten Eigenmittel einer Versicherung zu den geldmässig als Schäden bewerteten Risiken kleiner eins wird, oder auch das Risiko der **Zahlungsunfähigkeit,** d. h. das Risiko der Illiquidität.

Zweiseitige Zielabweichungen kommen bei den **spekulativen Risiken** vor, die den nachfolgenden Ausführungen meist zugrunde gelegt werden. Wenn ein Unternehmen z. B. das Ziel hat, auf seine Geldanlagen eine Verzinsung von 5% p.a. zu erreichen, kann das Ziel je nach Anlage in Barmitteln, Obligationen oder Aktien mit einer gewissen Wahrscheinlichkeit über- oder unterschritten werden. Die Risikoabsicherung von Zins-, Waren- und Wertschriftengeschäften über **Put-** oder **Call-Optionen** beinhaltet immer ein spekulatives Risiko: Der Erwerb einer Aktienoption gibt dem Inhaber das Recht, eine Aktie zu einem vorher definierten Wert zu kaufen (Call-Option) oder zu verkaufen (Put-Option). Je nach Kursentwicklung der Aktie sind während der Laufzeit der Option sowohl der Totalverlust der in den Erwerb der Option investierten Gelder als auch erhebliche Gewinne möglich. Durch die Kombination einer Aktieninvestition mit Put- und Call-Optionen lässt sich die Streuung oder das Risiko der Aktieninvestition gegen die Zahlung der jeweiligen Optionspreise für die Aktien verringern.

Meist arbeitet die Entscheidungstheorie und die Ökonomie auf der Basis des spekulativen Risikos. Bei dieser Risikobetrachtung spielt einmal der **Informationsstand** des Managements eine entscheidende Rolle, zum anderen die **Risikopräferenz** oder die **Nutzenvorstellungen** des Entscheidenden.

Informationsstand

Helten (1994, S. 2) schreibt in diesem Zusammenhang: *„Es muss festgehalten werden, dass der Risikobegriff immer im Zusammenhang mit unvollständiger und unvollkommener Information über die Wirkungszusammenhänge der Realität und den daraus folgenden Ziel- und Planabweichungen, die möglicherweise zu Schäden und Verlusten führen können, gesehen wird"*.

Schierenbeck u. Lister (2001, S. 311) führen aus: *„... die Ursachen für das Entstehen von Risiken liegen in einem unzureichenden Informationsstand des Entscheidungsträgers begründet ... Die Auswirkung des Eingehens von Risiken besteht darin, dass das Ergebnis einer Entscheidung unsicher ist"*.

Diese Unsicherheit (engl. *„uncertainty"*) ist zweiseitig, d. h. Ziele können sowohl nicht erreicht, als auch übertroffen werden. Mehr Risiko wird in diesem Zusammenhang gewöhnlich als grössere Wahrscheinlichkeit für eine Abweichung von einem Ziel- oder Erwartungswert verstanden. Abbildung 2.1. veranschaulicht diesen Sachverhalt.

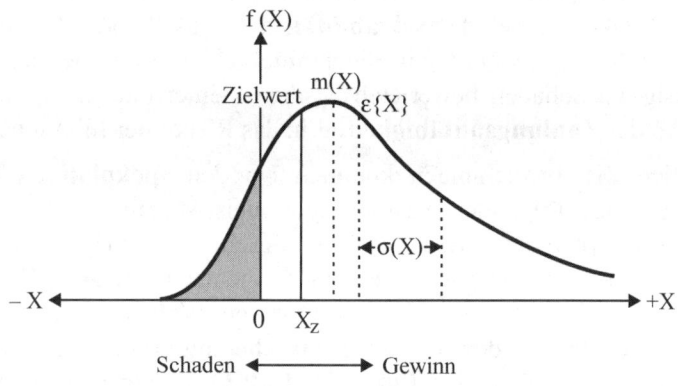

Abb. 2.1. Parameter einer Risikoverteilung

Die risikobehaftete Variable X lässt sich u.a. durch ihren Erwartungswert $\varepsilon\{X\}$, ihren häufigsten Wert m(X) und die Standardabweichung $\sigma(X)$ charakterisiert. Der Zielwert X_z dieser Variablen liegt meist im Gewinnbereich der Risikoverteilung bzw. -dichte.

Ein Risiko liegt dann vor, wenn eine Abweichung des Ist-Zustandes vom Zielwert X_z oder vom Erwartungswert $\varepsilon\{X\}$ mit einer bestimmten Wahrscheinlichkeit vorkommt.

Mehr Risiko entspricht einer Zunahme der Streuung oder **Volatilität** der Risikoverteilung. Der Prozess der Zielerfüllung im Unternehmen wird mit zunehmender Streuung immer stärker gestört. Dabei kann die Streuung aufgrund von Umweltentwicklungen oder Managemententscheidungen zunehmen. Der Risikobegriff ist nicht ausschliesslich negativ besetzt.

Bei einem sehr grossen Risiko oder bei einem – im negativen Sinne – **katastrophalen Risiko** wird der Zielerfüllungsprozess des Unternehmens umfassend gestört oder sogar unmöglich gemacht. Bei einem kleinen Risiko wird der Prozess der Zielerfüllung nur geringfügig gestört, so dass die Zielerfüllung immer noch möglich ist.

Der Entscheidende kann eventuell auf das Management oder die Behandlung eines kleinen Risikos, das unter einem definierten **Schwellenwert** liegt, vollständig verzichten. Dies wäre etwa dann der Fall, wenn die mit der Risikobehandlung verbundenen Verwaltungskosten im Vergleich zum erzielbaren Kontroll- oder Managementeffekt hoch sind.

Bei einem grossen Risiko trifft dies nicht zu: Selbst wenn als sehr positive Überraschung ein ausserplanmässig grosser Gewinn erzielt wird, muss das Management über die daraus folgenden Probleme der richtigen Geldanlage entscheiden. Bei einem entweder drohenden oder bereits eingetretenen grossen Schaden muss das Management ohnehin handeln.

Die Bedeutung eines Risikos für ein Unternehmen und sein Management ist dabei relativ und hängt von der jeweiligen Situation, der Natur sowie der Häufigkeit und Grösse des Risikos ab: Gegen grosse positive Zielabweichungen ist prinzipiell nichts einzuwenden, während je nach den getroffenen Vorsorgemassnahmen negative Zielabweichungen Existenz gefährdende Dimensionen annehmen können.

Ein kleines Unternehmensrisiko mag etwa der Bruch eines Verschleissteils an einer Produktionsanlage sein, während das aus einem Jahresverlust von Mio. 10 (GE) folgende Unternehmensrisiko katastrophal ist, wenn keine Rücklagen vorhanden sind und das Grundkapital nur Mio. 5 (GE) beträgt.

In Abb. 2.2. wird gezeigt, wie sich die ursprüngliche Risikoverteilung mit dem Zielwert X_z in die Verteilung von positiven (*„upside risk"*) und negativen Zielabweichungen (*„downside risk"*) zerlegen lässt (vgl. Karten 1993). Dabei entspricht $V \equiv X$ für $X > X_z$ und $- W \equiv X$ für $X \leq X_z$.

Die *„gestutzten"* Dichtefunktionen der Zielabweichungen V und – W bzw. W können nun wieder jeweils auf 100% Wahrscheinlichkeit normiert werden. Diese haben dann definitionsgemäss verschiedene Verteilungsparameter wie $\varepsilon\{V\}$ bzw. $\varepsilon\{W\}$ und $\sigma(V)$ bzw. $\sigma(W)$.

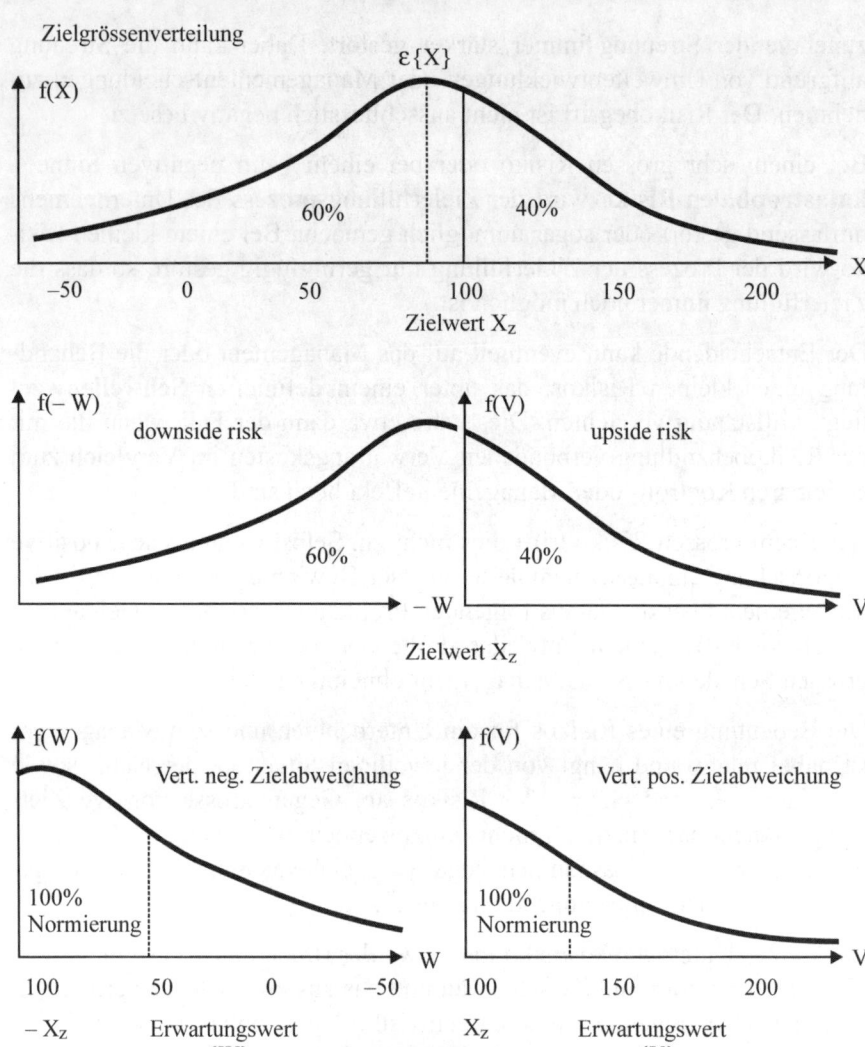

Abb. 2.2. Risikobearbeitung, Verteilung der Zielabweichungen

Informationsdefizite über die Auswirkungen unternehmerischer Entscheidungen treten aus verschiedenen Gründen auf:

- So etwa, weil das **System** von Entscheidung bzw. Ursache und von Auswirkung bzw. Konsequenz an sich **statistisch oder unscharf** ist. Die aus dieser Situation folgende Unsicherheit oder Unbestimmtheit ist selbst dann unauflösbar, wenn **alle** denkbaren Informationen verfügbar wären. Wir können dies auch als die *„Zufallsnatur"* oder *„Unschärfe* *des Risikos"* bezeichnen. Selbst wenn eine Verteilungsfunktion, der ein Risiko gehorcht, gut bekannt ist, folgen im Einzelfall verschiedene, nicht erklärbare und nicht vorhersagbare zufällige **„Restrisiken".**

- Selbst wenn das System von den Ursache- und Wirkungsmechanismen her deterministisch ist, können die Wirkungen von unternehmerischen Entscheidungen unter Umständen nicht gut vorhersagbar sein. Dies ist etwa bei einem so genannten **chaotischen System** der Fall. Selbst wenn das Verhalten des Risikosystems vielleicht mit wenigen komplexen nichtlinearen Differential- oder Differenzengleichungen beschreibbar ist, können die Wirkungen einer Entscheidung bei einem chaotischen System im Zeitablauf nicht gut prognostiziert werden.

- Bei der Beschreibung von Unternehmensrisiken haben wir es oft mit der Beschreibung sehr **komplexer vernetzter sozioökonomischer Systeme** zu tun. Sie bilden ein *„Gemenge"* (engl. *„a mess")* von Ursache- und Wirkungszusammenhängen, die zu komplex sind, als dass sie durch eine qualitative oder quantitative Analyse zufriedenstellend beschrieben und prognostiziert werden könnten. In vielen Fällen sind nur partielle und vereinfachende Beschreibungen möglich. Beispiele hierfür sind die Entwicklungen ganzer Volkswirtschaften oder Branchen: In den vergangenen Jahren haben diese Systeme manche Prognoseüberraschung bereitgehalten. Unzutreffende Entwicklungsprognosen für makroökonomische Variablen, die dann auch noch *„im Konsens"* von Beratungsinstituten und Banken verkündet und als Grundlage für Anlageentscheidungen propagiert wurden, haben in den letzten Jahren zur Entstehung vieler Unternehmensrisiken entscheidend beigetragen.

- Informationsdefizite liegen sehr oft auch deswegen vor, weil die **Ursache- und Wirkungssysteme nicht inspizierbar oder messbar** sind. Dies ist etwa der Fall, wenn aus Gründen des Konkurrenz- oder Datenschutzes Informationen nicht beschaffbar sind oder wenn Daten aus ethischen und moralischen Gründen nicht beschafft werden dürfen. So ist absehbar, dass Gentests bei der Einstellung von Mitarbeitern zwar Unsicherheiten bezüglich deren gesundheitlichen Aussichten verringern würden. Diese Messung wäre nach gegenwärtigem Konsens aber verwerflich. Oft würde die genaue Datenbeschaffung oder Messung auch einen unverhältnismässig grossen Aufwand verursachen, so dass aus Kostengründen darauf verzichtet wird. So kann ein Unternehmen beispielsweise in bestimmten Marktsegmenten auf die Erhebung von Wettbewerbsdaten verzichten und ungenauere aber preiswertere Panel- bzw. Stichprobendaten für denselben Zweck erwerben.

Risikopräferenz

Die Bedeutung der Risiken für die Unternehmen hängt auch entscheidend von der subjektiven Risikoeinschätzung des Managements und von seinen Nutzenvorstellungen ab.

Man nennt einen Entscheidenden einen „**Hasardeur**", wenn er hohe Verlustwahrscheinlichkeiten und -beträge in Kauf nimmt, um möglicherweise grosse Gewinne zu erzielen. Jemand kann auch deswegen ein Hasardeur sein, weil er persönlich vom (negativen) Risiko vergleichsweise gering betroffen ist, da er mit dem Geld anderer Leute „*spielt*". Auf der anderen Seite erhält er z. B. als Assetmanager für positive Zielabweichungen hohe Gratifikationen oder Aktienoptionen. Es sei in diesem Zusammenhang nur an den durch Fehlspekulationen verursachten Konkurs der Barings Bank 1995 erinnert.

Im Gegensatz hierzu vermeidet ein **risikoscheuer Entscheider** sowohl positive als auch negative Überraschungen: Er hat lieber verlässlich bares Geld bzw. niedrige Zinseinkünfte in der Kasse, als für eine von ihm verursachte negative Zielabweichung zur Verantwortung gezogen zu werden.

Der Risikotatbestand prägt über **Skaleneffekte** auch noch auf andere Weise das Risikoverhalten (vgl. Helten 1994, S. 29): Eine Brandversicherung mache z. B. die Erfahrung, dass im Schnitt ein Haus aus 1000 Häusern oder 100 Häuser aus 10^5 Häusern p.a. brennen. Ist es nun ein Risiko, wenn 120 aus 10^5 Häusern brennen und kein Risiko, wenn nur 80 aus 10^5 Häusern brennen? Oder: Entspricht ein fester Schadensprozentsatz (hier also 10^{-3} p.a.) bei wachsendem Versicherungsbestand demselben Risiko? Wir werden sehen, dass dies nicht der Fall ist!

Offensichtlich hängt es einerseits von der Höhe der Prämien ab, die die Versicherung p.a. vereinnahmt, ob sie bei einem bestimmten Schadensprozentsatz Gewinn erzielt oder nicht. Die Grösse der Prämien beeinflusst also die Verteilungen nach Abb. 2.1. und 2.2. und damit auch die Entscheidung der Versicherung, Risiken zu akzeptieren oder zu vermeiden.

Andererseits lassen sich Risiken meist besser mit einem grösseren Risikoportfolio oder Versicherungsbestand ausgleichen als mit einem kleinen. Die Ursache liegt darin, dass die Streuung pro Einzelrisiko oder pro **risikotechnischer Einheit** gewöhnlich mit dem Umfang des Portfolios abnimmt.

Unpräzise aber anschaulich gesprochen: Ein möglicher Schaden verteilt sich dann auf mehr Risiken. Man nennt dies den bereits erwähnten **Risikoausgleich im Kollektiv**.

Für die Überlegungen eines Versicherungsnehmers spielen die in Abb. 2.1. und 2.2. gezeigten Verteilungen kaum eine Rolle. Er hat die Risiken im einfachsten Fall gegen die Bezahlung einer festen Gebühr an die Versicherung übergeben und arbeitet nun möglicherweise in einer zwar kostspieligen aber sicheren Entscheidungssituation. Wie Haller (1975, S. 69) anmerkt: *„Die Versicherung befreit den Versicherten von der lähmenden Sorge, dass die versicherte Gefahr ständig seine Existenz bedroht, solange er noch keine genügenden Rücklagen ansammeln konnte"*.

2.2 Risikoarten

Neben den bereits eingeführten Begriffen des reinen und des spekulativen Risikos werden üblicherweise weitere Risikounterscheidungen getroffen. Dabei gibt es zunächst eine Reihe von weitgehend selbsterklärenden Klassifikationen:

- Die **Zuordnung** eines Risikos zu einem **Unternehmensbereich**, in dem das Risiko entsteht bzw. in dem es kontrolliert wird (z. B. Einkauf, Rechnungswesen, Produktion).

- Der **Zeitpunkt** der **Entstehung** und die **Fristigkeit** eines Risikos (z. B. kann ein Risiko, das heute gesehen wird, sich erst in zwei Jahren aber dann über fünf Jahre lang bemerkbar machen. Es gibt also kurz-, mittel- und langfristige Risiken). Zur Fristigkeit eines Risikos gehört auch die **Reaktionszeit,** die zur Behandlung bzw. zur Steuerung eines Risikos zur Verfügung steht.

- Die **Auswirkung** eines Risikos auf ein Unternehmen kann von der **Höhe** her wichtig oder gross bis unwichtig oder klein sein.

- Die **Frequenz** oder Häufigkeit, mit der ein Unternehmensrisiko eintritt, kann klein bis gross sein.

Im ersten Fall kann die *nominale* Zuordnung der Risiken zu den Unternehmensbereichen meist problemlos erfolgen. Die anderen Fälle erfordern eine Präzisierung der Skalen, mit denen im konkreten Fall Risiken eingeschätzt werden sollen.

Verschiedene Systeme des Risikomanagements arbeiten mit so genannten *Ordinalskalen* (z. B. sehr wichtig, wichtig, weniger wichtig ... völlig unwichtig), andere mit zahlenmässigen Bewertungen der Risiken auf so genannten *Ratingskalen* oder *Intervallskalen*. Dies wird in den Folgekapiteln beschrieben.

Im Weiteren werden unterschieden (vgl. Vaughan 1997, S. 2-25):

Einzelrisiko und Gruppenrisiko

Das Risikomanagement konzentriert sich meist auf **Einzelrisiken**. Dabei handelt es sich um Risiken, die isolierte Risikoeinheiten (*engl. exposure units*, z. B. Reklamationen nach Abteilung, Kundenforderungen, Aktienanlagen) betreffen. Diese unterscheiden sich sachlich, zeitlich und auch statistisch von anderen Einzelrisiken (vgl. Doherty 1985, S. 103). Die Ereignisse, die ein bestimmtes Einzelrisiko betreffen, haben eine definierte Risikoverteilung und können auch meist durch die Unternehmen beeinflusst werden. Von den Einzelrisiken werden die **Gruppenrisiken** bzw. die **aggregierten Risiken** unterschieden. Bei diesen betrifft ein Ereignis, eine Entwicklung oder eine Verteilung mehrere Einzelrisiken zur selben Zeit. Dies kann auf verschiedene Weise geschehen:

- Ein Kumulereignis, wie z. b. ein Hagelsturm, verursacht zur selben Zeit an verschiedenen Kfz Einzelschäden, die von einem Versicherer reguliert werden müssen. Man spricht in diesem Fall auch von einem **Kumulrisiko**. Auch ein Börsencrash kann den Charakter eines Kumulrisikos haben. Ein Kumulrisiko kann von einem einzelnen Unternehmen in der Regel nicht beeinflusst werden.

- Globale oder fundamentale Entwicklungen z. B. einer Volkswirtschaft oder einer Branche beeinflussen mehrere Einzelrisiken über längere Zeit im selben Sinne. So kann das Risiko eines Forderungsausfalles bei mehreren Kunden oder das Risiko der Arbeitslosigkeit für viele Personen mit rückläufiger Konjunktur simultan zunehmen. Man spricht in diesem Zusammenhang von einem **Globalrisiko**. Ein Globalrisiko kann von einem einzelnen Unternehmen kaum beeinflusst werden.

- Die Risikohöhe oder die Risikofrequenz von verschiedenen Einzelrisiken können hoch positiv korreliert sein, so dass sich die Risiken im selben Sinne entwickeln. Damit werden die Auswirkungen auf die Streuung des Gesamtrisikos eines Unternehmens verstärkt und eine Risikodiversifizierung erschwert. Man spricht in diesem Zusammenhang auch von einem Klumpeneffekt bzw. einem **Klumpenrisiko**. Beispielsweise hat die zu hohe Konzentration auf Aktien der Dotcom-Branche in vielen Anleger-Portfolios ab Frühjahr 2000 zu einem Klumpenrisiko gefuhrt. Ein Klumpenrisiko kann meist durch Diversifikations-Entscheidungen verringert werden.

Die Unterscheidung von Einzel- und Gruppenrisiko ist öfters eine Definitionssache: Beispielweise berührt der Zusammenstoss zweier Kfz, die bei zwei unterschiedlichen Unternehmen versichert sind, zwei Einzelrisiken bei den Versicherern. Das Risiko kann jedoch als Einzelrisiko betrachtet werden, wenn beide Kfz bei demselben Unternehmen versichert sind.

Objektives und subjektives Risiko

Ein **objektives Risiko** ist über eine Verteilungsfunktion und ihre Parameter messbar, schätzbar und bewertbar. Die Verteilungsfunktion wird empirisch aus Risikodaten ermittelt. Im Gegensatz hierzu ist ein **subjektives Risiko** gewöhnlich ein vom Entscheidenden **empfundenes Risiko**, dessen Höhe und Frequenz oder Häufigkeit nur subjektiv aufgrund von Meinungen und a-priori-Kenntnissen geschätzt werden kann. Man muss allerdings feststellen: Letztlich sind alle in der Praxis vorkommenden Risiken nur subjektiv einschätzbar, weil ihre Verteilungen gewöhnlich aus Stichprobendaten ermittelt werden. Die Einschätzung, welche Verteilung aus einer grossen Zahl möglicher Kandidaten ein Risiko zutreffend beschreibt, erfolgt weitgehend subjektiv.

Sachrisiko und Personenrisiko

Risiken werden auch danach unterschieden, ob sie die Sachen oder Werte der Aktiva, der Passiva bzw. ob sie den Ertrag der Unternehmen betreffen, oder ob sie Personen betreffen. Letzteres heisst meist, dass die Risiken entweder von den Mitarbeitern des Unternehmens verursacht werden – etwa bei einem Unterschlagungsfall – oder dass die Mitarbeiter vom Risiko betroffen werden, so z. B. bei Unfällen am Arbeitsplatz. Ein Sachrisiko wäre etwa das Risiko eines Forderungsausfalles, eines Maschinenbruchs, aber auch eines Gewinnes oder Verlustes von Marktanteilen.

Gefahren

Hier wird schon vom Begriff her nach dem Ursprung und den Auswirkungen eines Risikos unterschieden. Ein Betrugsrisiko im Unternehmen kann z. B. durch fehlbare Handlungen eines Mitarbeiters entstehen. Es handelt sich in der Regel um Schadensrisiken ohne Kompensationsmöglichkeiten durch positive Abweichungen, also um reine Risiken. Der Begriff ist negativ besetzt. Man unterscheidet:

- **Physische Gefahr**

Physische Eigenschaften von Prozessen und Produkten können das Risiko sowohl für Sach- als auch Personenschäden erhöhen. Mögliche Arbeitsunfälle werden durch die Art der physischen Fertigung beeinflusst – etwa durch die Verwendung einer elektrischen Säge –, verschiedene Baumaterialien – z. B. Holz im Hausbau – beinhalten verschiedene Brandgefahren, das Flachdach eines Produktionsgebäudes kann zu Frost- und Wasserschäden führen.

- **Moralische Gefahr (moral hazard)**

Man versteht darunter meist solche Gefahren, die aus den *charakterlichen Schwächen der Beteiligten* resultieren, die sich selber auf Kosten des Unternehmens begünstigen wollen. Das Unternehmen verfügt in der Regel nicht über genügend Informationen, um diese Gefahr richtig einzuschätzen. Beispiele sind Fälschungen im Rechnungswesen eines Unternehmens, die bei der Veröffentlichung der Resultate zu beabsichtigten Kurssteigerungen führen oder der Betrug beim Gebrauch von Kreditkarten durch den Karteninhaber selbst bzw. bei vom Versicherungsnehmer selber verursachten Kfz-Diebstählen oder Kfz-Schäden.

Schweizer Versicherer schätzen, dass mehr als 10% der bezahlten Schadenssumme eines Jahres durch das Eintreten moralischer Gefahren verursacht werden (vgl. Konzernbericht Basler Versicherungen 1998, S. 37-39).

- **Gefährdete Moral (morale hazard)**

Hierbei entstehen die Gefahren aus *Sorglosigkeit* oder durch *Verhaltensänderungen* von Personen, nachdem eine Risikoabsicherung erfolgt oder ein bestimmtes Anreizsystem eingeführt wurde. So verhalten sich Versicherungsnehmer nach dem Abschluss hoher Glasbruchversicherungen oder in der Krankenversicherung oft anders als vor Abschluss eines Versicherungsvertrages.

Einige Versicherungsnehmer entwickeln das Bedürfnis, die bezahlte Prämie wieder *„hereinholen"* zu wollen. Gefährliche Anreizsysteme bei der Bezahlung von Führungskräften, z. B. Abteilungsgewinne oder der Bezug von Aktienoptionen, können zu falschem wirtschaftlichen Verhalten führen, so beispielsweise zu Verteilungskämpfen zwischen den Unternehmensbereichen oder zu geschönten Berichterstattungen.

- **Adverse Selektion (adverse selection)**

Man versteht darunter die Gefahr einer *unerwünschten Selektion hoher Risiken* auf Grund vorgegebener wirtschaftlicher Anreizstrukturen. Ähnlich wie bei der moralischen Gefahr bzw. der gefährdeten Moral resultiert die Gefahr der adversen Selektion aus einer *Informationsasymmetrie* zwischen den Parteien, die Risiken transferieren oder versichern und den Unternehmen, die Risiken gegen Gebühr entgegennehmen und tragen.

Der Versicherungsnehmer weiss mehr über seine individuelle Schadenswahrscheinlichkeit als der Versicherungsgeber und kann sein Verhalten dementsprechend auswählen: Die Höhe einer Gebühr für die Übernahme von Risiken, meist eine Versicherungsprämie, mag im Schnitt aus Sicht der Versicherung für ein Kollektiv von Einzelrisiken angebracht sein. Da das Kollektiv aber sowohl gute – mit geringer Schadenswahrscheinlichkeit – als auch schlechte Risiken – mit grosser Schadenswahrscheinlichkeit – enthält, ist die Prämie für die guten Einzelrisiken im Prinzip zu hoch, für die schlechten Einzelrisiken zu niedrig. Dies führt oft zum Abwandern der guten Risiken zu einem billigeren Versicherungsgeber, während die im Kollektiv zurückbleibenden Risiken zu steigenden Prämien führen. Der Effekt ist vielfach bei den Krankenversicherungen zu beobachten und wird z. T. durch Zahlungen zwischen den Versicherungen ausgeglichen. Ähnlich führt die adverse Selektion im Unternehmensbereich dazu, dass Firmen mit einem nachlässigen Forderungsmanagement Kunden mit schlechter Zahlungsmoral anziehen. Um gute Kunden zu halten, müssen diesen unter Umständen Preiskonzessionen gemacht werden, was im Prinzip einer niedrigeren Risikoprämie entspricht.

- **Legale Gefahr**

Darunter versteht man schlecht prognostizierbare Gefahren, die aus den *nationalen oder internationalen Rechtssystemen* folgen können. Beispiele sind schlecht vorhersagbare Entwicklungen des Kartellrechts, die umfangreichen Produkthaftpflichtklagen in den USA, die Sammelklagen auf Entschädigung für nachrichtenlose Vermögen aus dem Zweiten Weltkrieg, Raucherklagen oder Klagen wegen HIV-verseuchten Blutkonserven etc.

- **Kriminelle Gefahr**

Man versteht darunter die *Gefahr von Fälschungen und Veruntreuungen* im Rechnungswesen, aber z. B. auch die Gefahren des Einbruchs oder der Entführung gegen Lösegeld. Ein Handelsunternehmen kann Schäden durch Ladendiebstahl nur weitgehend unterbinden, aber in dieser Risikosituation keinerlei Gewinnchancen wahrnehmen.

Finanzielles und nichtfinanzielles Risiko

Ein Grossteil der oben aufgeführten Risiken wird gewöhnlich finanziell bewertet, obwohl die Risiken meist nichtfinanzieller Art sind. Allerdings wird auch bei physischen, moralischen, legalen oder kriminellen Gefahren üblicherweise eine Regelung oder ein Ausgleich der entstandenen Schäden auf finanzielle Weise gesucht. Dabei wird bei der Regulierung der Auswirkungen eines eingetretenen Risikos der Ursprungszustand meist nicht wieder hergestellt. Ein abgebranntes Haus wird meist nicht in derselben Form wieder aufgebaut. Für einen Diebstahl erfolgt – ist er versichert – ein Barausgleich, auch wenn altes Familiensilber mit hohem emotionalem

Wert entwendet wurde. Bei einem **Reputationsrisiko** bzw. dem Risiko der Rufschädigung kann i.d.R. überhaupt keine Absicherung erfolgen. So entstanden im Falle der drohenden Versenkung der Bohrinsel Brent Spar (1995–98) im Atlantik nicht einklagbare hohe Schäden durch die Kaufzurückhaltung der Konsumenten an den Shell-Tankstellen bis die Ölplattform schliesslich zerlegt und nicht versenkt wurde.

Bei der Entscheidung über einzugehende Risiken orientiert sich der Ökonom oft am Konzept des **Nutzens**. Es stellt sich dann nach dem Motto *„Geld heilt vieles, aber nicht alles"* die Frage, ob eine finanzielle Risikobewertung als **Geldnutzen** dem wirklichen Nutzen entspricht.

Eine Vielzahl von Risiken ist jedoch rein finanzieller Natur und wird ausschliesslich finanziell bewertet und gehandelt, z. B. der Handel mit Wertschriften und Derivaten, aber auch der Handel mit Unternehmensrisiken (z. B. Forderungsabtretung oder **Factoring**). Mit dem Handel der Risiken sind **Zahlungsströme** von und zu den beteiligten Unternehmen, Institutionen und Personen verbunden (Ein- und Auszahlungen), die teils sicher (Prämieneinnahmen der Versicherer oder Kreditgeber), teils zufällig (Eintreffensereignisse nach Höhe und Frequenz) sind. Die je nach Risikoannahmen verschiedenen Zahlungsströme werden bei der Risikoprüfung vor einer Entscheidung häufig über eine **Diskontierung** auf einen Zeitpunkt bezogen und dann z. B. mit Hilfe ihres Barwertes oder ihres internen Zinsfusses nach ihrer Vorteilhaftigkeit verglichen.

Statisches und dynamisches Risiko

- **Statische Risiken** ändern sich bezüglich ihrer Parameter nicht oder nur wenig im Zeitablauf. Beispiele für statische Risiken sind Risiken aus physischer Gefährdung, etwa die Brandgefahr bei Holzhäusern, oder auch die moralische Gefahr, da ein *„Bodensatz"* an Unehrlichkeit schon immer zu berücksichtigen war. Statische Risiken lassen sich oft recht gut prognostizieren, kontrollieren und auch versichern.

- **Dynamische Risiken** ändern sich numerisch oder strukturell im Zeitablauf und sind schwerer vorhersagbar. Auch ihr Risikomanagement gestaltet sich schwieriger. Dynamische Risiken resultieren oft aus Änderungen der Umweltbedingungen, unter denen die Unternehmen arbeiten. Beispiele sind sich ändernde Wettbewerbsbedingungen, die auf dem Gebiet des Kartellwesens zu neuen Risiken führen, oder Änderungen des Verbraucherverhaltens bzw. ein erhöhtes Anspruchsdenken etwa im Zusammenhang mit dem Verbraucherschutz oder der Produkthaftpflicht. In Abb. 2.3. (oben) ist dies veranschaulicht.

Die Wahrscheinlichkeitsdichten oder -verteilungen einer Zufallsvariablen X ändern sich im Zeitablauf. Dies führt u. a. zu sich ändernden Erwartungswerten, Standardabweichungen oder beidem.

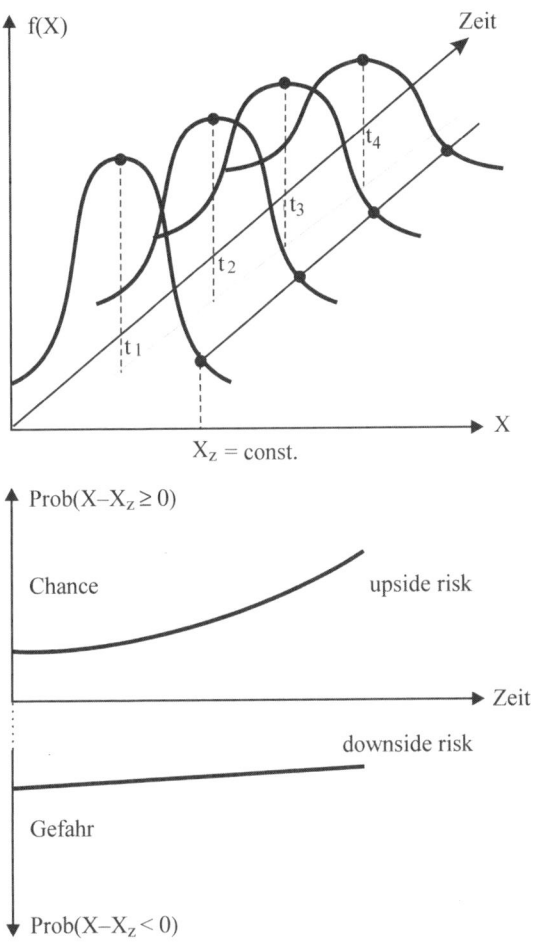

Abb. 2.3. Dynamische Risiken

Die Konsequenz ist ebenfalls dargestellt: Falls der Zielwert X_Z in Abb.
2.3. (oben) in der Zeit beibehalten wird, nimmt das Risiko positiver
Zielabweichungen bei bekannten Verteilungen mit der Zeit zu, wenn
die Verteilungen sich wie in Abb. 2.3. (oben) entwickeln. Das wesentlich grössere Risiko negativer Zielabweichungen nimmt unter diesen
Annahmen dann leicht ab.

Die sich langsam ändernde Lebenserwartung der Bevölkerung ist für
Betrachtungen im Rahmen der Renten- bzw. Pensions- und Lebensver-

sicherung eher bei den statischen Risiken anzusiedeln. Es werden keine plötzlichen Änderungen beobachtet, sondern sich dynamisch entwickelnde Verteilungen des Risikos, die prognostiziert und rechnerisch bei der Tarifbestimmung berücksichtigt werden können. Allerdings lässt sich die Lebenserwartung jetzt dreissigjähriger Schweizer Männer (z.B. wegen des medizinischen und technischen Fortschritts), die heute eine Lebensversicherung abschliessen, nicht gut für das Jahr prognostizieren, in dem sie 65 Jahre alt sein werden. Dies erfordert heute Risikoaufschläge bei der Prämienbestimmung oder Anpassungsklauseln in den Versicherungsverträgen (vgl. Riemer-Hommel u. Trauth, 2000).

Als **weltweiter Trend** wird seit einiger Zeit beobachtet, dass die **Schadenshöhe** und manchmal – insbesondere bei Naturkatastrophen – auch die **Schadensfrequenz** der meisten Risiken **zunimmt**. Dies liegt u.a. an der steigenden Bevölkerungszahl und Besiedlungsdichte sowie am zunehmenden Wert der kumulierten Investitionen bzw. Vermögenswerte, die gefährdet sein können. Hinzu kommt, dass heute mehr Risiken als früher versichert und damit in den Statistiken sichtbar werden.

Sehr seltene Risiken, die sehr grosse Werte annehmen können, lassen sich besonders schwer prognostizieren und abschätzen. Es gibt viele Hinweise dafür, dass solche Risiken in den letzten Jahren zugenommen haben. Beispiele hierfür sind Wirbelstürme, aber auch Terroranschläge.

Fundamentales und besonderes Risiko

Ein **fundamentales Risiko** ist weder von seinem Ursprung noch von seinen Folgen her an einzelne Personen gebunden. Es handelt sich um **Gruppenrisiken**, die in einer Volkswirtschaft, einem Staat, einer Branche oder einer Region entstehen. Beispiele sind das Risiko der Arbeitslosigkeit oder eines Krieges. Gewöhnlich trägt der Staat die Risiken, z.B. über eine staatliche Arbeitslosenversicherung oder über die Begründung der Polizei und einer Armee als Massnahme zur Risikominderung.

Ein **spezielles oder besonderes Risiko** resultiert aus einmaligen oder einzigartigen Ereignissen wie einem Brand, einem Bankeinbruch oder dem Kreditausfall bei einem bestimmten Schuldner.

2.3 Risikobereiche im Unternehmen

Die Risikobereiche eines Unternehmens sind so vielfältig wie die erläuterten Risikoarten. Sie können sowohl die innere als auch äussere Umwelt eines Unternehmens betreffen (vgl. Abb. 1.4. und Tabelle 1.1.).

Als **Risikobereiche der inneren Umwelt** sind **Organisationseinheiten** wie z. B. die Produktion, Finanzen, Personal, Einkauf, Verkauf, Marketing, Organisation, Verwaltung, Forschung und Entwicklung oder auch das Management bzw. die Unternehmensplanung anzusehen.

Die genannten Bereiche der inneren Umwelt können auch nach den unterschiedlichen Perspektiven der **Balanced Scorecard** klassifiziert werden (vgl. Kaplan u. Norton 1997, 2004; Horvath u. Partner 2000).

Man unterscheidet danach die

- Finanzperspektive,
- Kundenperspektive,
- Perspektive der Geschäftsprozesse und
- Lern- und Entwicklungsperspektive.

So gehört ein Debitorenrisiko primär zur Kundenperspektive mit kausalen Auswirkungen auf die Finanzperspektive. Lange Durchlaufzeiten in der Produktion oder eine hohe Reklamationsrate gehören primär zur Perspektive der Geschäftsprozesse, sekundär wieder zur Finanzperspektive.

Bei beiden Einteilungen werden also sowohl Risikobereiche betrachtet, die sich aus den eigentlichen unternehmerischen Aktivitäten ergeben, als auch Bereiche, die mehr personenbezogen definiert sind. Das Managementrisiko wird z. B. durch Ergebnisabweichungen verursacht, die von verschiedenen Personen des Managements verantwortet werden (vgl. Lück 2000).

Das **weitere Unternehmensumfeld** bzw. die **äussere Umwelt** weisen Risiken vor allem auf dem Finanzmarkt, Beschaffungsmarkt, Absatzmarkt, Exportmarkt, Rohstoffmarkt, Transportmarkt, Arbeitsmarkt, Informationsmarkt oder im Bereich der direkten Wettbewerber auf.

Ein finanzwirtschaftliches Risikomanagement (vgl. Oehler u. Unser 2002) wird im Bankenbereich schon seit langer Zeit betrieben. Seine Notwendigkeit und Bedeutung ist spätestens seit den Börsenturbulenzen des Jahres 2000 völlig unbestritten. Der Begriff des Risikomanagements wird deshalb auch für andere Unternehmenstypen häufig mit den Kapitalmärkten in Verbindung gebracht, obwohl sie vielfach weniger wichtig für die Risikosituation der Unternehmen sind. Die Anwendung des Risikomanagements auf die nichtfinanziellen Risikobereiche eines Unternehmens sollte deshalb noch weiter entwickelt werden.

Die Wichtigkeit der **Wettbewerbsstruktur** für die Chancen und Risiken eines Unternehmens wurde u.a. von Porter stark thematisiert (Porter 1980). Sein Erklärungsmodell unterscheidet fünf Faktoren, deren Analyse eine Beschreibung der jetzigen und zukünftigen Intensität des Wettbewerbs eines Marktes und der damit verbundenen Chancen und Risiken ergibt (vgl. auch Homburg 1998, S. 124–133). Die Faktoren sind:

- Bedrohung des Marktes durch neue Anbieter,
- Bedrohung des Marktes durch Substitute,
- Verhandlungsmacht der Abnehmer,
- Verhandlungsmacht der Lieferanten und
- Wettbewerbsintensität zwischen den derzeitigen Marktteilnehmern.

In der **äusseren Umwelt** liegen Risiken zudem in den Bereichen der Technologie und der natürlichen Umwelt sowie in den Bereichen Recht, Politik und soziale Systeme.

In diesem Zusammenhang fallen oft die folgenden Stichworte: Welthandel, internationale Beziehungen, Wechselkurse, gesamtwirtschaftliche Entwicklung, Bevölkerungsstruktur, gesellschaftliche Entwicklung, Wertvorstellungen, Ausbildung, Verkehr, Infrastruktur, Gesetzgebung, politische Entwicklungen, Wissenschaft, technische Entwicklungen und internationaler Wettbewerb (vgl. zur Beschreibung der unterschiedlichen Umwelten auch die Literatur zur Szenarioanalyse sowie v. Reibnitz 1987).

Die einzelnen Risikobereiche werden durch Risikoereignisse, ihre Auswirkungen, daraus resultierende Leitfragen, wichtige Kenngrössen oder mögliche Entwicklungen konkretisiert. Einige stichwortartige Beispiele sollen dies im Folgenden verdeutlichen (vgl. Nücke u. Feinendegen 1998, S. 19):

Äussere und weitere Umwelt

- **Natürliche Umwelt**
  - Reaktorunfall im Atomkraftwerk Tschernobyl/UdSSR 1987
  - Auswirkungen des Hurricans Andrew in den USA 1993
    (die Schadenssumme belief sich auf 17 Milliarden US-Dollar)
  - Erdbeben in San Francisco 1994, Türkei, Griechenland, Taiwan 1999
  - Unbekannte, bis dato nicht heilbare Krankheiten wie Aids und BSE

- **Recht, Politik und soziale Systeme**
  - Demographische Entwicklung in verschiedenen Ländern, Entwicklung der Sterbewahrscheinlichkeiten und ihre Auswirkungen auf Pensionsrückstellungen

- Unterschiedliche Rechtssysteme und Vertragsrisiken in verschiedenen Ländern
- Politische Unruhen
- Fallende Immobilienpreise und ihre Auswirkungen auf Pensionskassengelder
- Reputationsrisiken:
  Imageschäden durch falsche Publizität z. B. Brent Spar und Shell bzw. die vielfachen Bilanzfälschungen und finanziellen Manipulationen in der New Economy zu Beginn des 21. Jahrhunderts
- Neue Gesundheits- und Auszeichnungsvorschriften

- **Technologie**

  - Völlig neues Produktionsverfahren wird bekannt
  - Technologische Eigenentwicklung oder neue Technologie-Partnerschaften ergeben sich
  - Neue Technologie erweist sich als nicht wettbewerbsfähig

- **Kapitalmarkt**

  - Verschuldung der Staatshaushalte in den USA, D und F
  - Konkurs der Barings Bank 1995
  - Entwicklung der Aktien-, Erdöl- und Goldpreise
  - Zinsentwicklung in Europa oder in den USA
  - Entwicklung der Währungsparitäten

- **Absatz**

  - Ausschreibungen werden gewonnen oder verloren
  - Konjunktur- und Branchenentwicklung
  - Forderungsausfall: Ein grosser Schuldner zahlt nicht
  - Betrug mit Kredit- und Debitkarten

- **Beschaffung**

  - Lieferant liefert fehlerhafte Produkte
  - Drohende Veralterung von eingekauften Beständen
  - Im Unternehmen eingesetzte Ressourcen können zerstört (Feuer) oder in ihrem Einsatz behindert werden (Streik)
  - Risiko der technischen Veralterung *("obsolescence")*
  - Zu starke Abhängigkeit von wenigen Lieferanten

- **Wettbewerb**
  - Neue Wettbewerber aus Osteuropa erhalten Marktzugang
  - Zwei wichtige Wettbewerber fusionieren
  - Beeinflussung der Nachfrage z. B. durch Produktgestaltung, Werbung, Preis, Vorlieben der Kunden, Preise für komplementäre Produkte und Wettbewerbsprodukte

Innere Umwelt

- **Mitarbeiter**
  - Mangelnde Motivation
  - Hohe Fluktuationsrate
  - Neue Ausbildungsstandards
  - Sprachkenntnisse
  - Hoher gewerkschaftlicher Organisationsgrad

- **Finanzen**
  - Gesellschafter zahlen vereinbartes Kapital nicht ein
  - Bank verweigert Kreditvergabe
  - Kapitalkosten bzw. Zinsen variieren
  - Konkurs von Debitoren
  - Abweichung der geplanten und der tatsächlichen Erträge von durchgeführten Investitionen
  - Unerwartete Schadensersatzforderungen

- **Weitere Aspekte der inneren Umwelt**
  - Abweichungen bei der Konzentrations- oder Diversifikationsstrategie
  - Produktionsmaschine fällt aus
  - Zu lange Durchlaufzeiten in der Leistungserstellung und zu hohe Stückkosten
  - Zu hohe Kosten für Verwaltung und F&E
  - Erforderliche Produktqualität wird nicht erreicht
  - Verletzungsgefahr im Produktionsprozess
  - Umstellungsprobleme bei EDV-Systemen
  - Betrugsrisiko, Risiko der Betriebsunterbrechung, Verwaltungsrisiko

Statt die Risikobereiche der inneren und der äusseren Umwelt eines Unternehmens zu betrachten, wird oft auch nach *unternehmensexternen bzw. -internen Risiken* unterschieden (vgl. Nücke u. Feinendegen 1998). Dabei wird das unternehmensinterne Risiko weiter in leistungs- und finanzwirtschaftliche Risiken sowie Risiken aus **Corporate Governance** aufgeteilt. Abb. 2.4. zeigt eine entsprechende Aufteilung der Unternehmensrisiken.

Unternehmensrisiken	
Allgemeine externe Risiken	– Gesetzliche Vorschriften – Technologiesprünge – Naturgewalten – Politische Verhältnisse
Leistungswirtschaftliche Risiken	– Beschaffung – Absatz – Produktion – F & E
Finanzwirtschaftliche Risiken	– Marktpreise – Schuldnerbonität – Liquidität
Risiken aus Corporate Governance	– Organisation – Führungsstil – Kommunikation – Unternehmenskultur

Abb. 2.4. Beispiel einer Risikorasterung (Nücke u. Feinendegen 1998, S. 18)

Für eine realistische Einschätzung der einzelnen Risikobereiche und ihrer spezifischen Risikoaspekte ist die Kenntnis ihrer typischen **Charakteristika** wichtig.

Es ist jeweils zu prüfen, ob der Risikobereich oder der Risikoaspekt

- kurzfristig / langfristig wirkt,
- lokal, regional, national oder international bedeutend ist,
- genau oder nur ungenau abzugrenzen ist,
- durch einen geringen / grossen Unsicherheitsgrad gekennzeichnet ist,
- kurze oder lange Reaktionszeiten erfordert,
- grosse / kleine Risikohöhen annehmen kann,
- nur einmal, selten oder häufig auftritt,
- grosse / kleine Auswirkungen auf die Unternehmenssysteme hat oder
- qualitativ bzw. quantitativ messbar und beurteilbar ist.

Welche Risikobereiche mit welchen Ausprägungen für welche Unternehmen wichtig sind und wie die Eigenschaften eines Risikos im konkreten Fall aussehen, muss in jedem Unternehmen individuell geprüft werden.

Für das systematische Risikomanagement eines Unternehmens ist die schrittweise Ausführung der Prozessschritte **Risikoidentifizierung, Risikobeurteilung und -bewertung, Risikosteuerung und Risikocontrolling** von grosser Wichtigkeit. Diese Schritte werden in den Kapiteln vier bis sieben näher beschrieben und an Beispielen und Aufgaben eingeübt.

2.4 Prozess des Risikomanagements

Risikomanagement bedeutet, Risiken zu erfassen, begleitend zu überwachen und sie spätestens dann durch die geeigneten Massnahmen abzuwehren, wenn sie für die wirtschaftliche Lage des Unternehmens zur Gefährdung werden (vgl. Lück 2000).

Risikomanagement heisst auch, Chancen zu erkennen und ihre Realisierung aktiv zu fördern. Ein nur sporadisches Risikomanagement kann heute existenzbedrohend sein.

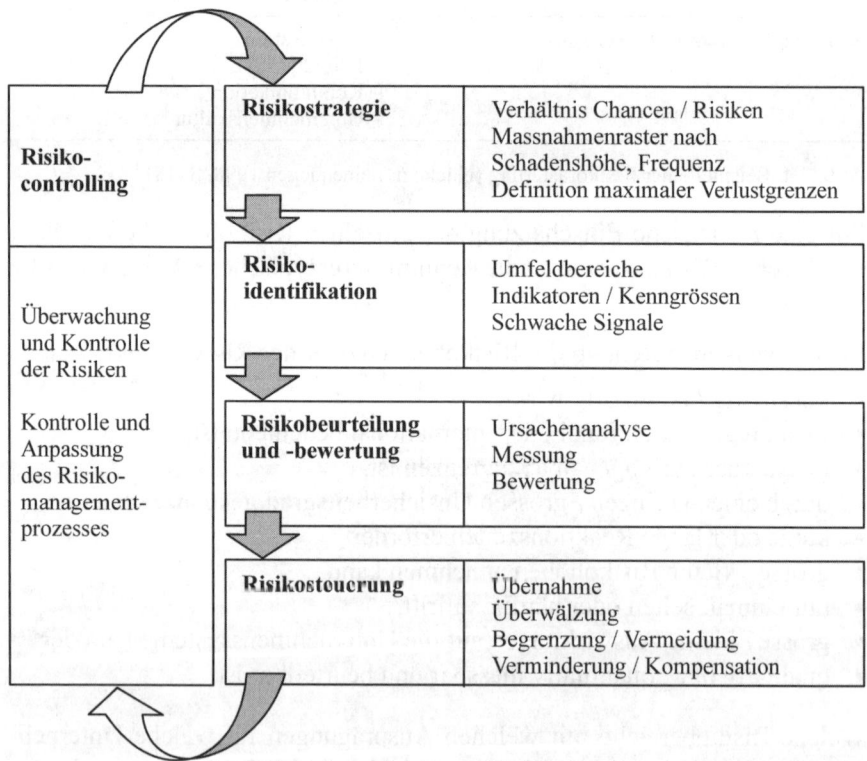

Abb. 2.5. Risikomanagement als Rückkopplungsprozess

Mit einem systematischen und regelmässig durchgeführten Risikomanagement werden bestehende und potenzielle Risiken aufgedeckt, eingeschätzt und handhabbar gemacht. Wie in Abb. 2.5. dargestellt, besteht das Risikomanagement aus einem Rückkopplungsprozess mit den Schritten Risikoidentifikation, Risikobeurteilung und -bewertung sowie der Risikosteuerung. Die Rückkopplung der Schritte wird dabei im Wesentlichen durch das Risikocontrolling bewirkt (vgl. Doherty 1985, S. 24-38; Doherty 2000; Burger u. Buchhart 2002, S. 31; Nücke u. Feinendegen 1998; Lück 2000; Hölscher 2002, S. 3-31; Wolf u. Runzheimer 2003).

Neue Erkenntnisse, neues Wissen und Daten aus dem Risikocontrolling sind laufend bei der Risikoidentifikation, bei der Risikoanalyse und -bewertung wie auch bei der Risikosteuerung zu berücksichtigen. Die einzelnen Prozessschritte sollen zudem neuen Unternehmensgegebenheiten so angepasst werden, dass das System des Risikomanagements immer aktuell, effektiv und effizient bleibt.

Risikostrategie

Vor oder zu Beginn des eigentlichen Risikomanagementprozesses muss ein Unternehmen seine Risikoeinstellung und Risikophilosophie klären. In diesem Kontext müssen Vorgaben für die Handhabung von Risiken, so genannte **Risikostrategien**, entwickelt werden. Risikostrategien legen z. B. fest, welche Risiken das Unternehmen überhaupt eingehen will, welches Verhältnis von Chancen und Risiken in den einzelnen Unternehmensbereichen und im Gesamtunternehmen mindestens eingehalten werden muss, ab welcher Schadenshöhe Massnahmen zur Risikosteuerung einzuleiten sind oder wie hoch die maximale Verlustgrenze für einzelne Bereiche oder das Gesamtunternehmen ist (vgl. Lück 1998, S.1926 und die dort angegebene Literatur). Hierbei ist die Risikostrategie als Teil der Unternehmensstrategie zu sehen. So entwickeln innovative Unternehmen, die neue Produkte auf neuen Märkten vertreiben, völlig andere Risikostrategien als Unternehmen mit etablierten Markenprodukten auf wohlbekannten Märkten. Deckt sich die Risikostrategie nicht mit der tatsächlichen Risikosituation eines Unternehmens, so muss die Risikostrategie oder die Risikohandhabung überdacht und der Regelkreis von Abb. 2.5. entsprechend angepasst werden.

Risikoidentifikation

Die **Risikoidentifikation** hat die Aufgabe, alle relevanten Risiken zu erfassen, z. B. alle Gefahrenquellen, Schadensursachen oder Störpotenziale, aber auch die damit verbundenen Chancen aufzudecken. Diese Risiken stehen im Zusammenhang mit der unternehmerischen Tätigkeit. Die Risikoidentifikation ist gegenwarts- und zukunftsbezogen. Sie sollte die Einzelrisiken, die die Unternehmensziele beeinflussen können, vollständig, permanent, rechtzeitig, vorausschauend, möglichst aktuell und wirtschaftlich erfassen (vgl. Burger u. Buchhart 2002, S. 31-32; Wolf u. Runzheimer 2003, S. 41-42).

Gesamtrisiken oder **aggregierte Risiken** – wie sie etwa aus der Konjunktur eines Landes oder einer Branche folgen – müssen ebenfalls erfasst werden, wenn sie sich auf das Unternehmen auswirken.

Ein wichtiges Instrument der Risikoidentifikation sind die **Frühwarnsysteme**. Neben diesem Begriff werden auch häufig die Begriffe Früherkennungssysteme und Frühaufklärungssysteme verwendet. Die drei Begriffe werden entweder synonym verwendet oder sie kennzeichnen zeitliche Entwicklungsstufen des Risikomanagements. Frühwarnsysteme sind betriebliche Informationssysteme, die die Aufgabe haben, Bedrohungen und Chancen aus dem innerbetrieblichen Bereich und aus der Umweltentwicklung systematisch zu erfassen und aufzuzeigen (vgl. z. B. Ansoff 1976; von Löhneysen 1982; Krystek u. Müller-Stewens 1993; Liebl 1996; Bennert 2004, S. 11-14 und die dort angegebene Literatur).

Es wird zwischen drei Generationen von Frühwarnsystemen unterschieden (vgl. Abb. 2.6.). Die **erste Generation** dient der Frühwarnung im eigentlichen Sinne. Die Systeme entsprechen einem Informationssystem mit kurzfristigem Ausblick, das sich im Wesentlichen auf reine Risiken konzentriert und die mit den Risiken verbundenen Chancen ausser Acht lässt. Zur quantitativen Beschreibung der Risiken werden Kennzahlen und Kennzahlensysteme verwendet. Die Systeme der ersten Generation arbeiten vorwiegend mit dem Zeitvergleich von Kennzahlen und deren Planhochrechnungen (*Soll-Ist-Vergleich*). Sie sind überwiegend vergangenheits- bis gegenwartsorientiert und haben dadurch nur eine begrenzte Frühwarnwirkung. Beispiele für Kennzahlen, die in den Systemen Verwendung finden, sind z. B. Arbeitslosenquoten, der Energieverbrauch, Lohnanstiegsraten, Gewinne nach Steuern, Umsatz, fixe Kosten, variable Kosten etc.

Die bisher grösste praktische Bedeutung haben die Systeme der **zweiten Generation** erreicht. Häufig werden sie auch Früherkennungssysteme genannt, da neben den Risiken auch die Chancen erfasst und beschrieben werden. Ihr Fokus ist die systematische Suche und Beobachtung von relevanten Erscheinungen oder Entwicklungen innerhalb und ausserhalb des Unternehmens, die bereits **latent vorhandene Risiken oder Chancen** beschreiben können. Hierzu werden quantitative und qualitative Indikatoren benutzt, die auf wichtige Umweltentwicklungen hinweisen. Beispiele für solche Indikatoren sind das Geschäftsklima, die Auftragseingänge einer

Branche, Investitionstendenzen, Volumen bekannter Rohstoffvorkommen, die Preis- und Programmpolitik der Konkurrenz und die Kosten des Unternehmens im Vergleich zur Konkurrenz etc.

Während Frühwarnsysteme der zweiten Generation das frühzeitige Reagieren auf latente Entwicklungen ermöglichen sollen, wollen Systeme der **dritten Generation** den Unternehmen den Entscheidungsspielraum zum frühzeitigen strategischen Agieren eröffnen. Hiermit verknüpft ist Ansoffs Konzept der *„schwachen Signale"* und die Idee des **strategischen Unternehmensradars** (vgl. Ansoff 1976, Ansoff et al. 1976).

Schwerpunkt	*Umfang*	*Ausrichtung*	*Zielorientierung*	*Zeit*
1. Generation **Frühwarnung**	Risiken	kurzfristig	Kennzahlen	~ Beginn 70iger Jahre
2. Generation **Früherkennung**	Risiken Chancen	längerfristig	Indikatoren	~ Ende 70iger Jahre
3. Generation **Frühaufklärung**	Risiken Chancen Potenziale	strategisch	Strategisches Radar, schwache Signale	~ Ende 80iger Jahre

Abb. 2.6. Entwicklungsstufen von Frühwarnsystemen

Es wird davon ausgegangen, dass Diskontinuitäten in der Umweltentwicklung zwar schwer vorhersehbar sind, dass sie sich jedoch durch schwache Signale vor ihrem Eintreten abzeichnen. Diskontinuitäten werden z.b. durch Strukturbrüche, Richtungsänderungen bei Entwicklungen, Unstetigkeiten oder Niveauänderungen verursacht. Schwache Signale sind schlecht definierte Informationen, die für den Empfänger äusserst unscharf und widersprüchlich sein können und ihn in einem Stadium hoher Ignoranz belassen. Sie erlauben unterschiedliche Interpretationen von Ursache- und Wirkungssystemen und implizieren somit sehr schlecht strukturierte Probleme. Dieser Situation entziehen sich die Unternehmen häufig dadurch, dass sie mit Entscheidungen abwarten, bis sich die Signale eindeutig interpretieren lassen und dann Anlass zum konkreten Handeln geben. Dadurch verliert das Unternehmen Entscheidungsspielräume und wertvolle Zeit zum Handeln, was zu Unterlassungsfehlern *(„errors of ommission")* führen kann. Statt auf sich abzeichnende Risiken proaktiv zu handeln, wird erst auf bereits eingetretene Umweltentwicklungen reagiert. Beispiele für Systeme der 3. Generation sind etwa die vom *Club of Rome* ausgearbeitete Zukunftsszenarien (vgl. www.clubofrome.org, Stand 01. 04. 2004), oder Prognosen über die soziodemographische Entwicklung in den europäischen Ländern für die nächsten dreissig Jahre, Konzepte für Schienenleitsysteme für den Strassenverkehr, die futuristisch anmutenden Beschreibungen der Rüstungs- und Weltraumprogramme einzelner Staaten bis zur Mitte des 21. Jahrhunderts oder prognostizierte Technologieentwicklungen in wichtigen Produktsegmenten usw.

Die **Balanced Scorecard** kann als strategische Erweiterung der Frühwarnsysteme aufgefasst werden, da sich die Unternehmen bei ihrer Einführung explizit auf die nachvollziehbare und messbare Strategieformulierung und -umsetzung konzentrieren. Dabei werden explizit Ursache und Wirkungsbeziehungen abgebildet und oft auch quantitativ ausgewertet (vgl. Kaplan u. Norton 1997, 2004; Gehringer 2000; Wolf u. Runzheimer 2003).

Risikoanalyse, Beurteilung und Bewertung

Der zweite Schritt des Risikomanagementprozesses beinhaltet die Analyse der Risiken. Schwerpunkte hierbei bilden die **Risikobeurteilung** und die **Bewertung** der identifizierten Risiken.

In einem ersten Schritt dieser Prozessphase wird die Frage nach den Ursachen der Risiken bzw. nach den relevanten Ursache- und Wirkungssystemen beantwortet. Dadurch soll einerseits sichergestellt werden, dass die wirklichen Gründe für die identifizierten Risiken erkannt werden und nicht nur die Symptome. Andererseits soll durch die Analyse festgestellt werden, welche Risikoursachen vom Unternehmen selbst beeinflusst werden können und welche Ursachen z. B. als aggregierte Risiken weitgehend exogen sind und damit vom Unternehmen nicht oder nur sehr schwer beeinflusst werden können. Somit erhält man erste Hinweise auf die Möglichkeiten einer aktiven oder eher passiven Risikosteuerung der einzelnen Risiken für den Prozessschritt der Risikosteuerung.

Hinweise auf die Risikoprioritäten, d.h. darauf, welche Risiken im Prozess des Risikomanagements zuerst behandelt werden sollen, erhält man aus einer Grobrasterung der Risiken in die drei Klassen **geringes, mittleres und hohes Risiko**. Diese Bewertung kann entweder aufgrund von allgemeinen Überlegungen vorgenommen werden, oder sie baut auf einer getrennten Bewertung der mittleren Schadenshöhe ($\overline{S}$) pro Risikofall und seiner mittleren Schadensfrequenz, Häufigkeit bzw. Wahrscheinlichkeit ($\overline{p}$) pro Periode auf. Die Schadenshöhe entspricht dem bei einem Risikoereignis drohenden Vermögensverlust (vgl. Lück 1998, S. 1927). Daraus lässt sich ein Schätzwert für den **erwarteten Gesamtschaden** $\varepsilon\{S\}$ eines Risikos pro Periode durch Multiplikation von geschätzter mittlerer Schadenshöhe und -frequenz bzw. -wahrscheinlichkeit pro Periode über $\varepsilon\{S\} = \overline{S} * \overline{p}$ berechnen.

Diese Beziehung gilt, wenn die Schadenshöhe und die Schadensfrequenz unkorreliert sind, was in der Praxis meist der Fall ist. Die Risikosituationen können dabei durchaus noch so unklar, unsicher oder unscharf sein, dass zum aktuellen Zeitpunkt der Analyse realistische Schätzungen der Auswirkungen nicht möglich sind. Über die Bewertung und Risikoabschätzung wird allerdings eine frühzeitige Sensibilisierung des Managements für die involvierten Grössenordnungen und die Risikofolgen möglich.

Risikosteuerung

Bei der **Risikosteuerung** oder **Risikohandhabung** geht es letztendlich um die adäquate Behandlung der identifizierten und bewerteten Risiken.

Ansatzpunkte für Risikomassnahmen bilden die Wichtigkeit oder Risikoklasse, die Schadenshöhe und die Schadensfrequenz bzw. -wahrscheinlichkeit. Als Massnahmen der Risikosteuerung gelten die Risikovermeidung, die Verminderung der Risiken, ihre Begrenzung, ihre Übernahme durch das eigene Unternehmen oder die Risikoüberwälzung auf andere (vgl. z. B. Burger u. Buchhart 2002, S. 49 ff; Lück 1998, S. 1927-1928; Wolf u. Runzheimer 2003, S. 86-96). In Kapitel 6 wird auf die sich dabei bietenden Möglichkeiten näher eingegangen.

Die **Risikovermeidung** hat einen defensiven Charakter und bringt einen Verzicht auf risikobehaftete Geschäfte mit sich. Häufig hat das Unternehmen in diesem Fall selbst wenig bis keinen Einfluss auf die Risiken. Mit dem Verzicht auf das Risiko geht auch ein Verzicht auf das Chancenpotenzial eines Geschäftes einher. Beispiele sind die Aufgabe oder der Verkauf von unprofitablen Geschäftsfeldern, der bewusste Verzicht auf die Erschliessung eines riskanten Marktes oder die Kündigung einer Geschäftsbeziehung wegen eines zu hohen Debitorenrisikos.

Bei der **Risikoreduktion** wird das Chancenpotenzial bewusst erhalten. Es wird aber versucht, die Schadenshöhe bzw. die Schadensfrequenz in der gewünschten Richtung zu beeinflussen bzw. zu begrenzen. Typische Instrumente der Risikoreduktion sind die Limitierung der Schadenshöhe oder die Anwendung von Schutz- und Sicherungsmassnahmen zur Reduzierung der Risikowahrscheinlichkeit. Auch die Gestaltung eines ausgeglichenen Risikoportfolios mit kleinen, mittleren und hohen Risiken kann zu einer Risikoreduktion führen. Sind die Risiken wenig oder sogar negativ miteinander korreliert, kann dies für die Einzelrisiken aufgrund von Stichprobeneffekten zu einem reduzierten Risiko führen. Man nennt dies auch einen **Diversifikationseffekt** oder einen so genannten **Risikoausgleich im Kollektiv oder in der Zeit**.

Eine **Risikobegrenzung** kann durch organisatorische Anweisungen, wie z. B. keine Risiken über 100 (TGE) im Einzelfall einzugehen, aber auch durch den Kauf von derivativen Anlageprodukten mit eingebauter Gewinn- oder Verlustbegrenzung oder durch den Abschluss von Rückversicherungsverträgen erreicht werden. In den Kapiteln fünf und sechs wird näher auf solche Möglichkeiten eingegangen.

Das Unternehmen kann **Risiken** auch **selber tragen** bzw. übernehmen. Hierfür bieten sich z. B. Risiken an, die sehr unwahrscheinlich sind oder die nur eine geringe Schadenshöhe haben. Massnahmen der Risikosteuerung bei einer Risikoübernahme können z. B. die Berechnung von Risikozuschlägen auf die Umsätze mit riskanten Kunden oder Rückstellungen für Geschäftsrisiken sein. Aber auch gegenläufige Geschäfte zu Finanzanlagen über Finanzderivate oder die Absicherung von Warengeschäften über Warentermingeschäfte fallen darunter. Schliesslich kann sich ein Unternehmen durch Begründung einer eigenen Versicherungsgesellschaft, einer so genannten **Captive Insurance Company**, mit eigenen Mitteln versichern. Es gibt jedoch auch Risiken, die ein Unternehmen akzeptieren und selber tragen muss, ohne sie beeinflussen, vermeiden oder abfangen zu können. Beispiel ist die Auswirkung des allerdings nicht sehr wahrscheinlichen Todes eines wichtigen Mitarbeiters.

Ganz typisch ist auch das **Überwälzen von Unternehmensrisiken** auf andere Vertragsparteien. Darunter fallen beispielsweise die Sachversicherungen (z. B. gegen Feuer-, Wasser-, Sturm- oder Einbruchsschäden), die Haftpflichtversicherung (z. B. gegen Personen-, Sachwert- oder Vermögensschäden) oder die Zusatzversicherungen (z. B. Reiserücktrittsversicherung). Weitere Beispiele sind das Outsourcen von Teilleistungen eines Unternehmens. Auch das Factoring – das Abtreten von riskanten Forderungen an Spezialisten – fällt darunter.

Risikocontrolling

Prozessbegleitend wirkt das **Risikocontrolling**. Es hat zwei Hauptaufgaben: die Überwachung und Kontrolle der Einzelrisiken sowie die Kontrolle und Anpassung des Risikomanagementprozesses (vgl. Burger u. Buchhart 2002, S. 52 -59).

Die Überwachung und **Kontrolle der Einzelrisiken** beinhalten eine Analyse der Soll-Ist-Abweichung bei der Entwicklung oder Bearbeitung der bekannten Risiken. Bei identifizierten Abweichungen schliesst sich eine Ursachenanalyse an sowie Überlegungen, wie die Risikoabweichungen zu behandeln sind. Diese Aufgabe des Risikocontrollings wird vornehmlich in den einzelnen Abteilungen und Unternehmensbereichen bearbeitet.

Bei der Überwachung und Kontrolle der Einzelrisiken wird zusätzlich auch ständig hinterfragt, ob die verwendeten Risikokenngrössen noch die richtigen sind, ob neue Risiken hinzugekommen oder Risiken weggefallen sind und ob die Beurteilung und Bewertung der Risiken noch angemessen ist. Es geht hier um die Prüfung der Vollständigkeit, der Richtigkeit und der Methodenauswahl für die Risikoidentifikation und -bewertung, die sowohl abteilungs- und bereichsbezogen als auch unternehmensbezogen durchgeführt wird.

Ein abteilungs- und bereichsübergreifendes Controlling hat die Aufgabe, in regelmässigen Abständen die gesamte Risikosituation des Unternehmens systematisch aufzubereiten und darzustellen. Auf diese Weise soll ein umfassender *„Überblick über die bestehenden und potentiellen Risiken sowie über die in der zu untersuchenden Periode eingetretenen Schäden"* (Lück 1998, S. 1928) gegeben werden. Einzelne Aspekte dieser Analyse fasst Abb. 2.7. zusammen.

Aufarbeiten der bestehenden und potenziellen Risiken	– Identifizierte bestehende und potenzielle Risiken – Ursachen für die identifizierten Risiken – Verknüpfungen/Korrelationen der identifizierten Risiken – Schadenserwartungswert und Frequenz der identifizierten Risiken – Geplante Massnahmen zur Steuerung der identifizierten Risiken
Aufarbeiten der eingetretenen Schäden	– Erfassung der Schäden, die in der zu untersuchenden Periode tatsächlich eingetreten sind – Ursachen für die eingetretenen Schäden – Höhe und Häufigkeit der eingetretenen Schäden – Massnahmen, die zur Vermeidung oder zur Verminderung der eingetretenen Schäden eingesetzt wurden Schadenshöhe der eingetretenen Schäden, die das Unternehmen nach dem Einsatz der Massnahmen zur Überwälzung selber tragen muss – Massnahmen zur Kompensation der eingetretenen Schäden – Beurteilung der angewandten Massnahmen nach Abschluss der Risikobehandlung

Abb. 2.7. Aspekte der Gesamtrisikosituation (nach Lück 1998, S. 1928)

Parallel zur Überwachung und Kontrolle der Einzelrisiken erfolgt die zweite Aufgabe des Risikocontrollings, die **Kontrolle und Anpassung des Risikomanagementprozesses**. Der Fokus dieser Controllingaufgaben liegt auf der Begutachtung und Verbesserung der Effektivität und Effizienz der Prozessschritte und ihrer Verknüpfung. Besonderes Augenmerk wird dabei dem Vergleich der aktuellen Gesamtrisikosituation des Unternehmens mit den Vorgaben der Risikostrategie gewidmet.

Im Rahmen des Soll-Ist-Vergleichs wird geprüft, ob die eingeleiteten Massnahmen des Risikomanagements die Zielvorgaben der Risikostrategie erfüllen – wie z. B. die Einhaltung vordefinierter Verlustgrenzen oder eines ausgewogenen Verhältnisses von Chancen und Risiken. Ergeben sich bei dieser Analyse Abweichungen, so muss die Risikostrategie neu überdacht und angepasst werden. Solche Änderungen müssen dann bei der Risikoidentifikation, Risikobeurteilung und -bewertung sowie bei der Risikohandhabung berücksichtigt werden.

Es wird deutlich, dass das Risikocontrolling die anderen Prozessschritte ständig begleitet. Risikocontrolling muss sowohl dezentral als auch zentral betrieben und verankert werden. Wesentlich zum Erfolg des Risikocontrollings trägt die Risikokultur des einzelnen Unternehmens und das Risikobewusstsein jedes einzelnen Mitarbeiters bei.

2.5 Übungsaufgaben

Aufgabe 2.5.1: Klassifikation von Risiken

Klassifizieren Sie die unten aufgeführte Sammlung von Risiken nach folgenden Kriterien:

- Personen- oder Sachrisiko / -schaden
- Aktiv-, Passiv- oder Ertragsrisiko
- Zweckmässige Massnahmen einer Risikosteuerung
- Behandlung des Risikos beim Betroffenen, einem Risikoträger (Staat / Versicherer / Bank etc),
  Finanzierung der Risikoabsicherung und eines Schadensfalls selber
- Risikofrequenz (häufig / selten)
  und Höhe des Schadens (hoch / mittel / niedrig)

Risikosammlung (vgl. auch Swiss Re 2004):

1. World Trade Center 2001,
   geschätzte Schadenssumme 40 Milliarden US-Dollar
2. Chernobyl 1987
3. Hurricane Andrew 1993,
   Schadenssumme 17 Milliarden US-Dollar

4. Attentat World Trade Center 1993,
   50% der eingemieteten Firmen danach in Konkurs
5. Erdbeben San Francisco 1994,
   Türkei, Griechenland, Taiwan 1999
6. Konkurs Barings Bank 1995
7. Zahlungsprobleme der Gemeinde Leukerbad/CH
8. Aktien-, Erdöl- und Goldpreise
9. Sterbewahrscheinlichkeiten
10. Hausbrand
11. Produktionsmaschine fällt aus
12. Forderungsausfall, Schuldner zahlt nicht
13. Krankheit vor Reiseantritt
14. Gesellschafter zahlen vereinbartes Kapital nicht ein
15. Gesetzliche Rentenversicherung im Umlageverfahren
16. Pensionskassengelder und fallende Immobilienpreise
    bzw. Immobilienmieten
17. Unbekannte schlecht heilbare Krankheit, z.B. BSE
18. Absturz eines Bergsteigers in der Eiger-Nordwand
19. Spitalaufenthalt
20. Risikopatienten mit Übergewicht und hohem Blutdruck

Aufgabe 2.5.2: Einflussfaktoren auf Kfz-Schadensfälle

In der nachfolgenden Tabelle sind die Schadensfälle der letzten fünf Jahre
für 40 Personen, die eine Kfz-Versicherung abgeschlossen haben, und die
Werte einiger möglicher Einflussfaktoren enthalten.

Diese sind

- das Geschlecht (m / w),
- die Anzahl Jahre seit Erhalt des Führerscheins,
- die PS-Zahl des gefahrenen Fahrzeugs,
- der Wohnort (Grosstadt (GS) / Kleinstadt (KS) / Land (LA)).

Untersuchen Sie die Abhängigkeit der Schadenszahl von den einzelnen
Einflussfaktoren mit Hilfe grafischer Darstellungen, deskriptiver Auswertungen und einfacher Regressionsmodelle, die Sie z. B. aus der Statistik
kennen. Lassen Sie sich hierbei von Excel, SPSS oder ähnlicher Software
bei der Analyse unterstützen.

Fall Nr.	Zahl Unfälle	Geschlecht	Jahre Führerschein	PS-Kfz	Wohnort	Fall Nr.	Zahl Unfälle	Geschlecht	Jahre Führerschein	PS-Kfz	Wohnort
1	0	w	4	60	KS	21	4	m	2	120	GS
2	0	w	5	40	LA	22	1	w	5	35	LA
3	1	w	2	50	GS	23	0	m	9	35	KS
4	0	m	2	30	LA	24	1	m	2	60	KS
5	2	m	1	50	GS	25	0	m	0	40	GS
6	1	w	0	30	GS	26	2	w	2	80	GS
7	0	w	0	30	KS	27	2	m	1	70	LA
8	0	m	6	40	LA	28	0	w	20	40	LA
9	3	m	1	80	GS	29	0	w	35	40	KS
10	1	w	2	50	LA	30	1	m	4	40	LA
11	0	w	1	30	KS	31	1	w	2	60	GS
12	2	m	1	60	GS	32	2	m	1	80	GS
13	4	m	2	100	GS	33	0	w	7	60	GS
14	5	m	0	120	GS	34	0	w	18	50	KS
15	0	w	8	30	GS	35	1	m	4	50	KS
16	0	m	1	50	KS	36	3	m	1	100	GS
17	0	m	15	40	LA	37	2	m	2	90	GS
18	2	m	4	70	GS	38	6	m	0	140	GS
19	3	w	2	90	GS	39	0	w	20	40	KS
20	1	w	6	40	KS	40	0	w	8	30	LA

Aufgabe 2.5.3: Klassische Risikokennzahlen des Controllings

Diskutieren Sie klassische Kennzahlen des Controllings, mit denen Sie Risiken in den Aktiva, den Passiva und der Ertragsrechnung analysieren können. Benutzen Sie zur Illustration das folgende Beispiel:

Bilanz Unternehmen A

Zeile	Planjahr	1	2	3	4
1	Liquide Mittel	20	30	40	50
2	Forderungen	10	10	10	10
3	Vergebene Darlehen	0	0	0	0
4	Lagerbestände	50	75	100	130
5	Anlagevermögen	20	20	20	30
6	Gesamte Aktiva	100	135	170	220
7	Kurzfristige Verbindlichkeiten	10	35	60	80
8	Langfristige Verbindlichkeiten	15	10	10	15
9	Darlehen	5	5	10	10
10	Aktienkapital	50	55	55	75
11	Rücklagen	10	10	15	20
12	**Gewinne**	**10**	**20**	**20**	**20**
13	Gesamte Passiva	100	135	170	220

Erfolgsrechnung Unternehmen A

14	Umsätze	100	150	200	250
15	Variable Kosten	80	110	150	190
16	Abschreibungen	4	5	5	6
17	Sonstige variable Aufwendungen	6	15	25	34
18	**Gewinne**	**10**	**20**	**20**	**20**

Definieren Sie horizontale / vertikale und langfristige / kurzfristige Bilanz-kennzahlen und diskutieren Sie den Zusammenhang der Kennzahlen mit den Ursachen möglicher Risiken, die sich in den Kennzahlen niederschlagen.

Ist eine hohe Eigenkapitalausstattung bzw. ein hoher Liquiditätsgrad nur positiv zu interpretieren, oder können hohe Werte auch auf Risiken hinweisen? Gibt es sinnvolle Ober- bzw. Untergrenzen als Richtwerte für einzelne Kennzahlen?

Aufgabe 2.5.4: Einflussfaktoren Kreditrisiken

Eine Bank möchte ihre Forderungsausfälle aus vergebenen Firmenkrediten möglichst klein halten. Im Sinne der Risikovermeidung sollen als riskant eingestufte Firmen im Rahmen der Risikosteuerung in Zukunft keine Kredite mehr erhalten, wenn der Bank nicht „wasserdichte" Sicherheiten eingeräumt werden.

Das Risikocontrolling der Bank ist der Meinung, dass insbesondere die folgenden Faktoren einen Einfluss darauf haben, ob eine Firma für Kredite als riskant („R") oder als von guter Bonität („B") eingeschätzt wird:

* Eigenkapitalquote (%)
* Umsatzrentabilität (%)
* Liquidität 3. Grades (Umlaufvermögen / kurzfrist. Fremdkapital (%))
* Rating Managementqualität 1–10 (10 „sehr gut", 1 „sehr schlecht")

In der folgenden Tabelle sind die Kennzahlen für jeweils zehn riskante Firmen und jeweils zehn Firmen guter Bonität angegeben, deren Entwicklung (Erfolg / Misserfolg) die Bank einige Zeit verfolgt hat.

Analysieren Sie die Verteilungen der einzelnen Faktoren für die beiden Gruppen und bestimmen Sie den Einflussfaktor, der für ein Kreditrating am wichtigsten erscheint. Benutzen Sie zur Lösung ihre Statistikkenntnisse und lassen Sie sich z. B. von Excel, SPSS oder anderer Software bei der Analyse unterstützen.

Firma Nr.	Einschätzung	Eigenkapital	Umsatzrendite	Liquidität 3	Rating Managmt.
1	B	25.00	10.00	2.00	6.00
2	B	30.00	8.00	2.50	7.00
3	B	45.00	7.00	1.90	10.00
4	B	50.00	2.00	1.80	5.00
5	B	60.00	15.00	3.00	7.00
6	B	35.00	12.00	2.30	6.00
7	B	25.00	5.00	2.20	9.00
8	B	50.00	9.00	1.70	5.00
9	B	55.00	7.00	2.20	9.00
10	B	45.00	8.00	2.40	10.00
11	R	18.00	4.00	1.20	5.00
12	R	15.00	3.00	1.20	3.00
13	R	24.00	2.00	1.60	4.00
14	R	30.00	−3.00	1.30	2.00
15	R	15.00	−2.00	0.00	7.00
16	R	22.00	4.00	2.30	2.00
17	R	26.00	2.00	2.00	5.00
18	R	16.00	5.00	2.80	4.00
19	R	14.00	1.00	3.30	3.00
20	R	17.00	1.00	2.20	6.00

Aufgabe 2.5.5: Kennzahlen, Indikatoren

Die Firma OILY ist ein international tätiges Unternehmen aus der Erdölbranche.

a) Beschreiben und begründen Sie fünf Risikobereiche, die für OILY wesentlich sein könnten.

b) Bestimmen Sie für den Beschaffungsmarkt und den Absatzmarkt von OILY je 3 Kennzahlen, 2 Indikatoren und 1 schwaches Signal, die Elemente eines Frühwarnsystems der ersten, zweiten oder dritten Generation sein könnten.

3 Entscheidungen bei Sicherheit und Unsicherheit

Bisher wurden Entscheidungssituationen unter Sicherheit von Situationen mit Risiko unterschieden. Der Risikobegriff soll nun präzisiert werden. Im Gegensatz zum täglichen Sprachgebrauch verwendet die Entscheidungstheorie statt des Risikobegriffes den allgemeineren Ausdruck der **Unsicherheit**. Man versteht darunter das **subjektiv empfundene Risiko** oder die **Ungewissheit** über die Konsequenzen unternehmerischer Entscheidungen (vgl. auch Helten 1994, S. 3-4). Die Unsicherheit resultiert ganz wesentlich aus **Informationsmängeln** bzw. **Informationsasymmetrien** zum Zeitpunkt einer Entscheidung oder aber aus einer an sich unsicheren Umgebung des Unternehmens. In diesem Fall verringern auch die besten Informationen nicht die Unsicherheit. Zufällige und nicht erklärbare *Restrisiken* sind nicht im Einzelnen prognostizierbar und antizipierbar. Daher sind sie auch nicht steuerbar und das Management muss mit Ad-hoc-Massnahmen auf die Restrisiken reagieren.

Unsichere Entscheidungssituationen werden nachfolgend genauer nach der Natur der Unternehmensumwelt unterschieden. Dabei zeigt sich: Unternehmerische Entscheidungen werden in einem sehr komplexen und dynamischen Umfeld getroffen, die sich nicht leicht modellmässig abbilden lassen. Die Komplexität rührt auch daher, dass unternehmerische Handlungen gekoppelt sein können – etwa über so genannte *Sachzwänge*. Dies bewirkt, dass Entscheidungen, die ein Risiko zu einem bestimmten Zeitpunkt betreffen, die Entscheidungen über andere Risiken zur selben Zeit oder zu späteren Zeiten beeinflussen.

Die nachfolgend skizzierten Entscheidungskonstellationen sind *prototypisch* und geben diese Komplexität nicht in realistischer Weise wieder. Allerdings enthalten die in der Praxis vorkommenden Entscheidungssituationen meist Aspekte der prototypischen Situationen. Deshalb kann die Kenntnis der Standard-Entscheidungssituationen die Analyse der praktischen Situationen erleichtern und auch Hinweise für ein rationales Entscheidungsverhalten geben.

Unter **rationalem Entscheidungsverhalten** wird verstanden, dass verschiedene Personen, die über dieselben Daten und Informationen verfügen, dieselben Ziele verfolgen und dieselbe Risikoeinschätzung haben, auch zu denselben Entscheidungen gelangen. Zwar geben die Psychologie und die Hirnforschung vielfache Hinweise darauf, dass der Mensch oft nicht rational entscheidet, sondern sich unbewusst von Prädispositionen, vergangenen Erfahrungen und bereits erprobten Problemlösungstechniken leiten lässt. Jedoch beeinflusst die Kenntnis rationaler und analytischer Entscheidungsverfahren umgekehrt auch wieder die unbewusst gesteuerten Handlungen. In Kapitel 3.8 wird zu den empirisch beobachteten Abweichungen vom rationalen Entscheidungsverhalten ausführlicher Stellung genommen.

3.1 Aktionen, Zustände und Entscheidungsmatrix

In den einfachen Fällen so genannter **einstufiger Entscheidungen** geht man vom Bild der **Entscheidungsmatrix** oder -tabelle aus: Man nimmt an, dass der Entscheidende bei gegebenen Umweltbedingungen genau eine Entscheidung fällt. Im idealisierten Fall hat der Handelnde dabei die Aktionen bzw. Entscheidungsalternativen a_1, a_2, ... a_i, ... a_m zur Auswahl (vgl. Tabelle 3.1.). Man nennt dies seinen **Aktionsraum**. Die Dimension m des (diskreten) Aktionsraums kann bekannt oder unbekannt sein und entspricht der Zahl möglicher Entscheidungen.

Von der Umwelt der Unternehmen wird meist angenommen, dass sie indifferent bezüglich der unternehmerischen Entscheidungen ist. Die Umwelt reagiert damit auf unternehmerische Entscheidungen weder mit feindlichen noch mit kooperativen Absichten. Oft wird auch unterstellt, dass die Umwelt bei ihren Entscheidungen zufällig entscheidet bzw. „*würfelt*". Antwortet sie auf unternehmerische Entscheidungen bewusst mit Entscheidungen im Eigeninteresse, sei es als Kooperationspartner oder als Marktgegner, z. B. in einem Oligopol, dann spricht man von einer **Spielsituation**. Zusammenfassend kann man sagen: Die Umwelt oder die Gegenspieler können mit den **Zuständen, Strategien oder Ereignissen** z_1, z_2, ... z_j, ... z_n auf die Aktionen des Managements antworten. Man sagt auch, sie handeln oder antworten in ihrem **Zustandsraum**. Die Zahl n der (diskreten) Zustände kann bekannt oder unbekannt sein und entspricht der Zahl alternativer Umweltzustände. Falls die Zustände mit bestimmten Wahrscheinlichkeiten eintreffen oder – wie nachfolgend beschrieben – über eine **Zugehörigkeitsfunktion** einem **unscharfen Begriff** zugeordnet werden, wird dies durch die Angabe der Parameter p_j in der Entscheidungstabelle wiedergegeben. Das Resultat (finanziell oder nicht finanziell) einer Entscheidung a_i des Managements und eines Zustandes der Umwelt oder Strategie des beteiligten Spielers z_j wird mit X_{ij} bezeichnet. Oft wird X_{ij} auch **Auszahlung** genannt, d.h. man kann sich vorstellen, dass der Entscheidende oder das Unternehmen einen Betrag X_{ij} ausbezahlt erhält. Ein negativer Wert würde demnach einer Einzahlung entsprechen.

Die Definition der X_{ij} kann auch auf vorgegebene Zielgrössen X_z (vgl. Abb. 2.2.) bezogen werden (vgl. Helten 1994; Karten 1993). So definiert

$$X_{ij}^* = \left| X_{ij} - X_z \right|$$

eine *absolute Abweichung* vom Ziel, das mit bestimmten Aktionen und Entscheidungskriterien angestrebt wird. Sowohl das *downside risk* als auch das *upside risk* haben so ein positives Vorzeichen. Diese Zielabweichungen haben unterschiedliche Vorzeichen, wenn die Beziehung

$$X_{ij}^* = (X_{ij} - X_z)$$

als Definition einer Zielabweichung benutzt wird.

Bei einer diskreten Zahl von m Aktionen und n Zuständen können die Ergebnisse

$$X_{ij} \text{ oder } X_{ij}^*$$

in einer Entscheidungs- oder Gewinn-/Schadensmatrix festgehalten werden (vgl. Tabelle 3.1.). In der Entscheidungsmatrix lassen sich auf diese Weise nur statische und einstufige Entscheidungen und ihre Konsequenzen festhalten.

Tabelle 3.1. Entscheidungsmatrix

Zustände j → Aktionen i ↓	p_1 z_1	p_2 z_2	...	p_j z_j	...	p_n z_n
a_1	X_{11}	X_{12}	...	...	...	X_{1n}
a_2	X_{21}	X_{22}	...	...	...	X_{2n}
....	...	...	...	...	...	...
a_i	...	...	...	X_{ij}	...	...
....	...	...	...	...	...	...
a_m	X_{m1}	X_{m2}	...	...	...	X_{mn}

Die Darstellungen von komplexeren Entscheidungssituationen beinhalten die Darstellung von **dynamischen Entscheidungen** (Entscheidungen im Zeitablauf, Aktionen zu verschiedenen Zeitpunkten t), von **mehrstufigen Entscheidungen** (mehrere aufeinander folgende und damit gekoppelte Entscheidungen) und verschiedener situativer Ziele und **Zielerreichungsgrade**.

Bei der einfachsten Analyse werden gewöhnlich die folgenden prototypischen Situationen unterschieden (vgl. z. B. Bamberg u. Coenenberg 2002, S. 15-33):

a) Im Falle der **Sicherheit** ist bekannt, welche Strategie oder welchen Zustand z_j die Umwelt annimmt. Das Management reagiert darauf mit Aktion a_i. Damit ergibt sich auch der ökonomische Wert X_{ij} einer Entscheidung mit Sicherheit. Ein Risiko liegt nicht vor, weil ein Zustand mit 100% Wahrscheinlichkeit eintrifft.

b) In der eigentlichen **Risikosituation** tritt der Entscheidende einer **zufällig** reagierenden Umwelt entgegen, die mit Zuständen oder Ereignissen reagiert, deren **Eintreffenswahrscheinlichkeiten** p_1, p_2, ... p_n, mit $\sum p_j = 1$ bekannt sind (so genannte *„objektive Wahrscheinlichkeiten"*) oder die *subjektiv* geschätzt werden können.

Objektive Wahrscheinlichkeiten werden meistens aus historischem Zahlenmaterial geschätzt, während bei subjektiven Schätzungen mehr a-priori-Kenntnisse und Meinungen in die Schätzung der Wahrscheinlichkeiten einfliessen. Obwohl die Trennung dieser beiden Begriffe unscharf ist, wird das Risiko einer subjektiven Schätzung gewöhnlich als höher als das einer objektiven Schätzung der Wahrscheinlichkeiten erachtet. Ist die Zahl n der Zustände nicht bekannt, wird die Eintreffenswahrscheinlichkeit der unbekannten Zustände gewöhnlich als Komplement zu eins oder 100% aus den Wahrscheinlichkeiten der bekannten Zuständen geschätzt.

c) In der **Ungewissheitssituation** tritt der Entscheidende einer Umwelt entgegen, deren Reaktionen nicht durch vorgegebene Wahrscheinlichkeiten beschrieben werden können. Sind die n Zustände der Umwelt bekannt, spricht man von **numerischer Ungewissheit**, ist dagegen nicht bekannt, welche n Zustände die Umwelt mit welcher Wahrscheinlichkeit annimmt, spricht man von **struktureller Ungewissheit** oder **Unsicherheit**. Oft wird der zweite Fall als *„riskanter"* angesehen.

d) Von einer **Unschärfesituation („fuzzyness")** spricht man im Falle der strukturellen Unsicherheit, wenn die an sich bekannten Zustände über eine **Zugehörigkeitsfunktion** einem Begriff zugeordnet werden. So können verschiedene Werte des Hypothekarzinses über eine Zugehörigkeitsfunktion dem Begriff *„angemessener Hypothekarzins"* zugewiesen werden. Der Begriff der Unschärfe hat mit Risiko im statistischen Sinne wenig zu tun. Die Konzepte von Wahrscheinlichkeit und Unschärfe werden vom Laien aber oft verwechselt. Risiken entstehen auch durch Unschärfe.

e) Eine **Spielsituation** liegt dann vor, wenn ein Spieler oder die Umwelt mit **bewusst** oder auch teilweise zufällig „*gemischten*" Strategien z_1, z_2, ..., z_j, ..., z_n auf die Aktionen a_1, a_2, ..., a_i, ..., a_m antwortet, also nicht einfach indifferent mit einer ausgewürfelten Strategie reagiert. Auch hierdurch entstehen Unternehmensrisiken.

Insgesamt kann man feststellen, dass die meisten der heute implementierten Systeme zum Risiko-Management, z. B. nach KonTraG, zwar Risikoursachen und die daraus folgenden Konsequenzen unterscheiden. Sie analysieren aber nicht explizit die Struktur der eigentlichen Entscheidungssituationen, wenn sie Empfehlungen für die Risikosteuerung geben. Dies ist ein Mangel, weil die Entscheidungstheorie hilfreiche prototypische Handlungsanweisungen gibt.

Verschiedene Autoren haben insbesondere den Entscheidungssituationen a) bis c) verschiedene Ordnungen von Risikoklassen zugewiesen, die beispielsweise beim Risikomanagement Grundlage für ein Rating und für die zu treffenden Massnahmen der Risikovorsorge bilden (vgl. Weber et al. 1999, S.13; Weber u. Liekweg 2000, S. 280-281; Schierenbeck u. Lister 2001, S. 336-338).

Der Grad der Unsicherheit ist zu einem wachsenden Risiko proportional. In der Regel werden die Unschärfe- und Spielsituation dabei nicht erwähnt. Tabelle 3.2. fasst einige Gesichtspunkte und Beispiele zusammen.

Entscheidungsmatrizen werden zur Analyse einfacher und einstufiger Entscheidungsprobleme eingesetzt, während Lösungen bei mehrstufigen oder dynamischen Problemen z. B. über die Konstruktion von **Entscheidungsbäumen** erarbeitet werden. Im Folgenden werden die Aktionen/Entscheidungen in einem Entscheidungsbaum durch einen rhombischen Knoten ($\lozenge$), die Zustände/Ereignisse der Umwelt durch runde Knoten (O) dargestellt. Ein Problem ist dann **mehrstufig**, wenn bei der grafischen Darstellung mehrere Entscheidungen (eventuell unterbrochen durch Zustandsknoten) aufeinander folgen. Im nachfolgenden einstufigen Beispiel wird angenommen, dass der Entscheidende bei drohendem Regen entweder seinen Schirm mit auf den Spaziergang nimmt oder diesen zu Hause lassen kann. In Tabelle 3.3. sind die Konsequenzen X_{ij} der Aktionen und Zustände qualitativ angegeben. Die X_{ij} könnten auch als Geld- oder Nutzenwerte spezifiziert werden. In Abb. 3.1. sind die Entscheidungsmöglichkeiten grafisch dargestellt.

Die Grundsätze, die Richtlinien und die Zielgrössen, von denen sich der Entscheidende bei der Wahl seiner Aktionen leiten lässt, werden als Entscheidungskriterien, Entscheidungsregeln oder als Entscheidungsprinzipien bezeichnet. Rationale Strategien werden stark durch die Informationen beeinflusst, über die der Entscheidende zum Entscheidungszeitpunkt verfügt.

Tabelle 3.2. Entscheidungssituationen und Risiko

Situation	Grad der Unsicherheit	Charakteristika	Beispiele
a)	0. Ordnung	Konsequenzen einer Entscheidung bekannt	– Kauf einer Anlage zum vereinbarten Preis
b)	1. Ordnung	„Objektive" Eintrittswahrscheinlichkeiten für alle zukünftigen Umweltzustände bekannt	– Wechselkursschwankungen – Krankenstand der Mitarbeiter
b)	2. Ordnung	Subjektive Eintrittswahrscheinlichkeit für alle zukünftigen Umweltzustände bekannt	– Erwartete Umsatzerlöse und Anlaufverluste bei Markterweiterung
c)	3. Ordnung	Art der Umweltzustände bekannt, jedoch keine Eintrittswahrscheinlichkeiten	– Grundlagenforschung – E-Commerce
c)	4. Ordnung	Weder Art der Umweltzustände noch Eintrittswahrscheinlichkeiten bekannt	– Neue Produkte der Gentechnik – Schäden durch Terrorismus
d)	1.-4. Ordnung	Umweltzustände und Zugehörigkeitsfunktion bekannt bis unbekannt	– Umweltverträglichkeit der Energieerzeugung – Firmenimage
e)	1-4. Ordnung	Umweltzustände und Zielsetzungen der Partner/Konkurrenten bekannt bis unbekannt	– Preisbildung im Halbleitersektor – Handelsstreit USA/EU

Tabelle 3.3. Entscheidungstabelle

Zustände / Ereignisse j $\rightarrow$ Aktionen / Entscheidungen i $\downarrow$	Zustand bzw. Ergebnis der Aktion	
	Regen z_1	kein Regen z_2
Schirm mitnehmen a_1	trocken, belastet + mittelmässig zufrieden	unnötig belastet + deshalb nicht sehr zufrieden
Schirm nicht mitnehmen a_2	nass + unzufrieden	unbelastet + sehr zufrieden

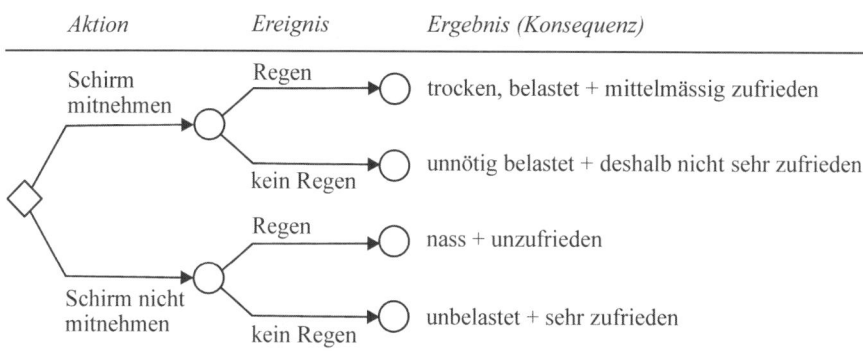

| Aktion | Ereignis | Ergebnis (Konsequenz) |

Schirm mitnehmen — Regen → trocken, belastet + mittelmässig zufrieden

kein Regen → unnötig belastet + deshalb nicht sehr zufrieden

Schirm nicht mitnehmen — Regen → nass + unzufrieden

kein Regen → unbelastet + sehr zufrieden

Abb. 3.1. Entscheidungsbaum

Je nach der Quantität der zur Verfügung stehenden Informationen und der Art und Zahl der unternehmerischen Zielsetzungen spricht man von Entscheidungskriterien mit einem oder mehreren Parametern. Im Folgenden werden einige **Ein-Parameter-Kriterien** für Entscheidungen bei Risiko oder Ungewissheit beschrieben.

Zur Erläuterung der in den folgenden Unterkapiteln skizzierten Entscheidungskriterien wird ein einfaches Zahlenbeispiel herangezogen, dessen Lösung jeweils nach der Darstellung des verwendeten Entscheidungsprinzips angegeben wird.

Beispiel: Ein Unternehmen beabsichtigt, ein neues Produkt auf den Markt zu bringen. Es soll entschieden werden, ob die Produktion in Europa oder in Asien erfolgen soll (Aktionen). Die folgenden Auszahlungen X_{ij} werden bei zwei Marktsituationen erwartet, die mit den Wahrscheinlichkeiten p_1 und p_2 eintreten.

Tabelle 3. 4. Beispiel Entscheidungskriterien

Wahrscheinlichkeit Marktnachfrage j → Zustände j	p_1 z_1	p_2 z_2
Produktionsorte (Aktion) i ↓	kleine Nachfrage	grosse Nachfrage
Europa a_1	100	150
Asien a_2	80	225

3.2 Entscheidung bei Sicherheit, Optimierung

Hier tritt ein Umweltzustand z_j mit Sicherheit ein, d. h. es ist $p_j = 1$ und $p_i = 0$ für $i \neq j$. Ist j der bekannte und vorgegebene Umweltzustand, dann gilt für die optimale Einzelentscheidung a_i

$$A_{opt} = \max_i (X_{ij}) \, , \, i = (1, m) \, .$$

Im Falle, dass positive Auszahlungen X_{ij} für den Entscheidenden potenzielle Gewinne oder Nutzen bedeuten, ist A_{opt} die höchste Auszahlung, die mit der im Sinne des gewählten Entscheidungskriteriums optimalen Aktion möglich ist. Der Entscheidende würde in dieser einfachen Situation nicht rational handeln, wenn er A_{opt} nicht über eine Maximierung der Auszahlungen anstreben würde.

Für das Beispiel resultieren folgende Lösungen: Für z_1 folgt Europa als optimaler Produktionsstandort mit einer Auszahlung von 100, für z_2 folgt Asien und das Ergebnis ist 225. Sind eine Vielzahl von Aktionen möglich, die *„gemischt"* werden können und auch noch gewissen Restriktionen unterliegen, gelangt man typischerweise zu Entscheidungsproblemen, die sich mit Methoden der so genannten **linearen Programmierung** lösen lassen (vgl. Hillier u. Lieberman 1997, S. 25-86; Rosenkranz 1999, S. 160-173; Zimmermann u. Stache 2001, S. 48-123).

Entsprechen positive X_{ij} Verlusten oder Kosten, wäre – wie auch bei den folgenden Entscheidungskriterien – die Maximierungsvorschrift wegen

$$\min_i (X_{ij}) = -\max_i (X_{ij})$$

durch eine Minimierung zu ersetzen.

3.3 Entscheidungen bei Risiko

Es seien nun die Wahrscheinlichkeiten $p_1, p_2, \ldots p_n$, mit $0 \leq p_j \leq 1$ und $\sum p_j = 1$ bekannt. Für das Beispiel sollen (objektiv oder subjektiv) die folgenden Schätzungen vorliegen: $p_1 = 0,6$ und $p_2 = 0.4$.

3.3.1 Maximum-Likelihood-Regel

Diejenige Aktion, welche beim wahrscheinlichsten Ereignis oder Umweltzustand die grösste Auszahlung aufweist, wird als optimal bezeichnet.

$$A_{opt} = \max_i (X_{ij}) \, , \, \text{mit } p_j = \max_l p_l \text{ und } i = (1, m); l = (1, n) \, .$$

Bei diesem Verfahren werden alle anderen Auszahlungen und Wahrscheinlichkeiten nicht in Betracht gezogen, selbst wenn die Summe der übrigen Wahrscheinlichkeiten grösser als die Wahrscheinlichkeit des wahrscheinlichsten Zustandes ist.

Lösung zum Beispiel: Es wird a_1 Europa mit einer erwarteten Auszahlung von 100 als Standort gewählt, da sich mit der maximalen Wahrscheinlichkeit $p_1 = 0.6$ so die grösste Auszahlung ergibt.

3.3.2 Bayes-Regel

Bei Anwendung der Bayes-Regel wird der Erwartungswert $\varepsilon\{a_i\} = \Sigma p_j X_{ij}$ der Auszahlungen X_{ij} für jede Aktion berechnet. Als optimale Aktion ergibt sich diejenige mit dem maximalen Erwartungswert der Auszahlung bzw. dem minimalen Erwartungswert der Einzahlungen:

$$A_{opt} = \max_i \left(\sum_{j=1}^{n} p_j X_{ij} \right), \quad i = (1, m); j = (1, n) .$$

Lösung zum Beispiel: Es ist

$$\varepsilon\{a_1\} = 0.6 \cdot 100 + 0.4 \cdot 150 = 120$$
$$\varepsilon\{a_2\} = 0.6 \cdot 80 + 0.4 \cdot 225 = 138 .$$

Damit wird Asien (a_2) mit einer erwarteten Auszahlung von 138 als Standort gewählt.

3.3.3 Bernoulli-Prinzip und Nutzenermittlung

Daniel Bernoulli hat im frühen 18. Jahrhundert eine Beziehung für die Bestimmung von **Nutzenwerten** eingeführt. Er bezeichnete den Nutzenwert $u(X_{ij})$, der dem wahren Wert des individuellen Nutzens entspricht, als den Logarithmus der Auszahlung des Ergebnisses X_{ij}. Die Steigung dieser konkaven Funktion und damit der Grenznutzen nimmt mit wachsendem X_{ij} ab.

John von Neumann und Oskar Morgenstern (1944) haben vorgeschlagen, dass für jeden Entscheidenden **individuelle Nutzenfunktionen** ermittelt werden. Die Grundidee dieser Nutzentheorie ist die Festlegung eines numerischen Wertes, der die individuellen Präferenzen oder die Attraktivität einer Situation für den Entscheidenden wiedergibt.

Alle aus einer Entscheidungssituation erwachsenden Ergebnisse werden entsprechend den Präferenzen in eine Rangordnung gebracht. Hierbei wird der höchste Nutzenwert u_{max} im Normalfall dem wünschenswertesten Ergebnis X_{max} und der niedrigste Nutzenwert u_{min} dem am wenigsten wünschenswerten Ergebnis X_{min} zugeordnet.

Zu beachten ist bei dieser Definition, dass bei der Verwendung häufig gebrauchter Nutzenfunktionen, wie $u(X_{ij}) = ln(X_{ij})$ oder $u(X_{ij}) = X_{ij}^{1/2}$ keine negativen oder imaginären Nutzenwerte resultieren.

Bei Anwendung der **Bernoulli-Regel** wird die Aktion a_i mit dem **maximalen Erwartungswert des Nutzens** bestimmt. Es ist

$$A_{opt} = \max_i \left(\sum_{j=1}^{n} p_j \cdot u(X_{ij}) \right), \quad i = (1,m) \, ; \, j = (1,n)$$

Lösung zum Beispiel: Falls für das bisher verwendete Standortproblem die lineare Nutzenfunktion $u(X_{ij}) = X_{ij}$ verwendet wird, ergibt sich wie bei der Bayes-Regel wieder Asien mit einer Auszahlung von 138 als optimaler Produktionsstandort.

Ist die Auszahlung und der zugeordnete Nutzen also identisch, entsprechen sich das Bayes- und das Bernoulli-Prinzip. Ein **risikoneutraler** Entscheidender hat eine lineare Nutzenfunktion $u(X_{ij}) = a + b \cdot X_{ij}$, d.h. sein Nutzen steigt direkt mit der Grösse der Auszahlungen an und sein Grenznutzen ist konstant. Wie leicht gezeigt werden kann, gilt dann, dass der Erwartungswert des Nutzens gleich dem Nutzen des Erwartungswertes der Auszahlungen ist, d.h.

$$\varepsilon\{u(X_{ij})\} = u(\varepsilon\{X_{ij}\}).$$

Für nichtlineare Nutzenfunktionen ergeben sich in der Regel andere Resultate. Dies wird im Folgenden an einem neuen Beispiel veranschaulicht.

Beispiel: Ein Unternehmen untersucht, ob es bei fixer Prämienzahlung von 100 (GE) eine Feuerversicherung abschliessen soll, die einen etwaigen Brandschaden von 40'000 (GE) ersetzt (Aktion a_1), oder ob das Risiko von 40'000 (GE) selber getragen werden soll (Aktion a_2). Im Falle der Versicherung ist $X_{11} = -100$, da das Unternehmen die Versicherungsprämie zahlen muss.

Das Unternehmen habe die konkave Nutzenfunktion:

$$u(X_{ij}) = \sqrt{X_{ij} + 40'000} - 200.$$

Der Nutzen im Falle eines Brandschadens beträgt damit

$$u(X_{ij}) \equiv \sqrt{-100 + 40'000} - 200 = -0.25.$$

Wird keine Versicherung abgeschlossen, ist $X_{21} = -40'000$, falls es brennt. Für das Beispiel wird angenommen, dass die Wahrscheinlichkeit eines Brandes (Zustand z_1) lediglich zwei Promille beträgt. Tabelle 3.5. zeigt die Resultate, die man bei Anwendung des Bernoulli-Prinzips mit obiger Nutzenfunktion für einen **risikoscheuen** Entscheidenden erhält.

Tabelle 3.5. Bernoulli-Prinzip und nichtlineare Nutzenfunktion

Ereignis z_j → Wahrscheinlichkeit p_j	Feuer z_1 0.002	kein Feuer z_2 0.998	$\Sigma p_j \cdot u(X_{ij})$
Versicherungsschutz a_1			
Prämie X_{ij}	$-$ 100	$-$ 100	
$u(X_{ij})$	$-$ 0.25	$-$ 0.25	
$p_j \cdot u(X_{ij})$	$-$ 0.0005	$-$ 0.2495	**$-$ 0.25**
kein Versicherungschutz a_2			
Schaden X_{ij}	$-$ 40'000	0	
$u(X_{ij})$	$-$ 200	0	
$p_j \cdot u(X_{ij})$	$-$ 0.40	0	$-$ 0.40

Nach dem Bernoulli-Kriterium wird eine Versicherung abgeschlossen, weil der erwartete Nutzen der ersten Aktion mit -0.25 grösser als der erwartete Nutzen der zweiten Aktion mit -0.40 ist.

Falls $u(X_{ij}) = X_{ij}$ ist, ergibt sich nach dem Bernoulli-Kriterium für die resultierende risikoneutrale Entscheidungsregel dasselbe Ergebnis wie nach dem Bayes-Kriterium. Im vorliegenden Fall erhält man Tabelle 3.6.

Tabelle 3.6. Bernoulli-Prinzip und lineare Nutzenfunktion

Ereignis p_j →	Feuer z_1 0.002	kein Feuer z_2 0.998	$\Sigma p_j \cdot u(X_{ij})$
Versicherungsschutz a_1			
Prämie X_{ij}	$-$ 100	$-$ 100	
$u(X_{ij})$	$-$ 100	$-$ 100	
$p_j \cdot u(X_{ij})$	$-$ 0.2	$-$ 99.8	$-$ 100
kein Versicherungschutz a_2			
X_{ij}	$-$ 40'000	0	
$u(X_{ij})$	$-$ 40'000	0	
$p_j \cdot u(X_{ij})$	$-$ 80	0	**$-$ 80**

Für diese risikoneutrale Entscheidungssituation wird also keine Versicherung abgeschlossen, da der erwartete Nutzen der zweiten Aktion mit -80 (GE) grösser als der erwartete Nutzen der ersten Aktion mit -100 (GE) ist.

Grundlagen des Bernoulli-Prinzips

In ihrem Buch „Theory of Games and Economic Behavior" haben John von Neumann und Oskar Morgenstern (1944) gezeigt, dass einem rational Entscheidenden die Befolgung des Bernoulli-Entscheidungsprinzips unter gewissen axiomatischen Voraussetzungen nahegelegt wird.

Die entsprechenden Axiome werden nachfolgend kurz skizziert (vgl. Bühlmann et al. 1969, S. 34-37; McNamee u. Celona 1987, S. 83-114; Bamberg u. Coenenberg 2002, S. 98-102). Dies geschieht allerdings nicht in der ursprünglichen Fassung von Neumann und Morgenstern, sondern in derjenigen von Luce und Raiffa (1964), welche eine unmittelbare Anwendung auf die Lösung von Entscheidungsproblemen erlaubt. Empirische Untersuchungen zeigen zwar, dass die Axiome in vielen praktischen Entscheidungssituationen verletzt werden (vgl. Kapitel 3.8). Trotz der beobachteten Abweichungen bilden die Axiome jedoch ein Konzept rationalen Handelns, an dem intuitiv und unbewusst gesteuerte Entscheidungen gemessen werden müssen. Sie erklären auch viele Beobachtungen bei der Anlageberatung der Banken und Versicherungen, bei denen Investitionen in verschiedene Anlageformen (z. B. Sparbuch, Obligationen, Aktien, Lebensversicherungen, Verkauf von Forderungen) nach ihren Ertrags- und Risikocharakteristiken verglichen werden.

Axiom 1: *Präferenzstruktur*
    („Der Bau einer zyklischen Geldmaschine ist nicht möglich")

Statt dem Begriff der Auszahlung in einer Entscheidungsmatrix wird nachfolgend der allgemeinere Begriff des Ergebnisses verwendet. **Für zwei beliebige Ergebnisse X_i und X_j gilt entweder die Präferenzaussage $\succ$ $\approx$** (was soviel bedeutet wie *„wird vorgezogen"*) **oder die Indifferenzaussage $\approx$** (was heisst, dass zwei Ergebnisse *„gleich gut"* oder indifferent sind).

Die Präferenzaussagen sind transitiv, d.h. aus

$$X_i \succ \approx X_j \text{ und } X_j \succ \approx X_k \text{ folgt } X_i \succ \approx X_k.$$

Im Folgenden wird angenommen, dass die **Ergebnisse** nach ihrer Präferenz wie folgt **geordnet** sind:

$$(X_1 \succ \approx X_2 \succ \approx X_3 \cdots).$$

Beispiel: Wir nehmen an, dass sich der Entscheidende bei der Wahl seines PKW zwischen einem Mercedes, einem Opel und einem VW entscheiden soll.

Statt   Mercedes $\succ$ $\approx$ Opel $\succ$ $\approx$ VW
gelte   Mercedes $\succ$ $\approx$ Opel und Opel $\succ$ $\approx$ VW, aber VW $\succ$ $\approx$ Mercedes.

Diese Präferenzaussagen führen zu einem Widerspruch, der zur unbegrenzten Geldvermehrung benutzt werden könnte: Geht man davon aus, dass beim Verkauf eines PKW jeweils ein Nutzen von 80 verloren geht, während durch den Kauf eines PKW jeweils ein Nutzen von 100 entsteht, dann könnte bei fehlender Transitivität durch das zyklische Verkaufen und Kaufen der PKWs Geld verdient werden.

Die Folge der Entscheidungen „verkaufe VW (– 80) und kaufe Opel (100), verkaufe Opel (– 80) und kaufe Mercedes (100), verkaufe Mercedes (– 80) und kaufe VW (100)" lässt pro Zyklus einen Nutzen von 60 entstehen. Für mehrere Zyklen ergäbe sich sozusagen eine Art **perpetuum mobile** zur Gelderzeugung, was unmöglich ist.

Bei geltender Transitivität würden die Kaufakte immer nach Kauf eines Mercedes aufhören.

Axiom 2: *Reduktion von zusammengesetzten Lotterien*
             („no fun in gambling")

Dieses Axiom besagt, dass durch mehrfaches Spielen oder „*Würfeln*" in Entscheidungssituationen gegenüber einer äquivalenten Entscheidungssituation, bei der nur einmal gespielt wird, keine Werte oder Nutzen entstehen. Ein Spieler, der beim Roulette bei demselben erwarteten Verlust sechs statt nur eine Stunde spielt, verletzt also dieses Axiom.

In der Risikosituation bezeichnet man den Teil eines Entscheidungsbaums, der einen Zufallspunkt und die dazugehörigen Zufallsäste mit ihren zugehörigen Wahrscheinlichkeiten p_j und Ergebnissen X_j umfasst, als **einfache Lotterie** (vgl. Abb. 3.2.).

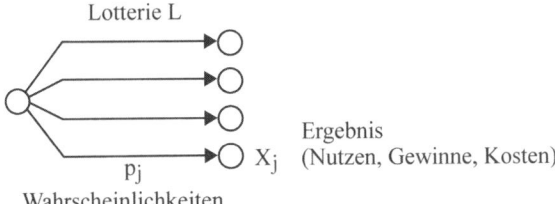

Abb. 3.2. Einfache Lotterie

Es seien $L^{(1)}, L^{(2)}, \dots L^{(s)}$ s Lotterien mit den gleichen Ergebnissen $X_1, X_2 \dots X_r$ und $q_1, q_2 \dots q_s$ s Wahrscheinlichkeiten mit $\sum q_i = 1$, dann heisst

$$L = (q_1 L^{(1)}, q_2 L^{(2)}, \dots, q_s L^{(s)})$$

eine **zusammengesetzte Lotterie** (vgl. Abb. 3.3.).

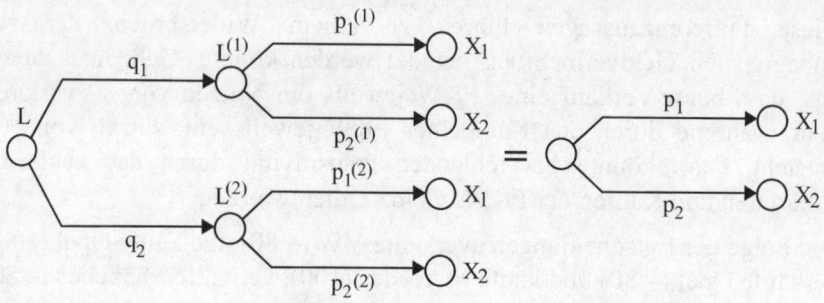

Abb. 3.3. Zusammengesetzte Lotterie und Reduktion

Nach Axiom 2 können mehrstufige zufällige Entscheidungen oder Zustände der Umwelt durch **eine** zufällige Entscheidung ersetzt werden, da durch mehrfache zufällige Reaktionen der Umwelt für den Entscheidenden kein Nutzenanstieg erfolgt. **Axiom 2 besagt also, dass es zu jeder zusammengesetzten Lotterie eine zugeordnete einfache Lotterie gibt, gegenüber der der Entscheidende indifferent ist.** Bei der Umrechnung oder Reduktion einer zusammengesetzten in eine einfache Lotterie gelten die Regeln der Wahrscheinlichkeitsrechnung. Wenn die Lotterien

$$L^{(i)} = (p_1^{(i)}X_1, p_2^{(i)}X_2, ..., p_r^{(i)}X_r) , i = (1, s)$$

mit den Wahrscheinlichkeiten q_i zur Lotterie L zusammengesetzt werden, dann gilt

$$L = \begin{pmatrix} q_1(p_1^{(1)}X_1, p_2^{(1)}X_2, ..., p_r^{(1)}X_r), \\ q_2(p_1^{(2)}X_1, p_2^{(2)}X_2, ..., p_r^{(2)}X_r), \\ \vdots \qquad\qquad \vdots \\ q_s(p_1^{(s)}X_1, p_2^{(s)}X_2, ..., p_r^{(s)}X_r) \end{pmatrix} .$$

Werden die Terme für die einzelnen Ergebnisse nach den Regeln der Wahrscheinlichkeitslehre zusammengefasst, ergibt sich

$$L = (q_1L^{(1)}, q_2L^{(2)}, ..., q_sL^{(s)}) \approx (p_1X_1, p_2X_2, ..., p_rX_r) , \text{ mit}$$
$$p_i = q_1p_i^{(1)} + q_2p_i^{(2)} + ... + q_sp_i^{(s)} .$$

Beispiel: Es kann gezeigt werden, dass die zusammengesetzte linke Lotterie in Abb. 3.3. äquivalent zur rechten einfachen Lotterie ist.

Es sei $p_1^{(1)} = 0.3; p_2^{(1)} = 0.7; p_1^{(2)} = p_2^{(2)} = 0.5$ und $q_1 = 0.3; q_2 = 0.7$
$X_1 = 100; X_2 = 200 .$

Es folgt $L \equiv (0.3\,L^{(1)}, 0.7\,L^{(2)}) \approx (p_1X_1, p_2X_2) = (p_1 100, p_2 200) ,$
mit $p_1 = 0.3 \cdot 0.3 + 0.7 \cdot 0.5 = 0.44$ und
$p_2 = 0.3 \cdot 0.7 + 0.7 \cdot 0.5 = 0.56 .$

Mit diesen Werten ergibt sich für die reduzierte Lotterie der Erwartungswert

$$\varepsilon\{L\} = (0.44 \cdot 100 + 0.56 \cdot 200) = 156.$$

Derselbe Wert ergibt sich, wenn die Wahrscheinlichkeiten in den Ästen der zusammengesetzten Lotterie ausmultipliziert, mit den Ergebnissen bewertet und aufaddiert werden. Es folgt

$$\varepsilon\{L\} = (0.3 \cdot 0.3 \cdot 100 + 0.3 \cdot 0.7 \cdot 200 + 0.7 \cdot 0.5 \cdot 100 + \\ + 0.7 \cdot 0.5 \cdot 200) = 156.$$

Axiom 3: *Kontinuität*

Dieses Axiom besagt, dass der Wert eines sicheren Ergebnisses auch durch eine Kombination der Werte von benachbarten zufälligen Ergebnissen dargestellt werden kann.

Jedes sichere Ergebnis X_i ist indifferent gegenüber einer Lotterie aus X_1 und X_r mit $X_1 \succ \approx X_i \succ \approx X_r$.

Es existieren Zahlen $0 \le u_i \le 1$, so dass gilt

$$X_i \approx (u_i X_1, 0 \cdot X_2, ..., 0 \cdot X_{r-1}, (1 - u_i)X_r) .$$

Dies kann abgekürzt wie folgt geschrieben werden

$$X_i \approx (u_i X_1, (1 - u_i)X_r) = \overline{X}_i .$$

Beispiel: Angenommen der Entscheidende hat die Wahl zwischen drei PKW mit Mercedes $\succ \approx$ Opel $\succ \approx$ VW. Er wird gefragt, bei welcher Zahl oder Wahrscheinlichkeit $0 \le u_i \le 1$ er indifferent ist, sicher einen Opel (X_i) zu erhalten oder mit Wahrscheinlichkeit u_i einen Mercedes (X_1) und mit Wahrscheinlichkeit $(1 - u_i)$ einen VW (X_r).

Die Situation ist in Abb. 3.4. dargestellt.

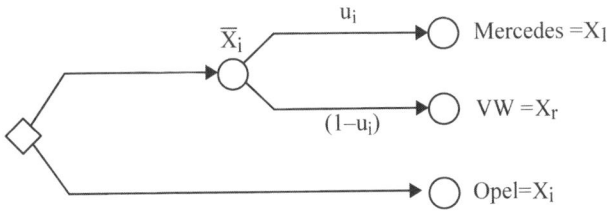

Abb. 3.4. Kontinuität

Axiom 4: *Substituierbarkeit*

In jeder Lotterie L ist X_i substituierbar durch $\overline{X}_i$ und umgekehrt.

$$(p_1 X_1, ..., p_i X_i, ..., p_r X_r) \approx (p_1 X_1, ..., p \overline{X}_i, ..., p_r X_r).$$

Eine sichere Auszahlung X_i (ein so genanntes **Sicherheitsäquivalent**) kann ohne Änderung der Präferenzen eine Lotterie des Wertes $\overline{X}_i$ ersetzen und umgekehrt.

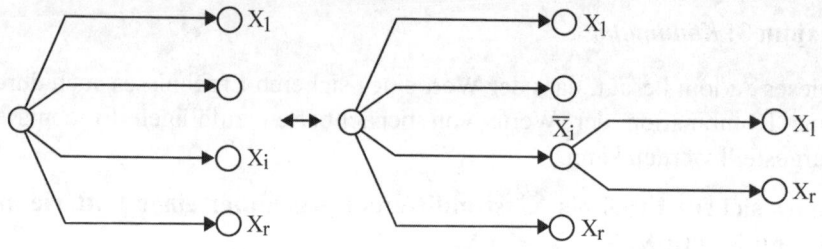

Abb. 3.5. Substitution

Axiom 5: *Transitivität*

Präferenzaussagen über Lotterien sind transitiv.

So wie Axiom 1 fordert, dass die Präferenzaussagen bezüglich der (sicheren) Ergebnisse transitiv sind, fordert Axiom 5 dasselbe für verschiedene Lotterien, bei denen die Ergebnisse mit bestimmten Wahrscheinlichkeiten realisiert werden.

Mit Abfragen über die Indifferenz zwischen sicheren Ergebnissen und Lotterien nach Axiom 3 können Zahlen $0 \leq u_i \leq 1$ bestimmt werden, die den sicheren Ergebnissen sogenannte **Nutzenindizes u_i** zuordnen.

Aus den Axiomen 1 bis 4 folgt, dass jede Lotterie auf eine einfache Lotterie aus X_1 und X_r reduziert werden kann. Es gilt nämlich

$$(p_1 X_1, p_2 X_2, ..., p_r X_r) \approx ((p_1 u_1 + p_2 u_2 + ..., p_r u_i) \cdot X_1,$$
$$(1 - (p_1 u_1 + p_2 u_2 + ... p_r u_r)) \cdot X_r) = (p X_1, (1 - p) X_r) \quad \text{mit}$$
$$p = p_1 u_1 + p_2 u_2 + ... + p_r u_r.$$

Axiom 6: *Monotonie*

Eine Lotterie $(p X_1, (1 - p) X_r)$ mit $X_1 \succ \approx X_r$ wird einer Lotterie $(p' X_1, (1 - p') X_r)$ dann und nur dann vorgezogen, wenn $p \geq p'$.

Aus diesen sechs Axiomen folgt nun das **Theorem**:

Erfüllen die Präferenzaussagen ≻ und die Indifferenzaussagen ≈ bei einem Entscheidungsproblem die Axiome 1 bis 6, so existiert zu jedem Ergebnis X_i eine Zahl u_i mit der Eigenschaft, dass die Erwartungswerte

$$p = p_1 u_1 + p_2 u_2 + \dots + p_r u_r \text{ und } p' = p'_1 u_1 + p'_2 u_2 + \dots + p'_r u_r$$

die Präferenz bzw. Indifferenz zwischen zwei Lotterien L und L' ausdrücken.

Die Zahlen u_i sind bis auf eine lineare Transformation bestimmt (s.u.).

Nutzenindex und Nutzenfunktionen

Die Zahlen u_i heissen **Nutzenindex** und lassen sich gemäss Axiom 3 ermitteln. Da jedem Ergebnis X_i ein Wert u_i zugeordnet ist, nennt man die Werte u_i auch **Nutzenfunktion u(X)**.

Verwendet man anstelle von u(X) eine lineare Transformation

$$u*(X) = a \cdot u(X) + b \text{ mit } a > 0,$$

so bleibt die Präferenzstruktur der Entscheidungen nach dieser Axiomatik unverändert.

Das **Entscheidungsprinzip von Bernoulli** verlangt, dass die optimale Entscheidung A_{opt} über die Maximierung des erwarteten Nutzens für die möglichen Aktionen bestimmt wird.

Es lässt sich in Kurzform wie folgt formulieren:

$$\text{Maximiere } E(u) \equiv p_1 u_1 + p_2 u_2 + \dots + p_r u_r = U(L).$$

Man nennt U(L) das der Lotterie L zugeordnete **Nutzenfunktional**, weil es einer Wahrscheinlichkeitsverteilung (also einer Funktion) eine Zahl (den Nutzen) zuordnet. Wie für die Nutzenfunktion u(X), gilt auch für das Nutzenfunktional U(L), dass es nur bis auf eine lineare Transformation bestimmt ist.

Vergleich zweier Lotterien mit gleichen Ergebnissen

Zwei Lotterien mit denselben Ergebnissen

$$L = (p_1X_1, ..., p_rX_r) \text{ und } L' = (p'_1X_1, ..., p'_rX_r)$$

werden miteinander verglichen, indem man

$$p = p_1u_1 + p_2u_2 + ... + p_ru_r \text{ und } p' = p'_1u_1 + p'_2u_2 + ... + p'_ru_r$$

miteinander vergleicht.

Nach Axiom 6 gilt für $p \geq p'$, dass $L \succ \approx L'$ folgt.

Beispiel: Die Anwendung der Axiome lässt sich aus folgendem Zahlenbeispiel ersehen (Luce u. Raiffa 1957, S. 26). Gegeben seien die zwei Lotterien

$$L = (0.25X_1, 0.25X_2, 0.25X_3, 0.25X_4)$$

und

$$L' = (0.15X_1, 0.50X_2, 0.15X_3, 0.20X_4) .$$

Als Resultat der Anwendung von **Axiom 3** (Kontinuität) können X_2 und X_3 durch Lotterien aus X_1 und X_4 ersetzt werden. Es sei angenommen, dass über Schätzexperimente die folgenden Resultate erhalten wurden:

$$X_2 \approx \overline{X}_2 = (0.6X_1, 0.4X_4) \equiv (u_2X_1, (1 - u_2)X_4) \text{ bzw.}$$
$$X_3 \approx \overline{X}_3 = (0.2X_1, 0.8X_4) \equiv (u_3X_1, (1 - u_3)X_4) .$$

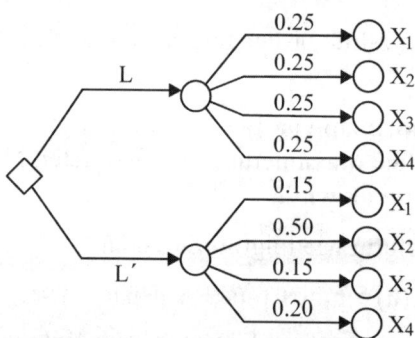

Abb. 3.6. Anwendung der Axiome, Ausgangsproblem

Es soll bestimmt werden, welche der Lotterien L oder L' vorzuziehen ist.

Aus **Axiomen 4 und 5** (Substituierbarkeit, Transitivität) folgt

$$L = (0.25X_1, 0.25(\underline{0.6X_1, 0.4X_4}), 0.25(0.2X_1, 0.8X_4), 0.25X_4)$$
$$L' = (0.15X_1, 0.50(\underline{0.6X_1, 0.4X_4}), 0.15(0.2X_1, 0.8X_4), 0.20X_4) .$$

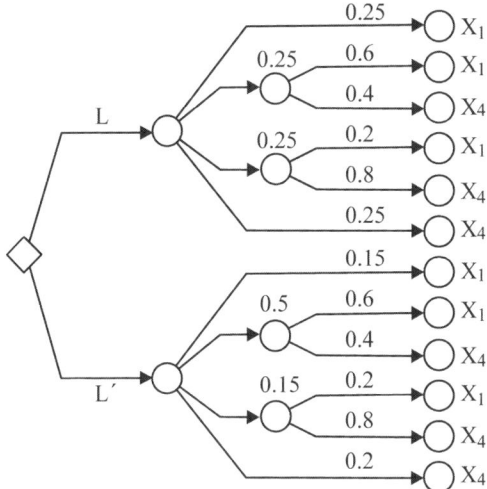

Abb. 3.7. Anwendung der Axiome 4 und 5

Nach **Axiom 2** (Reduktion) lassen sich die Wahrscheinlichkeiten für X_1 und X_4 nach dem Additions- und Multiplikationssatz der Wahrscheinlichkeitslehre, z. B. für

$$p_1 \equiv 0.25 + 0.25 \cdot 0.6 + 0.25 \cdot 0.2 = 0.25 + 0.15 + 0.05 = 0.45,$$

wie folgt zusammenfassen

$$L \approx (0.45X_1, 0.55X_4) \quad \text{und} \quad L' \approx (0.48X_1, 0.52X_4).$$

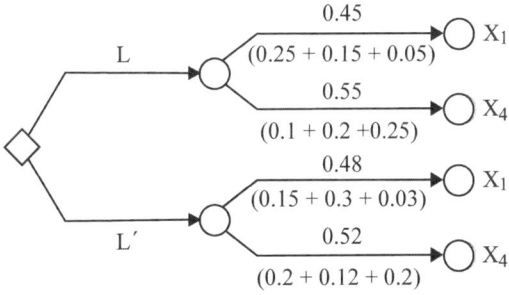

Abb. 3.8. Anwendung der Reduktion nach Axiom 2

Nach Axiom 6 folgt also wegen

$$p = 0.45; (1-p) = 0.55 \quad \text{und} \quad p' = 0.48; (1-p') = 0.52, \text{ dass}$$

$$L' \succ L, \quad \text{da} \quad X_1 \succeq X_4 \quad \text{vorausgesetzt war und} \quad p' > p \text{ ist.}$$

Schätzung der Nutzenfunktion

Bei der Schätzung von Nutzenfunktionen werden Sicherheitsäquivalente für Lotterien bestimmt. Der Entscheidende wird z. B. um die Angabe eines Sicherheitsäquivalents $z_C(p)$ (GE) für eine Lotterie mit Wahrscheinlichkeit p für X_1 (GE Gewinn) und $(1 - p) = q$ für X_2 (GE Verlust) gefragt, für die der Entscheidende indifferent ist. So könnten sich für die Auszahlungen X_1 und X_2 bei einem Entscheidenden aufgrund einer Befragung nach Axiom 3 beispielsweise die folgenden Sicherheitsäquivalente $z_C(p)$ ergeben haben:

$$\left\{ \begin{array}{ll} p = 0.2 & X_1 = +100\,(\text{GE}) \\ q = 0.8 & X_2 = -100\,(\text{GE}) \end{array} \right\} \quad z_C(0.2) = -90\,(\text{GE})$$

$$\left\{ \begin{array}{ll} p = 0.5 & X_1 = +100\,(\text{GE}) \\ q = 0.5 & X_2 = -100\,(\text{GE}) \end{array} \right\} \quad z_C(0.5) = -10\,(\text{GE})$$

$$\left\{ \begin{array}{ll} p = 0.9 & X_1 = +100\,(\text{GE}) \\ q = 0.1 & X_2 = -100\,(\text{GE}) \end{array} \right\} \quad z_C(0.9) = +80\,(\text{GE})\,.$$

Durch Eintragen der Werte in Abb. 3.9. (links) wird offensichtlich, dass der Entscheidende für das Beispiel risikoscheu ist. Denn entspräche sein Nutzen u(X) der Auszahlung oder dem Geldnutzen X, dann würde er sowohl nach dem Bayes-Prinzip als auch nach dem Bernoulli-Prinzip

$$z_C(p) = \varepsilon\{X\} \equiv p \cdot 100 + (1 - p) \cdot (-100) = 100 \cdot (2p - 1)$$

als Sicherheitsäquivalent erhalten. Diese Lösung entspricht der Diagonalen in Abb. 3.9. (links) und wird nur für p = 0.9 eingehalten.

Die anderen Werte liegen unter der Diagonalen.

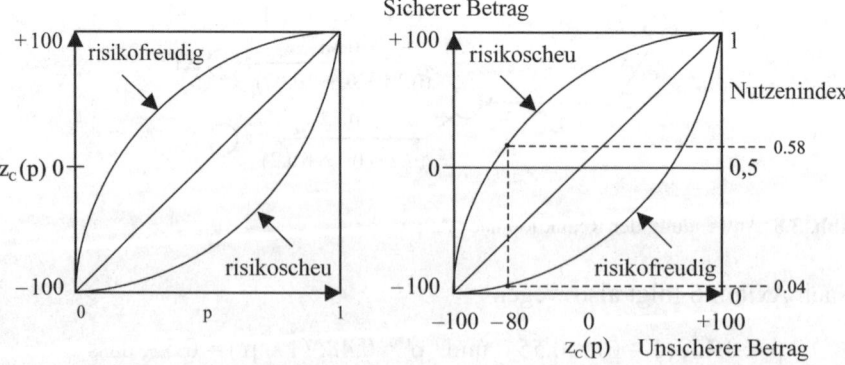

Abb. 3.9. Sicherheitsäquivalent und Nutzen

Für einen risikoscheuen Entscheidenden ist

$$z_C(p) < p \cdot 100 + (1 - p) \cdot (-100)$$

und für den Risikofreudigen gilt die Bedingung

$$z_C(p) > p \cdot 100 + (1 - p) \cdot (-100) \,.$$

Bei der Errechnung des Sicherheitsäquivalents ergibt sich beim risikoscheuen Entscheidenden also ein Abschlag vom Erwartungswert, während der risikofreudige Entscheidende nur mit einem Aufschlag auf den Erwartungswert bereit ist, den sicheren Betrag $z_C(p)$ zu akzeptieren.

Umgekehrt lässt sich der Nutzen einer Entscheidungssituation, bei der ein unsicherer Betrag von $z_C(p)$ vorgegeben wird, auch aus der um 90° gespiegelten Abb. 3.9. (rechts) ablesen oder schätzen. Ein unsicherer Betrag von – 80 (GE) hätte für den risikoscheuen Entscheidenden einen Nutzen von 0.58, wohingegen der risikofreudige Entscheidende der Situation nur einen Nutzen von 0.04 zumessen würde.

Bernoulli-Nutzenfunktion

Über die Nutzenfunktion können die Auszahlungen in Zufallsästen einer Lotterie bzw. im mehrstufigen Falle eines Risikobaumes in Nutzenwerte umgerechnet werden, ehe eine Optimierung nach dem Bernoulli-Prinzip erfolgt.

Berühmt ist u.a. die konkave exponentielle **Bernoulli-Nutzenfunktion**

$$u(X) = 1 - \exp(-aX) \text{ mit } X \geq 0 \,.$$

In allgemeiner Form schreibt man auch

$$u(X) = a - b \cdot \exp(-\frac{X}{R}) \text{ mit } X \geq 0$$

und bezeichnet den Parameter **R** als **Risikotoleranz**. Die Bernoulli-Nutzenfunktion ist in Abb. 3.10. für $a = b = 5$ und für verschiedene Werte von R dargestellt. Sie beschreibt den Nutzen eines risikoscheuen, nicht aber den Nutzen eines risikofreudigen Entscheidenden. Der Kehrwert **(R)**[-1] der Risikotoleranz wird öfters als **Koeffizient der Risikoaversion** bezeichnet. Je kleiner R ist, desto höher ist der Nutzen eines sicheren Betrages für den **risikoscheuen** Entscheidenden. Je grösser umgekehrt R wird, desto weniger lässt sich der Entscheidende durch das Risiko beeinflussen. Er wird **risikoneutral**, da u(X) für grosse R nahezu linear ansteigt. Der doppelte Auszahlungsbetrag X hat für ihn dann in etwa den doppelten Nutzen.

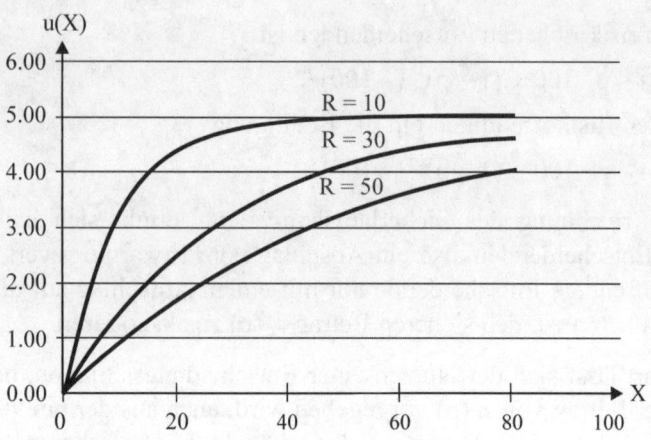

Abb. 3.10. Exponentielle Nutzenfunktion

Dies kann man über eine Taylor-Entwicklung der Nutzenfunktion um den Wert $X_0 = 0$ zeigen. Für die Exponentialfunktion gilt

$$\exp(-\frac{X}{R}) \approx 1 - \frac{X}{R} + \frac{X^2}{2!R^2} - \frac{X^3}{3!R^3} + - \dots ,$$

und wenn man mit

$$\frac{X}{R} \ll 1$$

nur Terme bis zur ersten Ordnung berücksichtigt, ist

$$\exp(-\frac{X}{R}) \approx 1 - \frac{X}{R} \quad \text{und} \quad u(X) \approx (a - b) + b \cdot \frac{X}{R} .$$

Im Allgemeinen bezeichnet man

$$\rho(X) = - u'(X) / u''(X)$$

als **Risikotoleranz-Funktion.**

Der Kehrwert $\rho(X)^{-1}$ wird die **absolute Risikoaversion** und $X \cdot \rho(X)^{-1}$ die **relative Risikoaversion genannt.** Dabei bedeuten u' bzw. u'' die erste und zweite Ableitung der Nutzenfunktion nach X. Über den Wert der zweiten Ableitung an der Stelle X kann die Risikopräferenz eines Entscheidenden klassifiziert werden.

Für $u''(X) = 0$ liegt   Risikoneutralität
      $u''(X) < 0$ Risikoaversion
      $u''(X) > 0$ Risikofreudigkeit des Entscheidenden vor.

Im nachfolgenden Exkurs wird über eine Taylor-Entwicklung der Nutzenfunktion und anschliessende Bildung von Erwartungswerten gezeigt, dass für die exponentielle Nutzenfunktion näherungsweise ein Sicherheitsäquivalent z_C von

$$z_C = \varepsilon\{X\} - \frac{1}{2} \cdot \frac{\text{Varianz}(X)}{R}$$

erhalten wird. Der Term

$$\frac{1}{2} \cdot \frac{\text{Varianz}(X)}{R} = \pi \text{ wird auch als \textbf{Risikoprämie} bezeichnet.}$$

Bezogen auf die Notation der Entscheidungsmatrix bedeutet $\varepsilon\{X\}$ der Erwartungswert und Varianz(X) die Varianz der Auszahlungen $X = (X_{ij})$ für eine gegebene Aktion a_i und die Zustände z_j. Die **Bernoulli-Regel** lässt sich damit wie folgt schreiben:

$$A_{opt} = \max_i \left(\varepsilon\{X_{ij}\} - \frac{1}{2} \cdot \frac{\text{Varianz}(X_{ij})}{R} \right), i = (1,m); j = (1,n)$$

Man nennt eine Entscheidung nach dem Bernoulli-Prinzip unter diesen Bedingungen eine Entscheidung nach der **(μ,σ)-Regel**. Diese Beziehung wird sowohl bei der Portfolio-Optimierung mit riskanten Anlagen, als auch bei der Tarifberechnung im Versicherungsbereich häufig angewendet. Je grösser die Varianz der Risikoverteilung der X_{ij} für ein gegebenes i ist, desto grösser ist für einen risikoscheuen Entscheidenden der Sicherheitsabschlag vom Erwartungswert $\varepsilon\{X_{ij}\}$.

3.3.4 Exkurs:
Herleitung von Sicherheitsäquivalent z_c und Risikoprämie π

(Vgl. z.B. Elton u. Gruber 1995, S. 226-229; Zweifel u. Eisen 2000, S. 70-74)

Es sei $z_C \approx X + e$, wobei X eine konstante Auszahlung und e eine Zufallsvariable ist. Der Zusammenhang ist in Abb. 3.11. dargestellt.

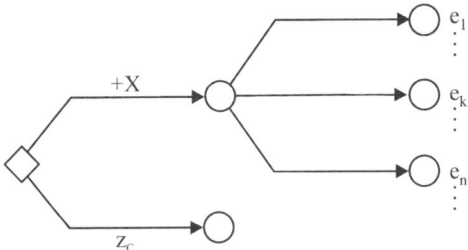

Abb. 3.11. Herleitung des Sicherheitsäquivalents

Die konstante Auszahlung X wird mit einer Lotterie der möglichen Werte der Zufallsvariablen e ergänzt. Die Summe X + e ersetzt bei der folgenden Diskussion die zufälligen Werte X_{ij} der Entscheidungsmatrix für ein gegebenes i.

Es sei ferner angenommen, dass für den Erwartungswert von e gilt, dass $\varepsilon\{e\} = 0$, wie dies etwa für eine Normalverteilung mit einem Mittelwert von Null gilt. Es sei σ_e^2 die Varianz von e und u = u(X) die Nutzenfunktion des Entscheidenden. Die Risikoprämie $\pi = \varepsilon\{X + e\} - z_C = X - z_C$ ist der Betrag um den ein Entscheidender einen Abschlag von $\varepsilon\{X + e\} = X$ hinnimmt, um sicher z_C zu erhalten.

Bei Indifferenz gilt für obige Entscheidung $\varepsilon\{u(X + e)\} = \varepsilon\{u(z_C)\} = u(z_C)$, da z_C ein sicherer Betrag ist.

Bei einer Taylorentwicklung der Nutzenfunktion u(X) an einer Stelle a wird die Nutzenfunktion u(X) durch folgendes Polynom approximiert:

$$u(X) = u(a) + \frac{u'(a)}{1!}(X - a) + \frac{u''(a)}{2!}(X - a)^2 + \frac{u'''(a)}{3!}(X - a)^3 + \dots .$$

Entsprechend gilt für die Entwicklung von u(X + e) an der Stelle X

$$u(X + e) = u(X) + \frac{u'(X)}{1!}(X + e - X) + \frac{u''(X)}{2!}(X + e - X)^2 +$$
$$+ \frac{u'''(X)}{3!}(X + e - X)^3 + \dots$$

Wenn die Entwicklung nach dem zweiten Term abgebrochen wird, ergibt sich

$$u(X + e) = u(X) + \frac{u'(X)}{1!}(e) + \frac{u''(X)}{2!}(e)^2 + \dots .$$

Da $\varepsilon\{e\} = 0$ angenommen wurde, gilt auch $\varepsilon\{e^2\} \equiv \varepsilon\{(e - 0)\}^2 = \sigma_e^2$.

Da u(X) und seine Ableitungen feste Zahlen sind, kann man für den Erwartungswert von u(X + e) bei Indifferenz zu u(z_C) schreiben

$$\varepsilon\{u(X + e)\} = u(X) + \frac{u'(X)}{1!}\varepsilon\{(e)\} + \frac{u''(X)}{2!}\varepsilon\{e - 0^2\} = u(X) +$$
$$+ \frac{u''(X)}{2!}\sigma_e^2 \approx u(z_C).$$

Wenn die Nutzenfunktion u(z_C) an der Stelle X entwickelt und unter der Annahme $\pi \ll \sigma_e$ schon nach dem ersten Term abgebrochen wird, folgt

$$u(z_C) \equiv u(X - \pi) = u(X) + \frac{u'(X)}{1!}(X - \pi - X) = u(X) - u'(X) \cdot \pi .$$

Da aber andererseits, wie oben gezeigt, gilt $\varepsilon\{u(X + e)\} = u(z_C)$,

folgt aus der Gleichsetzung der beiden Ausdrücke für u(z_C) schliesslich

$$u(X) + \frac{u''(X)}{2!}\sigma_e^2 = u(X) - u'(X) \cdot \pi \quad \text{und} \quad \pi \equiv -\frac{u''(X)}{2u'(X)}\sigma_e^2$$

sowie wegen

$$\rho^{-1}(X) = \frac{u''(X)}{2u'(X)}$$

$$z_C = X - \frac{\sigma_e^2}{2 \cdot \rho(X)}.$$

Wenn nun nicht mehr e als Zufallsvariable und X als fester Betrag, sondern in der Notation der Entscheidungsmatrix $X_{ij} = X + e_{ij}$ als Zufallsvariable betrachtet wird, erhält man entsprechend für das Sicherheitsäquivalent einer Aktion a_i und $j = (1, m)$

$$z_{i,C} = \varepsilon\{X_{ij}\} - \frac{\text{Varianz}(X_{ij})}{2 \cdot \rho(X_{ij})}.$$

Für die lineare Nutzenfunktion $u(X) = a + bX$ des risikoneutralen Entscheidenden erhält man mit $\rho(X) \to \infty$, dass $z_{i,C} = \varepsilon\{X_{ij}\}$.

D.h. für den risikoneutralen Entscheidenden entspricht der Erwartungswert dem Sicherheitsäquivalent. Er achtet nicht auf die Streuung.

Für die Bernoulli-Nutzenfunktion folgt mit

$$u(X) = a - b \cdot \exp(-\frac{X}{R}),$$

dass die Risikotoleranz-Funktion konstant für alle Auszahlungen zu $\rho(X) = R$ erhalten wird. Der Risikoabschlag π ist damit proportional zur Varianz und umgekehrt proportional zur Risikotoleranz.

Vielfach werden in der Praxis Risikoprämien berechnet, die nicht proportional zur Varianz der X_{ij}, sondern proportional zur Standardabweichung der X_{ij} oder zum Absolutbetrag des Erwartungswertes $|\varepsilon\{X_{ij}\}|$ sind. Auch diese Ansätze können über eine geringfügig modifizierte exponentielle Nutzenfunktion erklärt werden.

Mit der Nutzenfunktion

$$u(X) = a - b \cdot \exp(\frac{-X}{\sigma_X \cdot R})$$

ergibt sich z.B. eine Risikoprämie von

$$\pi = \frac{\sigma_X}{2R}.$$

Wie in Kapitel 3.8 gezeigt wird, ergeben empirische Untersuchungen und Paradoxa viele Hinweise darauf, dass die Axiome des Bernoulli-Prinzips in der Praxis oft nicht erfüllt sind (vgl. Tests bezüglich Elsberg- und Allais-Paradoxon in Kap. 3.8).

Insbesondere gibt es Hinweise darauf, dass eine lineare Transformation der Nutzenfunktion bei der Gefahr von Verlusten zu Änderungen der Präferenzen führen kann (Axiome 1-6). Damit kann die Risikobereitschaft z.B. skalenabhängig sein (Risikoscheu bei Verlusten, Risikofreudigkeit bei Gewinnen).

3.4 Entscheidungsregeln bei Ungewissheit

Bei Ungewissheit sind für die Umweltzustände keine Eintreffenswahrscheinlichkeiten vorgegeben. Der Entscheidende muss sich ohne diese Informationen entsprechend seiner Risikoneigung entscheiden. Statt der Auszahlungen X_{ij} können bei den meisten der nachfolgend beschriebenen Entscheidungskriterien auch deren zugeordnete Nutzenwerte $u(X_{ij})$ verwendet werden (vgl. z.B. Bamberg u. Coenenberg 2002, S. 126-143).

3.4.1 Laplace-Regel

Die optimale Entscheidung entspricht derjenigen Aktion, welche im Durchschnitt die maximale Auszahlung erwarten lässt. Dies bedeutet, dass für jede Aktion der Mittelwert der Auszahlungen berechnet werden muss. Bei der Laplace-Regel wird implizit angenommen, dass – mangels besserer Informationen – alle Zustände bzw. Ereignisse die gleiche Eintreffenswahrscheinlichkeit haben.

Im Prinzip entspricht diese Regel der Entscheidungsfindung des risikoneutralen Entscheidenden, denn auf die Standardabweichung oder Varianz der Auszahlungen einer Aktion wird keine Rücksicht genommen. Wenn statt der Auszahlungen X_{ij} deren zugeordnete Nutzenwerte $u(X_{ij})$ verwendet werden, entspricht die Laplace-Regel der Bernoulli-Regel, bei der alle Zustände die gleiche Eintreffenswahrscheinlichkeit haben.

$$A_{opt} = \max_i \left(\frac{1}{n} \sum_{j=1}^{n} X_{ij} \right)$$

Lösung zum Beispiel: Für Europa ergibt sich ein Mittelwert von 125, für Asien von 152.5. Folglich wird Asien mit einer erwarteten Auszahlung von 152.5 als Standort gewählt.

Tabelle 3.7. Beispiel Laplace-Regel

	z_1	z_2	$\overline{X}_i$
Europa a_1	100	150	125.0
Asien a_2	80	225	**152.5**

Eine Variante der Laplace-Regel ist die **Flexibilitätsregel**.

Hier ist nach der Aktion gefragt, die die höchsten durchschnittlichen Ergebnisse erbringt, wenn die Variabilität der Auszahlungen in der gesamten Entscheidungsmatrix zwischen X_{max} und X_{min} in Betracht gezogen wird (vgl. in anderem Zusammenhang Göbel et al. 2002, S. 321-347). Hierzu werden die Auszahlungen zunächst über

$$x_{ij}* = \frac{(X_{ij} - X_{min})}{(X_{max} - X_{min})}$$

auf das Intervall $0 \leq x_{ij}* \leq 1$ normiert. Danach wird die Laplace-Regel zur Bestimmung von A_{opt} angewendet.

Lösung zum Beispiel: Es wird Asien mit einem maximalen Flexibilitätsbetrag von 0.5 als Standort gewählt.

Andere Lösungen als mit der Laplace-Regel folgen, wenn die Normierung der X_{ij} auf die jeweiligen Maxima und Minima einer Aktion bezogen wird.

3.4.2 Modifizierte Bernoulli-Regel

Bei Anwendung der Laplace-Regel wird die Streuung der Auszahlungen einer Aktion i nicht berücksichtigt. Dies kann unter den Annahmen der Laplace-Regel jedoch leicht erfolgen, wenn nach dem Ansatz einer exponentiellen Nutzenfunktion eine Risikoprämie vom Mittelwert subtrahiert wird. Wie bei der Berechnung des Mittelwertes wird bei der Berechnung von Varianz oder Standardabweichung dann angenommen, dass alle Zustände gleich wahrscheinlich sind. Falls die Risikoprämie nicht proportional zur Varianz, sondern proportional zur Standardabweichung angenommen wird, kann die Entscheidung über das Kriterium

$$A_{opt} = \max_i \left(\overline{X}_i - \frac{\sigma_{X_i}}{2 \cdot R} \right)$$

erfolgen. Dabei ist $\overline{X}_i$ der arithmetische Mittelwert, σ_{X_i} die Standardabweichung der X_{ij} für eine Aktion a_i und R der Risikotoleranzparameter.

Diese Beziehung hat gegenüber anderen gebräuchlichen Ansätzen den Vorteil, dass das Streuungsmass σ_{X_i} und der Mittelwert $\overline{X}_i$ dieselbe Dimension haben.

In Tabelle 3.8. sind die Resultate für das Standortproblem und die Entscheidungsmatrix von Tabelle 3.7. dargestellt. Für R = 0.5 erhält man Europa als besseren Produktionsstandort. Für R = 2 ist dies Asien, für R $\rightarrow \infty$ folgt mit Asien als Produktionsstandort wieder dasselbe Ergebnis wie bei Anwendung der Laplace-Regel.

Tabelle 3.8. Beispiel modifizierte Bernoulli-Regel

	$\overline{X}_i$	σ_{X_i}	R = 0.5	R = 2
Europa a_1	125.0	35.4	**89.6**	116.2
Asien a_2	**152.5**	102.5	50.0	**126.9**

3.4.3 Maximax-Regel

Als optimale Entscheidung bei dieser Entscheidungsregel wird die Aktion angesehen, welche die höchste Auszahlung zur Folge hat. Diese Auszahlung muss das Maximum der Zeilen i **und** der Spalten j der Entscheidungsmatrix sein.

Diese Regel wird von sehr risikofreudigen Entscheidern (*Hasardeuren*) gewählt, da das Ergebnis nur im günstigsten Fall erreicht wird. Falls sich das gewünschte Ereignis nicht ergibt, sind nur unangenehme Überraschungen möglich. Es ist

$$A_{opt} = \max_i \left(\max_j X_{ij} \right).$$

Lösung zum Beispiel:

Die maximale Auszahlung bei Europa als Standort beträgt 150.
Es wird Asien mit einer Auszahlung von 225 als Standort gewählt.

Tabelle 3.9. Beispiel Maximax-Regel

	z_1	z_2	max i
Europa a_1	100	**150**	150
Asien a_2	80	**225**	**225**

3.4.4 Maximin-Regel (Wald-Regel)

Diese Regel kann von risikoscheuen Entscheidenden benutzt werden. Zuerst wird für alle Aktionen die ungünstigste Auszahlung errechnet, die sich für die möglichen Zustände bzw. Ereignisse ergibt, danach wird die Aktion mit dem Maximum dieser Minima ausgewählt. Die Entscheidungsregel ist in der Spieltheorie als **Sattelpunktkriterium** bekannt.

$$A_{opt} = \max_i \left(\min_j X_{ij} \right).$$

Im Gegensatz zur Maximax-Regel erlebt der Entscheidende bei Anwendung dieses eher pessimistischen Kriteriums nur angenehme Überraschungen: Er hat der Umwelt allerdings zuvor das schlechtestmögliche Resultat unterstellt. Falls es sich bei den X_{ij} um Einzahlungen handelt und nicht um Auszahlungen, so wird die **Minimax-Regel** angewendet. Bei ihr wird für jeden Zustand j zunächst die maximale Einzahlung bestimmt, ehe die optimale Aktion i als (kosten)minimale Einzahlung bestimmt wird.

Lösung zum Beispiel: Es wird Europa mit einer erwarteten Auszahlung von 100 als Standort gewählt, da die minimale Auszahlung für Asien 80 betragen würde.

Tabelle 3.10. Beispiel Maximin-Regel

	z_1	z_2	max i
Europa a_1	**100**	150	**100**
Asien a_2	**80**	225	80

3.4.5 Hurwicz-Regel

Die Hurwicz-Regel stellt einen Kompromiss zwischen der Maximax- und Maximin-Regel dar. Sie bildet über den Parameter α eine Mischung ($0 \le \alpha \le 1$) aus den beiden vorher skizzierten Lösungen:

$$A_{opt} = \max_i \left(\alpha \cdot \max_j X_{ij} + (1-\alpha) \min_j X_{ij} \right)$$

Für $\alpha = 1$ benutzt man die Maximax-Regel, für $\alpha = 0$ die Maximin-Regel. Wenn α näher bei eins liegt, ist eine risikofreudige Haltung, wenn aber α näher bei Null ist, dann ist eine risikoscheue Haltung vorherrschend.

Lösung zum Beispiel: Mit $\alpha = 0.5$ wird Asien mit einer erwarteten Auszahlung von 152.5 als Standort gewählt, da für Europa nur eine Auszahlung von 125.0 resultieren würde. Für $\alpha = 0.5$ ergeben sich die Werte der Aktionen als Mittelwerte der Auszahlungen aus Maximax- und Maximin-Regel.

Tabelle 3.11. Beispiel Hurwicz-Regel

	z_1	z_2	max j	min j	Hurwicz $\alpha = 0.5$
Europa a_1	100	150	150	100	125.0
Asien a_2	80	225	225	80	**152.5**

3.4.6 Minimax-Regret-Regel (Savage-Niehans-Regel)

In diesem Fall wird das nachträgliche Bedauern (nachträgliche Enttäuschung) über eine Fehlentscheidung minimiert, da es als Massstab für die Entscheidung benutzt wird. Der **Regretbetrag** oder Opportunitätsverlust (*„loss of foregone opportunity"*) ist der Betrag, der dem Entscheidenden entgeht, wenn er für einen Zustand z_j nicht die Aktion a_i mit der grössten Auszahlung gewählt hat.

Der Regretbetrag r_{ij} errechnet sich somit als Differenz zwischen dem Maximum der Auszahlung bei Zustand z_j und jeder Auszahlung in derselben Spalte der Entscheidungsmatrix.

Er ist also in gewisser Hinsicht als Sensitivitätsbetrag bei der Abweichung vom Optimum zu verstehen. Es ist

$$r_{ij} = \max_i(X_{ij}) - X_{ij}, \ j = \text{const.}$$

Die beste Aktion ist diejenige mit dem niedrigsten Regretbetrag:

$$A_{opt} = \min_i \left(\max_j r_{ij} \right)$$

Lösung zum Beispiel: Es wird Asien mit einem erwarteten minimalen Regretbetrag von 20 als Standort gewählt.

Die maximale Auszahlung bei Zustand z_1 beträgt 100, bei z_2 beträgt sie 225. Dies ergibt im unteren Teil von Tabelle 3.12. die Regretbeträge r_{ij}.

Für den Standort Europa wäre ein Regretbetrag von 75 zu erwarten.

Tabelle 3.12. Beispiel Berechnung der Regretbeträge

X_{ij}	z_1	z_2
Europa a_1	**100**	150
Asien a_2	80	**225**
max j	**100**	**225**

r_{ij}	z_1	z_2	min i
Europa a_1	0	75	75
Asien a_2	**20**	0	**20**

3.4.7 Hinweis für die verschiedenen Kriterien

Es muss darauf hingewiesen werden, dass selbst die oben beschriebenen einfachen Entscheidungskriterien nicht widerspruchsfrei und eindeutig sein müssen. Sie führen auch nicht unter allen Umständen zu sinnvollen Entscheidungen.

Beispiel: Die Entscheidungskriterien werden auf nachfolgende Entscheidungsmatrix angewendet.

Tabelle 3.13. Beispiel Entscheidungen bei Ungewissheit

z_1	z_2	z_3	z_4	Laplace	Flexi.	mod. Bernoulli R = 2	max min	Hurwicz α = 0.5	Regret
a_1	50	150	150	150	**125**	**0.75**	**112.5**	50	100	100
a_2	150	50	50	50	75	0.25	62.5	50	100	100

Lediglich die Laplace-, sowie die Flexibilitäts- und die modifizierten Bernoulli-Regeln liefern für das Beispiel eindeutige und auch einleuchtende Entscheidungen: Die Ergebnisse für die Strategien wurden unter der Prämisse errechnet, dass die (unbekannten) Wahrscheinlichkeiten der Zustände gleich hoch sind.

Wenn die p_j nicht bekannt sind, ist die Annahme, dass alle Zustände gleich wahrscheinlich sind naheliegend. Dies führt zur Ermittlung der arithmetischen Mittel und Standardabweichungen bzw. Varianzen der Auszahlungen. Obwohl die Entscheidungsregeln bei Ungewissheit sehr simplifizierend sind, bieten sie doch eine konzeptionelle Hilfe für die Strukturierung von Entscheidungssituationen.

3.5 Mehrstufige Entscheidungen, Risikobäume

Bei mehrstufigen Entscheidungen unter Unsicherheit sind mehrere Entscheidungen im Zeitablauf und von ihrer Logik her gekoppelt. Wie diese Situationen dargestellt und auf eine disziplinierte Weise untersucht werden können, soll in der Folge mit der Hilfe von Risikobäumen beschrieben werden.

Entscheidende, die mehrstufige Probleme nicht explizit kennen, verwechseln sie leicht mit einstufigen Problemen, wie sie in den Kapiteln 3.1 bis 3.4 beschrieben wurden.

Beispiel: Bei einem Prozessrisiko kann ein Unternehmen u.a. die Forderungen des Gegners erfüllen, es kann versuchen, mit einem Mediator oder Anwälten einen Vergleich mit dem Gegner zu erzielen, es kann eine Klage des Gegners abwarten oder sogar selber eine Klage einreichen. Diese Aktionen haben mit verschiedenen Wahrscheinlichkeiten Reaktionen des Gegners oder der Umwelt zur Folge und verursachen verschiedene Kosten oder Einzahlungen (Anwalts- und Gerichtsgebühren, Kosten für die interne Organisation etc.). Bei der Analyse mit Risikobäumen wird nun im Gegensatz zu den in Kapitel 3.1 bis 3.4 beschriebenen aggregierten Schätzungen explizit berücksichtigt, dass sich ein Prozess über mehrere Jahre und Instanzen hinziehen kann und gewisse Entscheidungen je nach Reaktion des Gegners oder der Umwelt über Sachzwänge zu gewissen Folgeentscheidungen führt. So wird z.B. eine Revision eines Urteils erst dann erwogen, wenn das Unternehmen seinen Prozess in der Erstinstanz verloren hat. Es zeigt sich oft, dass man bei der detaillierten Darstellung der Entscheidungsabläufe sowohl genauere Schätzwerte für die Wahrscheinlichkeiten als auch für die Aus- und Einzahlungen erhält als bei der aggregierten Analyse. Schliesslich eröffnet die detaillierte Risikoanalyse mit Entscheidungsbäumen mehr Möglichkeiten zur Risikosteuerung als ein einstufiger Entscheidungsansatz.

Obwohl Risikobäume primär für die Analyse von mehrstufigen Entscheidungen bei Risiko entwickelt wurden, eignen sie sich auch für die Analyse mehrstufiger Probleme bei Ungewissheit und bei Spielproblemen. Damit bietet die Analyse von Entscheidungssituationen mit Risikobäumen mehr praktische Anwendungsmöglichkeiten als in der Literatur meist dargestellt wird. Die Risikosituation erfordert an und für sich, dass der Entscheidende alle Wahrscheinlichkeiten für die jeweiligen Umweltzustände angeben kann. In der Ungewissheitssituation ist er aber dazu nicht in der Lage. Er kann aber nach der Laplace-Regel (vgl. Kapitel 3.4) alle unbekannten Wahrscheinlichkeiten als gleich gross annehmen und seine Analyse damit durchführen. Eine andere Alternative ist die Arbeit mit verschiedenen Wahrscheinlichkeitsszenarien und Sensitivitätsanalysen oder die Berechnung der maximalen und minimalen Auszahlungen über mehrere Entscheidungsstufen, wie es für die anderen Entscheidungskriterien nach Kapitel 3.4 erforderlich ist. In der Spielsituation, die z.B. bei den meisten Prozessrisiken vorliegt, können die „Spielzüge" der Kontrahenten durch einen Risikobaum dargestellt und ihre Konsequenzen analysiert werden.

Bei der Darstellung von Risikosituationen über Risikobäume werden sowohl die Entscheidungen oder Aktionen der Entscheidenden als auch die als zufällig angenommenen Zustände der Umwelt durch Knoten dargestellt. Diese werden durch Pfeile oder gerichtete Kanten verbunden, die beschreiben, wie Entscheidungen und Zustände zeitlich und logisch aufeinander folgen bzw. gekoppelt sind.

Ein (Risiko)Baum ist ein Graph $G = (X,U)$, der aus *Knoten* $x_j \in X$ und gerichteten Pfeilen oder *Kanten* $u_{ij} = \{x_i, x_j\} \in U$ besteht (vgl. Abb. 3.12.). Jeder Knoten x_i, ausser der *"Wurzel"* x_0, hat genau einen *Vorgänger* $V(x_i)$, kann aber mehrere *Nachfolger* $N(x_i)$ haben. Der Knoten x_0 in Abb. 3.12. hat die Nachfolger x_1 und x_2, der Knoten x_4 hat den Knoten x_3 als einzigen Vorgänger. Es gibt Knoten, die keine Nachfolger haben. Sie werden *"Astenden"* oder *"Ausgänge"* genannt. In Abb. 3.12. gibt es zehn solcher Knoten. In der Risikosituation wird angenommen, dass die Umwelt zufällig und ohne Präferenzen bezüglich der erreichbaren Zustände entscheidet. Daher werden sie im Risikobaum nur mit gewissen Wahrscheinlichkeiten erreicht. Wie im einstufigen Fall können die Entscheidungen im mehrstufigen Fall auch nach verschiedenen Kriterien gefällt werden. Meistens wird die **Bayes- oder die Bernoulli-Regel** verwendet. Bei Anwendungen der Bayes-Regel wird im Risikobaum nach einer Folge von Entscheidungen gesucht, welche die erwarteten Gewinne oder Auszahlungen maximieren bzw. die erwarteten Verluste oder Einzahlungen minimieren. Bei linearen Nutzenfunktionen wird hiermit auch das Optimum nach dem Bernoulli-Prinzip erhalten, während zur Anwendung der Bernoulli-Regel bei nichtlinearen Nutzenfunktionen Auszahlungen und Einzahlungen im Risikobaum zunächst in Nutzenwerte transformiert werden müssen.

Beispiel: Risikobaum (vgl. Bühlmann et al. 1969, S. 8-9; Rosenkranz 2002, S. 79-82). Ein Unternehmen will über 10 Jahre Kapazitätsplanung betreiben. Für dieses Unternehmen gilt, dass sich grosse Investitionen bei einem kleinen Markt nicht lohnen, sondern nur bei einem grossen Markt.

Folgende zwei Alternativen stehen zur Auswahl:
– Konstruktion einer grossen Anlage für 10 (GE)
– Konstruktion einer kleinen Anlage für 5 (GE).
Über die zu erwartenden Umsätze weiss man Folgendes:

Tabelle 3.14. Daten für Risikobaum, Erstinvestition

Preis Anlage	Marktgrösse	Wahrscheinlichkeit	Umsatz (GE)
grosse Anlage für 10 (GE)	klein	0.2	10
	mittel	0.5	15
	gross	0.3	20
kleine Anlage für 5 (GE)	klein	0.4	4
	gross	0.6	6

Um den Umfang des Beispiels klein zu halten, werden bei der kleinen Erstinvestition nur zwei Zustände des Marktes unterschieden.

Nach zwei Jahren kann die kleine Anlage für 5 (GE) erweitert werden, wenn die Umsatzentwicklung dies nahe legt. Für eine Einschätzung des zu erwartenden Gewinnes stehen folgende Voraussagen zur Verfügung:

Tabelle 3.15. Daten für Risikobaum, Erweiterungsinvestition

Anlage	Marktgrösse	Wahrscheinlichkeit	Umsatz (GE)
erweitert	klein	0.2	8
	mittel	0.6	10
	gross	0.2	15
nicht erweitert	klein	0.2	4
	mittel	0.6	6
	gross	0.2	10

Die nachfolgende Abb. 3.12. stellt die Entscheidungen des Entscheidenden (◊) und die möglichen Zustände des Marktes (○) sowie die Übergänge zwischen diesen Zuständen durch einen Entscheidungsbaum dar.

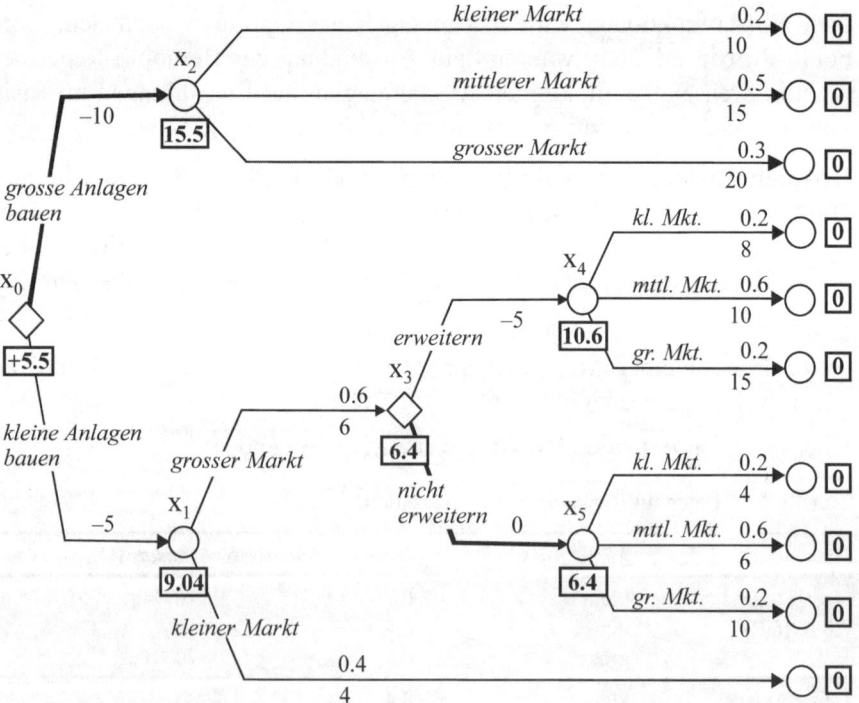

Abb. 3.12. Entscheidungsbaum

3.5.1 Darstellung und Analyse von Entscheidungsbäumen

- Die Entscheidungen und Zustände werden durch Entscheidungsknoten ($\Diamond$) und Zufallsknoten ($\bigcirc$) dargestellt,

- Zustandsänderungen oder -übergänge werden durch gerichtete Kanten ($\rightarrow$) $u_{ij} = \{x_i, x_j\} \in U$ abgebildet.

- Das Netzwerk hat eine Baumstruktur, d.h. wenn ein bestimmter Zustand auf verschiedenen Wegen erreicht werden kann, wird der Zustand durch mehrere Knoten dargestellt (vgl. die Marktgrössen nach den Knoten x_4 und x_5 in Abb. 3.12.).

- Übergänge zwischen den Knoten können auf zwei Arten erfolgen:

  1. **durch Entscheidungen** in den Entscheidungsknoten, die mit Sicherheit eine Zustandsänderung nach den Wünschen des Entscheidenden bewirken. Es kann nur jeweils eine der Entscheidungen, die in einem Entscheidungsknoten zur Wahl stehen, realisiert werden (*logisch exklusive ODER-Bedingung* vgl. Abb. 3.13.). Nach der Bayes-Regel wählt der Entscheidende in den Entscheidungsknoten die Entscheidung , die den maximalen erwarteten Gewinn bzw. die minimalen erwarteten Kosten ergibt. Im Risikobaum dürfen auch mehrere Entscheidungsknoten aufeinander folgen (vgl. Abb. 3.13. unten);

  2. **durch Entscheidungen** oder Antworten **der Umwelt**, auf die der Entscheidende keinen Einfluss hat (vgl. Abb. 3.14.). Jedoch treten diese „Antworten der Umwelt" mit wohl definierten Wahrscheinlichkeiten p_{ij} ein, wobei

$$\sum_j p_{ij} = 1 .$$

Es dürfen auch mehrere Zufallsknoten aufeinander folgen. Dies entspricht dann einer zusammengesetzten Lotterie (vgl. Abb. 3.14. oben).

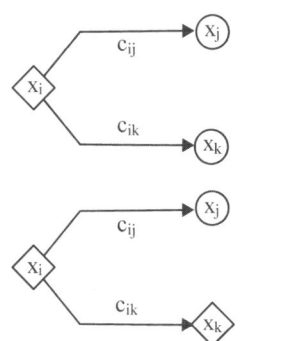

Abb. 3.13. Entscheidungsknoten

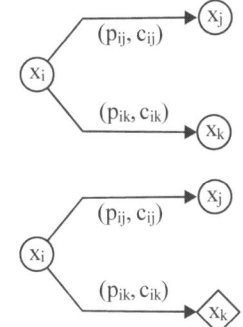

Abb. 3.14. Zufallsknoten

Nach der Darstellung eines mehrstufigen Problems bei Risiko durch einen Risikobaum schliesst sich die quantitative Analyse der möglichen Entscheidungen mit Hilfe der **Roll-Back-Analyse** an. Wie der Name schon sagt: Bei den Berechnungen wird der Baum von hinten, d.h. von den mit „0" gekennzeichneten Astenden, „aufgerollt" (vgl. Abb. 3.12.).

3.5.2 Roll-Back-Analyse

Zielsetzung: Es soll die optimale Folge der mehrstufigen Entscheidungen in der Risikosituation bestimmt werden. Die gesuchten Entscheidungen sind optimal im Sinne der **Maximierung des erwarteten Gewinns bzw. Nutzens** oder der **Minimierung erwarteter Kosten.**

Prinzip der Analyse: Mit den Astenden des Risikobaumes beginnend, wird rückwärts oder rekursiv der **längste erwartete Weg (Gewinnmaximierung)** oder der **kürzeste erwartete Weg (Kostenminimierung)** gegen die Pfeilrichtung der Kanten zur Wurzel des Baumes berechnet. Die optimalen Entscheidungen können über diesen Weg identifiziert werden.

Rechenverfahren (Maximierung):

Definitionen:

p_{ij} Wahrscheinlichkeiten für die Kanten $u_{ij} = \{x_i, x_j\}$, $x_j \in N(x_i)$ des Baumes, die in einem Zufallsknoten x_i (O) beginnen.

Es gilt

$$\sum_j p_{ij} = 1 \text{ für die Wahrscheinlichkeiten } 0 \leq p_{ij} \leq 1$$

c_{ij} Kosten $c_{ij} \leq 0$, Gewinne $c_{ij} \geq 0$ oder Nutzenwerte, die mit der Realisation einer Kante $\{x_i, x_j\}$, $x_j \in N(x_i)$ verbunden sind

A   Menge der gekennzeichnete Knoten

B   Menge der nicht gekennzeichnete Knoten $A \cap B = \varnothing$

$f(x_j)$ Kennzeichnung der Knoten mit Erwartungswerten

Algorithmus:

1. Setze $f(x_j) = 0$ für alle x_j mit $N(x_j) = \varnothing$ (Ausgänge).
   Damit ist zu Beginn $A = \{x_j / N(x_j) = \varnothing\}$, $B = X - A$.

2. Kennzeichne „von hinten nach vorne" (rekursiv) alle $x_i \in B$ nach folgenden Rechenregeln:

Entscheidungsknoten

$$f(x_i) = \max_{\substack{x_i \in V(x_j) \\ x_j \in A}} \{f(x_j) + c_{ij}\}$$

Zufallsknoten

$$f(x_i) = \sum_{\substack{x_i \in V(x_j) \\ x_j \in A}} p_{ij} \{f(x_j) + c_{ij}\}$$

Ersetze $A := A \cup x_i$ und $B := B - x_i$

3. Führe die Kennzeichnung aus, bis auch die Wurzel x_0 gekennzeichnet ist. Damit ist $A = X$ und $B = \varnothing$. Die Kennzeichnung $f(x_0)$ gibt den maximalen erwarteten Gewinn oder höchsten Nutzen an. Der Weg, der über dieses „Zurückrollen" zur Kennzeichnung von x_0 geführt hat, führt über die optimalen Entscheidungen.

In Abb. 3.12. sind die rekursiv berechneten Knotenkennzeichnungen für das vollständig berechnete Beispiel in den fettgedruckten Rechtecken eingetragen.

Zunächst werden alle Astenden mit Null gekennzeichnet.

Damit ist zunächst

$$B = \{x_0, x_1, x_2, x_3, x_4, x_5\}.$$

Es folgt:

$$f(x_2) \equiv \varepsilon\{x_2\} = \quad 0.2 \cdot (0 + 10) + 0.5 \cdot (0 + 15) + 0.3 \cdot (0+20) \quad = 15.5$$
und $x_2 \in A$, $x_2 \notin B$ usw.
$$f(x_4) \equiv \varepsilon\{x_4\} = \quad 0.2 \cdot (0 + 8) + 0.6 \cdot (0 + 10) + 0.2 \cdot (0 + 15) \quad = 10.6$$
$$f(x_5) \equiv \varepsilon\{x_5\} = \quad 0.2 \cdot (0 + 4) + 0.6 \cdot (0 + 6) + 0.2 \cdot (0 + 10) \quad = \; 6.4$$
$$f(x_3) \qquad\qquad = \quad \max \{(10.6 - 5); (6.4 - 0)\} \qquad\qquad\qquad = \; 6.4$$
$$f(x_1) \equiv \varepsilon\{x_1\} = \quad 0.6 \cdot (6.4 + 6) + 0.4 \cdot 4 \qquad\qquad\qquad\qquad = \; 9.04$$
$$f(x_0) \qquad\qquad = \quad \max \{(15.5 - 10); (9.04 - 5)\} \qquad\qquad\qquad = \; 5.5$$

Damit beträgt der maximal zu erwartende Gewinn 5.5 (GE). In der ersten Stufe des Problems wird entschieden, die **grosse Anlage zu bauen**. Falls zunächst die kleine Anlage gebaut wird, wird sie in der zweiten Entscheidungsstufe nicht erweitert.

Bei der üblichen Roll-Back-Analyse wird nach der Bayes-Regel also mit Erwartungswerten gerechnet. Die Analyse berücksichtigt damit keine Streuungen in den Daten. Wenn die Zahlungen, die an den Ästen des Baumes vermerkt sind, in Nutzenwerte umgerechnet werden, erfolgt die Optimierung der Entscheidungen nach der Bernoulli-Regel. Die Roll-Back-Analyse kann durch die Berücksichtigung von Wahrscheinlichkeitsverteilungen rechnerisch über die Integralrechnung oder über Simulationen nach der **Monte-Carlo-Methode** erweitert werden. Wenn die Wahrscheinlichkeitsverteilungen in den Entscheidungsknoten des Baums bekannt sind, wird die optimale Entscheidung über den Vergleich der Verteilungen bzw. der Lotterien getroffen. Auch Sensitivitätsanalysen bezüglich der statistischen und zahlenmässigen Annahmen eines mehrstufigen Entscheidungsproblems lassen sich in Risikobäumen ausführen. Wie in der Folge beschrieben wird, können die dabei benutzten Schätzwerte der Wahrscheinlichkeiten manchmal über die Anwendung des Satzes von Bayes an neue Erkenntnisse angepasst und damit verbessert werden.

3.5.3 Barwerte der Zahlungen

Gewinne und Kosten bzw. Auszahlungen und Einzahlungen in einem Entscheidungsbaum können zu verschiedenen Zeitpunkten anfallen. Damit sie zeitlich „*normalisiert*" und verglichen werden können, werden sie vor den Operationen in den Knoten gewöhnlich auf den Entscheidungszeitpunkt diskontiert. So wird ein Gewinn g_4 zur Zeit $t = 4$ über

$$g'_4 = \frac{g_4}{(1+i)^4}$$

auf den Entscheidungszeitpunkt $t = 0$ abgezinst.

Dieser diskontierte Wert hängt von der Höhe des Diskontierungszinsfusses i sowie der Dauer der Diskontierung ab. Die Höhe des Diskontierungszinsfusses ist als Risikomass zu verstehen. Bei seiner Wahl orientiert sich der Entscheidende gewöhnlich an vergleichbaren Marktzinssätzen. Dem gemäss wird ein Diskontierungszinssatz für eine Grundstücks- oder Gebäudeinvestition gewöhnlich wesentlich niedriger als für eine Investition in das Maschinen-Anlagevermögen oder in Positionen des Umlaufvermögens angesetzt.

Beispiel: Ein Unternehmen steht vor der Wahl, für die Unterbringung einer grösseren Abteilung entweder ein neues Betriebsgebäude zu bauen oder den schon bestehenden Altbau zu renovieren und den Neubau später zu errichten. Welche Entscheidung soll gewählt werden?

Ein Neubau würde bei gleichzeitigem Verkauf des Altbaus netto sofort 5 Mio (GE) kosten. Die Kosten einer Renovierung würden fremdfinanziert und würden nach 10 Jahren mit einer Rückzahlung von insgesamt 3.5 Mio (GE) anfallen. Danach würde der Neubau und der Verkauf des Altbaus erfolgen. Dafür wären nach 20 Jahren Kosten von 12 Mio (GE) zu entrichten sowie Verkaufserlöse für den Altbau von 5 Mio (GE) fällig. Der Restwert des neuen Gebäudes soll vernachlässigt werden. Der Vergleich soll mit einem Diskontierungszinsfuss von 5% erfolgen. Es gelten folgende Diskontierungsfaktoren $1/(1 + 0.05)^{10} = 0.614$ und $1/(1 + 0.05)^{20} = 0.377$.

Variante Neubau sofort

Auszahlungen heute:

– 5 Mio (GE)

Variante Renovierung und späterer Neubau

Auszahlungen für die Renovierung:

– 3.5 Mio (GE); 10 Jahre diskontiert: – 3.5 Mio · 0.614 = –2.149 Mio (GE)

Auszahlungen für einen Neubau:

–12.0 Mio (GE); 20 Jahre diskontiert: –12.0 Mio · 0.377 = – 4.523 Mio (GE)

Einzahlungen für den Verkauf:

+ 5.0 Mio (GE); 20 Jahre diskontiert: + 5.0 Mio · 0.377 = +1.884 Mio (GE).

Wenn man Aus- und Einzahlungen zusammenrechnet, ist die Renovierungsvariante mit rund – 4.8 Mio (GE) günstiger als die Variante eines sofortigen Neubaus mit – 5.0 Mio (GE).

Wenn die in einem mehrstufigen Entscheidungsproblem anfallenden Ein- und Auszahlungen über mehrere Perioden konstant sind, werden die aus der Finanzmathematik bekannten Formeln zur **Rentenberechnung** für die Diskontierung auf den jeweiligen Entscheidungszeitpunkt eingesetzt (vgl. z.B. Bosch 1994, S. 86-123).

Das Risiko kann in den Ästen eines Entscheidungsbaumes auch jeweils verschieden hoch sein. Wenn der Diskontierungszinsfuss als Risikomass betrachtet wird, kann dementsprechend in verschiedenen Ästen mit **verschiedenen Diskontierungszinssätzen** gerechnet werden. Verschiedene Äste eines Entscheidungsbaumes können auch die Konsequenzen verschiedener strategischer Massnahmen und Potenziale wiedergeben, deren Nutzen in den Ästen getrennt bewertet werden.

3.5.4 Monte-Carlo-Analysen

Ein Nachteil der Roll-Back-Analyse in der bisher skizzierten Form ist die Tatsache, dass in den Entscheidungsknoten bei Anwendung der Bayes-Regel Erwartungswerte bzw. bei Anwendung des Bernoulli-Prinzips und einer exponentiellen Nutzenfunktion verschiedene Kombinationen von Erwartungswerten und Varianzen verglichen werden. Durch die Berechnung dieser Lage- und Streuungsmasse wird ein an und für sich stochastisches Problem bei der Entscheidung auf ein deterministisches Problem zurück geführt. Die Entscheidungen auf Basis der Parameter erfolgen in Unkenntnis der jeweiligen Verteilungen. Bei Verwendung der Bayes-

Regel würde Alternative "1" mit dem Barwert $\varepsilon\{BW_1\} = \mu_1$ in Abb. 3.15. der Alternative "2" mit $\varepsilon\{BW_2\} = \mu_2$ vorgezogen. Das Risiko, das durch die verschieden grossen Standardabweichungen σ_1 und σ_2 beschrieben wird, könnte bei Anwendung der Bernoulli-Regel berücksichtigt werden. Falls die Risikoverteilungen allerdings asymmetrisch bzw. schief und verschieden steil sind, verlieren die Standardabweichungen als Risikomass ihre anschauliche Bedeutung. Eine Entscheidung sollte dann nach dem Vergleich der Verteilungen selber gefällt werden. Hier können stochastische Rechnungen oder Simulationen weiterhelfen, die das Risiko mit seinen Verteilungen explizit berücksichtigen. Vielfach geschieht dies über so genannte **Monte-Carlo-Simulationen** (vgl. Kapitel 5.4).

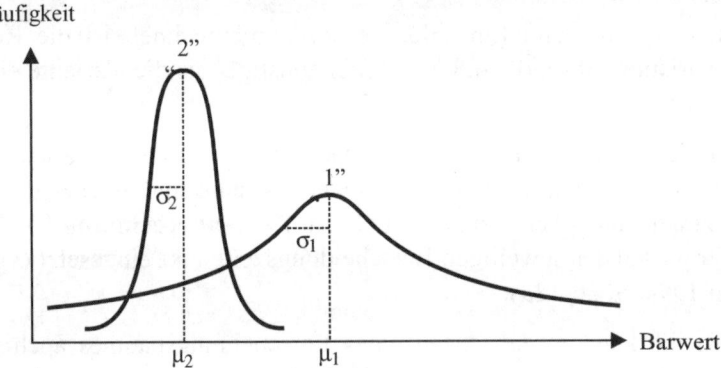

Abb. 3.15. Entscheidungen mit verschiedenen Erwartungswerten und Varianzen der Auszahlungen

Die Risikoverteilungen werden dabei zunächst entweder aus historischem Zahlenmaterial gewonnen oder subjektiv geschätzt. Im Computerexperiment werden die Risiken dann mit der gewünschten Verteilung über so genannte **Zufallszahlengeneratoren** rechnerisch erzeugt und in die Formeln z. B. eines Barwertes eingesetzt. Die Resultate verschiedener Rechnungen werden als Stichprobenwerte festgehalten und erlauben die empirische Bestimmung der Verteilungen, beispielsweise des Barwertes, des internen Zinsfusses sowie der Payback-Zeit, und ihrer Parameter. Damit lassen sich dann etwa Wahrscheinlichkeitsaussagen der Form machen:

Wie gross ist die Wahrscheinlichkeit, dass der Barwert kleiner als 3 Mio (GE) ist?

Mit welcher Wahrscheinlichkeit erhält das Unternehmen das investierte Geld unter Berücksichtigung eines Diskontierungszinsfusses von 10% in weniger als fünf Jahren zurück?

3.6 Fuzzy-Entscheidungen

Bisher wurde davon ausgegangen, dass die Entscheidungsmatrix (vgl. Tabelle 3.1.) deterministische Grössen für die Zahlungen X_{ij} bzw. Wahrscheinlichkeiten p_j für die Zustände enthält. Die Aktionen a_i, die Umweltzustände z_j, die bei einer Entscheidung zu verfolgenden Ziele und die Ergebnisse konnten exakt beschrieben und quantifiziert werden. Diese Annahmen sind zwar in der klassischen Entscheidungstheorie üblich, werden aber in der Wirtschaftspraxis vielfach nicht erfüllt (vgl. Rommelfanger u. Eickemeier 2002, S. 8-15).

Häufig entsprechen die bei der Lösung von praktischen Problemen vorkommenden Informationen und Daten nicht dem Bestimmtheitsgrad, den die klassische Theorie voraussetzt. Man beobachtet vielfach Unsicherheiten, Unbestimmtheiten, Vagheiten und Unschärfen in den verfügbaren Informationen, die in einer aktuellen Entscheidungssituation oft noch nicht konkretisiert werden können. In dieser Situation können Gesichtspunkte der **Fuzzy Set-Theorie** bei Entscheidungen weiterhelfen. Unscharfe Entscheidungssituationen werden vom nicht informierten Entscheidenden oft mit der klassischen Risikosituation oder der Situation der Ungewissheit verwechselt, obwohl die Unschärfe meist nicht durch bekannte oder unbekannte Wahrscheinlichkeiten hervorgerufen wird.

Im Wesentlichen werden zwei Formen von Bestimmtheitsgraden bzw. Graden der Unbestimmtheit der Informationen unterschieden (Schneeweiss 1991, S. 34). Es gibt

- einen Mangel an Informationen oder
- einen Mangel an begrifflicher Schärfe.

Im ersten Fall folgt die Unbestimmtheit aus einer nicht ausreichenden Informiertheit. Hier differenziert die Entscheidungstheorie zwischen der **Situation der Sicherheit**, der **Risikosituation** und der **Ungewissheitssituation** (vgl. Kapitel 3.2 bis 3.4). In den letzten beiden Fällen wird auch von stochastischer Unsicherheit gesprochen. Die Unsicherheit wird durch bekannte oder unbekannte Wahrscheinlichkeiten p_j ausgedrückt, die den Umweltzuständen z_j zugeordnet werden.

Liegt dagegen ein Mangel an begrifflicher Schärfe vor, wird häufig von Unschärfe, Vagheit oder Fuzziness gesprochen. Unternehmensrisiken können auch aus einem Mangel an begrifflicher Schärfe resultieren, z. B. wenn zwei Vertragsparteien oder die Mitarbeiter desselben Unternehmens mit denselben Begriffen unterschiedliche Vorstellungen verbinden und sich missverstehen.

Dabei werden drei Arten von Unschärfe unterschieden (Rommelfanger 1994, S. 4; Zimmermann 1993, S. 4-7):

- Unter **intrinsischer** oder **lexikalischer Unschärfe** wird die inhaltliche Unsicherheit oder Undefiniertheit von Wörtern oder Sätzen verstanden. Sie drückt die Unschärfe menschlicher Empfindungen aus. Beispiele für unscharfe Ausdrücke sind *stabile Währungen, hoher Gewinn, gute Produktqualität, gute Konjunkturlage* usw. Die Adjektive von lexikalischen Ausdrücken liefern keine eindeutige Beschreibung. Die Bedeutung ergibt sich erst im jeweiligen Kontext. Da sich bei der menschlichen Kommunikation die Bedeutung von Wörtern und Sätzen aus dem Zusammenhang ergeben, haben intrinsische Ausdrücke dort keine negativen Auswirkungen. Häufig erleichtern sie sogar die Kommunikation.

- **Informationale Unschärfe** basiert dagegen auf dem Überfluss an Informationen. Die Informationsmenge ist so gross und auch so widersprüchlich, dass sie gar nicht ganz aufgenommen und verarbeitet werden kann. Informationale Unschärfe tritt bei Begriffen auf, die zwar exakt definiert sind, zu deren umfassenden Beschreibung jedoch eine Vielzahl von Merkmalen notwendig ist, die dann zu einem Gesamturteil aggregiert werden. Ein Beispiel hierfür ist der Begriff der *Kreditwürdigkeit*.

- **Unscharfe Relationen** sind Aussagen, in denen die Beziehungen zwischen den betrachteten Objekten oder Sachverhalten (z.B. verschiedene Firmen, Risiken, Anlageformen) keinen scharfen oder zweiwertigen Charakter (z.B. richtig/falsch, zutreffend/nicht zutreffend, 0/1) haben.

  Beispiele hierfür sind Ausdrücke wie Firma A ist „*viel besser*" als Firma B bzw. Firma A ist „*etwa gleich gut*" oder vom Umsatz her „*erheblich kleiner*" als Firma B. Ein scharfe Aussage wäre z.B., dass Firma A rentabler ist als Firma B.

Unschärfen verschiedener Art können auch verknüpft werden. Ein Beispiel für die Kombination von intrinsischer und relationaler Unschärfe liefert folgende Aussage: „*Wenn das Marktwachstum gering ist, nimmt der Marktanteil nur mässig zu*" (Keil 1996, S. 105). *Geringes* Marktwachstum gibt intrinsische Unschärfe wieder, *nimmt mässig zu* entspricht relationaler Unschärfe.

Die drei Arten der Unschärfe werden unter dem Begriff der **linguistischen Unsicherheit** zusammengefasst. Abb. 3.16. fasst die Aufteilung nach dem Bestimmtheitsgrad der gegebenen Daten und Informationen und ihrer Bearbeitung zusammen.

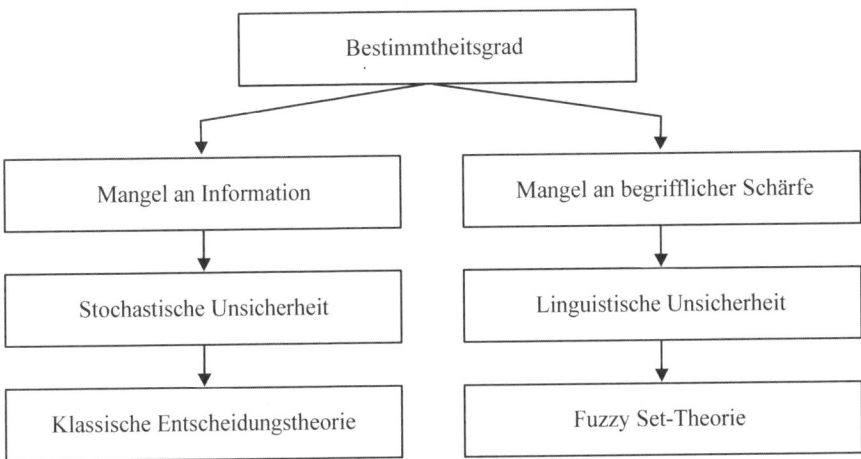

Abb. 3.16. Der Bestimmtheitsgrad und seine angemessene Behandlung

Mit Hilfe der **Fuzzy Set-Theorie** können sowohl die linguistische Unsicherheit modelliert als auch unscharfe Entscheidungsprobleme gelöst werden. Die Fuzzy-Set Theorie geht auf Lofti Zadeh (1965) zurück. Sie ist kein Ersatz für die klassische Entscheidungstheorie, sondern versucht, reale Entscheidungssituationen modellmässig besser abzubilden. Somit stellt sich die Frage, wie sich beide Theorien ergänzen können, damit der Entscheidende zu besseren Entscheidungen kommt. In diesem Zusammenhang sind insbesondere zwei Ansatzpunkte von Interesse (Rommelfanger u. Eickemeier 2002, S. 25-26):

- Die Wahrscheinlichkeiten bei stochastischer Unsicherheit sind in der Regel *Punktschätzungen* und werden als *scharfe Zahl*, mit z.B. $p_j = 0.2$, angegeben. Häufig sind derart konkrete Angaben aber nicht gerechtfertigt. Allerdings existiert vielfach unscharfes Wissen über die Wahrscheinlichkeiten, z.B. in intrinsischer Form oder als unscharfe Relation.

- In den Kapiteln 3.2 bis 3.4 wurden verschiedene Entscheidungsregeln formuliert und quantifiziert. Bei unscharfen Entscheidungssituationen ist dies vielfach nicht möglich. Oft werden qualitative Zielkriterien bzw. Zielsysteme benutzt und Zielkriterien bzw. Entscheidungsregeln müssen erst im Laufe der Risikoidentifizierung und -analyse konkretisiert werden. Dabei treten häufig intrinsische oder informationale Unschärfen auf. Als Konsequenz können auch die Ergebnisse in der Entscheidungsmatrix nur unscharf beschrieben werden. Tabelle 3.16. fasst die relevanten Entscheidungssituationen bei Unschärfe zusammen. Die Tabelle orientiert sich dabei an der Einordnung der Entscheidungssituationen bei Risiko und Ungewissheit aus Tabelle 3.2. und ergänzt diese.

Das Risiko einer unternehmerischen Entscheidung nimmt mit dem Mangel an begrifflicher Schärfe zu. Im Sinne der Entscheidungen bei Unschärfe entsprechen scharfe und deterministische Informationen dem 0. Grad der Unsicherheit.

Tabelle 3.16. Entscheidungssituationen und Unschärfe

Situation	Grad der Unsicherheit	Charakteristika	Beispiele
a) und b)	1. Ordnung 1d	Konsequenzen der Entscheidung sind unscharf	– Kauf einer Anlage mit noch unscharfem Preis (z.B. noch Verhandlungssache)
b)	1. Ordnung 1d	„Objektive" scharfe oder unscharfe Eintrittswahrscheinlichkeiten für alle zukünftigen Umweltzustände bekannt; Scharfe oder unscharfe Ziele bzw. scharfes oder unscharfes Zielsystem	– Unscharfer Krankenstand der Mitarbeiter – Unscharfe Anzahl der Kundenkontakte
b)	2. Ordnung 2d	„Subjektive" scharfe oder unscharfe Eintrittswahrscheinlichkeiten für alle zukünftigen Umweltzustände bekannt; Scharfe oder unscharfe Ziele bzw. scharfes oder unscharfes Zielsystem	– Unscharfe Markterweiterung – Unscharfe Kundenzufriedenheit
c)	3. Ordnung 3d	Art der Umweltzustände bekannt, jedoch keine Eintrittswahrscheinlichkeiten; Unscharfe Ziele / unscharfes Zielsystem	– Bewertungssystem für den Erfolg der Grundlagenforschung
d)	4. Ordnung 4d	Weder Art der Umweltzustände noch Eintrittswahrscheinlichkeiten noch Ziele / Zielsystem bekannt	– Neue Produkte der Gentechnik – Schäden durch Terrorismus

Formal lässt sich eine unscharfe Menge folgendermassen definieren: Es sei X eine beliebige Grundmenge mit Elementen $x \in X$ und $\mu : X \to [0,1]$ eine Abbildung, die **Zugehörigkeitsfunktion** genannt wird. Eine **unscharfe Menge (fuzzy set)** $\tilde{A}$ in X ist dann eine Menge geordneter Paare

$$\tilde{A} = \{(x,y) \in X \times [0,1] : x \in X \quad \text{und} \quad y = \mu(x)\} \ .$$

Im Vergleich zur klassischen Mengenlehre ergibt sich hier nicht nur die „*scharfe*" Zuordnung, ob ein x Element einer gegebenen Menge ist oder nicht bzw. ob x die durch die Menge beschriebene Mengeneigenschaft voll oder gar nicht besitzt. Es findet vielmehr eine abgestufte Beurteilung mit Werten zwischen 0 und 1 statt, die angeben, wie stark x die Mengeneigenschaft erfüllt. Die Elemente der Menge X stellen den Definitionsbereich, die Zugehörigkeitsgrade $\mu(x)$ die Bildmenge der Zugehörigkeitsfunktion dar. Die Zugehörigkeitsgrade entsprechen der graduellen Bewertung, wie stark die betrachtete Mengeneigenschaft vom jeweiligen Element x angenommen wird. Zwei Beispiele sollen die Definition veranschaulichen (Missler-Behr 2001, S. 29-30).

Beispiel: Nach Abschluss der Jahresprüfung beurteilt eine Wirtschaftsprüfungsgesellschaft sieben Mandanten, ob sie die Eigenschaften eines „*gesunden Unternehmens*" besitzen. Ein mögliches Ergebnis dieser Beurteilung zeigt Abb. 3.17.

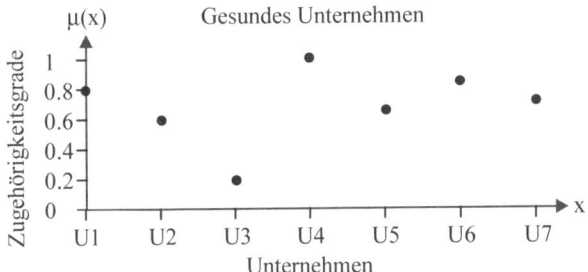

Abb. 3.17. Unscharfe Menge „*gesundes Unternehmen*"

Die Punkte (●) geben den Zugehörigkeitsgrad der Unternehmen zur unscharfen Menge $\tilde{A}$ an. Unternehmen U4 besitzt z. B. einen Zugehörigkeitsgrad von $\mu(U4) = 1$ zur unscharfen Menge der *gesunden Unternehmen*. U4 repräsentiert somit ein mustergültiges Unternehmen. Bei Unternehmen U6 sind bereits leichte Abstriche zu verzeichnen. Dies drückt sich in einem Zugehörigkeitsgrad von 0.9 aus. Vergleicht man die Unternehmen U2 und U5, so wird U5 ein wenig besser beurteilt als U2. Beide Unternehmen erhalten Beurteilungen über 0.5. U3 weist den geringsten Zugehörigkeitsgrad von $\mu(U3) = 0.2$ auf. Dieses Unternehmen zeigt zwar Ansätze zu einem gesunden Unternehmen, an einer Verbesserung seiner Eigenschaften muss aber in der Zukunft intensiv gearbeitet werden. Neben der grafischen Darstellung kann auch die aufzählende Schreibweise benutzt werden:

$$\tilde{A} = \{(U1;0.8),(U2;0.6),(U3;0.2),(U4;1),(U5;0.65),(U6;0.9),(U7;0.75)\}$$

Beispiel: Der Begriff eines *angemessenen Gewinnes* $\tilde{B}$ definiert eine weitere unscharfe Menge. Die Beurteilung dieser Grösse hängt z. B. vom betrachteten Unternehmen, von der Konjunkturlage, von der Branche oder vom Betrachter ab und muss deshalb situativ erfolgen. Abbildung 3.18. zeigt drei mögliche unterschiedliche Bewertungen bzw. den Verlauf von drei unterschiedlichen Zugehörigkeitsfunktionen $\mu(x)$.

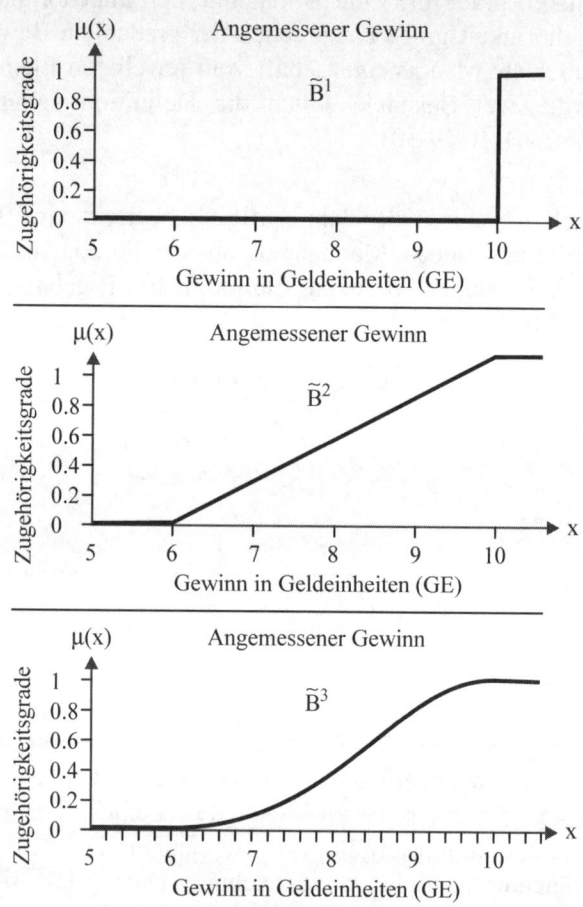

Abb. 3.18. Beispiele für die unscharfe Menge „*angemessener Gewinn*"

Die obere Graphik in Abb. 3.18. zeigt eine zweiwertige und somit scharfe Beurteilung des *angemessenen Gewinns*. Der Gewinn wird als angemessen mit einem Zugehörigkeitsgrad von eins bewertet, wenn er zehn Geldeinheiten nicht unterschreitet. In allen anderen Fällen haben die Zugehörigkeitsgrade den Wert Null. In diesen Fällen wird der Gewinn als unangemessen beurteilt.

$\widetilde{B}^1$ entspricht somit einer scharfen Menge. Die Zugehörigkeitsfunktion wird in diesem Fall auch **charakteristische Funktion** genannt.

Eine derart strenge zweiwertige Beurteilung wird in der Realität kaum auftreten. Typischer wird sein, dass die Entscheidenden angeben können, bis zu welchem Betrag ein Gewinn mit einem Zugehörigkeitswert von Null unangemessen erscheint und ab welchem Betrag der Gewinn als angemessen mit einem Zugehörigkeitswert von eins beurteilt wird. Zwischen diesen beiden Punkten wird eine graduell abgestufte Beurteilung vorgenommen. Zur Beschreibung der abgestuften Beurteilung wird in der mittleren Graphik in Abb. 3.18. eine lineare Funktion und in der unteren Graphik eine teilweise hyperbolische Funktion benutzt. Abbildung 3.19. zeigt typische und häufig verwendete Zugehörigkeitsfunktionen.

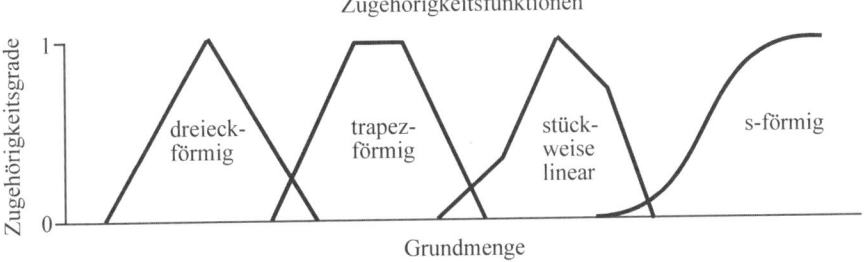

Abb. 3.19. Typische Zugehörigkeitsfunktionen

Liegt eine unscharfe Menge vor, orientiert sich eine **optimale unscharfe Entscheidung** am höchsten Zugehörigkeitsgrad. Im Beispiel der *gesunden Unternehmen* ist U4 somit das beste Unternehmen.

Bei zwei unscharfen Mengen $\widetilde{A}, \widetilde{B}$ über X definiert sich die unscharfe Entscheidung $\widetilde{E}$ mit

$$\mu_{\widetilde{E}}(x) = \mu_{\widetilde{A} \cap \widetilde{B}}(x) = \min\{\mu_{\widetilde{A}}(x), \mu_{\widetilde{B}}(x)\} \quad \forall x \in X.$$

Die optimale Entscheidung x* oder Aktion ergibt sich dann durch

$$\mu_{\widetilde{E}}(x^*) = \max_{x \in X} \mu_{\widetilde{E}}(x) = \max_{x \in X} \min\{\mu_{\widetilde{A}}(x), \mu_{\widetilde{B}}(x)\}$$

Dieses Prinzip lässt sich auf beliebig viele unscharfe Menge erweitern.

Beispiel: Ein Unternehmen möchte die optimale Höhe seines Zahlungsmittelbestandes bestimmen. Es ist ihm wichtig, dass einerseits die Liquidität ausreichend hoch ist, um den anfallenden Zahlungsverpflichtungen nachzukommen und andererseits vertretbar niedrig ist, damit möglichst wenig unverzinster Kassenbestand vorhanden ist.

Die unscharfe Menge *ausreichender Zahlungsmittelbestand* wird durch $\mu_{\tilde{Z}}$ beschrieben, der *vertretbare Zahlungsmittelbestand* durch $\mu_{\tilde{R}}$.

Abbildung 3.20. stellt die entsprechenden Zugehörigkeitsfunktionen dar.

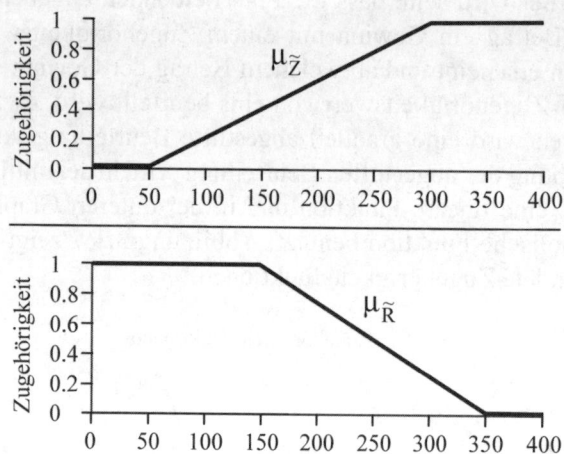

Abb. 3.20. Unscharfe Mengen ausreichender und vertretbarer Zahlungsmittelbestand

Für eine unscharfe Entscheidung müssen beide unscharfen Eigenschaften bestmöglich erfüllt sein. Die Zugehörigkeitsfunktion der unscharfen Entscheidung ergibt sich deshalb aus dem Durchschnitt der beiden unscharfen Mengen. Bei Anwendung des Minimum-Operators zur Aggregation der unscharfen Mengen ergibt sich die gestrichelte Linie in Abb. 3.21. als Zugehörigkeitsfunktion der unscharfen Entscheidungen. Die optimale unscharfe Entscheidung ist durch den höchsten Zugehörigkeitsgrad von $\mu_{\tilde{E}}$ mit (•) gekennzeichnet. Sie liegt bei 216.66 (GE) mit einem Zugehörigkeitsgrad von 0.66.

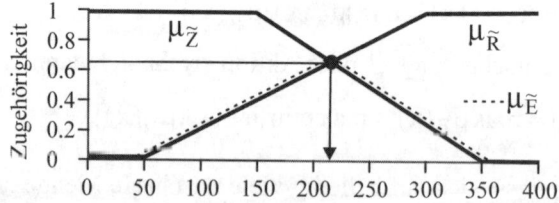

Abb. 3.21. Unscharfe Entscheidung über den Zahlungsmittelbestand

Werden die Prinzipien der skizzierten unscharfen Entscheidungsfindung auf das in den vorherigen Kapiteln verwendete Standortproblem übertragen, könnte sich folgende Situation ergeben: Die zwei möglichen Aktionen, die im Nachfolgenden kurz durch die Höhe ihrer Auszahlungen gekennzeichnet werden, sollen anhand des Gewinnpotenzials $\widetilde{G}$ und des Risikos $\widetilde{R}$ der Investition beurteilt werden. Beide Zielkriterien werden durch unscharfe Mengen beschrieben. Es sei:

$$\widetilde{G} = \{(80;0.3), (100;0.5), (150;0.7), (225;0.9)\}$$
$$\widetilde{R} = \{(80;0.5), (100;0.7), (150;0.7), (225;0.8)\} .$$

Abbildung 3.22. zeigt die Zugehörigkeitsgrade der beiden unscharfen Mengen. Die jeweils vier Werte der Zugehörigkeitsfunktion sind durch einen Streckenzug verbunden. Die dickere Linie zeigt die möglichen unscharfen Entscheidungen an. Die optimale Entscheidung wird durch das Maximum, also durch 225 (GE), charakterisiert. Dies bedeutet, dass durch eine Investition in Asien (Aktion a_2) bei vertretbarem Risiko ein grosses Nachfrage- und Gewinnpotenzial erschlossen würde.

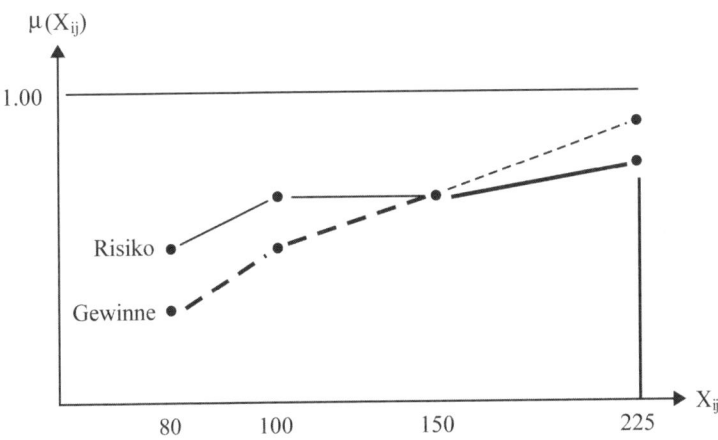

Abb. 3.22. Optimaler unscharfer Standort

Eine ausführliche Einführung in die Fuzzy-Set Theorie findet sich z. B. bei Biewer (1997), Missler-Behr (2001), Rommelfanger (1994), Zimmermann (1993), Zimmermann (1996). Die konkrete Verbindung von Entscheidungssituationen, Entscheidungstheorie und unscharfen Mengen beschreiben ausführlich Hauke (1998) sowie Rommelfanger und Eickemeier (2002).

3.7 Entscheidungen in der Spielsituation

Als Begründer der modernen Spieltheorie gelten John von Neumann und Oskar Morgenstern (1944). Die Spieltheorie hat in den letzten 50 Jahren insbesondere bei der Analyse von Wettbewerbssituationen eine vielfältige Anwendungen in der Volks- und Betriebswirtschaftslehre gefunden (Jost 2001; Dixit u. Nalebuff 1997).

In der Spieltheorie wird die Umwelt mit ihren Umweltzuständen z_j nun als Gegenspieler mit eigenen Interessen verstanden. Damit ist der Entscheidende mit einem oder mehreren handelnden Gegenspielern konfrontiert, deren Reaktionen er bei der Wahl seiner Aktionen berücksichtigen muss (Rommelfanger u. Eickemeier 2002, S. 25). Der oder die Gegenspieler handeln **rational**, wenn sie ihre eigenen Ziele durch Entscheidungen in der jeweiligen Situation möglichst optimal verfolgen (Jost 2001, S. 1). Interagieren mehrere Parteien oder Entscheidungsträger miteinander, spricht man von einem **Spiel**. Spiele können Gesellschaftsspiele sein, aber praktisch auch alle Konfliktsituationen im ökonomischen, militärischen oder politischen Umfeld. Wesentlich ist bei einem Spiel, dass *„die Konsequenzen der Aktionen eines Entscheidungsträgers von den Aktionen abhängen, die die restlichen Entscheidungsträger ergreifen"* (Bamberg und Coenenberg 2002, S. 186). Damit ist die Entscheidungssituation der Spieler interdependent.

Die Entscheidenden oder Parteien werden **Spieler** genannt; die Aktionen, die die einzelnen Spieler ergreifen können, heissen **Strategien**. Fasst man die Strategien aller Spieler in einem Spiel zusammen, spricht man von einer **Partie**. Bei n Spielern kann eine Partie somit durch ein n-Tupel von Strategien beschrieben werden. Jeder Spieler hat zudem eine **Auszahlungsfunktion**, mit der die Konsequenzen der ausgewählten Strategie bewertet werden. Zudem unterscheidet man Spiele in **Normalform** und in **extensiver Form**. Bei Spielen in Normalform führt pro Partie jeder Spieler unabhängig von den anderen Spielern nur einen einzigen Zug aus. Bei extensiven Spielen kommen die Spieler pro Partie mehr als nur einmal zum Zug.

Zudem wird unterschieden, ob es sich um ein Spiel mit **vollkommener Information** oder mit **unvollkommener Information** handelt. Bei vollkommener Information ist jeder Spieler über den bisherigen Verlauf der Partie und die möglichen Auszahlungen völlig informiert. Bei unvollkommener oder asymmetrischer Information sind manche Spieler über bestimmte Rahmenparameter der Entscheidungssituation schlechter informiert als andere Spieler (Jost 2001, S. 18). So liegen beispielsweise bei den Risken der moralischen Gefahr oder der adversen Selektion Informationsasymmetrien zwischen Versicherungsnehmer und Versicherer vor (vgl. Kapitel 2.2). Zudem wird auch zwischen imperfekten und perfekten Informationen unterschieden. Hier stellt sich die Frage, ob alle Spieler zu jedem Zeitpunkt ihres Handelns über die gesamte Historie der Beziehung Bescheid wissen oder nicht. Schliesslich können Spieler bei ihren Entscheidungen **kooperieren** oder **nicht kooperieren**.

Ein berühmtes Beispiel für ein nichtkooperatives Spiel ist das nachfolgend beschriebene **2-Personen-Nullsummenspiel**, während **Spiele des Typs „Gefangenendilemma"** Aspekte eines kooperativen Spiels beinhalten (vgl. Bamberg u. Coenenberg 2003, S. 209-215). Einführungen in die wesentlichen Begriffe und Arbeitsweisen der Spieltheorie sind z.B. bei Bamberg u. Coenenberg (2002, S. 186-249), Jost (2001, S. 9-78) und Dixit u. Nalebuff (1997, mehr verbal und intuitiv dargestellt) zu finden.

Tabelle 3.17. teilt die Grundkonstellationen der Spieltheorie in die Risikoklassen von Tabelle 3.2. und Tabelle 3.16. ein.

Tabelle 3.17. Entscheidungssituationen und Spieltheorie

Situation	Grad der Unsicherheit	Charakteristika	Beispiele
a) und b)	1. Ordnung 1e	Gegenspieler sind bekannt, vollkommene Information, Zielsetzung bekannt	– „Gefangenen Dilemma" – 2-Personen-Nullsummenspiel
b) und c)	1.-3. Ordnung 1e, 2e, 3e	Gegenspieler sind bekannt, unvollkommene Information, Zielsetzung bekannt bis unbekannt	– Vorgesetzter, Mitarbeiter – Stellenbesetzung
d)	4. Ordnung 4e	Gegenspieler unbekannt Informationsstand unvollkommen, Zielsetzungen unbekannt	– Filme „Krieg der Sterne"

Im Folgenden beschreiben wir das Standortproblem als 2-Personen-Nullsummenspiel. Spieler 1 richtet seine Strategien an den Produktionsorten aus und kann zwischen a_1 (Europa) und a_2 (Asien) entscheiden.

Spieler 2 übernimmt nun die Aufgaben der „Umwelt" und kann somit die Marktnachfrage beeinflussen und entscheidet zwischen z_1 (kleine Nachfrage) und z_2 (grosse Nachfrage).

Tabelle 3.18. gibt die Ausgangssituation als **Spielmatrix** wieder.

Tabelle 3.18. Spielmatrix zum Standortproblem

		Spieler 2	
Marktnachfrage →		z_1	z_2
Produktionsorte (Aktion) ↓		kleine Nachfrage	grosse Nachfrage
Spieler 1	Europa a_1	100	150
	Asien a_2	80	225

Die Auszahlungen sind beiden Spielern in allen Situationen bekannt, so dass vollkommene Information herrscht. Die Auszahlungen geben die Auszahlung oder den Gewinn von Spieler 1 in der gegebenen Situation wieder. Gleichzeitig wird angenommen, dass der Gewinn von Spieler 1 dem Verlust von Spieler 2 entspricht, d.h. eine negative Zahl wäre ein Gewinn von Spieler 2. Wenn also Spieler 1 die Aktion a_2 wählt und Spieler 2 mit der Strategie z_1 antwortet, gewinnt der erste Spieler 80 (GE), während Spieler 2 denselben Betrag verliert. In einer Partie hat die Auszahlungssumme der beiden Spieler somit den Wert Null. Deshalb heisst dieses Spiel auch Nullsummenspiel.

Welche Strategien sollen die Spieler nun verfolgen? Dafür gibt es mehrere Möglichkeiten je nach Risikobereitschaft der Spieler und ob es sich um ein kooperatives oder nichtkooperatives Spiel handelt. Angenommen Spieler 1 ist ein vorsichtiger Pessimist, der seinem Gegner das Schlimmste zutraut. Trotzdem möchte er seine Auszahlungen oder seinen Gewinn maximieren. Da er die Strategie von Spieler 2 nicht kennt, wird Spieler 1 versuchen, seinen garantierten Mindestgewinn zu maximieren. Er wird also eine Maximin-Strategie anwenden:

$$A_{opt} = \max_i \left(\min_j X_{ij} \right)$$

Der Index i bezieht sich auf die Strategien des ersten Spielers, der Index j auf die des zweiten Spielers. Danach wird Spieler 1 die Aktion a_1 wählen und in Europa investieren. Damit erreicht er auf alle Fälle einen Gewinn von 100 (GE) oder mehr. Spieler 2 möchte dagegen seinen Verlust minimieren. Er fragt sich, bei welcher Strategie von Spieler 1 er jeweils den grössten Verlust erleidet? Spieler 2 wählt dann diejenige Strategie, die den grösstmöglichen Verlust am kleinsten hält. Auch er wendet eine Maximin-Strategie auf seine Verlustwerte an und entscheidet, weil seine Auszahlungen ein negatives Vorzeichen haben, nach der Regel:

$$Z_{opt} = \min_j \left(\max_i X_{ij} \right)$$

In dieser Situation wird Spieler 2 z_1 wählen und dadurch einen Verlust von 100 (GE) oder weniger erleiden. Da die entscheidenden Auszahlungswerte für beide Spieler gleich sind, sagt man auch, der **Wert des Spieles** beträgt 100 (GE). Da die Zugfolge in diesem Beispiel keine Rolle für den Wert des Spiels spielt, spricht man auch von einem **Sattelpunkt** des Spiels.

Anders verhält es sich mit den geringfügig geänderten Auszahlungen in Tabelle 3.19.:

Tabelle 3.19. Modifizierte Spielmatrix zum Standortproblem

		Spieler 2	
Marktnachfrage →	z_1	z_2	
Produktionsorte (Aktion) ↓	kleine Nachfrage	grosse Nachfrage	
Spieler 1 Europa a_1	100	150	
Asien a_2	225	80	

Nun ist der Wert des Spiels nicht mehr eindeutig bestimmt. Die Zugfolge bestimmt den Wert des Spiels: Spieler 1 wird wieder Strategie a_1 wählen, da er auf diese Weise – unabhängig davon, was sein Wettbewerber tut – mindestens 100 (GE) erhält. Spieler 2 wird mit Strategie z_1 antworten, die seinen Verlust auf 100 (GE) beschränkt. Wenn Spieler 2 die Strategie z_1 wählt, würde Spieler 1 möglicherweise mit Aktion a_2 antworten. Der resultierende Schaden wäre in diesem Falle aber 225 (GE) für Spieler 2. Deshalb wählt Spieler 2, ist er zuerst am Zug, die Strategie z_2, die seinen Verlust auf 150 (GE) begrenzt. Das Spiel hat also keinen Sattelpunkt.

Von Neumann und Morgenstern haben allerdings gezeigt, dass eine Sattelpunktslösung und damit derselbe Spielwert für beide Spieler erhalten bleibt, wenn sie ihre **Strategien zufällig mischen.** Die Gewichte p_i, mit denen die Strategien dann zufällig ausgewählt werden, lassen sich mit Hilfe der linearen Programmierung bestimmen. So genannte **dominante Strategien** werden nicht gemischt. Für eine dominante Strategie a_i gilt $X_{ij} \geq X_{kj}\ \forall\ k, j$, wobei in mindestens einem Fall die Bedingung > statt ≥ gelten muss (vgl. Bamberg u. Coenenberg 2002, S. 197-209).

In Tabelle 3.20. ist die Spielmatrix eines Spiels vom Typ „Gefangenendilemma" wiedergegeben. Es handelt sich dabei nicht um ein Nullsummenspiel. Deshalb enthält die Matrix an der ersten Stelle die Auszahlungen von Spieler 1 und an der zweiten Stelle – mit negativem Vorzeichen – die Auszahlungen von Spieler 2. Wählt Spieler 1 die Aktion a_1 und antwortet Spieler 2 mit Strategie z_1, dann erzielen beide eine Auszahlung von 100 (GE). Wenn Spieler 1 Strategie a_2 wählt und Spieler 2 mit z_1 antwortet, erhält der erste Spieler 225 (GE), während der zweite Spieler leer ausgeht. Wählt Spieler 2 die Strategie z_2 und Spieler 1 antwortet mit a_1 , dann erhält der zweite Spieler 150 (GE), während Spieler 1 leer ausgeht. Wird dieses Spiel mehrfach gespielt, wobei der Anfangszug zufällig entweder von Spieler 1 oder Spieler 2 gewählt wird, dann können die Spieler das Ziel der Maximierung der Auszahlungssumme entweder egoistisch verfolgen oder sich kooperativ verhalten. Interessanterweise ist eine kooperative Strategie beider Spieler nach dem Motto *„leben und leben lassen"* (engl. *„tit for tat"* vgl. Axelrod 1984) mit den Strategien z_1 und a_1 den egoistischen Strategien (a_1, z_2) oder $(a_2, z_1$) nach einer grösseren Zahl von Spielzügen überlegen.

Tabelle 3.20. Spielmatrix Typ *„Gefangenendilemma"*

		Spieler 2	
Marktnachfrage →	z_1	z_2	
Produktionsorte (Aktion) ↓	kleine Nachfrage	grosse Nachfrage	
Spieler 1 Europa a_1	(100, −100)	(0, − 150)	
Asien a_2	(225, 0)	(80, − 80)	

Risiken und Unsicherheiten entstehen in den Unternehmen durch die Entscheidungen in der inneren und äusseren Umwelt. Wenn die Umwelt sich in der Form von identifizierbaren Partnern und Gegnern manifestiert, gibt die Spieltheorie Hinweise für die Kategorien, mit denen eine zweckmässige Risikoanalyse arbeitet und auch auf mögliche Massnahmen des Risikomanagements. Aus Unkenntnis wird die Spielsituation häufig mit den Entscheidungssituationen unter Risiko im engeren Sinne und den Situationen bei Ungewissheit verwechselt. Extensive oder mehrstufige Spiele können über Risikobäume identifiziert, veranschaulicht und analysiert werden.

3.8 Risikoverhalten und Schlussfolgerungen

In den vorangegangenen Kapiteln haben wir als riskant angesehene Entscheidungssituationen skizziert. Darunter fallen nicht nur die Situationen mit bekannten oder unbekannten Wahrscheinlichkeiten (d. h. Risiko und Ungewissheit) für die Umweltzustände, sondern auch unscharfe Entscheidungssituationen und Spielsituationen. Die Feststellung, welcher Typ Entscheidungssituation bei einem gegebenen Einzelrisiko vorliegt, gehört beim Risikomanagement zu den Schritten der Risikoidentifikation und der Risikoanalyse. Die Entscheidungstheorie gibt Hinweise dafür, welche Kriterien und Regeln bei einer Risikosteuerung geprüft werden können. Zentrale Annahme der Ausführungen war, dass der Entscheidende entweder über Geld- oder Nutzenwerte die Vorteilhaftigkeit seiner Handlungen bewerten kann. Dies gilt auch für Spielsituationen und unscharfe Problemstellungen. Viele empirische und theoretische Arbeiten weisen aber darauf hin, dass der Entscheidungsprozess mehr Facetten besitzt als bei der klassischen Risiko- und Nutzentheorie vorausgesetzt wird.

Viele Forschungen in der Biologie, Psychologie und der Gehirnforschung lassen vermuten, dass vom menschlichen Gehirn benutzte Entscheidungsregeln z.t. genetisch bestimmt sind und Entscheidungen vielfach unbewusst vorbereitet und gesteuert werden. Bei der Evolution des menschlichen Gehirns sind über die Jahrtausende Gene und Entscheidungsprogramme zufällig selektiert worden, die insbesondere dem Überleben unserer Vorfahren als Jäger und Sammler gedient haben (vgl. die populären Darstellungen von Dawkins (1986), (1998)). Diese Gene und Entscheidungsregeln konnten den Verhältnissen der inzwischen stark gewandelten Welt anscheinend nicht schnell genug angepasst werden. Dies führt zu vielen Konsequenzen, u.a. zu Abweichungen von einem rationalen Entscheidungsverhalten sowie zu vielen Widersprüchen und Paradoxien beim Ablauf des Entscheidungsprozesses. Während die klassische Theorie eine weitgehend deduktive und *präskriptive Entscheidungstheorie* ist, die dem Entscheidenden Regeln nahe legt, mit denen er seinen Nutzen bei Risiko, Ungewissheit, bei Spiel und bei Unschärfe maximiert, beschreibt die weitgehend empirische und *deskriptive Entscheidungstheorie*, wie – überwiegend in Laborsituationen – konkret entschieden wird und wie Entscheidungen prognostiziert werden können (vgl. hierzu die Übersicht von Eisenführ u. Weber 2003, S. 357-396; von Nitzsch 2002; Renn 2002, S. 73-89; Laming 2004, S. 246-283). Welcher Theorie soll der Praktiker im Zweifelsfall folgen?

Zunächst ist zu sagen, dass auch die aus den empirischen Beobachtungen des Entscheidungsverhaltens folgenden neueren präskriptiven Theorien mit dem Nutzenbegriff bzw. mit Nutzenfunktionen arbeiten und der Entscheidende danach seine Entscheidungen so zu fällen trachtet, dass er zumindest zufrieden stellende Nutzenwerte erreicht (vgl. Kahnemann u. Tversky 1979, S. 263-291). Da das menschliche Entscheidungsverhalten nicht optimiert ist – die Verbindung von Erhöhung und Unsicherheit eines Firmenwertes zum Überleben der Gene unserer Spezies oder zur optimalen Nahrungsbeschaffung für die Sippe ist nicht offensichtlich – kann die Präskription der Deskription überlegen sein. Nach dem Motto „Es gibt *nichts Praktischeres als eine gute Theorie"* lädt die klassische Theorie mit Ergänzungen zu einem rationalen und nachvollziehbaren Entscheidungsverhalten ein, an dem die beobachteten Abweichungen gemessen werden können. Dies soll nachfolgend an einigen Beispielen verdeutlicht werden.

3.8.1 Beobachtetes Risikoverhalten und Anomalien

Generell ist festzustellen, dass der Mensch den Zufall intuitiv nicht richtig versteht. Er sucht in zufälligen Zahlenreihen oder Ergebnissen seines Handelns nach einem Sinn und erkennbaren Gesetzmässigkeiten (vgl. Dawkins 1998, S. 145-179). Bei zufälligen Koinzidenzen von menschlicher Handlung und ökonomischer Belohnung neigt er gegen alle statistische Theorie zu unvorsichtigen und nicht begründbaren Kausalschlüssen. Risikosituationen, die in Einzelfällen mit bestimmten Entscheidungsregeln und -heuristiken erfolgreich gemeistert wurden, werden plötzlich zu **Ankerpunkten** für zukünftige Entscheidungen, obwohl es dafür keine statistische Begründung gibt. Je nach Kontext und organisatorischer Verantwortung neigt der Entscheidende zur systematischen Über- oder Unterschätzung von Erwartungswerten und Varianzen zufälliger Grössen. Es gibt vielerlei Hinweise, dass – obwohl im Laborexperiment nachweisbar unbegründet – Entscheidende die klassische Risikosituation mit gegebenen Wahrscheinlichkeiten als weniger riskant als die Situation der Ungewissheit oder die Situation der Mehrdeutigkeit (*engl. ambiguity*) oder Unschärfe bzw. Fuzziness einschätzen.

Das Bernoulli-Konzept geht z. B. von einem risikoneutralen, risikoscheuen oder risikofreudigen Entscheidenden aus. Häufig lässt sich aber feststellen, dass sich die Nutzenpräferenzen in Abhängigkeit von der Höhe der Auszahlungen grundsätzlich verändern. Der Entscheidende kann sich in der gleichen Situation sowohl risikoscheu als auch risikofreudig verhalten.

Es kann beobachtet werden, dass Entscheidende sich risikoscheu verhalten, solange der Auszahlungsbetrag unterhalb eines Basisbetrags liegt. Dieser Betrag entspricht z. B. der Geldhöhe, die der Entscheidende benötigt, um seine Grundsicherung zu garantieren. Oberhalb des Betrages der Grundsicherung wird der Entscheidende häufig spekulativ und damit risikofreudig.

Insgesamt zeigt sich, dass Probanden eher risikoscheu agieren. Dies ist auch während normalen Börsenzeiten so bzw. wenn sich die Börse schlecht entwickelt. Bei einer andauernden Hausse an der Börse lassen sich aber besonders unerfahrene Spekulanten von der allgemeinen Euphorie anstecken und verändern ihr Verhalten hin zur Risikofreude. Kommt es zu einem Börsencrash, kann das eigene Verhalten oft nicht mehr erklärt werden. Erzielt man hohe Gewinne, wird die geänderte Nutzenbewertung bestätigt.

Dass sich die Entscheidenden nicht immer an den erwarteten Auszahlungen orientieren, sondern ihre individuellen Nutzenbewertung zugrunde legen, hat bereits vor knapp 300 Jahren Daniel Bernoulli (1738) beim *Sankt Petersburger Spiel* beobachtet. Bei diesem Spiel kann eine Münze solange geworfen werden, bis zum erstenmal die *Zahl* oben erscheint. Geschieht dies beim n-ten Wurf, erhält der Spieler 2^n (GE) ausgezahlt. Welchen Einsatz ist ein Spieler nun bereit, für dieses Spiel zu zahlen? Der Gewinnerwartungswert des Spieles ist unendlich ($2*1/2 + 4*1/4 + ... = \infty$). Dennoch finden sich kaum Spieler, die einen Einsatz über 10 (GE) wagen. Dies ist ein Hinweis auf eine konkave Nutzenfunktion bzw. auf Risikoaversion, die der klassischen Theorie mit dem Konzept der Risikoprämien zugrunde liegt. Es können aber auch viele Abweichungen vom Axiomensystem der klassischen Theorie beobachtet werden, die z. T. durch neuere Theorien und Axiomensysteme erklärt werden.

Oft kann bei Untersuchungen des typischen Entscheidungsverhaltens von Probanden ein Widerspruch zur Annahme der Transitivität der Präferenzstruktur nach **Axiom 1** nachgewiesen werden. Dies kann etwa am Beispiel einer Weinverkostung von drei Weinen (W_i) demonstriert werden. Je zwei Weine werden jeweils direkt miteinander verglichen.

Ein Proband zeigt folgendes Ergebnis: Beim Vergleich von Wein 1 und 2 ist W_1 besser ($W_1 \succ W_2$), beim Vergleich von Wein 2 und 3 ist W_2 besser ($W_2 \succ W_3$) und beim Vergleich von Wein 1 und 3 ist W_3 besser ($W_3 \succ W_1$). Es ergibt sich ein Widerspruch in der Präferenzstruktur aller Weine, da nach den ersten beiden Paarvergleichen Wein 1 besser als Wein 3 bewertet werden müsste. Derartige Unstimmigkeit oder Inkonsistenzen treten z. B. bei Produktvergleichen im Marketing immer wieder auf, deren Ergebnisse dann mit Hilfe von multivariaten Analysemethoden analysiert werden können (vgl. Kapitel 5.2 und Backhaus et al. 2003).

Axiom 2 geht davon aus, dass es für jeden Entscheidenden zu jeder zusammengesetzten Lotterie eine gleichwertige einfache Lotterie gibt. Wie *Allais* bereits 1953 beobachtete, trifft dies oft nicht zu. Haben Probanden die Auswahl zwischen einer sicheren Zahlung A_1 von 1 Mio. (GE) oder einer Lotterie A_2, bei der sie mit einer Wahrscheinlichkeit von 10% 5 Mio (GE), mit 89% 1 Mio. (GE) und mit 1% Wahrscheinlichkeit 0 Mio. (GE) erhalten (vgl. Abb. 3.23.), entscheiden sie sich meist für A_1 ($A_1 \succ A_2$), obwohl der Erwartungswert von A_2 höher ist. Es wird oft beobachtet, dass bei grösseren Unterschieden in den Wahrscheinlichkeitswerten die Höhe der Wahrscheinlichkeiten an sich und nicht die Auszahlungsbeträge für die Entscheidung massgeblich sind. Werden die Alternativen A_3 und A_4 in Abb. 3.23. verglichen, entscheiden sich die meisten Menschen für Alternative 4 ($A_4 \succ A_3$), die auch den höheren Erwartungswert hat. Sind die Wahrscheinlichkeitswerte der Lotterie etwa gleich hoch, orientieren sich viele Entscheidende an der Höhe der Auszahlungen. Steht dagegen die einstufige Lotterie A_3 und die zweistufige Lotterie A_5 zur Diskussion, entscheidet sich die Mehrzahl der Probanden für A_3 ($A_3 \succ A_5$), obwohl A_5 denselben Erwartungswert wie A_4 besitzt. Hier zeigt sich, dass die Ausgestaltung oder der Kontext der Lotterie das Entscheidungsverhalten der Probanden beeinflusst.

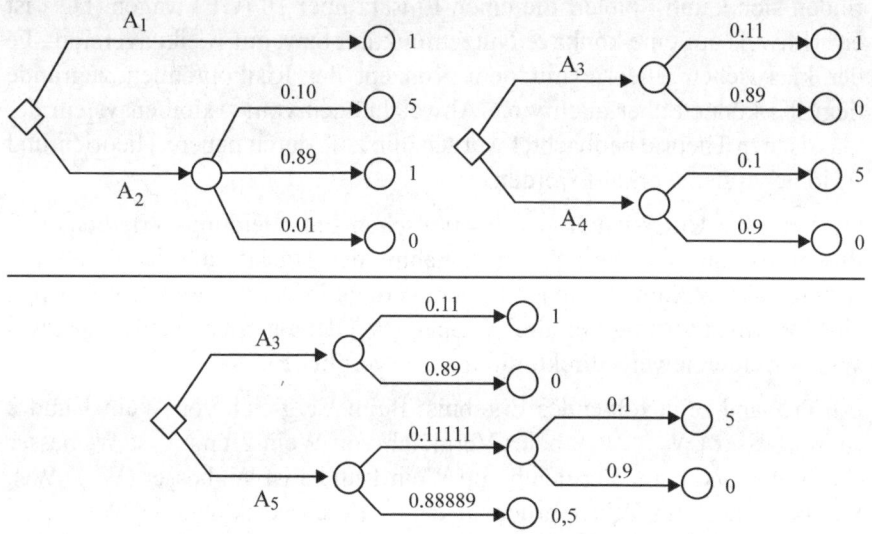

Abb. 3.23. Beispiele für Lotterien

Werden äquivalente Ungewissheitssituationen und Risikosituationen miteinander verglichen, geben die Probanden in der Regel der Risikosituation den Vorzug. Dieses so genannte *Elsberg-Paradoxon* (1961) lässt sich im Experiment nachweisen: In einer Urne mit 90 Kugeln befinden sich genau 30 rote Kugeln und 60 schwarze oder gelbe Kugeln. Der jeweilige Anteil der schwarzen bzw. gelben Kugeln ist nicht bekannt. Der Entscheidende kann 100 (GE) gewinnen, wenn er eine Kugel zufällig aus der Urne zieht und vorher die Farbe rot oder schwarz richtig prognostiziert hat. Soll der Entscheidende nun auf Rot (A_1) oder auf Schwarz (A_2) setzen? Die beiden Situationen sind in Abb. 3.24. veranschaulicht. Meist wird A_1 gewählt, obwohl es bei der gegebenen Informationslage keine besonderen Gründe für die Wahl von A_1 gibt. Dem entspricht, dass bei den entscheidungsorientierten Vorschlägen zu einer Risikoklassifikation die Ungewissheit als riskanter als die Risikosituation eingeschätzt wird (vgl. Kapitel 3.1 und Tabelle 3.2.).

Wird die Ungewissheit in beide Entscheidungsalternativen integriert, so dass der Entscheidende zwischen Rot oder Gelb (A_3) bzw. Schwarz oder Gelb (A_4) entscheiden muss (vgl. Abb. 3.24.), wird meist Alternative 4 bevorzugt. Diese Entscheidung steht im Widerspruch zur Entscheidung für A_1, da bei den Alternativen 3 und 4 die gelben Kugeln zu der Situation in Alternative 1 und 2 hinzuaddiert wurden. Lineare Transformationen der Nutzenfunktion sollten nach **Axiom 6** die Entscheidungspräferenzen aber nicht beeinflussen.

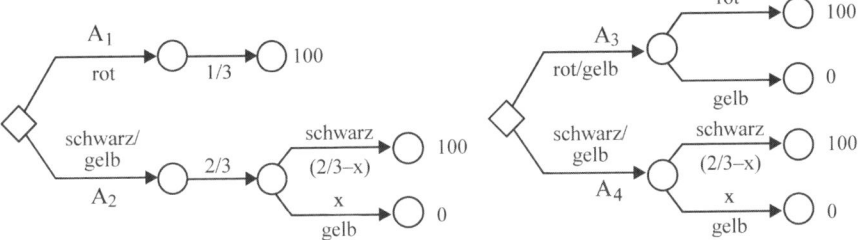

Abb. 3.24. Elsberg-Paradoxon

Am Vergleich von Gewinnen und Verlusten zeigt sich, dass Axiom 6 oft nicht gilt. Verluste versucht man zu vermeiden. Der Entscheidende ist demgemäss in Verlustsituationen meist risikoscheu, während die Bedeutung von Gewinnen oft überschätzt wird. Hier sind Entscheidende oft risikofreudig. Der Wechsel im Vorzeichen der Auszahlungen bewirkt häufig eine geänderte Präferenzbewertung, obwohl die Auszahlungen nur linear transformiert wurden. Das gleiche gilt für die Höhe der Auszahlungsbeträge. Ein kleiner Verlust wird häufig als „Spielwert" empfunden. Ein 100-mal höherer Verlust ist in der Regel wohlfahrtsbedrohend und erfährt eine völlig andere Bewertung. Die Veränderung des Null- oder Ankerpunktes für die Präferenzfunktion ändert das Entscheidungsverhalten, obwohl diese monotone Transformationen zur gleichen Entscheidung führen sollte.

In Risikosituationen kann die Beschaffung zusätzlicher Informationen zu einer Anpassung der geschätzten Wahrscheinlichkeiten für die Umweltzustände führen. Man kann jedoch feststellen, dass Entscheidungsträger ihre angepassten Schätzungen oft unter- oder übersteuern, da sie Informationen nur selektiv wahrnehmen. Dies ist in der Tat der Fall, wenn den Probanden Risikosituationen statt durch numerisch vorgegebenen „objektiven" Wahrscheinlichkeiten verbal präsentiert werden. Die Risikosituationen werden nur mit wenigen ordinalen Unsicherheitsbegriffen *(unwahrscheinlich, ...,* *möglich, ..., wahrscheinlich)* subjektiv eingeschätzt. Die Einschätzungen variieren stark und entsprechen nicht den objektiven Wahrscheinlichkeiten. Der Nutzen-Erwartungswert des Bernoulli-Prinzips enthält zur Erklärung solcher Abweichungen nicht nur kompliziertere Nutzenfunktionen, sondern statt der objektiven die subjektiv empfundenen Wahrscheinlich-keiten der Entscheidenden. Eine theoriegesteuerte Anpassung der objekti-ven oder subjektiven Wahrscheinlichkeiten im Lichte neuer Informationen über die Anwendung des *Satzes von Bayes* unterbleibt meist, obwohl sie sinnvoll wäre. Die Arbeitsweise und der über eine Anwendung des Satzes von Bayes mögliche Erkenntnisgewinn wird im Folgenden dargestellt.

3.8.2 Gebrauch von subjektiv geschätzten Wahrscheinlichkeiten

Man kann sagen, dass alle Wahrscheinlichkeitsschätzungen zur Beschrei-bung von Risiken – streng genommen – subjektiver Natur sind. Dies gilt selbst für die *„objektiven"* Schätzungen aus historischem Zahlenmaterial, denn die Beobachtungen müssen an eine theoretische Verteilung angepasst werden, deren Auswahl auch subjektiv erfolgt.

Bei einer subjektiven Schätzung werden die bereits vorliegenden Informa-tionen, Vorkenntnisse oder Erfahrungen bei der Schätzung, der Überprü-fung und Revision von Wahrscheinlichkeitsschätzungen benutzt.

Über die **Bayes-Formel** können Schätzwerte von vorgegebenen **a-priori-Wahrscheinlichkeiten** beim Vorliegen neuer Informationen zu verbesser-ten Schätzungen von **a-posteriori-Wahrscheinlichkeiten** verwendet wer-den. Diese werden dann bei der Entscheidungsfindung berücksichtigt.

Dazu werden die nachfolgenden Definitionen benötigt:

Bedingte Wahrscheinlichkeiten:

$$p(B \mid A_1) = \frac{p(B \cap A_1)}{p(A_1)} \; ; \; p(A_1) \neq 0$$

$p(B|A_1)$ ist die bedingte Wahrscheinlichkeit dafür, dass Ereignis B eintrifft, wenn Ereignis A_1 bereits eingetroffen ist. Dabei ist

$p(A_1 \cap B)$ die Wahrscheinlichkeit, dass die Ereignisse B und A_1 gleichzeitig eintreffen,

$p(A_1)$ die (totale) Wahrscheinlichkeit für das Eintreffen von A_1.

Satz von der totalen Wahrscheinlichkeit:

$$p(B) = \sum_{i=1}^{n} p(B \cap A_i) = \sum_{i=1}^{n} p(B \mid A_i) \cdot p(A_i)$$

Dabei sind A_i alle Ereignisse, die das Ereignis B beeinflussen können. Sie sind disjunkt bzw. unabhängig. Damit betreffen die Ereignisse also jeweils unterschiedliche Sachverhalte.

Durch Einsetzen dieser beiden Definitionen folgt der Satz von Bayes oder die

Bayes-Formel:

$$p(A_k \mid B) = \frac{p(B \cap A_k)}{p(B)} = \frac{p(B \mid A_k) \cdot p(A_k)}{\sum\limits_{i=1}^{n} p(B \mid A_i) \cdot p(A_i)}.$$

Über eine Anwendung des Satzes von Bayes können also Schätzwerte der bedingten a-posteriori-Wahrscheinlichkeiten $p(A_k|B)$ einer neuen Datenlage angepasst werden, wenn neue (subjektive) Schätzwerte der bedingten a-priori-Wahrscheinlichkeiten $p(B|A_i)$ vorliegen. Die Wahrscheinlichkeiten $p(A_i)$ aller Ausgangsereignisse A_i müssen hierzu bekannt sein. Ein Beispiel soll dies verdeutlichen.

Beispiel: Die Konkurswahrscheinlichkeit eines Unternehmens hängt von vielerlei Faktoren ab, die auch bei den Vorschlägen zu einem Kreditrating nach Basel II diskutiert werden. So erhöhen grössere Verlustvorträge in den Vorjahren, eine niedrige Umsatzrentabilität sowie ein als schwach eingeschätztes Management das Konkursrisiko, während eine gute Eigenkapitalausstattung und eine hohe Umsatzrentabilität das Ausfall- oder Konkursrisiko vermindern. Ein Unternehmen kann bezüglich der Forderungsrisiken mit Kunden verschiedene Risikomassnahmen erwägen: So kann es riskante Forderungen meiden, es kann diese Forderungen im Konkursfall ausbuchen, d. h. selber tragen, es kann durch proaktive Risikomassnahmen einen möglichen Verlust durch Reduktion der Risikohöhe und bzw. oder der Risikofrequenz aber auch vermindern. Hierzu gehören Massnahmen der Informationsbeschaffung über Rating-Agenturen, Auskunfteien oder Unternehmensberater.

Angenommen die Konkurswahrscheinlichkeit eines Kunden betrage a-priori $p(K) = 0.1$. Im Konkursfall entsteht ein Schaden von 100 (GE), während das Unternehmen mit dem Kunden einen Gewinn von 10 (GE) realisiert, wenn dieser keinen Konkurs macht (kK). In Abb. 3.25. ist die Entscheidungssituation dargestellt. Es wird angenommen, dass die eingetragenen Geldbeträge dem Nutzen entsprechen. Mit Hilfe der Roll-Back-Analyse kommt das Unternehmen zunächst zum Schluss, dass es mit dem betrachteten Kunden nicht mehr zusammenarbeiten sollte, wenn es den erwarteten Gewinn maximieren möchte.

Statt das Risiko zu vermeiden, können auch weitere Informationen über den Kunden eingeholt werden. Damit lassen sich eventuell bessere Schätzwerte oder Prognosen für die Konkurswahrscheinlichkeit gewinnen.

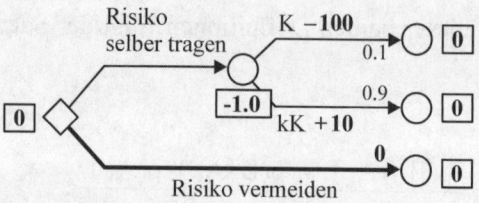

Abb. 3.25. Risiko mit a-priori-Wahrscheinlichkeit

Folgende Ereignisse werden für das Beispiel unterschieden:

PK $\equiv$ $\overline{A_1}$ Prognose Konkurs
PkK $\equiv$ $\overline{A_1}$ Prognose kein Konkurs
K $\equiv$ B Konkurs
kK $\equiv$ $\overline{B}$ kein Konkurs

Es wird angenommen, dass die erwähnte Informationsbeschaffung 5 (GE) kostet und zu folgenden Schätzwerten für die a-priori-Wahrscheinlichkeiten führt:

p(K) = 0.1   p(PkK|K) = 0.2   p(PkK|kK) = 0.95
p(kK) = 0.9   p(PK|K) = 0.8   p(PK|kK) = 0.05

Über den Satz von Bayes erhält man folgende a-posteriori-Wahrscheinlichkeiten:

$$p(K|PkK) \equiv \frac{p(PkK \mid K) \cdot p(K)}{p(PkK \mid K) \cdot p(K) + p(PkK \mid kK) \cdot p(kK)} =$$

$$= \frac{0.2 \cdot 0.1}{0.2 \cdot 0.1 + 0.95 \cdot 0.9} = 0.0229$$

Entsprechend erhält man die übrigen bedingten Wahrscheinlichkeiten:

p(kK|PkK) = 0.9771
p(K|PK)   = 0.64
p(kK|PK) = 0.36

Nach dem Satz der totalen Wahrscheinlichkeit ergibt sich für die Wahrscheinlichkeit einer Konkursprognose und ihre Gegenwahrscheinlichkeit insgesamt:

p(PK) $\equiv$ p(PK $\cap$ K) + p(PK $\cap$ kK) $\equiv$ 0.1 · 0.8 + 0.9 · 0.05 = 0.125
p(PkK) $\equiv$ p(PkK $\cap$ K) + p(PkK $\cap$ kK) $\equiv$ 0.1 · 0.2 + 0.9 · 0.95 = 0.875

Die Wahrscheinlichkeiten p(PK) und p(kK) sowie die oben errechneten a-posteriori-Wahrscheinlichkeiten werden nun an den Ästen der Abb. 3.26. vermerkt.

Eine Roll-Back-Analyse liefert die folgenden Ergebnisse: Die Wahrscheinlichkeit dafür, dass nach der Informationsbeschaffung ein Konkurs prognostiziert wird, beträgt 12.5%. Unter dieser Voraussetzung beträgt die Wahrscheinlichkeit dafür, dass nach der Prognose wirklich ein Konkurs des Kunden eintritt 64%, während mit 36% Wahrscheinlichkeit kein Konkurs erfolgt. Wird mit diesen Werten der Erwartungswert des Gewinnes bestimmt, ergibt sich ein erwarteter Verlust von 60.4 (GE), wenn das Unternehmen das Forderungsrisiko eingeht. Es entsteht weder ein Gewinn noch ein Verlust, wenn das Unternehmen nicht mit dem Kunden zusammenarbeitet. Folglich wird sich das Unternehmen bei einer Konkursprognose entschliessen, nicht mit dem Kunden zusammen zu arbeiten.

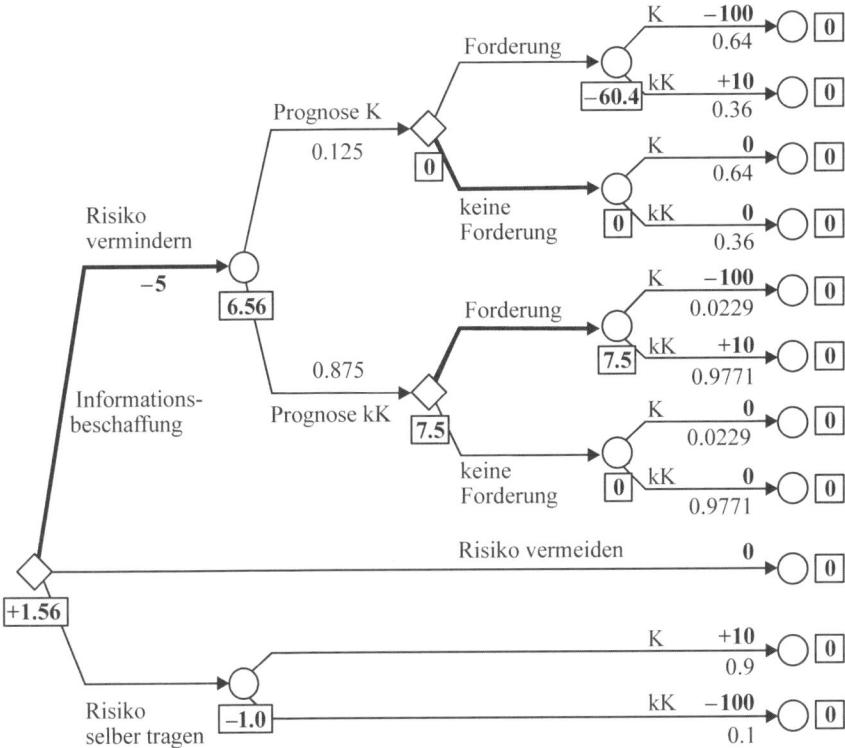

Abb.3.26. Risikobaum mit a-posteriori-Wahrscheinlichkeiten

Anders fällt die Entscheidung aus, wenn nach der Informationsbeschaffung prognostiziert wird, dass der Kunde nicht in Konkurs gehen wird: Die Wahrscheinlichkeit dafür beträgt 87.5%. Unter dieser Bedingung ist die Wahrscheinlichkeit für einen Konkurs des Kunden nur ca. 2.3%, während sie 97.7% beträgt, dass er nicht in Konkurs geht. Werden diese beiden Fälle wieder bewertet, ergibt sich rückwärts zunächst die Entscheidung, weiter mit dem Kunden zusammenzuarbeiten, weil daraus ein erwarteter Gewinn von ca. 7.5 (GE) folgt. Nach Abzug der Kosten für die Informationsbeschaffung ergibt sich die optimale Kennzeichnung der Wurzel des Risikobaumes mit einem erwarteten Gewinn von 1.56 (GE). Folglich ist die Reduktion der Risikowahrscheinlichkeit über die Informationsbeschaffung eine sinnvollere Management-Entscheidung als die Risikovermeidung oder das Tragen des Risikos ohne vorherige Informationsbeschaffung.

Schätzwerte für die Wahrscheinlichkeiten $p(K|PK)$ usw. werden heute häufig als Resultat einer *Diskriminanzanalyse* aus historischen Daten ermittelt (vgl. Kapitel 5.2 und Backhaus et al. 2003, S. 155-228). Die Diskriminanzanalyse wird vielfach bei der Kreditwürdigkeitsprüfung und Risikoselektion eingesetzt.

3.9 Häufigkeit und Höhe des Risikos

Bei der Beschreibung und Berechnung von Risiken muss sowohl deren Höhe als auch deren Frequenz beachtet werden. Bei der Betrachtung zukünftiger Risiken muss ferner die notwendige **Reaktionszeit** auf die Risiken und ihr **Wert zum Betrachtungszeitpunkt** berücksichtigt werden. Wie bereits ausgeführt, kann letzteres z. B. über die jeweils richtige Diskontierung geschehen.

Wenn X_1, X_2, ..., X_N Auszahlungen sind, dann sind die folgenden Situationen denkbar:

1. Sowohl Risikohöhe als auch Risikofrequenz sind konstant und bekannt. Es handelt sich dabei eigentlich um eine **Sicherheitssituation**, die aber in verschiedenen Alternativrechnungen variiert werden kann. Dieses Vorgehen ist die Regel bei Risikoüberlegungen, die – etwa auf den Identitäten des Rechnungswesens aufbauend – mit regelmässig ermittelten Grössen (z. B. Umsätze, fixe und variable Kosten, Kapitalausstattung) arbeiten (vgl. Sensitivitätsüberlegungen bei Schierenbeck u. Lister 2001, S. 345-347 oder die Diskussion der *„Fundamentalgleichung des Risikomanagements"* bei Gleisser u. Füser 2003, S. 188-194).

    Das Gesamtrisiko in einer Planperiode ergibt sich als Produkt der Frequenz und der Auszahlungshöhe, z.B. das Jahresrisiko aus dem Produkt der konstanten monatlichen Auszahlung oder Einzahlung multipliziert mit der Häufigkeit zwölf pro Jahr (vgl. Abb. 3.27.).

2. In der nachfolgenden Abb. 3.28. wird die Situation grafisch dargestellt, in der ein **Risiko variabler Höhe** zu festen bzw. regelmässigen Terminen, also einer festen Frequenz, erfasst wird. Die skizzierte Situation ist typisch für die in regelmässigen Abständen stattfindende Unternehmensplanung: Preis-, Kosten- oder Umsatzabweichungen und ihre Risiken werden gewöhnlich auf den Anfang oder das Ende rollender Planperioden bezogen, obwohl die Abweichungen oder Fluktuationen in der Regel zufällig zwischen den Abschlussterminen vorkommen. Die konstante Frequenz wird also durch die Art der Datenerfassung verursacht. Bei finanziellen Geschäften (z. B. Zinsgeschäften wie *Floating Rate Notes*) können die Zahlungstermine fest vereinbart sein, wobei sich die jeweiligen Zinszahlungen und damit das Risiko aus den variablen Marktkonditionen ergibt.

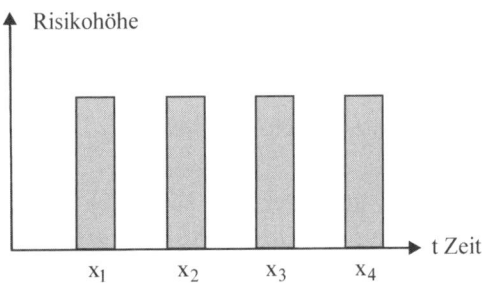

Abb. 3.27. Konstante Frequenz und konstanter Betrag des Risikos

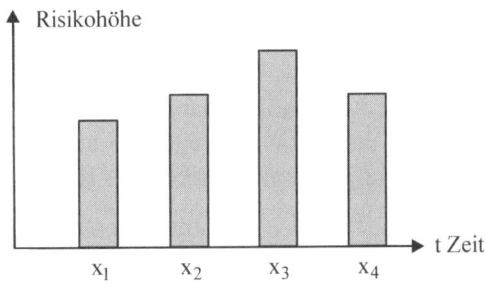

Abb. 3.28. Konstante Frequenz und variable Höhe des Risikos

3. Auch der Fall, dass ein **Risiko konstanter Höhe** – etwa eine fest vereinbarte Abschlagszahlung – zu **variablen Terminen** bzw. mit variabler Frequenz anfällt, kann vorkommen. Dies ist z. B. dann der Fall, wenn konstante Bestellmengen an Waren oder Liquidität zu variablen Terminen angefordert werden. Variable Termine ergeben sich dabei zufällig aus der Unterschreitung von Sicherheitsbeständen bei Lager- und Liquiditätsbeständen.

4. Typischer ist aber der in Abb. 3.29. skizzierte Fall, bei dem die Risikoereignisse zu **variablen Terminen** bzw. variabler Frequenz und in **variabler Höhe** vorkommen: In der Abbildung ist an den Auszahlungen
auch ein Streuungsmass (mittlere absolute Abweichung, Standardabweichung, Minimum / Maximum) angedeutet.

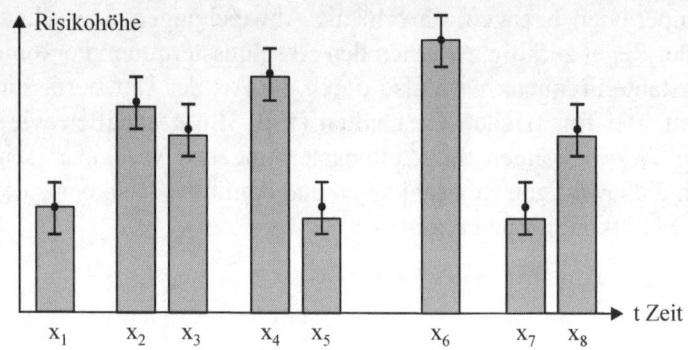

Abb. 3.29. Variable Frequenz und Höhe des Risikos

Bis auf den in Abb. 3.27. gezeigten Fall stellt sich die Frage nach der Ermittlung und Beschreibung der **Gesamthöhe des Risikos** G(X,t) in einer
vorgegebenen Periode, beispielsweise einem Planjahr.

Die Praxis rechnet in erster Näherung meist mit der Beziehung

$\varepsilon\{G(X,t)\}$ = (Durchschnittsfrequenz) · (Durchschnittshöhe des Risikos).

Diese Beziehung schätzt den Erwartungswert des Gesamtrisikos dann ab,
wenn Risikofrequenz und Risikohöhe unabhängige bzw. unkorrelierte Zufallsvariablen sind. Aber die Beziehung enthält keine Quantifizierung der
Streuung oder der Verteilungscharakteristiken des Risikos.

Generell ist bei der Ermittlung des Gesamtrisikos G(X,t) sowohl von der
Verteilung der Risikofrequenz als auch von der **Verteilung der Risikohöhe** auszugehen (vgl. z.B. Helten 1994, S. 25-29).

Danach berechnet sich G(X,t) aus der Summe

$$G(X,t) = \sum_{i=0}^{N(t)} X_i \equiv X_0 + X_1 + X_2 + ... + X_{N(t)}.$$

Dabei können sowohl die X_i als auch die Zahl der in einer Periode t vorkommenden Ereignisse N(t) Zufallsvariablen sein. Beide Grössen können
diskreten oder kontinuierlichen Verteilungen unterliegen.

Für abhängige oder unabhängige Verteilungen der X_i errechnet sich der Erwartungswert des Gesamtrisikos $\varepsilon\{G(X,t)\}$ aus der Summe der Erwartungswerte der X_i zu

$$\varepsilon\{G(X,t)\} = \varepsilon\left\{\sum_{i=0}^{N(t)} X_i\right\} = \varepsilon\{X_0\} + \varepsilon\{X_1\} + \varepsilon\{X_2\} + \ldots + \varepsilon\{X_{N(t)}\}.$$

Dabei wird ein **Erwartungswert** $\varepsilon\{X_i\}$ aus den K verfügbaren Daten X_{ik} über

$$\varepsilon\{X_i\} = \frac{1}{K}\sum_{k=1}^{K} X_{ik}$$

geschätzt. Für die **Varianz der Summenverteilung** ergibt sich

$$\mathrm{Var}(G(X,t)) = \mathrm{Var}\left(\sum_{i=0}^{N(t)} X_i\right) = \sum_{i=0}^{N(t)} \mathrm{Var}(X_i) + 2\sum_{j=0}^{N(t)}\sum_{i=j+1}^{N(t)} \mathrm{Cov}(X_i, X_j).$$

Hierbei werden die Varianzen $\mathrm{Var}(X_i)$ bei grossem K über

$$\mathrm{Var}(X_i) = \frac{1}{K}\sum_{k=1}^{K}(X_{ik} - \varepsilon\{X_i\})^2$$

aus den Daten geschätzt. Die **Kovarianzen** $\mathrm{Cov}(X_i,X_j)$ ergeben sich aus den verfügbaren Daten über

$$\mathrm{Cov}(X_i,X_j) = \frac{1}{K}\sum_{k=1}^{K}(X_{ik} - \varepsilon\{X_i\})\cdot(X_{jk} - \varepsilon\{X_j\}).$$

Über die Beziehung

$$r_{ij} = \frac{\mathrm{Cov}(X_i,X_j)}{\sigma_i\cdot\sigma_j} = \frac{\mathrm{Cov}(X_i,X_j)}{\sqrt{\mathrm{Var}(X_i)}\sqrt{\mathrm{Var}(X_j)}}$$

erhält man eine Verbindung zum **Korrelationskoeffizienten** r_{ij} mit

$$-1 \le r_{ij} \le 1.$$

Die Berechnung der Varianz des Gesamtrisikos $\mathrm{Var}(G(X,t))$ lässt sich für den Fall von zwei Variablen herleiten und dann verallgemeinern. Es ist

$$\mathrm{Var}(X_0 + X_1) = \frac{1}{K}\sum_{k=1}^{K}(X_{0k} + X_{1k} - \varepsilon\{X_0\} - \varepsilon\{X_1\})^2.$$

Das Ausmultiplizieren dieses Ausdrucks führt unter Verwendung obiger Definitionen auf die Beziehung

$$\mathrm{Var}(X_0 + X_1) = \mathrm{Var}(X_0) + \mathrm{Var}(X_1) + 2\cdot\mathrm{Cov}(X_0,X_1).$$

Im allgemeinen Fall von N(t) Variablen ergibt sich die Varianz des Gesamtrisikos als Summe aller Terme in der so genannten **Varianz-Kovarianz-Matrix A**:

$$A = \begin{pmatrix} Var(X_0) & Cov(X_0, X_1) & Cov(X_0, X_2)... & Cov(X_0, X_N) \\ Cov(X_1, X_0) & Var(X_1) & Cov(X_1, X_2)... & Cov(X_1, X_N) \\ : & Cov(X_2, X_1) & :... & : \\ Cov(X_N, X_0) & Cov(X_N, X_1) & Cov(X_N, X_2)... & Var(X_N) \end{pmatrix}$$

Da A symmetrisch ist, sind die Kovarianzen jeweils mit dem Faktor zwei in der Beziehung für die Varianz des Gesamtrisikos enthalten. Für den Fall, dass die X_i unkorreliert sind, nehmen die Kovarianzen den Wert Null an und die Varianz der Risikosumme ergibt sich als Summe der Varianzen der Einzelrisiken.

Die Berechnung der Verteilung des Gesamtrisikos gestaltet sich – abgesehen von der Berechnung des Gesamtrisikos, wenn alle Einzelrisiken normal verteilt sind – meist schwieriger. Im Spezialfall der Normalverteilungen resultiert für das Gesamtrisiko wieder eine Normalverteilung, deren Erwartungswert und Varianz nach den oben angegebenen Beziehungen errechnet werden. Ansonsten wird die Verteilungsfunktion des Gesamtrisikos als **Faltungssumme** oder **Faltungsintegral** aus den Verteilungen der Einzelrisiken analytisch oder numerisch errechnet. Mit Faltung (engl. *convolution*) ist gemeint, dass die relativen Häufigkeiten errechnet werden, mit denen bestimmte Werte einer Summe von Zufallsvariablen auftreten. Hierzu müssen die einzelnen Wahrscheinlichkeiten für einen bestimmten Wert der Summe errechnet und aufsummiert bzw. integriert werden.

Beispiel: Nehmen wir z.B. zwei Münzen und ordnen dem Wappen jeweils die Zahl eins, der Zahl jeweils die Null zu. Bei einer einzelnen Münze ist die Wahrscheinlichkeit bei einem Wurf Wappen bzw. Zahl oder Null bzw. eins zu erhalten jeweils 0.5.

Wenn wir zwei Münzen werfen, können die Kombinationen „0 + 0 = 0", „1 + 0 = 1" bzw. „0 + 1 = 1" und „1 + 1 = 2" vorkommen. Die Wahrscheinlichkeiten dieser Kombinationen berechnen sich zu ¼, ½ und ¼. Für die Summe eins ergibt die Faltung oder Addition der Wahrscheinlichkeiten ½ = ¼ + ¼.

Die Faltung kann numerisch entweder mit spezieller mathematischer Software oder nach der **Monte-Carlo Methode** näherungsweise über eine Computersimulation ermittelt werden (vgl. z.B. Fisz 1988, S. 51-58, Vose 2001, S. 15-16 und Kapitel 5).

Sollen verschiedene Gesamtrisiken, deren X_i zu verschiedenen Zeiten anfallen, miteinander verglichen werden, so erfolgt in der Regel eine Diskontierung oder auch Aufzinsung der X_i auf den Vergleichszeitpunkt.

Als Vergleichskriterium oder Normalisierung wird häufig der **Barwert** der X_i (NPV) oder ihr **interner Zinsfuss** (IRR) verwendet. Für den Praktiker gestaltet sich die Ermittlung der Häufigkeitsverteilung des Vergleichskriteriums mit Hilfe der Monte-Carlo-Methode gewöhnlich am einfachsten (vgl. Kapitel 5).

3.10 Vergleich und Priorisierung von Risiken

Die soeben beschriebenen ein- und mehrstufigen Entscheidungssituationen bei Risiko lassen sich oft nicht ohne weiteres auf die Praxis übertragen. Hierfür gibt es verschiedene Gründe: Insbesondere entstehen Risikoverteilungen in der Praxis häufig aus **Informationsdefiziten** oder **Informationsasymmetrien**.

Eine genauere Analyse möglicher Kausalitäten ist im Rahmen des Risiko-Management-Prozesses in den Schritten Risiko-Identifizierung und Ursachenanalyse erforderlich. Letztere lässt sich oft über **Kausalitätsdiagramme** (vgl. Abb. 3.30. und Rosenkranz 1999, S. 89-101) ausführen, die die Informationsdefizite verringern helfen und damit auch die Risikoverteilungen beeinflussen.

Beispiel: Abb. 3.30. zeigt einen vereinfachten Kausalgraph zur Darstellung und Einschätzung von Rechtsrisiken.

Entweder es wird ein Prozess mit der Erfolgswahrscheinlichkeit p gewonnen, oder es tritt in Abhängigkeit von der Wahrscheinlichkeit eines Misserfolges $(1-p)$ ein grösserer Schaden ein. In beiden Fällen entstehen interne Kosten, weil sich das Unternehmen mit der Prozessführung beschäftigen muss. Daneben entstehen externe Kosten, z.B. für Anwälte und Gerichtsgebühren. Im Falle eines Misserfolges ist auch ein Schadensbetrag zu bezahlen.

Es stellt sich die Frage, auf welche **Kosten des Rechtsrisikos** sich das Unternehmen für das Risikomanagement einstellen soll. Das Resultat hängt einmal von der Erfolgswahrscheinlichkeit p und den Kostenverteilungen der in der Abbildung angegebenen Grössen ab. Das Unternehmen kann im Rechtsstreit aber auch einlenken und im Vergleichswege die Zahlung einer definierten Schadenssumme vereinbaren.

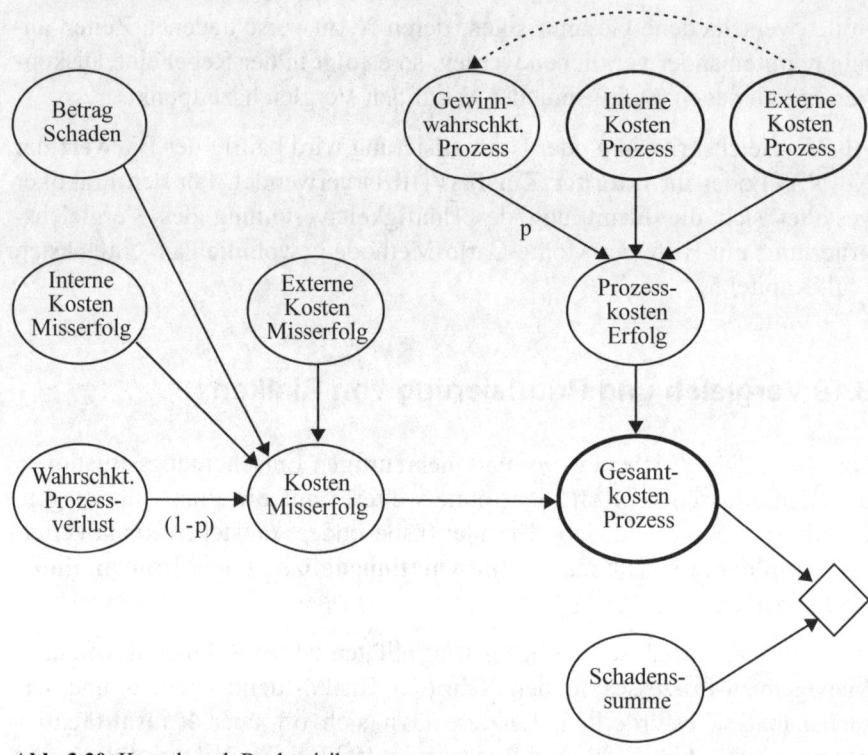

Abb. 3.30. Kausalgraph Rechtsrisiken

Es ist

ProzesskostenErfolg

> = (InterneKostenProzess + ExterneKostenProzess)

KostenMisserfolg

> = (BetragSchaden + ExterneKostenMisserfolg + InterneKostenMisserfolg)

GesamtkostenProzess

$$= \begin{cases} \text{Pr ozesKostenErfolg} & \text{für } zz \le p \\ \text{KostenMisserfolg} & \text{für } zz > p \end{cases}$$

Hierbei sei zz eine gleichverteilte Zufallszahl im Intervall [0, 1].

KostenProzessrisiko

> = Min{Schadenssumme; GesamtkostenProzess }

Dies stellt ein einfaches Risikomodell aus vier Gleichungen dar.

Es wird angenommen, dass die Anwälte mit dem Management die folgenden Schätzungen erhalten haben:

– Die externen Prozesskosten betragen mindestens 200 (TGE), maximal 500 (TGE), als häufigster Wert werden 400 (TGE) geschätzt;

– Die mit dem Prozess verbundenen internen Kosten werden mit mindestens 1 Mio (GE), maximal 4.5 Mio (GE) und am häufigsten mit 3 Mio (GE) angenommen;

– Die externen Kosten im Misserfolgsfalle betragen mindestens 50 (TGE), maximal 100 (TGE) mit einem häufigsten Wert von 75 (TGE);

– Die internen Kosten betragen im Misserfolgsfalle mindestens 100 (TGE), höchstens aber 300 (TGE). Als häufigster Wert wird 200 (TGE) geschätzt;

– Im Falle des Misserfolges sind mindestens 5 Mio (GE), am häufigsten 10 Mio (GE) und maximal 13 Mio (GE) für den Prozessschaden zu bezahlen;

– Die (häufigste) Wahrscheinlichkeit p dafür, das Rechtsverfahren zu gewinnen, wird auf 40% geschätzt. Ein pessimistischer Schätzwert für die Erfolgswahrscheinlichkeit ist 30%, ein optimistischer Wert 80%.

Es stellen sich die folgenden Informationsfragen:

• Mit welchen Verteilungen soll gerechnet werden, woher stammt das statistische Vergleichsmaterial, wie gross und zuverlässig ist eine etwaige Stichprobeninformation (z.B. Gerichtsgebühren, Anwaltskosten)?

• Sind die Inputvariablen des Risikomodelles unabhängig oder müssen zwischen den Verteilungen Korrelationen/Kovarianzen angenommen werden? (Beispielsweise könnte – wie in Abb. 3.30. angedeutet – die Gewinnwahrscheinlichkeit durch die Wahl guter, aber teurer Anwälte verbessert werden.)

• Ist der Nutzen des Entscheidungsproblems der Geldnutzen, oder sind Imageschäden o.Ä. zu berücksichtigen? Wie soll im zweiten Fall der Vergleich der verschiedenen möglichen Resultate oder die **Normalisierung** der Varianten nach ihrer Vorteilhaftigkeit erfolgen? Kann man eine Nutzenfunktion ermitteln?

• Wie lange kann das Rechtsverfahren dauern und wann sind welche Beträge fällig? Ist die Diskontierung der richtige Weg für eine zeitliche Normalisierung beim Vergleich alternativer Lösungen?

• Da auch die Alternative eines Vergleiches mit dem Prozessgegner erwogen wird, müssten zur Quantifizierung dieser Variante weitere Informationen beschafft werden.

Sind die Verteilungen der Inputgrössen bekannt, so lässt sich der Erwartungswert und die Varianz der Variablen berechnen und – über die Beziehungen in Abschnitt 3.9 – damit auch für die Outputvariablen **GesamtkostenProzess** bzw. **KostenProzessrisiko** ermitteln. Die Form der Verteilung lässt sich jedoch nur analytisch über die Faltung der Inputverteilungen oder durch Simulation ermitteln. Für die Entscheidungsfindung interessieren den Praktiker nicht nur die Erwartungswerte und Varianzen der Variablen, sondern insbesondere auch die **Extremwerte** (Min, Max) der Verteilungen. Daraus lässt sich das kleinste und das grösste Risiko ermitteln. Da das Eintreten der Extremwerte gewöhnlich sehr unwahrscheinlich ist, kann eine sehr grosse Zahl von Simulationen notwendig sein, ehe diese Werte mit genügender Zuverlässigkeit ermittelt werden können. Um die für die Ermittlung von grösstmöglichen Schäden oder **Ruinwahrscheinlichkeiten** notwendigen Stichprobenumfänge zu erreichen, poolen Versicherungen oftmals ihr historisches Datenmaterial. Es werden spezielle Approximationsverfahren verwendet (z.B. die *Normal-Power-Approximation* zur Abschätzung sehr seltener, aber näherungsweise normalverteilter Risikohöhen, vgl. z.B. Zweifel u. Eisen 2000, S. 234-237), um die Extrema verschiedener Wahrscheinlichkeitsverteilungen und damit auch ihre Erwartungswerte und Varianzen mit genügender Sicherheit abzuschätzen.

Um ein Gefühl für das Risiko und seine Genauigkeit zu entwickeln, bedient man sich in der Praxis des Hilfsmittels der **Sensitivitätsanalyse**. Im vorliegenden Fall würde man beispielsweise untersuchen, wie sich der Erwartungswert oder die Verteilung der Outputvariablen **GesamtkostenProzess** ändern, wenn

– die Erfolgswahrscheinlichkeit des Rechtsprozesses,
– der Verteilungstyp der unsicheren Inputgrössen oder
– einzelne Parameterwerte (Min, Max, häufigster Wert) der Verteilungen

geändert werden. Im Falle eines Risikomodelles mit Zufallsgrössen sollte die Sensitivitätsanalyse unter Anwendung von *Methoden der Versuchsplanung* erfolgen, da sonst die Gefahr besteht, dass entweder ineffizient experimentiert wird, oder Kausaleffekte zwischen Ursachen und Wirkungen falsch eingeschätzt werden (vgl. Rosenkranz 1999, S. 193-202).

In der Praxis des Risikomanagements spielen neben Erwartungswerten und Varianzen auch die **Zielwerte** bzw. die **Zielabweichungen** eine wichtige Rolle. Oft soll so entschieden werden, dass die Zielabweichungen möglichst klein werden. In diesem Sinne kann auch nach Entscheidungen gesucht werden, die z.B. eine maximale Zielabweichung oder eine erwartete Zielabweichung minimieren etc. Damit können Aussagen über die Wahrscheinlichkeit und Höhe einer Zielabweichung getroffen werden.

Die ursprünglichen Kriterien zur Entscheidung bei Risiko (*Maximum Likelihood, Bayes-Regel, Bernoulli-Regel*) können so nicht nur auf Auszahlungen und ihre Wahrscheinlichkeiten, sondern auf die Wahrscheinlichkeit der Zielerreichung oder der **absoluten Zielabweichung**, etwa

$$X_{ij}^* = |X_z - X_{ij}|,$$

oder des **downside risk** in der Form

$$X_{ij}^* = \left\{ \begin{array}{ll} (X_z - X_{ij}) & \text{für} \quad X_{ij} \leq X_z \\ 0 & \text{sonst} \end{array} \right\},$$

oder als **Semivarianz** oder **quadratische Zielabweichung**

$$X_{ij}^* = \left\{ \begin{array}{ll} (X_z - X_{ij})^2 & \text{für} \quad X_{ij} \leq X_z \\ 0 & \text{sonst} \end{array} \right\},$$

übertragen werden.

3.10.1 Risikoportfolio

Im Rahmen des Risiko-Management-Prozesses werden die Risiken der einzelnen Unternehmensbereiche identifiziert, erklärt, geschätzt, gemessen und bewertet. Die Natur der Risikoengagements oder der riskanten Projekte und Risiken kann sich dabei stark unterscheiden. In Abb. 3.31. behandelt der erste Bereich Umwelt- und Finanzrisiken. Der zweite Bereich hat mit Risiken im Anlagenbau und mit Risiken bei der Neueinführung von Produkten in den Markt zu tun. Der dritte Bereich behandelt und kontrolliert rechtliche und steuerliche Risiken.

Diese Risiken sind vielfach sehr heterogen, multikausal verursacht und untereinander vernetzt. Daraus folgt, dass sie an sich nicht vergleichbar oder *nicht kommensurabel* sind. Dies bedeutet, dass sie nicht ohne Weiteres auf einer Skala nach ihrer Vorteilhaftigkeit (der Aktionen) in eine Rangfolge zu bringen oder nach den vorher skizzierten einparametrischen Entscheidungskriterien zu optimieren sind. Wie mehrfach ausgeführt, lässt das Konzept der Nutzenfunktion sowohl eine Selektion von zweidimensionalen (Erwartungswerte, Varianzen) Risikoalternativen auf einer Skala als auch so genannte *multikriterielle Nutzenschätzungen* zu. Das Konzept ist für den praktischen Einsatz jedoch zu aufwändig.

Man behilft sich deswegen zu Vergleichszwecken oft mit einer Risikokonversion und einer Risikonormalisierung. Dies geschieht entweder mit finanziellen Grössen – der Barwert (NPV) oder der interne Zinsfuss (IRR) sind häufig verwendete Grössen für eine zeitliche Normalisierung – oder man vergleicht verschiedene Risikoalternativen über eine **Nutzwertanalyse** bzw. ein **Scoring-Modell**. Letzteres lässt sich über den **Analytical Hierarchy Process (AHP)** und verwandte Techniken noch weiter verfeinern (vgl. Saaty 1990; Schneeweiss 1991, S. 117-157; Rosenkranz 2002, S. 248-268).

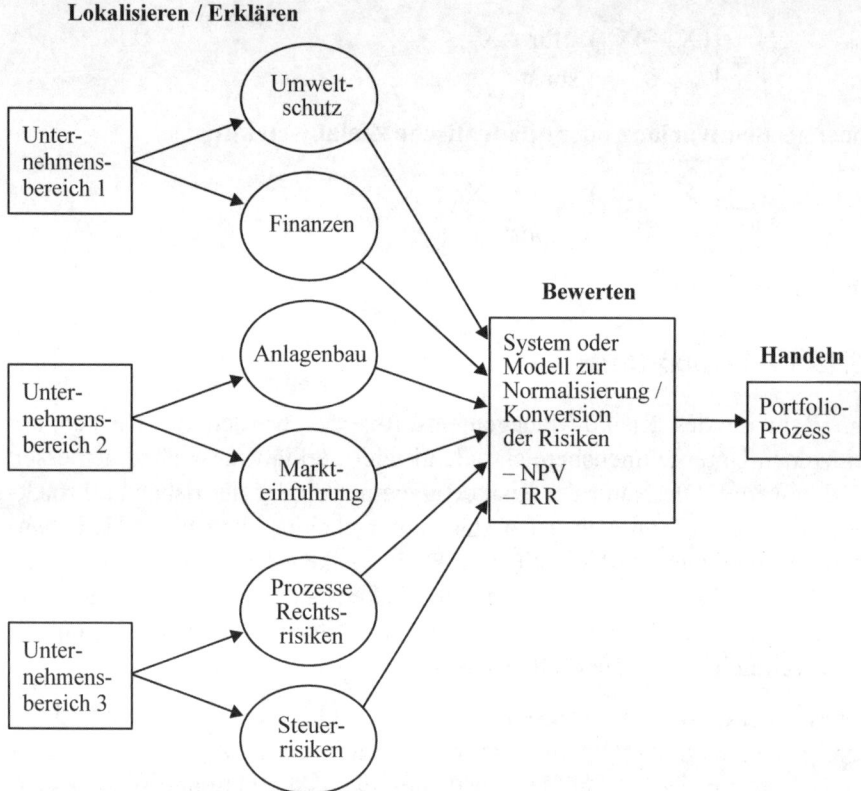

Abb. 3.31. Prozess Risiko-Portfolio

Im Prinzip versucht man durch Anwendung dieser Methoden, nicht vergleichbare Risiken vergleichbar und bewertbar zu machen.

Im Prozess des Risiko-Managements soll für das Unternehmen festgelegt werden, welche Risikoprojekte oder -anlagen wie zusammengestellt, ausgewählt und kontrolliert werden. Dabei wird versucht, die einzelnen Risikoprojekte in Risikoklassen und -arten zu kategorisieren, die dann jeweils durch ein allgemeines Risikomodell quantitativ beschrieben werden können.

3.10.2 Priorisierung mit der Nutzwertanalyse (NWA)

Die Nutzwertanalyse versucht bei mehreren als wichtig erkannten konkurrierenden Zielsetzungen, eine endliche (oder auch kontinuierlich unendliche) Menge von Aktionen oder Entscheidungen, die riskant, ungewiss oder auch unscharf sein können, in eine *„Besser-Schlechter-Anordnung"* zu bringen. Grob gesagt, geht es bei der Nutzwertanalyse darum, den einzelnen Entscheidungsalternativen oder Aktionen nach ihrer Bedeutung für die Zielerfüllung oder Nutzengewinnung untereinander vergleichbare Gewichte zuzuordnen und damit zu einer vollständigen Rangfolge aller in Frage stehenden Handlungsalternativen zu gelangen.

Genau betrachtet, stellt die Nutzwertanalyse nicht ein einzelnes Verfahren dar, sondern beinhaltet eine ganze Klasse von **Verfahrensvarianten**. Im internationalen Sprachgebrauch verwendet man auch den Begriff **Scoringmodelle**. Im Prinzip geht es darum, den einzelnen zu beurteilenden Aktionen und Risiken hinsichtlich verschiedener und als relevant und vollständig angesehener Beurteilungskriterien Punkte (Scores) zuzuweisen und diese Punkte gewichtet nach der Bedeutung der Kriterien aufzuaddieren. Auf diese Weise wird ein **additiver Präferenzindex** gebildet. Die **Rangfolge** der Alternativen ergibt sich dann einfach aus der **Gesamtpunktzahl**. Als Input in eine Nutzwertanalyse können die Scores teilweise auch aus historischem Zahlenmaterial durch den Einsatz statistisch multivariater Verfahren, wie der **Diskriminanzanalyse** oder der **Faktoranalyse**, gewonnen werden. So wurden etwa Scores für die Kreditwürdigkeitsprüfung verschiedentlich mit Hilfe der Diskriminanzanalyse geschätzt (vgl. Kapitel 5.2 und Backhaus et al. 2003).

Beispiel:

Beim Unternehmensrating nach Basel II werden u.a. die Kriterien

- Qualität des Managements,
- Organisation und Struktur des Unternehmens,
- wirtschaftliche Verhältnisse und
- Zukunftsaussichten

zur Ermittlung von Scores vorgeschlagen (vgl. Abb. 1.6.). Das mit verschiedenen Kreditanträgen verbundene Risiko ist einem Gesamtscore proportional, wenn für die verschiedenen Beurteilungskriterien unabhängig voneinander zunächst Punktezahlen oder Ratings zwischen „0 $\cong$ schlecht" und „10 $\cong$ sehr gut" geschätzt, die Kriterien nach Wichtigkeit bewertet und die gewichteten Punktezahlen dann aufaddiert werden. Ein Antrag mit hoher Punktezahl erfordert eine geringere Risikounterlegung als ein Kreditrisiko mit kleiner Punktezahl. Bis auf eine Vorzeicheninversion der verwendeten Skala handelt es sich also beim Rating um eine einfache Nutzwertanalyse.

Die Nutzwertanalyse erfolgt üblicherweise wie das Rating in drei Schritten:

1. Bestimmung der Wertefunktionen u_k
2. Bestimmung der Gewichte g_k
3. Bildung eines Präferenzindex Φ

Die Bestimmung der Wertefunktionen

Man wählt für jedes Merkmal (z. B. Verlustgefahr, Höhe der eingesetzten Mittel) eine Anordnung der Aktionen bzw. Alternativen (z. B. Finanzanlage-Projekt/-Risiko, Bauprojekt/-risiko). Je nach Verfahren der NWA kann diese Anordnung in verschiedener Weise erfolgen. Rein formal müssen für jedes Risiko bzw. jede Aktion i, i = (1,m), und für jedes k, k = (1,K), Attributsausprägungen a_{ik} ermittelt und bezüglich k in eine Rangordnung gebracht werden.

Die Rangordnung kann sich sowohl aus ordinalen Einschätzungen (sehr gut, gut, … schlecht), als auch intervallskalierten Urteilen (sehr gut = 10, gut = 8, ... schlecht = 2) ergeben. Wesentlich ist die **Unabhängigkeit** der gefundenen, kriterienspezifischen Rangordnung von den Werten, die die Risiken bei anderen Merkmalen annehmen. So wird angenommen, dass die Verlustgefahr bei einem Risiko unabhängig von der Höhe der eingesetzten Mittel ist. Diese Eigenschaft bezeichnet man als **Nutzenunabhängigkeit** oder als schwache **Präferenzunabhängigkeit**. Dies ist eine grundlegende Voraussetzung der NWA im Vergleich zu aufwendigeren Verfahren, die beispielsweise mit Paarvergleichen und einer expliziten Prüfung von „Trade-Offs" zwischen verschiedenen Kriterien arbeiten.

Der numerische Nutzenwert einer gefundenen Anordnung sei mit u^{NWA} bezeichnet. So gilt z.B. für die Attributsausprägungen a_{ik} und a_{jk} der Alternativen i und j die Äquivalenz:

$$a_{ik} \succ\approx a_{jk} \quad \Leftrightarrow \quad u_k^{NWA}(a_{ik}) \geq u_k^{NWA}(a_{jk}).$$

Wie bei der Diskussion der Nutzenaxiomatik in Kapitel 3.3 wird angenommen, dass die Präferenz- oder Indifferenzaussagen transitive Beziehungen sind. Die $u_k(a_{ik})$ bezeichnet man auch als **Wertfunktionen** (*value functions*) oder **Nutzenindizes**, die man häufig auf das Intervall [0, 1] normiert, so dass die schlechteste Ausprägung den Wert Null und die beste den Wert eins erhält.

Nachdem für alle Merkmale eine Normierung durchgeführt wurde, muss der unterschiedlichen Wichtigkeit der Merkmale Rechnung getragen werden. Dies geschieht durch die Gewichtung der einzelnen Kriterien.

Die Bestimmung der Gewichte

Das Wesentliche bei der Bestimmung der Gewichte für die Kriterien ist, dass sie auf einmal und gesamtheitlich erfolgt. Dies bedeutet, dass das Hauptziel – etwa ein Risiko nach seiner Bedeutung für das Unternehmen einzuschätzen – übergeordnet betrachtet wird.

Ein Bedeutungsvergleich von Unterzielen oder Kriterien, etwa über einen paarweise geschätzten Bedeutungsvergleich, erfolgt nicht.

So bringt man z. B. die Kriterien hinsichtlich ihrer Bedeutung subjektiv in eine Reihenfolge und normiert diese mit den Gewichten g_k unter der Bedingung

$$g_k \geq 0 \;,\forall\; k \quad \sum_k g_k = 1 \;.$$

Die Bildung der Präferenzfunktion

In der **Wertaggregation** der Wertfunktionen zum **Präferenzindex**

$$\Phi^{NWA} = \sum_{k=1}^{K} g_k^{NWA} \cdot u_k^{NWA}$$

und der Interpretation der Gewichtsquotienten

$$\frac{g_k^{NWA}}{g_{k'}^{NWA}}$$

als **Substitutionsraten** zwischen den Attributen k und k' liegt der Kern der Nutzwertanalyse.

Substitutionsraten setzen voraus, dass man einen Wertvergleich zwischen den Ausprägungsdifferenzen verschiedener Merkmale durchführen kann. Dies impliziert wiederum die Existenz **kontinuierlich** vieler Merkmalsausprägungen. Damit wird der ursprünglich nur auf endlich viele Alternativen definierte Präferenzindex Φ^{NWA} als kontinuierliche Präferenzfunktion interpretierbar.

Die Wertefunktionen $u^{NWA}(a_{ik})$ beschreiben nicht nur Rangordnungen, sondern bewerten die Alternativen auch auf einer Intervallskala.

Beispiel:

1. Bestimmung der Wertefunktion

Bei der Auswahl von riskanten Investitionsprojekten hat das Management zwischen drei Alternativen oder Aktionen a_i zu wählen: Einem Marketing-projekt (M, i = 1), einem Bauprojekt (B, i = 2) und einem Finanzanlage-Projekt (FA, i = 3).

Vier Kriterien oder Merkmale k sind für die Entscheidung massgeblich:

u_1 die Verzinsung der eingesetzten Mittel
u_2 die Gefahr des Verlustes der eingesetzten Mittel
u_3 die Höhe des Mitteleinsatzes und
u_4 die Kompatibilität einer Aktion a_i mit der Unternehmensstrategie

Alle drei Projekte wurden vom Management hinsichtlich jedes Kriteriums k in eine Rangordnung $u_k(i)$ (k = 1, 2, 3, 4) gebracht (Rang 1: bestes Projekt, Rang 3: schlechtestes Projekt), die in der folgenden Tabelle 3.21. wiedergegeben ist.

Tabelle 3.21. Nutzwertanalyse und gleichgewichtete Kriterien

	u_1	u_2	u_3	u_4	Σu_k
i_1 = M	1	3	2	1	7
i_2 = B	3	1	3	2	9
i_3 = FA	2	2	1	3	8

Eine Wertaggregation kann zunächst durch eine einfache Rangaddition erfolgen:

$$R(i) = \sum_{k=1}^{4} u_k(i) \qquad (i = 1,2,3)$$

Dieses Verfahren entspräche einer speziellen **diskontinuierlichen Nutz-wertanalyse** mit identischer Zielgewichtung der k Kriterien. Bei einer Normierung würde jedes der Gewichte $g_k = 0.25$ betragen.

Aus der obigen Tabelle kann man leicht die Rangordnung entnehmen:

Das kleinste R(i) = 7 kennzeichnet das vorteilhafteste Projekt. Dem Marketingprojekt würde also der Vorzug vor dem Finanzanlage-Projekt und dem Bauprojekt gegeben.

Es werde nun die folgende Erweiterung des Problems angenommen: Kurz vor der Investitionsentscheidung wird ein weiteres Projekt auf dem Gebiet Prozessrisiken (P) vorgelegt.

Das Management schätzt für die vier Projekte erneut und erhält für die einzelnen Kriterien k die folgenden Rangordnungen:

Tabelle 3.22. Nutzwertanalyse mit zusätzlicher Alternative

	u_1	u_2	u_3	u_4	Σu_k
i_1 = M	1	4	3	1	9
i_2 = B	3	2	4	2	11
i_3 = FA	2	3	2	4	11
i_4 = P	4	1	1	3	9

Offensichtlich wird das Prozessprojekt hinsichtlich der Gefahr des Verlustes der eingesetzten Mittel und der Höhe der eingesetzten Mittel als besonders gut eingeschätzt.

Die Addition der gleichgewichteten Ränge weist das Marketing-Projekt und das Prozessrisiko nun beide mit derselben Rangsumme von neun auf dem ersten Platz aus, während das Bauprojekt und das Finanzanlage-Projekt dahinter mit je elf Punkten folgen. Letzteres ist bemerkenswert: Die Vorteilhaftigkeit der Projekte hat sich durch die Einführung des vierten Projektes P nun geändert, obwohl sich an den Präferenzbeziehungen zwischen den ursprünglich drei Projekten M, B und FA nichts geändert hat.

Offensichtlich werden mit der beschriebenen Nutzwertanalyse im Allgemeinen nur dann stabile Resultate erzielt, wenn das Portfolio der zu vergleichenden **Alternativen** bzw. **Risiken vollständig** ist. „Vergessene" Risiken bzw. Alternativen können die Resultate stark ändern. Dies ist also eine zusätzliche Annahme für die Anwendung der Nutzwertanalyse.

2. Bestimmung der Gewichte

Das Management schätzt die Gewichtung g_k der Kriterien für das Unternehmen subjektiv wie folgt ein:

Gewichtung für Verzinsung	0.35
Gewichtung für Verlustgefahr	0.30
Gewichtung für Risikohöhe	0.30
Gewichtung für Komp. Strategie	0.05
($\Sigma\, g_k =$	1.00)

3. Bildung der Präferenzfunktion

Man bestimmt den Präferenzindex mit der bereits bekannten Beziehung

$$\Phi^{NWA} = \sum_{k=1}^{K} g_k^{NWA} \cdot u_k^{NWA}\,.$$

Die Multiplikation der Ränge der einzelnen Kriterien mit der Gewichtung ergibt folgende neue Tabelle:

Tabelle 3.23. Resultate Nutzwertanalyse

	$u_1 \cdot g_1$	$u_2 \cdot g_2$	$u_3 \cdot g_3$	$u_4 \cdot g_4$	$\Phi = \Sigma\, g_k \cdot u_k$
$i_1 = M$	0.35	1.20	0.90	0.05	2.50
$i_2 = B$	1.05	0.60	1.20	0.10	2.95
$i_3 = FA$	0.70	0.90	0.60	0.20	2.40
$i_4 = P$	1.40	0.30	0.30	0.15	2.15

Mit den geschätzten Gewichten folgt nun deutlich, dass das Prozessrisiko P mit $\Phi = 2.15$ wichtiger als die anderen Projekte ist und beim Risikomanagement besondere Aufmerksamkeit verdient.

3.11 Übungsaufgaben

Aufgabe 3.11.1: Entscheidung bei Sicherheit

Gegeben sind zwei Aktien A und B, die in den vergangenen Jahren aus Kursänderungen, Dividendenzahlungen und Bezugsrechten durchschnittliche Rentabilitäten von $r_A = 0.0462$ und $r_B = 0.0668$ p.a. aufweisen konnten.

Sie haben ein Budget von 100 (TGE). Eine Aktie A kostet heute 10 (TGE), eine Aktie B 20 (TGE). Sie können nur eine ganzzahlige Anzahl von Aktien kaufen. Welche Anlagestrategie ergibt die höchste Rentabilität, wenn von Aktie A mindestens zwei, von Aktie B mindestens ein Stück gekauft werden soll?

a) Stellen Sie eine Entscheidungsmatrix auf, in der die Rentabilitäten Ihrer möglichen Portfolios aufgeführt sind. Wählen Sie hierzu ein pragmatisches, enumeratives Vorgehen bei der Lösungsfindung.

b) Lösen Sie das Problem grafisch.

Aufgabe 3.11.2: Entscheidung bei Risiko

Nehmen Sie nun an, dass die Rentabilitäten der Aktien von Aufgabe 3.11.1 statistisch streuen.

a) Drei Umweltzustände kristallisieren sich für die Rentabilitätsentwicklung der Aktien heraus. Ihre Wahrscheinlichkeiten p_1, p_2 und p_3 sowie die entsprechenden Rentabilitäten zeigt die nachfolgende Tabelle:

	$p_1 = 0.25$	$p_2 = 0.5$	$p_3 = 0.25$
r_A	0.0462	0.05	0.058
r_B	0.0668	0.05	0.048

Erstellen Sie die Entscheidungsmatrix für die beschriebene Situation. Wenden Sie anschliessend die verschiedenen Entscheidungsregeln an, die für diese Risikosituation sinnvoll sind. Bestimmen Sie für jede Entscheidungsregel das entsprechende optimale Portfolio.

b) Gehen Sie nun davon aus, dass Sie auch die Varianzen und die Kovarianz der Rentabilitäten der Aktien A und B kennen:

- $\text{Var}(r_A)$ = 0.0028
- $\text{Var}(r_B)$ = 0.0038
- $\text{Cov}(r_A, r_B)$ = -0.0025.

In welche Aktien würden Sie wie viel investieren, wenn Sie ein risikominimales Portfolio erhalten wollen? Gehen Sie davon aus, dass Sie sich ausgesprochen risikoscheu verhalten und deshalb unabhängig von den erwarteten Rentabilitäten entscheiden. Vernachlässigen Sie zudem die Bedingungen der Ganzzahligkeit bei der Aktienstückelung.

c) Nehmen Sie an, dass Sie ihre extreme Risikoscheu aus b) aufgegeben haben. Mit den Angaben der Teilaufgabe b) streben Sie nun einen Kompromiss zwischen erwarteten Rentabilitäten und dem durch die Varianzen und die Kovarianz beschriebenen Risiko bei ihrer Zielsetzung an. Der *Nutzen* einer Portfoliozusammensetzung setzt sich somit für Sie additiv aus den erwarteten Rentabilitäten aus Teilaufgabe a) und den mit einem Risikotoleranzparameter R gewichteten Varianzen und der Kovarianz zusammen. Überlegen Sie, wie sich das Nutzenmaximum für einen gegebenen Wert von R = 1 bestimmen lässt.

Aufgabe 3.11.3: Entscheidung bei Ungewissheit

Nehmen Sie nun an, dass zwar die verschiedenen Rentabilitäten von Aufgabe 3.11.2 a) vorgegeben sind, Sie aber nicht wissen, mit welchen Wahrscheinlichkeiten die einzelnen Umweltzustände eintreten. Welche Entscheidungsregeln sind in dieser Situation für die Bestimmung eines vernünftigen Portfolios sinnvoll? Bestimmen Sie zu jeder Entscheidungsregel, die Sie anwenden, das optimale Portfolio ($\alpha = 0.5$ für das Hurwicz-Kriterium).

Aufgabe 3.11.4: Entscheidungsregeln bei Ungewissheit und Risiko

Gegeben sei folgende Auszahlungstabelle $X = (X_{ij})$:

Eintrittswahrscheinlichkeiten $p_j \to$	$p_1 = 0.1$	$p_2 = 0.2$	$p_3 = 0.3$	$p_4 = 0.4$
Aktion i ↓ Zustand j →	z_1	z_2	z_3	z_4
a_1	6	9	-7	-1
a_2	-4	0	8	4
a_3	1	1	2	3
a_4	0	6	1	0

a) Bestimmen Sie die optimalen Entscheidungen nach Anwendung folgender Regeln:

- Laplace
- Flexibilität
- Maximax

- Maximin
- Hurwicz ($\alpha = 0.5$)
- Minimax-Regret

b) Jetzt sollen auch die Eintrittswahrscheinlichkeiten der Zustände ausgenutzt werden. Wenden Sie nun die folgenden Regeln an, um die optimalen Entscheidungen zu finden:

- Maximum Likelihood
- Bayes
- Bernoulli

Normieren Sie bei Anwendung der Bernoulli-Regel die Auszahlungen auf das Intervall [0, 1] und bezeichnen Sie die normierten Auszahlungen mit $x_{ij}*$. Bestimmen Sie die optimalen Entscheidungen unter Verwendung der folgenden Nutzenfunktionen:

i) $u_1(x_{ij}*) = x_{ij}*$

ii) $u_2(x_{ij}*) = (x_{ij}*)^2$

iii) $u_3(x_{ij}*) = 1 - (1 - x_{ij}*)^2$

Aufgabe 3.11.5: Entscheidungsmatrix, Risikosituation

Ein Versicherer hat mögliche Versicherungsfälle z_j mit $j = (1, n)$ in seinem Portfolio. Er nimmt an, dass die Versicherungsfälle im Schadensfall mit einer Wahrscheinlichkeit p_j zu einer Versicherungsleistung der Versicherung an den Versicherungsnehmer in Höhe von X_{ij} (GE) führen.

Mit a_i, $i = (1, m)$, wird der jeweils mögliche Versicherungsvertrag bezeichnet. Mit a_1 wird die Aktion bezeichnet, bei der *kein Versicherungsvertrag* abgeschlossen wird. Mit z_1 und p_1 wird der Umweltzustand bezeichnet, bei dem *kein Schaden* auftritt ($X_{i1} = 0$; *ungestörter Zustand*).

Der Versicherer erhält für einen Vertrag eine feste Prämie von b_i (GE). Die mit dem Abschluss und der Betreuung eines Vertrages i verbundenen Fixkosten betragen k_i (GE) für den Versicherer. Mit $-E_{ij}$ werden die Auszahlungen beim Versicherungsnehmer bezeichnet, die ihm im Schadensfall entstehen, wenn er keinen oder keinen vollen Versicherungsschutz hat. Hierbei handelt es sich z.b. um nicht versicherte Schäden, Selbstbehalte und dergl.

a) Bestimmen Sie die Entscheidungsmatrix aus Sicht des Versicherers und aus Sicht des Versicherungsnehmers.

b) Durch welche Bedingung wird ein vollständiger Versicherungsschutz gekennzeichnet?

c) Definieren Sie die Barwerte der Investitionen des Versicherers und des Versicherungsnehmers.

Aufgabe 3.11.6:
Entscheidungssituationen bei Risiko, Entscheidungsbaum

Zur Darstellung und Lösung der drei folgenden Teilaufgaben ist es hilfreich, sich die entsprechenden Entscheidungsbäume aufzuzeichnen.

a) Das Unternehmen A hat die Auswahl zwischen zwei Handlungsalternativen: Entweder das Unternehmen beteiligt sich an einer Ausschreibung oder es führt Kostensenkungsmassnahmen durch. Wenn es sich an der Ausschreibung beteiligt und gewinnt, beträgt der Gewinn 100 (GE). Erhält eine andere Unternehmung den Zuschlag, kann A keinen Gewinn verzeichnen. In beiden Fällen werden A jedoch die direkten Ausschreibungskosten ersetzt, so dass die Teilnahme an der Ausschreibung kostenneutral ist. Die Wahrscheinlichkeit, dass das Unternehmen A den Zuschlag erhält, beträgt 50%.

Alternativ dazu überlegt A, die Personalkapazitäten, die für die Ausschreibung gebraucht werden, für Kostensenkungsmassnahmen einzusetzen. Aufgrund der bisherigen Erfahrungen rechnet Unternehmen A durch die Kostensenkungsmassnahmen mit einem sicheren Nettoerfolg. Wie hoch müsste dieser Gewinn ausfallen, damit A indifferent gegenüber den beiden Handlungsalternativen ist?

b) Das Unternehmen A möchte eine Universalmaschine anschaffen, durch die ein Netto-Rationalisierungserfolg von 100 (GE) erwirtschaftet werden kann. Nun wird A aber der Rat erteilt, den für die Investition vorgesehenen Geldbetrag dafür zu verwenden, eine Spezialmaschine anzuschaffen. Die Ausnutzung dieser Spezialmaschine ist davon abhängig, dass A einen bestimmten Auftrag erhält, der mit einer Wahrscheinlichkeit von 50% eintrifft. In diesem Fall resultiert ein Nettogewinn von 250 (GE). Bleibt dieser Auftrag jedoch aus, so kann A mit anderen Aufträgen gerade die Kosten der Spezialmaschine decken. Welche Entscheidung trifft A?

c) Gegen das Unternehmen A wird ein Patentprozess angestrengt. Hierbei beurteilt A die Chance, dass es den Prozess gewinnt mit 50 zu 50. Wenn A den Prozess gewinnt, erleidet es keinen Verlust; ansonst sind von A 1'000 (GE) zu zahlen. Der Prozessgegner bietet an, die Klage zurückzunehmen, wenn A mit einer Zahlung von 200 (GE) an ihn im Rahmen eines Vergleiches einverstanden ist. Wird A den Vergleich annehmen?

Aufgabe 3.11.7: Entscheidungsbaum

Stellen Sie den Entscheidungsbaum des folgenden Spieles dar und berechnen Sie die optimale Lösung im Sinne der Maximierung der erwarteten Gewinne.

Ein Spieler hat die Wahl, entweder 5 (GE) zu bezahlen und zu würfeln oder 3 (GE) zu bezahlen und eine Münze zu werfen. Nach einmaligem *Würfeln* ist das Spiel beendet und der Spieler erhält entsprechend den Augenzahlen 1 bis 6 die Gewinnsummen von 1, 1, 2, 2, 3 oder 20 (GE) ausbezahlt. Zeigt beim *Münzwurf* die *Kopf*seite nach oben, so ist das Spiel auch beendet, und der Spieler hat weitere 3 (GE) zu bezahlen. Zeigt die Münze *Zahl*, so hat der Spieler die Wahl, aufzuhören und 2 (GE) zu erhalten oder die Münze noch einmal zu werfen. Bei *Kopf* hat er dann 7 (GE) zu bezahlen, bei *Zahl* gewinnt er 25 (GE).

Aufgabe 3.11.8: Roll-Back-Analyse

Ein Unternehmen der Maschinenbauindustrie stellt heute auf einen neuen Maschinentyp um. Das Unternehmen produziert Werkzeugmaschinen in sehr kleinen Stückzahlen.

Aufgrund von Garantieverpflichtungen ist das Unternehmen gezwungen, eine Konventionalstrafe von 20'000 (GE) zu zahlen, falls während der nächsten zwei Jahren keine Ersatzteile für eine alte Maschine geliefert werden können. Die Herstellung eines Ersatzteiles kostet 10'000 (GE), von zwei Ersatzteilen 15'000 (GE). Die Herstellung der Ersatzteile erfolgt kurzfristig zu Jahresbeginn, ihre Lieferung sofort.

Die Unternehmung schätzt für jedes der beiden Jahre die Wahrscheinlichkeit dafür, dass ein Ersatzteil nachgefragt wird, auf 25%. Die Wahrscheinlichkeit dafür, dass mehr als je ein Ersatzteil in einem der beiden Jahre benötigt wird, kann als vernachlässigbar eingeschätzt werden. Nicht nachgefragte Ersatzteile werden in jedem Fall nach Ablauf der 2 Jahre verschrottet werden. Der Liquidationserlös beträgt dann 1'000 (GE) pro Ersatzteil.

a) Zeichnen Sie den Entscheidungsbaum des Problems und tragen Sie die gegebenen Daten ein.

b) Wie viele Ersatzteile stellt das Unternehmen zu Beginn des ersten und des zweiten Jahres her, wenn es die Kosten minimieren will? Auf Goodwill und Ähnliches soll keine Rücksicht genommen werden.

Aufgabe 3.11.9: Roll-Back-Analyse, Versicherung (McNamee, Celona)

Die ABC-Baufirma wird auf Schadensersatz verklagt. Der Kläger ist von einem Balkon im zweiten Stock eines Wohnhauses gefallen und hat sich schwer verletzt. Der Unfall entstand dadurch, dass der Balkon an einer Seite kein Geländer bzw. keine Brüstung hatte, sondern nur durch zwei Ketten gesichert war, die an beiden Seiten an Haken befestigt waren. Der Kläger lehnte sich gegen die Ketten und stürzte ab, als sich einer der Haken löste. Er verklagt sowohl ABC wegen fahrlässiger Konstruktion des Balkons als auch die Haken AG für die gefährliche Konstruktion der Befestigungshaken. Er verlangt von beiden beklagten Parteien zusammen einen Schadensersatz inklusive Schmerzensgeld von 2 Mio (GE).

ABC hat für solche Fälle eine Haftpflichtversicherung bei der United Versicherungs AG mit einer Schadenssumme bis zu 3 Mio (GE) abgeschlossen. Die Anwälte von United sind der Meinung, dass ABC verurteilt werden könnte. Im Übrigen teilen sie mit, dass das Gericht – unabhängig von einem Verschulden von ABC – auch die Haken AG schuldig sprechen könnte. Es ist davon auszugehen, dass die beiden beklagten Parteien den Schaden im Falle eines Schuldspruches je zur Hälfte tragen müssen, während eine allein schuldig gesprochene Partei den Schaden vollständig bezahlen müsste. Die Anwälte von ABC und Haken AG glauben, dass das Gericht eher 0.5 Mio (GE) als 1 Mio (GE) zuspricht. Aber auch die Wahrscheinlichkeit, dass die geforderten 2 Mio (GE) zugesprochen werden, ist nicht zu vernachlässigen. Schliesslich kann die Klage entweder gegen ABC oder gegen die Haken AG – aber nicht gegen beide – niedergeschlagen werden. Schadensersatz gibt es also demnach immer.

Die United Versicherungs AG hat die Anwälte des Klägers kontaktiert und eine Entschädigung für eine aussergerichtliche Einigung von 0.5 Mio (GE) angeboten. Angesichts der Einschätzung, dass die Schadenssumme bei einer gerichtlichen Lösung erheblich höher als 0.5 Mio (GE) liegen könnte, beschäftigt sich das Risiko-Management von ABC mit einer Schätzung der möglichen Resultate. Nach langen Diskussionen rechtlicher und schadensmässiger Aspekte werden den Anwälten von United folgende Wahrscheinlichkeiten genannt: Die Wahrscheinlichkeit, dass das Gericht ABC schuldig spricht, wird mit 50% angegeben, während für die Haken AG für einen Schuldspruch nur 30% geschätzt werden. Werden beide beklagte Parteien schuldig gesprochen, gibt es eine Wahrscheinlichkeit von 20% dafür, dass die vom Gericht bestimmte Schadenssumme 2 Mio (GE) beträgt. Die Wahrscheinlichkeiten für eine Schadensfestsetzung von 0.5 Mio (GE) oder 1 Mio (GE) werden als gleich hoch angesehen. Wenn nur einer der Beklagten schuldig gesprochen wird, halbiert sich die Wahrscheinlichkeit für die maximale Schadensumme von 2 Mio (GE). Die Wahrscheinlichkeit für einen Schuldspruch in Höhe von 0.5 Mio (GE) beträgt dann 60%, diejenige für einen Schuldspruch in Höhe von 1 Mio (GE) beträgt 30%.

a) Strukturieren Sie das Problem mit einem Entscheidungsbaum und weisen Sie den Ästen die beschriebenen Zahlungen und Wahrscheinlichkeiten zu. Welche Schadenssumme darf der **Kläger** erwarten? Wie wird sich der Kläger entscheiden?

b) Bestimmen Sie die Erwartungswerte für die Alternativen der **United Versicherungs AG**. Wie wird sie sich entscheiden?

c) Veranschaulichen Sie graphisch die möglichen finanziellen Auswirkungen für die United Versicherungs AG. Stellen Sie hierzu die Dichtefunktion und Verteilungsfunktion der Schadenshöhe von United dar.

d) Bestimmen Sie den Wert der vollständigen Information für einen alleinigen Schuldspruch der Haken AG *(„clairvoyance")*.

Aufgabe 3.11.10: Roll-Back-Analyse, Diskontierung

Nehmen Sie beim Beispiel zu Beginn von Kapitel 3.5 nun an, dass es jeweils ein Jahr dauert, bis die Anlagen gebaut sind. Die fälligen Auszahlungen müssen jedoch sofort bei Baubeginn geleistet werden. Die Gewinne verteilen sich jeweils gleichmässig über die angegebenen Jahre und sollen mit i = 10% p.a. diskontiert werden. Falls die grosse Anlage gebaut wird, verteilen sich die angegebenen Umsätze somit auf neun Jahre. Bei der Erweiterungsinvestition in die kleine Anlage verteilen sich die angegebenen Umsätze auf die verbleibenden sieben Jahre.

Bestimmen Sie nun die optimale Entscheidung.

Aufgabe 3.11.11: Roll-Back-Analyse, exponentielle Nutzenfunktion

Sie planen eine kurzfristige Anlage in Aktien in Abhängigkeit der zukünftigen Börsenkurse. Die Kurse können mit je 50% Wahrscheinlichkeit steigen oder fallen. Im ersten Fall machen Sie einen Gewinn von 2'000 (GE), im zweiten Fall verlieren Sie 1'000 (GE). Sie können auch davon absehen, zu spekulieren. Sie haben eine exponentielle Nutzenfunktion mit einer Risikotoleranz von R = 5'000 (GE).

a) Wie entscheiden Sie sich?
   Wie hoch ist das Sicherheitsäquivalent für ihre Entscheidungssituation?

b) Sie sind nicht sicher, ob Ihre Risikotoleranz wirklich 5'000 (GE) beträgt. In welchen Grenzen darf sich die Risikotoleranz ändern, so dass Sie immer noch Aktien kaufen würden?

c) Angenommen, jemand kann ihnen mit Sicherheit prognostizieren, ob die Kurse steigen oder fallen. Wie viel würden Sie maximal für die Prognose zahlen?

Aufgabe 3.11.12: Roll-Back-Analyse, bedingte Wahrscheinlichkeiten

Herr X ist Budenbesitzer vor einem Fussballstadion und überlegt sich einige Tage vor einem grossen Match, wie viele Bratwürste er einkaufen soll, um seinen Gewinn zu maximieren.

Ist am Nachmittag des Spieltages gutes Wetter, dann wird er voraussichtlich 5'000 Würste verkaufen, bei schlechtem Wetter dagegen nur 2'500. Der Einkaufspreis mit variablen Nebenkosten beträgt 4 (GE) pro Wurst, der Verkaufspreis 6 (GE) pro Wurst. Nicht verkaufte Würste können nicht mehr gelagert und zu einem späteren Zeitpunkt verkauft werden. Herr X hat die Möglichkeit, die Würste sofort zu bestellen und am Morgen des Spieltages nach einem Blick auf das Wetter eine zusätzliche eilige Nachbestellung zu veranlassen. Im letzteren Fall muss er jedoch 1'000 (GE) bestellfixe Kosten entrichten.

Das Wetter ist am Nachmittag das Spieltages mit einer Wahrscheinlichkeit p_N gut und q_N schlecht. Herr X weiss aus Erfahrung, dass das Wetter mit 80% Wahrscheinlichkeit (p_N; $q_N = 1-p_N$) am Nachmittag so ist, wie am Vormittag (p_V; q_V). Seine Wetterprognose wird also besser sein, wenn er den Morgen des Spieltages abwartet.

a) Berechnen Sie p_N und q_N über den Satz der totalen Wahrscheinlichkeit in Abhängigkeit von p_V und den gegebenen bedingten Wahrscheinlichkeiten.

b) Stellen Sie die Situation in einem Entscheidungsbaum dar und berechnen Sie die gewinnmaximale Lösung des Problems. Unterscheiden Sie die zwei Situationen:

$- p_v = 0.50$
$- p_v = 0.95$.

c) Bis zu welcher Wahrscheinlichkeit p_v ist es für Herrn X günstiger, mit seinen letzten Dispositionen bis zum Morgen des Spieltages zu warten?

Aufgabe 3.11.13: Entscheidung bei Unschärfe

Das Unternehmen des Jahres 2005 soll gekürt werden. Sieben Unternehmen haben die Vorauswahl bereits überstanden (U_j, $j = (1, 2, ..., 7)$).

Die Jury ist sich einig, dass drei Aspekte wesentlich für ihre endgültige Auswahl sind: Das Siegerunternehmen muss *gesund* ($\widetilde{G}$ mit $\mu_1(U_j)$) und *innovativ* ($\widetilde{I}$ mit $\mu_2(U_j)$) sein; zudem muss die *Nachfolge* ($\widetilde{N}$ mit $\mu_3(U_j)$) geregelt sein. Ein Expertengremium hat die Unternehmen bezüglich dieser Kriterien wie folgt unscharf bewertet:

$\widetilde{G}$ = {(U1;0.8), (U2;0.6), (U3;0.2), (U4;1.0), (U5;0.65), (U6;0.9), (U7;0.75)}
$\widetilde{I}$ = {(U1;0.6), (U2;0.5), (U3; i_3), (U4;0.3), (U5;0.90), (U6;0.6), (U7;0.60)}
$\widetilde{N}$ = {(U1;0.2), (U2;0.9), (U30.7), (U4;0.6), (U5; n_5),   (U6;0.7), (U7;0.85)}

Hierbei konnten i_3 und n_5 nicht geschätzt werden.

a) Unter welcher Bedingung wird U5 das Siegerunternehmen sein?

b) Unter welcher Bedingung wird U3 das am schlechtesten beurteilte Unternehmen sein?

c) Wann wird U5 schlechter bewertet als U3?

d) Nun sei $i_3 = 0.8$ und $n_5 = 0.5$. Welche Entscheidung treffen die Juroren nun. Lösen Sie das Problem graphisch.

Aufgabe 3.11.14: Spielsituation
(vgl. Bamberg u. Coenenberg 2003, S. 243)

Frau Müller mit besten Referenzen hat sich bei der X AG (Spieler 1) um eine leitende Position beworben. Die X AG weiss aber, dass sich Frau Müller auch beim Konkurrenzunternehmen Y AG (Spieler 2) um eine entsprechende Stelle beworben hat. Frau Müller würde bei gleichem Gehaltsangebot der X AG den Vorzug geben. Sowohl für die X AG als auch für die Y AG kommen 3 Gehaltsstufen G1, G2 und G3 für die Eingruppierung von Frau Müller in Frage. Die Gehaltsstufen entsprechen somit den Strategien a_i der X AG und b_j der Y AG (i, j = 1, 2, 3). Der Leiter der Personalabteilung kalkuliert die Konsequenzen der verschiedenen Gehaltsstufen durch und kommt zu folgender Auszahlungsmatrix eines Nullsummenspiels:

$$\begin{pmatrix} 10 & -10 & -5 \\ 8 & 8 & -5 \\ 5 & 5 & 5 \end{pmatrix}$$

a) Welches Angebot soll die X AG der Bewerberin unterbreiten?

b) Sind alle Angebote der X AG relevant oder gibt es überflüssige Vorschläge, d.h. gibt es bei Spieler 1 eine oder mehrere dominante Strategien?

c) Sind alle Angebote der Y AG relevant oder gibt es überflüssige Vorschläge?

Aufgabe 3.11.15: Subjektive Risikoschätzung (Raiffa 1973)

Betrachten Sie zwei Gruppen von je hundert Firmen, mit denen Sie kreditmässig zusammenarbeiten. In der einen Gruppe (Maschinenbau) sind 70 Fälle, die keinerlei Risiko darstellen, und 30 Fälle, die aufgrund ihres Zahlungsverhaltens oder der Firmenkennzahlen ein grösseres Kreditrisiko beinhalten. In der anderen Gruppe (Textilfirmen) sind 70 Kreditrisiken und 30 Firmen, die über jeden Kreditzweifel erhaben sind.

Nehmen Sie nun an, dass Sie die Gruppenzugehörigkeit nicht kennen und ziehen aus einer zufällig gewählten Gruppe eine zufällige Stichprobe von zwölf Firmen (mit Zurücklegen). Sie haben acht Firmen ohne Probleme erhalten und vier Kreditrisiken. Wie gross ist die Wahrscheinlichkeit dafür, dass Ihre Stichprobe Firmen aus dem Maschinenbau enthalten hat?

Aufgabe 3.11.16: Risiken, Schadenshäufigkeit, Schadenshöhe und Schadenssumme, Gesamtschaden

Eine Industrieversicherung hat hundert vergleichbare Policen der Maschinenbruch-Versicherung überprüft und dabei für das letzte Jahr die nachfolgende Schadensstatistik eruiert.

Die mittlere Spalte Schadenszahl (x/y) hat folgende Bedeutung: x entspricht der Gesamtanzahl der Schäden des Kunden; y entspricht der gerade betrachteten Schadensnummer.

Kunde Nr.	Schadens-zahl (x/y)	ca. Schadenshöhe (TGE)	Kunde Nr.	Schadens-zahl (x/y)	ca. Schadenshöhe (TGE)
1-80	0/0	0	95	2/1	50
				2/2	150
81	1/1	50	96	2/1	250
82	1/1	100		2/2	100
83	1/1	50	97	3/1	50
84	1/1	50		3/2	150
85	1/1	300		3/3	100
86	1/1	150	98	3/1	150
87	1/1	250		3/2	50
88	1/1	50		3/3	200
89	1/1	150	99	3/1	400
90	1/1	250		3/2	150
91	1/1	150		3/3	150
92	1/1	50	100	5/1	50
93	2/1	200		5/2	50
	2/2	300		5/3	150
94	2/1	50		5/4	50
	2/2	300		5/5	100

a) Stellen Sie die Häufigkeitsverteilungen der Schadenshäufigkeit oder -frequenz und der Schadenshöhe grafisch dar und berechnen Sie Schätzwerte für die Erwartungswerte und Varianzen.

b) Sind die Grössen unabhängig voneinander?

c) Bestimmen Sie Schätzungen für den Mittelwert und die Varianz des Gesamtschadens.

d) Welche Prämie müsste die Versicherung ohne Aufschläge mindestens verlangen, um langfristig keinen Schaden zu erleiden?

e) Durch welche Entscheidungsvariablen könnte die Versicherung die skizzierten Verteilungen gezielt beeinflussen?

4 Risikoidentifikation und Ursachenanalyse

Unter Risikoidentifikation versteht man den Prozess der systematischen, konsistenten und vollständigen Erfassung der in einem Unternehmen bereits existierenden Risiken sowie der in der Zukunft möglicherweise eintretenden potenziellen Risiken mit ihren Ursachen. Zur Identifikation der Risiken gehören auch Überlegungen zur möglichen **Kopplung** oder zu den Korrelationen der Risiken. Diese Kopplungen können sich in der Zeit als **Folgerisiken** bemerkbar machen: Der Konkurs eines Grosskunden kann etwa einige Zeit später den Konkurs einiger seiner unbezahlt bleibenden Lieferanten zur Folge haben. Dies kann ein Unternehmen einerseits wegen seiner Forderungsausfälle in Schwierigkeiten bringen, andererseits kann es auch zu einer Marktbereinigung führen.

Die Kopplung der Risiken kann über **Gruppenrisiken** (vgl. Kapitel 2.2) auch **zur selben Zeit** Einfluss auf mehrere Einzelrisiken eines Unternehmens haben, etwa wenn eine Versicherung nach einem Ereignis mit hoher Schadenssumme, beispielsweise einem Hagelsturm als Kumulrisiko, die Schäden seiner Versicherungsnehmer zur selben Zeit regulieren muss.

4.1 Entscheidungssituationen, Vergangenheit und Zukunft

Entscheidungssituationen

Ein Teil der Risikoidentifikation besteht auch in der Klärung der jeweils vorliegenden Entscheidungssituation (vgl. Kapitel 3). Deren Struktur kann Hinweise auf die zu ergreifenden Massnahmen bei der Risikosteuerung geben und sei kurz wiederholt:

- In der **Sicherheitssituation** sind die wesentlichen Unternehmens- und Umweltdaten bekannt und haben keine oder nur eine kleine Streuung. Die zugrunde liegenden kausalen Wirkungen liegen offen, so dass sowohl die Auswirkungen von Umweltentwicklungen als auch von unternehmerischen Entscheidungen genau prognostiziert werden können. In dieser Situation wird ein Unternehmen so entscheiden, dass seine Ziele möglichst optimal erfüllt werden. Zur besseren Absicherung können Daten, kausale Effekte und Entscheidungen rechnerisch einer Sensitivitätsanalyse unterworfen werden.

- In der **Risikosituation** sind die Umweltdaten unsicher, aber über statistische Verteilungen beschreibbar. Die Umwelt des Unternehmens besteht aus einer möglicherweise sehr grossen Zahl von Marktteilnehmern, die weder kooperative noch feindliche Absichten verfolgen und zufällig reagieren. Eine einstufige Entscheidungssituation kann durch eine begrenzte Zahl von Aktionen und Zuständen in einer Entscheidungsmatrix charakterisiert werden. Die Eintrittswahrscheinlichkeiten der Zustände sind bekannt oder können geschätzt werden. Mehrstufige und gekoppelte Entscheidungen bei Risiko können in Entscheidungs- oder Risikobäumen abgebildet werden. Eine Diskussion der möglichen Entscheidungen kann sich an der Bayes- oder Bernoulli-Regel orientieren.

- Im Falle der **Ungewissheitssituation** liegen strukturell die selben Umweltbedingungen wie in der Risikosituation vor, nur kann das Unternehmen keine Angaben oder Schätzungen über die Wahrscheinlichkeiten der Umweltreaktionen machen. Die Darstellung der einstufigen Entscheidungsprobleme erfolgt über Entscheidungsmatrizen, die der mehrstufigen Fälle über Risikobäume. Die Konsequenzen möglicher Entscheidungen können nach den in Kapitel 3 dargestellten Entscheidungsregeln und bei Annahme gleich grosser Wahrscheinlichkeiten für die Umweltreaktionen nach der Laplace- oder der modifizierten Bernoulli-Regel bestimmt werden. Die Konsequenzen verschiedener Wahrscheinlichkeiten können auch über Sensitivitätsanalysen, Simulationen und Szenarioanalysen (vgl. Kapitel 4.5) berechnet werden.

- Im Falle der **Unschärfe** resultiert die (linguistische) Unsicherheit aus einem Mangel an begrifflicher Schärfe. Entweder führt eine bewusste Diskussion der in der Risikoidentifikation verwendeten Begriffe zu einer Klärung dieses Problems oder man versucht, über den Begriff der Zugehörigkeitsfunktion bzw. der unscharfen Menge zu Lösungen der Entscheidungs- und Risikoprobleme etwa nach dem MaxMin-Prinzip zu kommen.

- Schliesslich interessiert bei der Risikoidentifikation auch die **Spielsituation**, bei der sich das Unternehmen bei seinen Risikomassnahmen auf die Strategien einer kleineren Zahl von entweder kooperativen oder nicht-kooperativen Marktteilnehmern vorbereiten muss. Mehrstufige Spielsituationen können mit Entscheidungs- und Risikobäumen strukturiert werden. Diese Darstellungen, bei der sich die Entscheidungsknoten der verschiedenen Spieler abwechseln, können auch zur Simulation verschiedener Spielverläufe dienen. Bei nicht-kooperativen Spielen kann nach von Neumann-Morgenstern an Entscheidungen nach der sehr vorsichtigen MaxMin-Strategie gedacht werden. Daneben gibt es viele andere Fälle, insbesondere empfiehlt sich im Falle der Kooperation der Spieler eventuell die misstrauische Kooperationsstrategie des *„Wie du mir, so ich dir" („tit for tat")*.

Im Allgemeinen wird vorausgesetzt, dass die identifizierten Risiken die Unternehmensziele und den Unternehmenswert merklich beeinflussen können. Verschiedene Autoren fordern sogar, dass sich das Risikomanagement nur mit bestandsgefährdenden Risiken befassen müsse (vgl. Wolf u. Runzheimer 2003, S. 41; Hölscher 2002, S. 3-31). Dafür ist dann jeweils im Einzelfall oder in der Summe die Definition einer **Aktivierungsschwelle** notwendig, die definiert, welche Risiken das Unternehmen als wichtig und unwichtig ansieht bzw. ab wann sie in den Risikoprozess lenkend eingreift. Diese Forderung erscheint dann als überspitzt, wenn man bedenkt, dass das Risikoportfolio eines Unternehmens normalerweise Risiken enthält, die sowohl zu positiven als auch zu negativen Zielabweichungen führen können. Der gesamte Prozess des Risikomanagements ist als Teil der Unternehmensplanung zu sehen, bei dem u.a. Chancen und Risiken nach ihrer Grösse und ihrer Häufigkeit ausbalanciert werden müssen. Allerdings gibt es hierbei eine **Asymmetrie**: Grosse positive Zielabweichungen sind in der Regel höchst willkommen und stellen dem Management eher Entscheidungsprobleme der angenehmen Art. Grosse negative Zielabweichungen können hingegen existenzgefährdend sein und geben schon nach den geltenden Gesetzen Anlass zu vorbeugenden Managemententscheidungen. Das Management muss sich in diesem Fall bei der Risikoberichterstattung auch die Abgabe einer so genannten **Negativverklärung** überlegen (vgl. Lück 2004, S. 20), in der vom Management auf die ausserordentlich gefährliche Grösse eines Risikos hingewiesen wird.

Risiken werden üblicherweise nach ihrer **Natur** (z.B. Sach- oder Personenrisiko, finanzielles Risiko), nach ihrem **Ursprung** in der äusseren und inneren Umwelt des Unternehmens (z.B. Einkaufsmarkt, Kundenrisiken, technologische und personelle Risiken), nach den **zeitlichen Dimensionen** bzw. dem **Umfang ihrer Auswirkungen** (z.B. strategische oder operative Risiken, notwendige Reaktionszeit) sowie nach **Unternehmens- bzw. Verantwortungsbereichen** (z.B. Geschäftsbereich, Absatzregion) unterschieden. Verschiedene **Checklisten** können dazu dienen, die Risiken zunächst qualitativ in diesem Raster zu erheben. Dabei werden die Risiken in einem ersten Schritt zunächst verbal beschrieben (vgl. Burger u. Buchhart

2002, S. 67-99; Wolf u. Runzheimer 2003, S. 120-127, S. 160-161; Gleissner u. Füser 2003, S. 83-88, S.179-188), ehe eine genauere Analyse der Ursache-Wirkungsbeziehungen und ihrer Bewertung ausgeführt wird.

Obwohl eine Risikoidentifikation grundsätzlich ziel-, plan- und zukunftsbezogen erfolgt, kann man dabei eine erfahrungs- oder *vergangenheitsbezogene Risikoidentifikation* von der *Identifizierung zukünftiger Risiken* unterscheiden. Beide Typen der Identifikation sind dann miteinander verbunden, wenn die aus historischen Daten identifizierten Risikogesetzmässigkeiten auch für die Zukunft gelten. Dies ist bei den meisten Unternehmen der Normalfall.

Vergangenheitsbezogene Risikoidentifikation

Ein Unternehmen verfügt gewöhnlich über Dokumente oder interne bzw. externe Statistiken, die zeigen, welche Risiken in der Vergangenheit aufgetreten sind („*what worked or went wrong*").

Interne Statistiken enthalten beispielsweise Angaben über historisch erfolgte Wertberichtigungen auf Forderungen als Prozentsatz des Umsatzes. Dieser Wert oder ein durch antizipierte Massnahmen des Managements verringerter Zielwert kann dann die für die Zukunft einzuplanenden Forderungsrisiken aggregiert beschreiben.

Informationen über Forderungsrisiken sind auch **extern** erhältlich. Die Branchenzugehörigkeit eines Neukunden ist normalerweise bekannt. Eine Grösse wie der Creditreform **Risiko Indikator Branche** (CRI-Branche) gibt das Verhältnis zwischen der Zahl Insolvenzen in einer Branche zur Gesamtzahl der Branchenunternehmen an (vgl. Huber 2003, S. 5). Über diesen Index kann dann ein Zielwert der Wertberichtigungen auf Forderungen für die Planung des Neukundengeschäftes hergeleitet werden. Auch **Moody's Index** kumulierter **Ausfallraten** nach Bonitätsklassen kann für diesen Zweck eingesetzt werden. Bei diesem Index wird explizit die Verbindung zwischen den Ausfallraten, den Bonitätsklassen der verschiedenen Unternehmen und den zur Klassifikation notwendigen Scoring- oder Rating-Modellen hergestellt (vgl. Gleissner u. Meier 2001, S. 311-334; Gleissner u. Füser 2003, S. 25-28).

Historische Daten bilden die Grundlage für die Darstellung von Risikolandschaften, Risikomatrizen (vgl. etwa Schierenbeck u. Lister 2001, S. 331-366; Burger u. Buchhart 2002, S. 67-99) und der sich an Geschäftsfeldern und Risikoklassen orientierenden strategischen Planung und der **SWOT-Analyse** (*Analysis of **S**trengths and **W**eaknesses, **O**pportunities and **T**hreats*, vgl. Hahn u. Taylor 1999).

Auch die Verwendung von **Frühindikatoren** und **Frühwarnsystemen** baut überwiegend auf historischen Daten auf: Falls die Risikoidentifikation ergibt, dass die Umsätze eines Unternehmens stark mit Branchenindizes korrelieren, kann ein Einbruch eines solchen Index – etwa des **IFO-Index** des Geschäftsklimas oder von Indizes des Konsumentenvertrauens – Anlass zur Einleitung von Korrekturmassnahmen sein. Dasselbe gilt für interne Indizes: Falls der Forderungsbestand als Prozentsatz des Umsatzes über einen aus historischen Zahlen hergeleiteten Kontrollprozentsatz ansteigt, werden Massnahmen des Forderungsmanagements eingeleitet.

Identifikation zukünftiger Risiken

Insbesondere bei der Planung neuer Geschäftsfelder und Geschäftsprozesse kommt es oft vor, dass strukturell neue Risiken, die erst in der Zukunft auftreten, nicht auf der Basis von Vergangenheitszahlen klassifiziert und bewertet werden können. Beispiele dafür sind Risiken, die sich aus der Forschung und Entwicklung für die Bereitstellung neuer Produkte und Dienstleistungen ergeben.

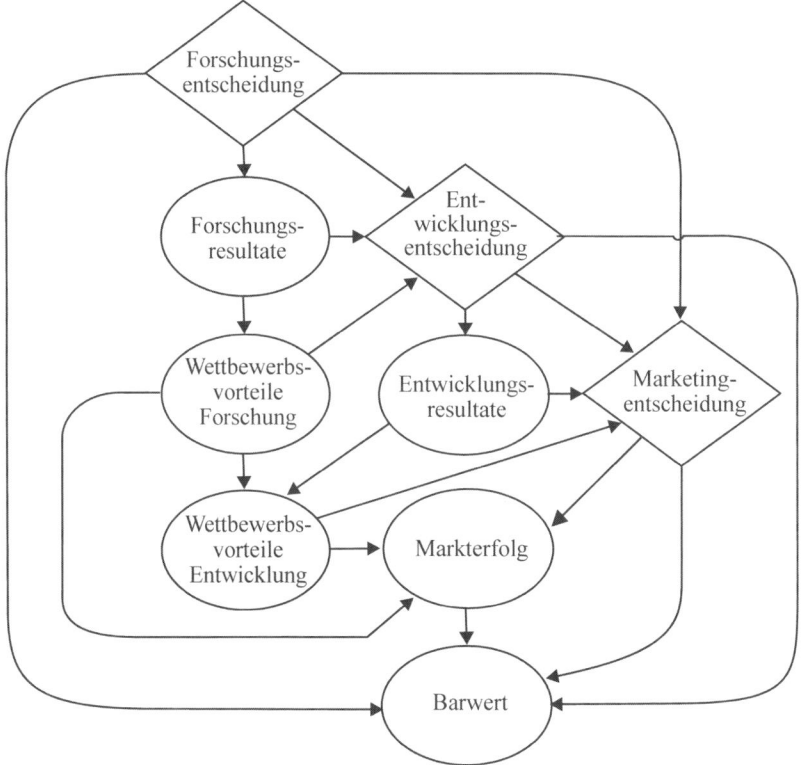

Abb. 4.1. Logik eines Risikomodells

Zur Risikoidentifikation kommen hier **Kreativitätstechniken, Szenario-analysen** und **Simulationsmodelle** zum Einsatz, die der Risikoidentifika-tion eine Struktur geben und bei der Identifikation zu einem disziplinierten Vorgehen führen. Als Beispiel dafür kann die Struktur des in Abb. 4.1. skizzierten Simulationsmodells dienen.

Die in der Abbildung dargestellte Modellstruktur beschreibt, wie sich For-schungs-, Entwicklungs- und Marketingentscheidungen kausal auf den Cashflow oder Barwert eines Geschäftes auswirken. Ist die Forschung nicht erfolgreich, kommt es zu keiner positiven Entwicklungsentscheidung. Resultieren weder aus der Forschung noch aus der Entwicklung Wettbe-werbsvorteile, fällt keine positive Marketing-Entscheidung. In diesem Fall werden keine neuen Produkte produziert und in den Markt eingeführt. In einem Simulationsmodell werden die kausalen Beziehungen zwischen den Variablen im Sinne eines **disziplinierten Gedankenexperimentes** mit Modellgleichungen und logischen Bedingungen beschrieben. Zahlen und Verteilungen mit Maximal- und Minimalwerten bzw. Erfolgswahrschein-lichkeiten für das Modell werden subjektiv geschätzt.

Über eine stochastische Simulation bzw. Monte-Carlo-Analyse lassen sich dann geschätzte Verteilungen für den Cashflow sowie den Barwert herlei-ten, die die Risikoabschätzung für die Planung gestatten.

4.2 Aufgaben und Elemente der Identifikation

Definitionen, Kennzahlen

Abgesehen von den Gruppenrisiken, die verschiedene Einzelrisiken simul-tan im selben Sinne beeinflussen, setzt sich das **Risikoportfolio** eines Un-ternehmens aus verschiedenen **Einzelrisiken** zusammen. Dabei kann es sich beispielsweise um ein einzelnes Forschungsprojekt, einen einzelnen Versicherungsvertrag oder um eine Kreditvergabe etc. handeln. Diese Ein-zelrisiken können gekoppelt oder korreliert sein, was in der Praxis bei der Risikoidentifikation meist ausser Acht gelassen wird. Konkrete Einzelrisi-ken eines Unternehmens können durch **Gruppenrisiken** verursacht sein: Beispielsweise haben die nachlassende Konjunktur und die fortschreitende Digitalisierung in den letzten Jahren in der Medienbranche zu Branchen-risiken geführt. Dies äusserte sich im Wesentlichen in stark nachlassenden Werbeaufwendungen der Kunden und in konkreten Forderungsrisiken, Kosten- und Beschäftungsrisiken sowie Kreditverknappungen usw. bei den Unternehmen der Druck- und Medienindustrie. Bei der Risikoidentifikation müssen sowohl Einzel- als auch Gruppenrisiken beschrieben werden. Jedoch kann ein Gruppenrisko durch Massnahmen des Managements im Allgemeinen nur wenig beeinflusst oder gesteuert werden.

Im Wesentlichen sind es drei Dimensionen, in denen sich das Risikoportfolio eines Unternehmens darstellen lässt: die **Risikofrequenz**, die **Risikohöhe** und die **Auswirkungen** dieser Konstellation auf das Unternehmen (vgl. Abb. 4.2.).

Beispiel: Der Ausfall der zentralen EDV-Systeme eines Unternehmens werde mit einer mittleren Schadenshöhe von 100 (GE) bewertet. Dieser als hoch bewertete Schaden entsteht beispielsweise dadurch, dass Kundenaufträge nicht entgegengenommen und bearbeitet werden können und die Produktion intern und mit den Kunden sowie Lieferanten nicht verlässlich abgestimmt werden kann.

Angenommen sei, dass ein solcher Schaden im Schnitt zwei mal pro Jahr vorkommt. Diese Häufigkeit wird als mittelgross eingeschätzt. Folglich ergibt sich eine erwartete finanzielle Auswirkung auf das Unternehmen von 200 (GE) p.a., wenn – was üblich ist – Frequenz und Schadenshöhe als unkorreliert vorausgesetzt werden und miteinander multipliziert werden dürfen. Da das Unternehmen durch einen Systemausfall bei den Kunden und Partnern über den finanziellen Verlust hinaus jedoch einen Reputationsverlust erleiden kann, wird die Auswirkung auf das Unternehmen insgesamt als mittelstark geschätzt (vgl. Keitsch 2000, S. 32-35). Dementsprechend kann das IT-Risiko in der Portfolio-Darstellung in Abb. 4.2. positioniert werden.

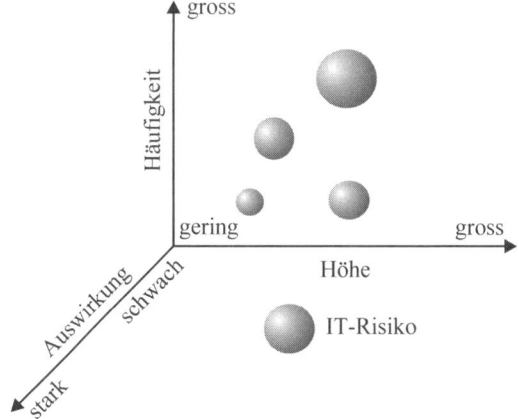

Abb. 4.2. Risikoportfolio

Die Grösse der Kugeln in der Abbildung ist z. B. proportional zum Produkt aus Höhe eines Einzelrisikos und seiner Risikofrequenz pro Planperiode oder historischer Periode. Öfters werden andere zweidimensionale Portfolio-Darstellungen gewählt, in denen beispielsweise die Höhe der Risiken oder die Risikofrequenz gegen die Auswirkung auf das Unternehmen aufgetragen werden. In zweidimensionalen Darstellungen kann auch die für die Steuerung der Risiken notwendige Reaktionszeit zusammen mit Höhe, Frequenz und Auswirkung eines Risikos visualisiert werden.

Einzelrisiken können auch durch die Zusammenfassung unterschiedlicher Risiken entstehen.

Beispiele:

- Abschluss eines Unfallversicherungsvertrags für **eine** ganze Firma X. Aus Sicht der Versicherung ist Firma X und nicht der einzelne Mitarbeiter Teil des Risikoportfolios.

- Eine Firma tätigt mit **einem** Kunden sehr unterschiedliche Geschäfte mit verschiedenen Produkten und Dienstleistungen. Es ist davon auszugehen, dass ein Auftragsverlust alle Geschäfte betreffen würde. Es handelt sich um **ein** Kunden- oder Marktrisiko.

- Eine Bank gewährt **einem** Unternehmen langfristige Kredite und legt dessen Pensionskassengelder an. Im Einzelrisiko ist ein Kreditrisiko und ein Zinsrisiko enthalten.

Für das Risikomanagement ist es in diesem Zusammenhang sinnvoll, von **risikotechnischen Einheiten** zu sprechen und jeweils deren Inhalte, Informationsmerkmale und Eigenschaften zu beschreiben. Während eine kleine Zahl heterogener Unternehmensrisiken eher deskriptiv identifiziert und auf **ordinalen Skalen** (z. B. sehr wichtig > wichtig > ... > unwichtig, > völlig unwichtig) klassifiziert wird, entsprechen risikotechnische Einheiten bei einer grösseren Anzahl von Risiken oft auch **statistischen Einheiten**, die auf **metrischen Skalen** – also mit reellen Zahlenwerten – beschrieben werden. Solche Risiken werden oft in Risikokategorien oder in **Risikokollektiven** zusammengefasst. Die **Identifikationsmerkmale** der Risiken definieren eine Kategorie. Die darin enthaltenen Einheiten werden zusammen beschrieben, gesteuert und verwaltet.

Bei dieser Einteilung gilt, dass sich die Einheiten einer Risikokategorie untereinander möglichst ähnlich sein und eine homogene Unterstichprobe ergeben sollten. Speziell im Banken- und Versicherungsbereich ist dies von grosser Wichtigkeit. Die Zusammenfassung erfolgt sowohl aus Gründen der Risikobewertung als auch des Risikomanagements. Risikoparameter –

wie Erwartungswerte, Varianzen oder die Schiefe von Risikoverteilungen – lassen sich aus den nach Risikokategorien **geschichteten Stichproben** zudem oft genauer als aus der Grundgesamtheit aller Risikoeinheiten ermitteln. Nach dem **Gesetz der grossen Zahlen** gleichen sich Schwankungen des mittleren Risikos pro risikotechnischer Einheit in geeignet gewählten Schichten oder Risikokategorien auch besser aus als in einer sehr heterogenen Grundgesamtheit (vgl. Kapitel 5). Die Prozessschritte der Risikoidentifikation, der Analyse und der Steuerung sind also häufig gekoppelt.

Beispiel: Kreditkartenfirmen haben einerseits mit einer grossen Zahl von Ausfallrisiken zu arbeiten, andererseits ist eine zielgruppenspezifische Ansprache für die Neukundengewinnung notwendig.

Für die Risikoidentifikation und den Vertrieb ist es besser, mit Risikokategorien oder Kundengruppen wie

- in Berufsausbildung und männlich oder weiblich,
- Berufstätige und verheiratete Männer oder Frauen über 25 bis 35 Jahre,
- Berufstätige und verheiratete Männer oder Frauen über 35 Jahre,
- Vielfliegende Geschäftsleute mit internationaler Tätigkeit,
- Pensionäre und Rentner

usw. zu arbeiten als undifferenziert mit allen Karteninhabern.

Die Risiken in den Gruppen entstehen kausal unterschiedlich: Bei der ersten Gruppe entstehen Kreditausfälle durch zu niedrige Erwerbseinkommen und teure Kfz- und Kleiderkäufe. Jüngere Berufstätige verursachen mehr Kreditausfälle als Ältere, vielfliegende Geschäftsleute sind der Gefahr des Kartendiebstahls, z. B. in Fernost, stärker ausgesetzt als die anderen Gruppen. Bei der Gruppe der Pensionäre ist die Chance für ein Cross-Selling von Versicherungsleistungen besonders hoch. Mit anderen Worten: es gibt verschiedene kausale Ursachen, die für eine Segmentierung oder Kategorisierung der Risiken sprechen.

Wenig Sinn macht die Segmentierung in Risikokategorien meist bei den **Kumulrisiken** oder **Klumpenrisiken**, die durch hohe positive Korrelationen der Risikofrequenzen verursacht werden. Der Risikoausgleich im Kollektiv funktioniert dann eventuell nicht mehr, weil die risikotechnischen Einheiten durch eine gemeinsame Ursache zur selben Zeit im gleichen Sinne beeinflusst werden.

Die Kopplung von Risiken

Zur Risikoidentifikation gehören auch Überlegungen oder Untersuchungen zu einer möglichen Kopplung der identifizierten Risiken. Wie insbesondere in Kapitel 5 gezeigt wird, kann die **Standardabweichung** einer Summe von Risiken pro risikotechnischer Einheit mit steigender Zahl Risiken stark abnehmen, wenn diese nicht oder sogar negativ korreliert sind. Man nennt dies einen **Diversifikationseffekt**. So steigt zwar das Gesamtrisiko für Kreditausfälle linear mit der Zahl der Risiken oder Schuldner an. Sind deren Geschäfte jedoch nicht korreliert, fällt die Standardabweichung des Risikos pro Schuldner mit zunehmender Zahl an Schuldnern. Dadurch wird das Risiko kleiner, weil sich die Verteilung des Mittelwertes der erwarteten Risiken genauer schätzen lässt.

Bei starker positiver Korrelation der Risiken kann dagegen der gegenteilige Effekt eintreten. Ein gutes Beispiel hierfür sind die **Kumul-** oder **Klumpenrisiken**: Während bei den meisten Risiken die Risikohöhe nicht mit der Risikofrequenz korreliert ist, können bei Kumulrisiken sowohl die Risikohöhen als auch die Risikohäufigkeiten korreliert sein, was beispielsweise dazu führen kann, dass sehr hohe Risiken auch noch simultan eintreten und zu einer Katastrophe führen.

Im Allgemeinen können sowohl die Risikofrequenzen verschiedener Risiken $X_1, X_2, ..., X_N$ als auch deren Risikohöhen positiv oder negativ korreliert sein. Dies heisst in Bezug auf die Häufigkeiten, dass es bei **positiver Korrelation** eine zeitliche Synchronisation der Risiken gibt. Die Wahrscheinlichkeit des Eintretens der Risiken nimmt zu, wenn ein Risiko bereits eingetreten ist (vgl. Abb. 4.3.).

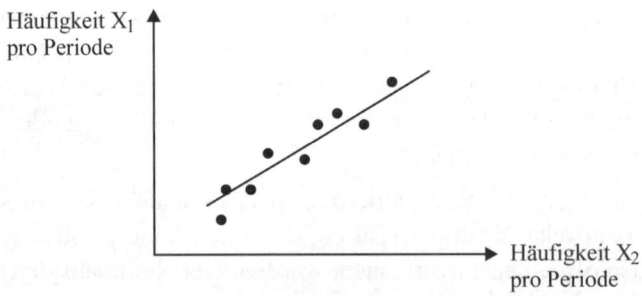

Abb. 4.3. Positive Korrelation der Risikohäufigkeiten

Im umgekehrten Fall der **negativen Korrelation** nimmt die Wahrscheinlichkeit ab, dass weitere Risiken eintreten, wenn bereits ein Risiko eingetreten ist.

Bei den Risikohöhen unterschiedlicher Risiken steigt und fällt die Risikohöhe des einen Risikos bei positiver Korrelation gleichlaufend mit dem
anderen Risiko, während sich die Risikohöhen von X_1 und X_2 bei negativer
Korrelation gegenläufig entwickeln (vgl. Abb. 4.4.).

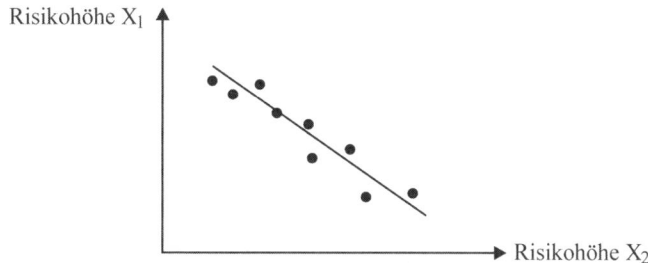

Abb. 4.4. Negative Korrelation der Risikohöhen

Für die Korrelationen der Risiken pro Periode, die sich aus der Risikohöhe
und der Risikofrequenz ergeben, gilt das gleiche. Beispielsweise spricht
man oft von den Interkorrelationen der Aktienkurse und dem Risiko eines
Aktienportfolios. Bei täglicher Kursstellung ist die Risikofrequenz zweier
Risiken X_1 und X_2 gleich gross; die Risikohöhe ändert sich täglich. Die
Korrelation der Risiken einer Anlage in X_1 und X_2 wird dann direkt aus
den täglichen Kursen errechnet. Die Korrelation zweier Risiken X_1 und X_2
wird über den Koeffizienten $r_{X_1 X_2}$ mit $-1 \leq r_{X_1 X_2} \leq +1$ gemessen. Der Koeffizient nimmt den Wert von $r_{X_1 X_2} = +1$ bei völligem Gleichlauf der Risiken an. Bei exakt gegenläufigen Risiken ist $r_{X_1 X_2} = -1$, bei einem fehlenden
Zusammenhang der Risiken ist $r_{X_1 X_2} = 0$.

Falls viele historische Daten vorliegen, kann $r_{X_1 X_2}$ aus den Daten berechnet
und auch auf seine statistische Signifikanz getestet werden. Dies ist im
Banken- und Versicherungsbereich üblich, beispielsweise bei den Risiken
von Aktieninvestitionen oder Zinsrisiken. Die nicht spezialisierten Unternehmen betreiben Risikomanagement gewöhnlich mit einer kleineren Zahl
eher heterogener Risiken. Für diese kann der Korrelationskoeffizient r
meist nicht aus verfügbaren Daten numerisch bestimmt werden, sondern
muss – wie auch die Standardabweichungen der Risiken – **subjektiv geschätzt** werden. Diese groben Schätzungen können nicht statistisch verifiziert werden und weisen nur auf die erfreulichen oder unerfreulichen Konsequenzen der Risikokopplung hin. Eine Einschätzung des Gesamtrisikos
eines Unternehmens folgt aus der Summe der Varianzen und Kovarianzen
der Risiken eines Risikoportfolios. Abschätzungen der Kovarianzen ergeben sich aus dem Produkt der subjektiv geschätzten Korrelationen mit den
subjektiv geschätzten Standardabweichungen. Sie können sowohl zur Erhöhung als auch zur Verringerung der Standardabweichung des Gesamt-

risikos führen. Diese Abschätzung ist auf der Basis subjektiver Daten aber immer noch besser als die Risikokopplung gänzlich ausser Acht zu lassen. Dementsprechend werden in der Tabelle 4.1. verbale Korrelationsbegriffe mit den numerischen Koeffizienten und den ordinalen Codes (++++) bis (− − − −) in Zusammenhang gebracht.

Tabelle 4.1. Korrelationskoeffizienten

	Korrelation positiv				nicht	Korrelation negativ			
verbal	sehr stark	stark	etwas	wenig		wenig	etwas	stark	sehr stark
Koeffizient	0.75 bis 1.00	0.50 bis 0.75	0.25 bis 0.50	0 bis 0.25	0	0 bis − 0.25	− 0.25 bis − 0.50	− 0.50 bis − 0.75	− 0.75 bis − 1.00
Symbol	(++++)	(+++)	(++)	(+)	0	(−)	(− −)	(− − −)	(− − − −)

In Tabelle 4.2. ist die Korrelationsmatrix von N Risiken gezeigt. Die Häufigkeit oder Höhe jedes Risikos ist natürlich perfekt mit sich selbst korreliert, da $r_{11} = r_{22} = \dots r_{NN} = 1$. Wenn in Tabelle 4.2. Risiko X_1 eintritt, ist es auch recht wahrscheinlich, dass die Risiken X_2 und X_N eintreten. Dahingegen ist es eher unwahrscheinlich, dass Risiko X_N eintritt, wenn X_2 eingetreten ist. Korrelationskoeffizienten im Bereich $- 0.25 \le r \le 0.25$ werden bei Korrelationsbetrachtungen meist vernachlässigt.

Tabelle 4.2. Korrelationsstrukturen

	X_1	X_2	...	...	X_N
X_1	1	0.6	...	− 0.1	0.7
X_2	0.6	1	...	0.2	− 0.4
...	...	...	...	...	...
...	− 0.1	0.2	...	1	0.2
X_N	0.7	− 0.4	...	0.2	1

	X_1	X_2	...	......	X_N
X_1	+ + + +	+ + +	...	−	+++
X_2	+ + +	+ + + +	...	+	−
...	...	...	...	...	...
...	−	+	...	+ + + +	+
X_N	+ + +	−	...	+	+ + + +

Risiken X_1 können in der Zeit auch **autokorreliert** sein, was bedeutet, dass Risiken X_1 zu Zeiten t und $t-\tau$ mit sich selber korreliert sind. Dies gilt sowohl für die Risikohäufigkeit als auch für die Risikohöhe. So ist bei positiver Autokorrelation der Risikohöhen die Wahrscheinlichkeit gross, dass auf einen grossen Schaden in $t-\tau$ wieder ein grosser Schaden in t folgt. In Tabelle 4.3. sind die Autokorrelationskoeffizienten für N Risiken für die Zeiten t und $t-\tau$ angegeben. Dabei ist $\tau = 1, 2, \ldots, T$. Die Korrelationen können wieder nach Tabelle 4.1. interpretiert werden.

Risiko X_1 sei beispielsweise der Stand der Wertberichtigungen auf Forderungen eines Unternehmens in verschiedenen Jahren: Da schlecht zahlende Kunden oft einige Jahre benötigen, bis sie sich wieder finanziell erholt haben, folgt eine starke positive Autokorrelation des Standes der zwar wertberichtigten, aber noch nicht gänzlich verlorenen Forderungen.

Tabelle 4.3. Autokorrelation

τ (Jahre)	1	2	3	4	...	T
X_1	0.9	0.8	0.6	0.3	...	− 0.1
X_2	0.3	0.2	− 0.2	0	...	0.2
...	0.4	...	...	...	...	− 0.2
...	− 0.2	0.2	...	0	...	0.1
X_N	0.8	0	− 0.5	0.2	...	− 0.1

Kausale Bedeutung der Korrelationen

Korrelationskoeffizienten informieren über die Stärke von Zusammenhängen zwischen zwei oder mehreren Variablen oder Risiken und determinieren somit auch Risikovorhersagen.

Für die Risikoidentifikation können sich hinter den ermittelten oder geschätzten Korrelationskoeffizienten qualitativ und quantitativ sehr unterschiedliche kausale Wirkungen verbergen. Es werden sechs Arten von Zusammenhängen unterschieden, die jeweils zu einer hohen Korrelation zwischen X_1 und X_2 führen können (vgl. Abb. 4.5.):

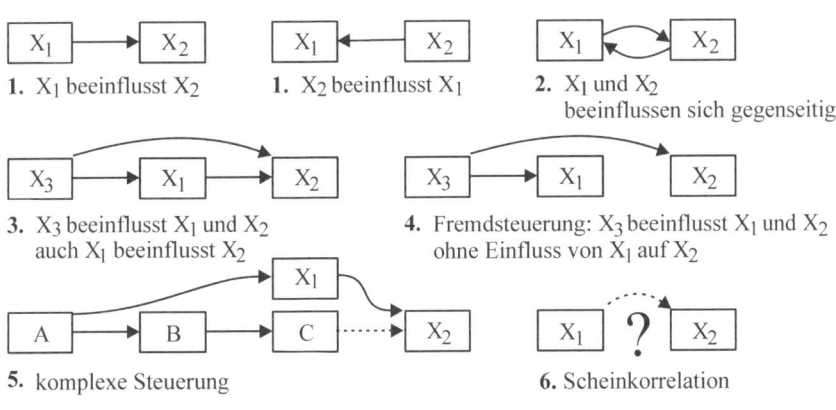

1. X_1 beeinflusst X_2 1. X_2 beeinflusst X_1 2. X_1 und X_2 beeinflussen sich gegenseitig

3. X_3 beeinflusst X_1 und X_2 auch X_1 beeinflusst X_2 4. Fremdsteuerung: X_3 beeinflusst X_1 und X_2 ohne Einfluss von X_1 auf X_2

5. komplexe Steuerung   6. Scheinkorrelation

Abb. 4.5. Kausale Wirkungen

1. **Einseitige Abhängigkeit**: Hohe Werte von X_1 entsprechen auch hohen (niedrigen) Werten von X_2 und umgekehrt. Dies wird als positiver (negativer) Einfluss von X_1 auf X_2 bzw. von X_2 auf X_1 verstanden. In der Praxis des Risikomanagements können solche einseitigen Abhängigkeiten oft identifiziert werden.

2. **Gegenseitige Abhängigkeit**: Derselbe Korrelationskoeffizient kann sich ergeben, wenn sich X_1 und X_2 gegenseitig kausal beeinflussen. Dieser Fall ist praktisch und statistisch schwieriger zu identifizieren und zu schätzen.

3. Sowohl X_1 als auch X_2 werden von einer dritten Grösse X_3 beeinflusst. Gleichzeitig beeinflusst aber X_1 die Grösse X_2 (oder vice versa) auch direkt (**teilweise Beinflussung**).

4. Nur eine dritte Grösse X_3 beeinflusst X_1 und X_2 (**Fremdsteuerung**). Dieser Zusammenhang wird oft bei den aus der äusseren Umwelt der Unternehmen stammenden aggregierten Risiken und ihrem kausalen Einfluss auf die Einzelrisiken der Unternehmen gefunden.

5. Eine komplexe Kette von Variablen $A \rightarrow B \rightarrow C \ldots X_1 \rightarrow X_2$ beeinflusst X_1 und bzw. oder X_2 (**komplexe Steuerung**). Dieser Fall kann sowohl praktisch als auch statistisch häufig nicht richtig identifiziert werden.

6. **Unabhängigkeit**: Bestimmte Werte von X_1 treten unabhängig von den X_2-Werten auf und umgekehrt. Die Korrelation ist zufällig (Nonsens- oder Scheinkorrelation).

Bei Unternehmensrisiken liegt häufiger eine Fremdsteuerung vor: Ein Konjunktur- oder Branchenrisiko beeinflusst die Unternehmensrisiken zur selben Zeit im gleichen Sinne, was zu hohen Interkorrelationen der Einzelrisiken des Unternehmens führt. Sehr oft ist die Richtung der kausalen Effekte bei der Risikoidentifikation aber auch logisch offensichtlich: Die Zahl der Lastwagen in einer Fahrzeugflotte beeinflusst zusammen mit der Zahl der gefahrenen Kilometer die Zahl der Unfälle und nicht umgekehrt.

Kennzahlen und Indikatoren

Erwartungswerte und Varianzen von Chancen oder Risiken der Risikokategorien können z. T. über eine Divisionskalkulation vom Kollektiv auf die einzelnen risikotechnischen Einheiten verteilt werden. Die nachfolgend aufgeführten Kennzahlen (vgl. Helten 1994, S. 17, geändert) sind bezüglich versicherungstechnischer Einheiten definiert. Sie dienen der Beurteilung von Versicherungsrisiken in einer historischen Periode oder einer Planperiode und können unschwer an andere Risikosituationen angepasst werden.

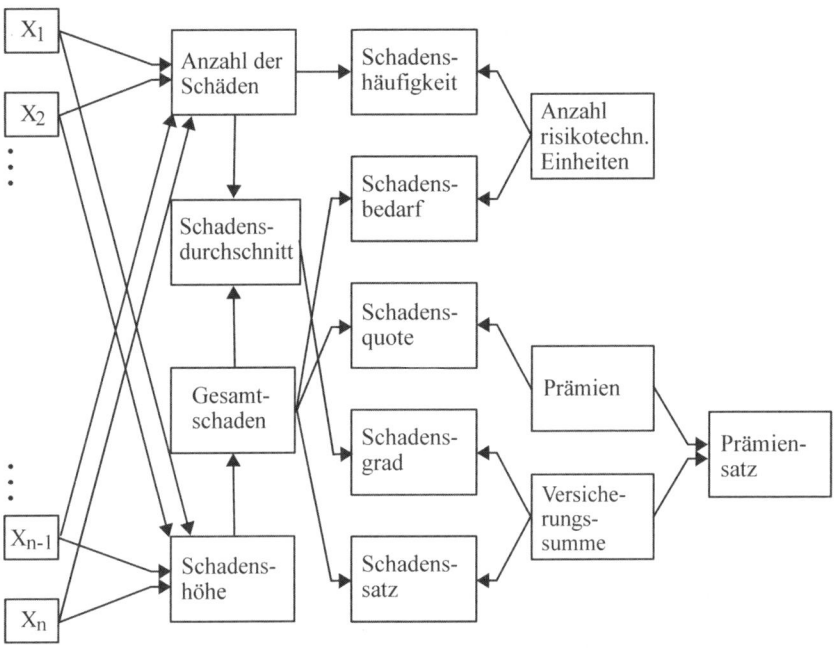

Risiken und Kennzahlen (Risiko ist hier gleich Schaden)

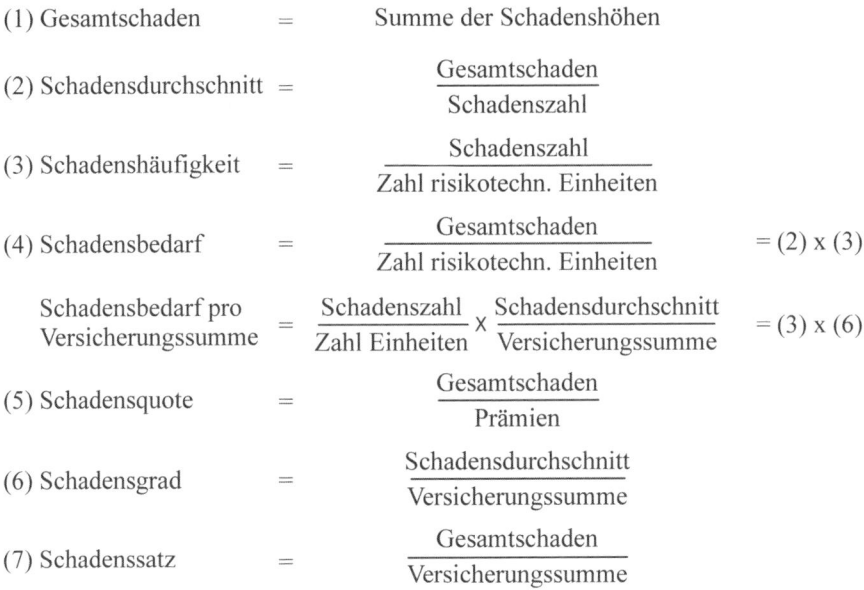

(1) Gesamtschaden   =   Summe der Schadenshöhen

$$(2)\ \text{Schadensdurchschnitt} = \frac{\text{Gesamtschaden}}{\text{Schadenszahl}}$$

$$(3)\ \text{Schadenshäufigkeit} = \frac{\text{Schadenszahl}}{\text{Zahl risikotechn. Einheiten}}$$

$$(4)\ \text{Schadensbedarf} = \frac{\text{Gesamtschaden}}{\text{Zahl risikotechn. Einheiten}} = (2) \times (3)$$

$$\text{Schadensbedarf pro Versicherungssumme} = \frac{\text{Schadenszahl}}{\text{Zahl Einheiten}} \times \frac{\text{Schadensdurchschnitt}}{\text{Versicherungssumme}} = (3) \times (6)$$

$$(5)\ \text{Schadensquote} = \frac{\text{Gesamtschaden}}{\text{Prämien}}$$

$$(6)\ \text{Schadensgrad} = \frac{\text{Schadensdurchschnitt}}{\text{Versicherungssumme}}$$

$$(7)\ \text{Schadenssatz} = \frac{\text{Gesamtschaden}}{\text{Versicherungssumme}}$$

Abb. 4.6. Verwendung von Kennzahlen für die Risikoidentifikation

Die Primärdaten Anzahl der Schäden und Schadenshöhe beziehen sich auf die in einer Periode registrierten, eingetretenen oder erwarteten Risiken. Demgemäss kann statt von Schaden auch allgemeiner von einem Risiko gesprochen werden.

Die vorstehende Abb. 4.6. gibt die Zusammenhänge zwischen den Kennzahlen wieder. Hierbei stellen X_1, X_2 ..., X_N die Einzelrisiken oder auch Kategorien bzw. Kollektive dar. Die Kennzahlen können sowohl als Indikatoren für ein Frühwarnsystem als auch zu Controllingzwecken für die Ursachenanalyse dienen.

Die Versicherungssumme in Abb. 4.6. entspricht der Summe der Geldbeträge, zu deren Zahlung das Versicherungsunternehmen nach Vertragslage maximal verpflichtet sein könnte. Die Summe der Prämien entspricht den finanziellen Mitteln, die unmittelbar für eine Regulierung der Risiken eingenommen werden. Der Prämiensatz ist das Verhältnis von Versicherungssumme und der Summe der Prämieneinnahmen.

Ermittlung und Identifikation der Risikoursachen

Unter der Ermittlung der Risikoursachen versteht man zunächst eine mehr qualitative **Kausalanalyse**. Sie soll beobachtete oder drohende Zielabweichungen auf ihre Ursachen zurückführen und erklären. Man unterscheidet bei dieser Analyse die so genannte **progressive** oder **induktive Methode** („*What If*") von der **retrograden** oder **deduktiven Methode** („*What to do to achieve*").

Bei der progressiven Methode wird, ausgehend von den Einzelursachen, die Kausalkette bis zu den Zielabweichungen stufenweise hergeleitet. Bei der retrograden Methode wird eine als Risiko erkannte Zielabweichung stufenweise rückwärts auf ihre Ursachen zurückgeführt (vgl. Rosenkranz 1979, S. 35-38; Rosenkranz 1999, S. 42-43; Wolf u. Runzheimer 2003, S. 43). Beide Methoden haben ihre Vor- und Nachteile.

Bei der progressiven Methode werden die als Risikoursachen erkannten Risikogrössen stufenweise verdichtet und aggregiert, bis man das Niveau der Zielabweichungen erreicht. Diese „*Bottom Up*"-Methode birgt die Gefahr in sich, dass die Identifikation der Kausalitäten zu detailliert erfolgt. Die in Abb. 4.7. dargestellte ROI-Analyse ist ein gutes Beispiel für die progressive Analyse.

Die Abbildung zeigt, wie eine Zielabweichung des **R**eturn **o**n **I**nvestment (ROI) entstehen kann: Entweder durch Risiken in der Erfolgsrechnung oder in der Bilanz eines Unternehmens. Ein Umsatzrisiko entspricht einem **Marktrisiko**.

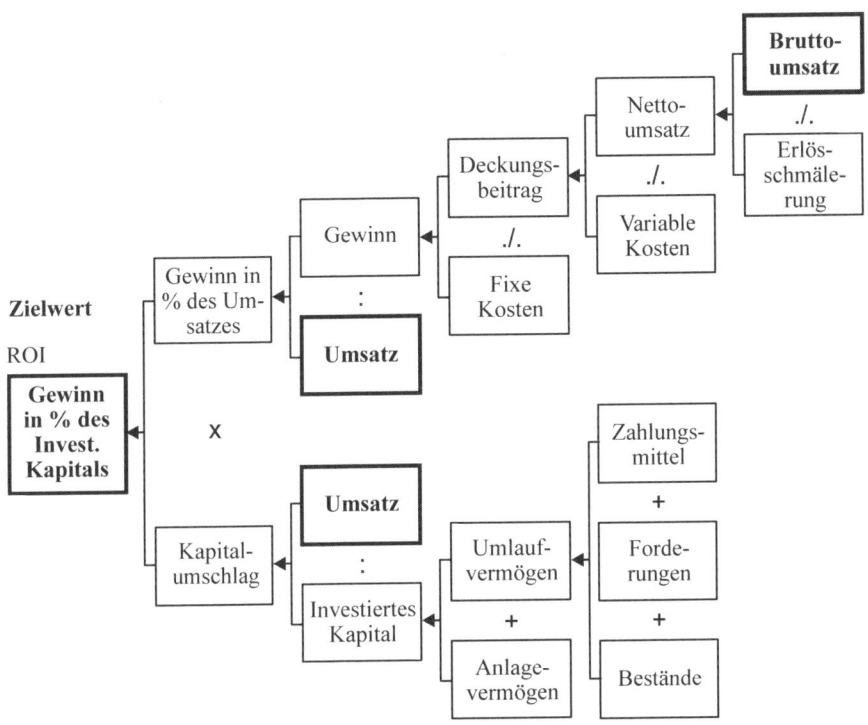

Abb. 4.7. Progressive Methode der Risikoidentifikation

Der Kausalbaum in Abb. 4.7. zeigt, wie Gewinnabweichungen sowohl auf die Umsatzrentabilität als auch auf den Kapitalumschlag und damit auf den Ziel-ROI durchschlagen. Ein Kostenrisiko ist ein **Leistungsrisiko,** wenn sich die variablen Kosten für Roh-, Hilfs- und Betriebsstoffe überproportional mit dem Umsatz entwickeln, etwa wenn es zu Lieferengpässen oder zu ineffizienten Produktionsprozessen kommt. Ein Kostenrisiko ist ein **Kostenstrukturrisiko,** wenn die Fixkosten bei einer rückläufigen Umsatzentwicklung nicht oder zu langsam angepasst werden. In beiden Fällen entsteht eine Zielabweichung des ROI. Ein **Finanzstrukturrisiko** liegt vor, wenn der Eigenkapitalanteil an der Bilanzsumme im Vergleich zum Fremdkapital oder zum Anlagevermögen zu klein ist und hohe Fremdkapitalzinsen, hier unter fixe Kosten enthalten, den ROI reduzieren (vgl. Gleissner u. Füser 2003, S. 188-194). Über eine deterministische **Sensitivitätsanalyse** können bekannte Abweichungen der Variablen des Kausalbaumes in Bezug auf Abweichungen des ROI von den geplanten Werten geprüft werden. Dies kann unter der Annahme von zufälligen Verteilungen für die fraglichen Variablen auch über eine stochastische **Monte-Carlo-Analyse** erfolgen.

Die **retrograde** oder deduktive **Methode** gibt die Risikoursachen nicht vor, sondern ermittelt sie rückwärts, sozusagen gegen die Richtung der angenommenen kausalen Wirkungen. Die Analyse ist insbesondere auch aus der Qualitätsanalyse und -kontrolle als **Fehlerbaum-Analyse** bekannt (Hartung 1999, S. 765-769; Peters u. Meyna 1988, S. 305-317; Eisenführ u. Weber 2003, S. 20-29). Ihre Schwächen sind, dass bei der *„Top Down"*-Betrachtung nur offensichtliche und eng verknüpfte Kausalketten in die Risikoüberlegungen einfliessen und wichtige Risikoeffekte dabei möglicherweise übersehen werden. Zudem können Risikoeffekte in den einzelnen Ästen der Fehlerbäume nichtlinear gekoppelt sein, was sich nur unter grossen Schwierigkeiten darstellen lässt.

Beispiel: In Abb. 4.8. ist das Ertragsrisiko eines Unternehmens zunächst in ein Umsatz- und ein Kostenrisiko zerlegt. Diese Risiken sind durch eine **logische (inklusive) ODER-Bedingung (OR)** verknüpft. Ein Ertragsrisiko kann sich also aus einem Umsatzrisiko, einem Kostenrisiko oder beiden Risiken zugleich ergeben, was bei einer **logisch exklusiven ODER-Bedingung** nicht möglich wäre. Das Kostenrisiko kann aus einem Risiko bei den variablen Kosten oder bei den fixen Kosten oder von beidem herrühren. Das Umsatzrisiko wird in ein Preis- und ein Absatzrisiko oder eine Kombination beider Risiken disaggregiert. In einem linearen Fehlerbaum sind diese Risiken nicht korreliert. Unterstellt man aber eine bekannte oder unbekannte Preis-Absatzfunktion, sind die Äste des Baums allerdings – wie angedeutet – gekoppelt.

Das Absatzrisiko wird im Beispiel in die alternativen Risiken *„Absatzmenge nicht lieferbar"* oder *„Absatzmenge nicht absetzbar"* zerlegt. Die logische Verküpfung wird durch eine exklusiv Oder- bzw. **XOR-Bedingung** beschrieben. D.h. es kann nicht gleichzeitig vorkommen, dass verlangte Absatzmengen nicht beschaffbar und bereitgestellte Mengen nicht absetzbar sind. Die fehlende Absetzbarkeit kann durch die mangelnde Qualität **und** die Veralterung der Produkte verursacht sein (logische **AND-Bedingung**). Bei dieser logischen Bedingung können die bereitgestellten Mengen also nur dann nicht abgesetzt werden, wenn die Qualität mangelhaft ist und die Produkte gleichzeitig veraltet sind.

Falls Schätzwerte für die bedingten Wahrscheinlichkeiten der entsprechenden Risikoereignisse vorliegen, kann die totale Wahrscheinlichkeit für ein Ertragsrisiko aus diesen Schätzwerten über den Additions- und Multiplikationssatz der Wahrscheinlichkeitslehre errechnet werden. Die für die retrograde Analyse gefundene Baumstruktur lässt sich – wie das vorherige ROI-Beispiel – leicht stochastisch simulieren. Hier bereitet dann auch die Berücksichtigung einer Preis-Absatzfunktion keine grossen Schwierigkeiten.

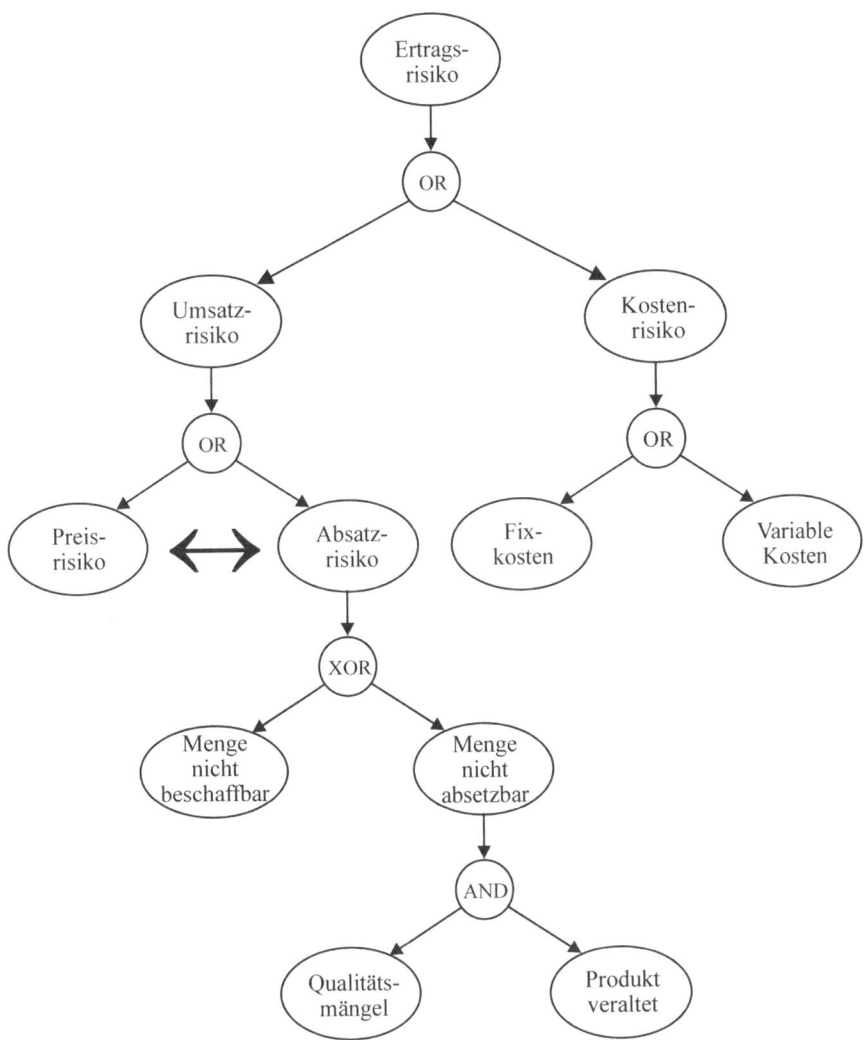

Abb. 4.8. Beispiel einer retrograden Fehlerbaum-Analyse

Art der kausalen Effekte

In den Abb. 4.1., 4.7. sowie 4.8. wurde unterstellt, dass sich die kausale Verbindung zwischen den Risikoursachen, bezeichnet mit X_i, und ihren Auswirkungen stufenweise rekursiv über Baumstrukturen oder azyklische Kausalgraphen aufbauen lassen. Selbst bei einer grossen Zahl ähnlicher Risiken – wie man sie etwa im Banken- und Versicherungsbereich findet – gilt allerdings, dass es bei genügend detaillierter Betrachtung keine zwei gleichen Risiken gibt. Im Kundensegment der mittelständischen Maschinenbaufirmen in der Schweiz liegt jedes Kreditrisiko anders: Einmal meint man, dass das Management optimistisch und leichtsinnig ist. Im nächsten Fall ist die Eigenkapitalausstattung gering, aber das Management wird als tüchtig eingeschätzt. Im dritten Fall hat das Unternehmen eine hohe Umsatzrendite, aber die leitenden Gründerfamilien streiten sich erbittert usw. Es stellt sich angesichts dieser Vielfalt immer die Frage nach den **wesentlichen** und **unwesentlichen Kausalfaktoren**. Häufig kann erst im Prozessschritt der Risikoanalyse und -bewertung – etwa durch Anwendung einer statistischen Technik wie der Diskriminanzanalyse – herausgefunden werden, welche Faktoren für eine Segmentierung wichtig sind. Der Prozess der Identifikation ist in dieser Situation also immer mit groben Vereinfachungen und Kategorienbildungen verbunden. In Abb. 4.9. ist mit lediglich zwei Verdichtungsstufen dargestellt, wie sich das Gesamtrisiko $G(S, N(t))$ kausal aus den Einzelrisiken X_i, verdichteten Risikogrössen oder *Tarifmerkmalen* Y_i sowie der Risikohöhe S und Risikohäufigkeit $N(t)$ ergibt (vgl. Kapitel 3. 9 und Helten 1994, S. 11-13).

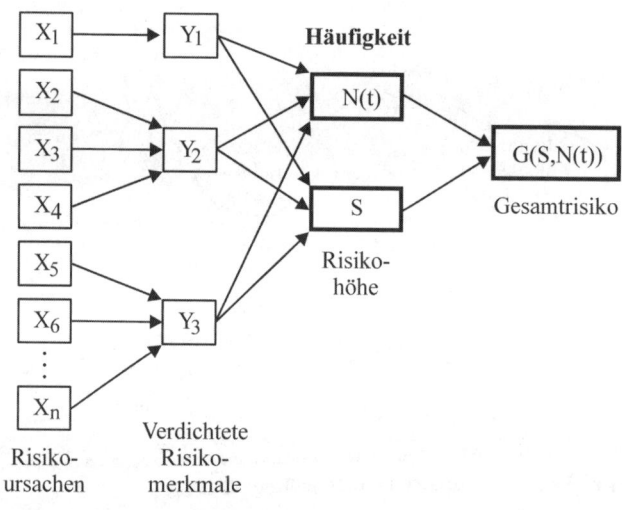

Abb. 4.9. Schematische Entstehung des Gesamtrisikos

Beispiel: Bei der Kreditvergabe an mehrere hundert mittelständische Firmen i = 1, 2, …, n des Maschinenbaus stellt eine Bank fest, dass von zehn möglichen Rating-Kriterien insbesondere die Eigenkapitalausstattung Y_1, die Kapitalrentabilität Y_2 und die subjektiv beurteilte Qualität des Managements Y_3 für die Höhen und Häufigkeiten der Kreditrisiken massgeblich sind. Es wird angenommen, dass mögliche andere Faktoren einen nur zufälligen oder unsystematischen Einfluss auf das Gesamtrisiko $G(S, N(t))$

haben. Die Bank bestimmt ihre Kreditkonditionen über die verdichteten Risikomerkmale Y_1, Y_2 und Y_3 unter Verwendung eines Scoring-Modells.

Allgemeiner ist die folgende Betrachtung: Risiken können zufällig entstehen oder kausal durch entweder deterministische oder zufällig variierende Risikofaktoren verursacht werden. Es ist zweckmässig, die bei der Identifikation und Beschreibung vorkommenden Risikoursachen oder Variablen nach **exogenen (X)** und **endogenen Variablen** oder **Faktoren (Y)** sowie nach **Zufallsvariablen (U)** und **Entscheidungsvariablen (Θ)** zu unterscheiden (vektorielle bzw. mehrdimensionale Schreibweise mit unterstrichenen Grossbuchstaben, vgl. Abb. 4.10.).

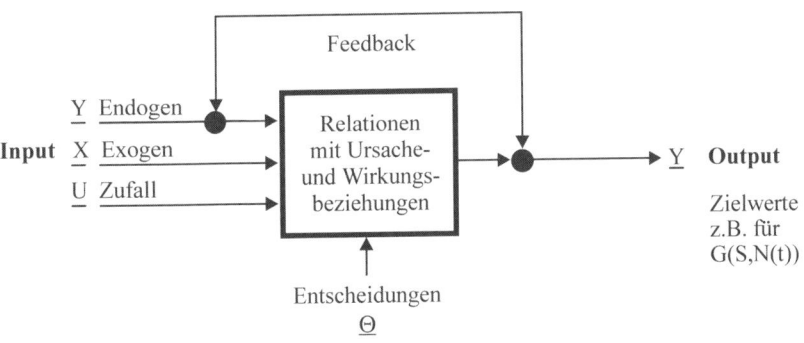

Abb. 4.10. Variablen in einer Ursache- und Wirkungsbeziehung

Bei dieser Darstellung wird also auch der Einfluss unternehmerischer Entscheidungen – so etwa der Massnahmen der Risikosteuerung – auf den Output des Systems von Ursachen und Wirkungen mit einer Zielgrösse

$$Y_Z = G(S, N(t))$$

berücksichtigt. Zudem berücksichtigt die Darstellung auch gegenseitige Beeinflussungen von Risikoursachen oder -variablen. Relationen zwischen den Variablen können **deterministisch** sein und in der Form von Gleichungen, die die Variablen miteinander verketten, beschrieben werden.

Es ist dann etwa

$$\underline{Y} = \underline{f}(\underline{Y}, \underline{X}, \underline{\Theta}, \underline{U}) \quad N(t) = g(\underline{Y}) \quad S = h(\underline{Y}) .$$

Die Outputvariablen $\underline{Y} = (Y_1, Y_2, Y_3, ..., Y_Z)$ sind auf beiden Seiten der Gleichung enthalten. Dies kann auf der rechten Seite entfallen, wenn die Beziehungen explizit nach den Risiken $\underline{Y}$ aufgelöst werden können. Falls die Beziehungen nur in impliziter Form angegeben werden können oder wenn die $\underline{Y}$ zeitabhängig sind und mit den Gleichungen einer zeitlichen Rückkopplung Rechnung getragen wird, ergibt sich eine komplexere Darstellung der Risiken. Die endogenen Variablen $\underline{Y}$ sind auch Input in einem Gleichungssystem zur Beschreibung der Risiken, wenn zeitlich Anfangswerte oder historische Werte für die Bestimmung der Lösungen $\underline{Y}$ erforderlich sind. Die beschriebenen Beziehungen zwischen Ursachen und Wirkungen sind deterministisch, die Beschreibung kann jedoch auch Zufallsvariablen $\underline{U}$ enthalten, die zu stochastischen Outputvariablen führen. Man nennt eine solche Beziehung auch eine hybride Beziehung. Typischerweise kommen statistische Verfahren wie die **Regressionsanalyse** oder die **Diskriminanzanalyse** zur Schätzung der Relationen zum Einsatz (vgl. Kapitel 5.2). Die in den Abb. 4.1., 4.7. sowie 4.8. dargestellten Kausalitäten werden mit deterministischen Relationen meist in der Form eines Gleichungs- oder Ungleichungssystems analytisch beschrieben.

Die Relationen oder Beziehungen zwischen diesen Variablen können auch **nicht deterministisch** sein und die Variablen nur stochastisch oder unscharf (fuzzy) in eine Ursache- und Wirkungsbeziehung bringen.

Beispiele sind Beziehungen, wie sie etwa durch **multivariate Methoden**, wie die Faktoranalyse und die Clusteranalyse oder durch Methoden der unscharfen Mathematik und auch **neuronale Netze** analysiert werden (vgl. Kapitel 5.2).

4.3 Umweltanalysen, SWOT-Analysen

In Abb. 1.4. und Tab. 1.1. wurden Umweltfaktoren (extern und intern) und Märkte sowie typische Risiken der Unternehmen dargestellt. Sie bilden die Planungskategorien für die strategische Planung und die Risikoanalyse eines Unternehmens. Der strategische Planungsprozess von Unternehmen enthält heute meist verschiedene Schritte, die von den Organisationseinheiten der Unternehmen sequentiell oder auch parallel ausgeführt werden (vgl. Hahn u. Taylor 1999). Dabei ist den Gesichtspunkten des Risikomanagements besonders Rechnung zu tragen.

Diese Schritte sind im Wesentlichen:

1. Festlegung und Beschreibung des **Unternehmenszwecks** sowie der Geschäftstätigkeiten und Geschäftsfelder eines Unternehmens. Damit verbunden ist die Definition der wesentlichen Ziele, wie z.B. Wachstumsrate, Gewinn, Rentabilität, F&E-Zielrichtungen und -Aufwendungen.

2. Dokumentation der **Geschäftsidee** aus Kundensicht, z. B. *„Wir sind ein Unternehmen des Maschinenbaus, das weltweit die Marktführerschaft beim Bau und Vertrieb von Schiffsmotoren mit Dieselantrieb anstrebt.*

Wir konzentrieren uns auf qualitativ hochwertige Erzeugnisse, die wir weltweit vertreiben. Kurze Durchlaufzeiten in der Fertigung und die Vor-Ort-Beratung unserer Kunden sind unser Geschäftsprinzip".

3. Beschreibung des **gegenwärtigen Zustandes und der geltenden Ziele**: In diesem Schritt beschreibt das Unternehmen seine gegenwärtigen Geschäftsfelder (GF) und die jeweilige – auch finanzielle – Performance in den letzten Jahren (vgl. Tabelle 4.4.).

Tabelle 4.4. Darstellung des gegenwärtigen Zustandes

Land	GF_1	GF_2	...	GF_N	Total
CH	5	10	...	2	40
D	10	40	...	6	200
USA	15	: Umsatz/Absatz	:	:	150
F	4	: Umsatzzuwachs	:	:	50
GB	4	: Gewinn	:	:	40
:	:	: Zielabweichung etc. :	:	:
Total	80	180	...	30	1200
% Marktanteil	15	20	...	25	

Die beobachteten Zielabweichungen werden kenntlich gemacht und nach ihren Ursachen aufgelöst (retrograde Analyse). Auch die mit den gegenwärtigen Aktivitäten verbundenen Chancen und Risiken werden dokumentiert. Bestehende Risiken werden nach Bereich, Geschäftsfeld oder Organisationseinheit sowie nach Höhe, Frequenz und Bedeutung für das Unternehmen dargestellt. Einerseits wird die Korrelationsstruktur der Risiken hervorgehoben, andererseits folgt eine Angabe der jeweils vorliegenden Entscheidungssituationen (vgl. Kapitel 3). Bestandsgefährdende Risiken müssen gesondert hervorgehoben werden. Insbesondere wird auch auf die geltende *„Risikotoleranz"* des Unternehmens Bezug genommen. Dies bedeutet, dass die geltenden quantitativen und qualitativen Grenzen für mögliche Risikoengagements hervorgehoben werden.

4. Im nächsten Schritt erfolgt eine **Beschreibung der Märkte**, in denen das Unternehmen tätig ist sowie der Umweltfaktoren, die dabei zu beachten sind. Hierzu gehört eine Beschreibung des gegenwärtigen Marktzustandes, der **Markt- und Umwelttrends**, sowie eine Unterteilung des Marktes oder der Faktoren nach Kundensegmenten oder Kategorien. Diese Analyse beinhaltet auch eine Angabe der für die Märkte als besonders wichtig erachteten kritischen **Erfolgsfaktoren** (z.B. Preis, On-time-Delivery, Flexibilität) und der **exogenen Risiken** (z.B. technologischer Wandel, hohe Austrittsschwellen, Verlagerungen).

5. Im fünften Schritt des Planungsprozesses wird die **Wettbewerbssitua-tion** des Unternehmens in den verschiedenen Geschäftsfeldern be-schrieben. Die Hauptwettbewerber werden identifiziert und die Art der Konkurrenz (z. B. Preis- oder Qualitätskonkurrenz) wird charakterisiert. Dabei werden die Stärken und Schwächen der Hauptwettbewerber im Vergleich zum eigenen Unternehmen herausgearbeitet. Dies erfolgt aus Kundensicht, d.h. es wird diskutiert, welche **Wettbewerbsfaktoren** für die Kaufentscheidungen der Kunden besonders wichtig sind und wie stark oder schwach die einzelnen Konkurrenten in Bezug auf die Wett-bewerbsfaktoren und den Geschäftserfolg sind. An dieser Stelle wird auch die Art der **Entscheidungssituation** charakterisiert, in der sich das Unternehmen in den verschiedenen Geschäftsfeldern befindet (vgl. Kapitel 3 mit Sicherheitssituation, Risikosituation, Ungewissheitssitua-tion, Unschärfe- und Spielsituation). Auch die in einer gegebenen Ent-scheidungssituation möglichen Strategien bzw. Aktionen des Unter-nehmens werden dargestellt.

6. Auf der Analyse der Märkte und der Wettbewerbssituation aufbauend, folgt nun die **SWOT-Analyse.** Sie beschäftigt sich mit der Erfassung der Stärken (Strenghts) und Schwächen (Weaknesses) des eigenen Unter-nehmens aus interner Sicht sowie der Chancen (**O**pportunities) und Risi-ken (**T**hreats) aus Markt- oder Kundensicht (vgl. Tabelle 4.5.). Hierbei wird wieder auf die konkrete Entscheidungssituation Bezug genommen.

Tabelle 4.5. Matrix SWOT-Analyse

Interne Sicht	**Stärken**	**Schwächen**
Erfolgsfaktoren	**sollen aufgebaut werden,**	**sollen eliminiert werden,**
Geschäfts-prozesse	sind z.B.	sind z.B.
	• Regionaler Vertrieb	• Reklamationsrate
	• Rentabilität	• Ausbildung Mitarbeiter
	• Niedrige Stückkosten	• Konzentration Kunden und Lieferanten
Externe Sicht	**Chancen**	**Risiken**
Umweltzustände	**sollen wahrgenommen werden,**	**sollen vermieden werden,**
Entscheidungs-situation	sind z.B.	sind z.B.
	• Know-how neue Geschäftsfelder	• Währungs- und Zinsrisiken
	• Übernahme Konkurrent	• Veraltete Technologie
	• Absatzsteigerung	• Umweltverträglichkeit

Die Stärken und Schwächen bzw. die Chancen und Risiken können so-wohl strategischer als auch operativer Natur sein. In Tabelle 4.6. sind Beispiele für Risiken in den Bereichen Beschaffung, Produktion und Absatz angegeben.

Tabelle. 4.6. Risiken nach Umweltbereich und Planungsart
(vgl. Nücke u. Feinendegen 1998, S. 20)

Strategische Ziele	*Risiken*	*Operative Ziele*	*Risiken*
Beschaffung			
Versorgungssicherheit (z.B. langfr. Verträge)	Dauerh. mangelndes Angebot, Rechtrisiken	Preisstabilität	Kurzfristige Preisschwankungen
Lieferantenunabhängigkeit/Risikostreuung	Konzentration auf Anbieterseite	Wirtschaftlichkeit	Effizienzlücken
Kostenreduktion (intern / extern)	Schwächen der Ablauforganisation/ Marktpreisentwicklung	Versorgungssicherheit (richtige Menge, Zeit, Qualität, Ort)	Engpässe, Konkurse bei Lieferanten, kurzfristige Bedarfsänderung, Liquidität
Qualitäts- und Leistungsverbesserung (intern/extern)	Prozessschwächen/ Materialqualität der Lieferanten		
Flexibilität	Lieferengpässe, Lieferantenkonzentration		
Sicherung der Reputation (Zahlungsmoral)	Dauerhafte Liquiditätsprobleme		
Produktion			
Kostenführerschaft	Wertmäss. Beschaffungsrisiken (Beschaffungspreisanstieg, der nicht an Kd. weitergegeben werden kann)	Realisierung des Produktionsprogramms (Qualität, Menge, Zeit, Ort)	Prozessschwächen (z.B. Logistik), Beschaffungsrisiken (z.B. Faktoreigenschaften)
Leistungsoptimierung	Qualitative Beschaffungsrisiken (Engpässe, Qualität der Inputstoffe)	Wirtschaftlichkeit, Produktivität, hohe Deckungsbeiträge, niedrige Leerzeiten, hohe Kapazitätsauslastung	Beschaffungsrisiken, Ineffizienzen, Anpassungsfähigkeit der Kapazität
Absatz			
Langfristig stabile, wachsende Umsatzentwicklung	Wechselnde Kundenbedürfnisse	Erzielen des geplanten Umsatzes/Periode	Kundenverlust, Preisschwankungen, Produktions- und Beschaffungsrisiken
Hoher Marktanteil	Neue Wettbewerber, Substitute	Niedrige Reklamationsraten	Produktionsrisiken, Schwächen bei der Qualitätskontrolle
Gewinnung neuer Kunden	Wechselnde Kundenbedürfnisse und Modetrends, veraltete Technologien	Pünktliche Vereinnahmung der Umsatzerlöse	Zahlungsfähigkeit/ -moral der Kunden, Schwächen im Fakturierprozess

7. Nun werden die vom Unternehmen auf den einzelnen Geschäftsfeldern zu befolgenden **Strategien, Aktionen** und **Entscheidungen** beschrieben und die Durchführung konkret ausgearbeitet (z. B. Anstreben der Kostenführerschaft, Preisstrategie, Konzentrations- oder Diversifikationsstrategie, Stärkung der Kapitalbasis). Hierbei wird explizit auf die Struktur der Entscheidungssituation Bezug genommen.

8. Der nachfolgende **Aktionsplan** legt fest, welche Einzelmassnahmen von wem bis wann zur Erreichung sowohl der strategischen als auch der operativen Ziele realisiert werden müssen.

9. Das Resultat des Planungsprozesses wird in einem **Finanzplan** festgehalten.

4.4 Frühwarnsysteme, Balanced Scorecard, Checklisten

Wie die SWOT-Analyse dienen auch die nachfolgend skizzierten Methoden der Risikoidentifikation sowohl der Erfassung von Chancen als auch von Gefahren. Die Methoden können als Teil der strategischen Planung auch ohne Schwierigkeiten in die im letzten Abschnitt beschriebene SWOT-Analyse integriert werden.

Frühwarnsysteme

Frühwarnsysteme sind Informationssysteme der Unternehmen, die mögliche Gefährdungen und Veränderungen mit *zeitlichem Vorlauf* anzeigen. Damit sollen die Benutzer frühzeitig in den Stand versetzt werden, geeignete Gegenmassnahmen zur Abwehr oder zur Milderung von Gefährdungen bzw. Massnahmen zur Nutzung der sich bietenden Chancen zu ergreifen.

Man unterscheidet strategische und operative, gesamtunternehmensbezogene, bereichsbezogene und computergestützte Frühwarnsysteme sowie Systeme, die aus unternehmensinterner bzw. aus unternehmensexterner Sicht arbeiten (vgl. Hahn 1979, S. 28-31). Zudem wurde in Kapitel 2.4 bereits die Unterscheidung nach Frühwarnsystemen

der 1. Generation (kurzfristig orientierte Informationssysteme),
der 2. Generation (Indikatorkataloge) und
der 3. Generation (Strategisches Radar) getroffen.

Frühwarnsysteme werden immer spezifisch auf die jeweilige Unternehmenssituation abgestimmt. Bei ihrer Entwicklung kann man die folgenden fünf Schritte unterscheiden:

1. **Ermittlung der Beobachtungsbereiche** für die Erkennung von Gefährdungen und Chancen: In diesem Entwicklungsschritt werden die Sachbereiche, Themen und Bezugspunkte des Frühwarnsystems festgelegt. Sehr wesentlich erfolgt dies in Anlehnung an die Unternehmensziele. Welche Bereiche beeinflussen die Ziele des Unternehmens besonders? Liegen Sie innerhalb oder ausserhalb des Unternehmens? Sind potenzielle Gefahren und Chancen bereits strukturierbar oder gar schon sichtbar? Unternehmensinterne Beobachtungsbereiche sind z. B. Produktprogramme oder kritische Funktionsbereiche im Unternehmen. Unternehmensexterne Bereiche können u.a. ganz bestimmte Märkte oder Technologiebereiche sein.

2. **Bestimmungen von Frühwarnindikatoren**, Frühwarngrössen oder Quellen von *schwachen Signalen* je Beobachtungsbereich: Wodurch können Gefährdungen bzw. Chancen der einzelnen Bereiche erkannt werden? Zu diesem Zweck werden wichtige und aussagekräftige Kenngrössen identifiziert oder entwickelt, an denen die für das Unternehmen wichtigen Veränderungen frühzeitig sichtbar werden. Die jeweiligen Grössen werden bereichsspezifisch und unternehmensspezifisch festgelegt. Die beiden nachfolgenden Tabellen 4.7. und 4.8. zeigen beispielhaft Frühwarnindikatoren der 2. Generation und Ansätze für schwache Signale, die verschiedene Umweltentwicklungen in Frühwarnsystemen der 3. Generation kennzeichnen (vgl. Gomez 1983, S. 17-20). In der Regel werden Frühwarngrössen verschiedener Generationen gemischt, damit der Frühwarncharakter des Systems möglichst breit angelegt ist.

Tabelle 4.7. Beispiele für Frühwarnindikatoren

Absatz:	Auftragseingangsquote
	Markterschliessungsgrad
	Marktanteil
	Kalkulationsabweichungen
	Preiselastizität
	Termintreue ...
Materialwirtschaft:	Beschaffungsquote
	Materialintensität
	Umschlagshäufigkeit
	Lagerdauer
	Lieferverzögerung ...
Produktion / Qualität / Wirtschaftlichkeit:	Produktivitäten
	Wirtschaftlichkeiten
	Beschäftigungsgrad
	Überstundenquote
	Fixkostenbelastung ...

Tabelle 4.8. Beispiele für Umweltentwicklungen,
die schwache Signale generieren können

- Trends im Welthandel (Protektionismus, Freihandel)
- Entwicklung von gemeinsamen Märkten
- Entwicklungstrends in den Entwicklungsländern
- Wachstumssättigung
- Entwicklungen der Währungsparitäten
- Ausprägungen der Wohlstandsgesellschaft
- Veränderung in der Altersstruktur der Kunden
- Konsumentenbewegungen
- Schrumpfende Produkt-Lebenszyklen
- Technologische Durchbrüche
- Strategische Überraschungen
- Verknappung von wichtigen Ressourcen
- Veränderte Machtverteilung im Unternehmen
- Veränderte Einstellung zur Arbeit

3. **Festlegung von Sollwerten und Toleranzen je Kenngrösse:** Da nicht jede kleine Änderung der Kenngrössen bereits zu Reaktionen oder Gegenmassnahmen führen muss, werden *Warnbereiche* bzw. *kritische Bereiche* (engl. *trigger level*) definiert. Besonders bei den schwachen Signalen sind jedoch auch eigene Einschätzungen und Beurteilungen der beobachteten Entwicklungen der Kenngrössen durch den Benutzer erforderlich, damit man eine unternehmensspezifische Interpretation der Signale erhält.

4. **Aufarbeiten der Frühwarninformationen**: Welche Personen bereiten die Frühwarninformationen im Sinne der Zielsetzung des Unternehmens auf? Frühwarnsysteme sind grundsätzlich Teil des Planungs- und Kontrollsystems und somit auch des Planungs- und Berichtssystems der Unternehmen. Das bedeutet aber nicht, dass nur die Unternehmensleitung zuständig ist. Besonders die strategisch arbeitenden Mitarbeiter in den Fachabteilungen bieten sich für die gezielte Aus- und Aufarbeitung von Frühwarninformationen an, da bei ihnen das spezifische Fachwissen gebündelt ist.

5. **Ausgestaltung der Informationskanäle**: In diesem Schritt wird geklärt, wie die gewünschten Frühwarninformationen gewonnen werden. Dazu gibt es sowohl standardisierte Kanäle, wie z. B. die Finanzbuchhaltung oder jährliche Marktuntersuchungen, als auch offene Kanäle, über die z. B. die Informationen für schwache Signale beschafft werden. Ein wirkungsvolles Frühwarnsystem erfordert auch dabei wieder die aktive und bewusste Mitarbeit der jeweils kompetenten Mitarbeiter. Es muss in diesem Zusammenhang auch sichergestellt werden, dass die

Frühwarninformationen der einzelnen Bereiche in der Organisation horizontal und vertikal sinnvoll kommuniziert und zusammengebracht werden. Nur dann ist eine ganzheitliche Auswertung möglich.

Frühwarnsysteme sind nur dann wirklich effizient, wenn die Informationen und Erkenntnisse aus ihnen sinnvoll aufgegriffen und weiterverarbeitet werden. Hierzu ist eine Unternehmenskultur notwendig, die den beteiligen Mitarbeitern besonders bei Frühwarnsystemen der 3. Generation auch eigene Entfaltungsräume zugesteht. Ein nur schematisches Abarbeiten von Indikatorlisten wird nicht den gewünschten Erfolg bei der Früherkennung von Unternehmensrisiken bringen.

Balanced Scorecard

Die Balanced Scorecard ist eine gezielte Erweiterung von Kennzahlen- und Frühwarnsystemen. Sie wurde Anfang der 90-iger Jahre zur wirkungsvolleren Messung von Leistungen der Unternehmen von Kaplan und Norton (1997, 2004) entwickelt.

Die Autoren stellten fest, dass die Stärken und Schwächen von amerikanischen Unternehmen vielfach nur über finanzielle Kennzahlen beurteilt wurden. Diese Art der Beurteilung wird insbesondere zukunftsorientierten Unternehmen nicht gerecht, aber auch bei anderen Unternehmen wird dadurch nicht beschrieben, wie in einem Unternehmen Werte kausal entstehen und gesteuert werden können. Kaplan und Norton identifizierten **vier Hauptperspektiven** für den Unternehmenserfolg, die

- finanzwirtschaftliche Perspektive,
- Kundenperspektive,
- interne Prozessperspektive (Geschäftsprozesse),
- Lern- und Entwicklungsperspektive (Mitarbeiter).

Es kann unschwer eine Vielzahl weiterer Perspektiven angegeben werden. Durch die ganzheitliche Betrachtung und strategische Ausrichtung der Balanced Scorecard werden nun neben finanziellen Ergebniszahlen auch Leistungstreiber zur Beurteilung der anderen Perspektiven identifiziert. Dadurch ergibt sich in der Regel ein ausgeglichenes Verhältnis von Frühindikatoren, die hauptsächlich die Mitarbeiter- und Prozessperspektive beschreiben, und Spätindikatoren, die primär der Finanz- und Kundenperspektive zuzuordnen sind (vgl. Fiedler 2003, S. 69-70).

Durch diesen Ansatz wird die Balanced Scorecard ein *„effektives und universelles Instrument für das Management zur konsequenten Ausrichtung der Aktionen"* eines Unternehmens *„auf ein gemeinsames Ziel"* (Friedag u. Schmidt 2002, S. 11).

Durch die Balanced Scorecard wird die Umsetzung von Strategien in Aktionen aktiv unterstützt. Abbildung 4.11. (Kaplan u. Norton 1997, S. 9) fasst das Wirkungsgefüge der verschiedenen Bestandteile der Balanced Scorecard zusammen.

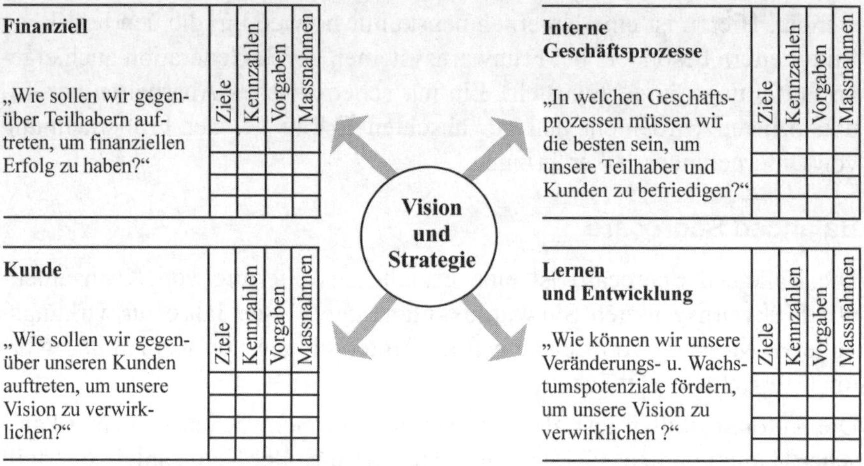

Abb. 4.11. Grundmodell der Balanced Scorecard

Bei der Erarbeitung und Umsetzung einer Balanced Scorecard unterscheidet man fünf Schritte (vgl. hierzu Friedag u. Schmidt 2000, S. 32-84 sowie Horváth & Partner 2000, S. 129-218):

1. **Zielfindung**: Das zentrale strategische Ziel bzw. das Leitziel und die Vision des Unternehmens werden formuliert.

2. **Entwicklung eines Handlungsrahmens**: Das Leitziel wird durch Subziele konkretisiert. Diese orientieren sich in der Regel direkt an den Perspektiven der Balanced Scorecard. Die Subziele werden so verknüpft und in **„Strategy Maps"** (Kaplan u. Norton 2004) dargestellt, dass ihre Abhängigkeiten sichtbar und die Ursachen- und Wirkungsbeziehungen zwischen den Kennzahlen herausgearbeitet werden können.

3. **Ideensammlung** für zielorientierte Aktionen und Kennzahlen: Nun stellt sich für jede Perspektive die Frage, mit welchen Aktionen die Subziele und somit das Leitziel zu erreichen sind. Sind die Aktionen konkretisiert, müssen geeignete Kennzahlen bestimmt werden, mit denen der Erfolg der Aktionen bezüglich der Ziele gemessen und überprüft werden kann. Für die Kennzahlen werden Ist-Werte ermittelt und Soll-Werte definiert.

4. **Einbinden der verantwortlichen Akteure**: Die Verantwortung für die Durchführung der strategischen Aktionen wird über ein Netzwerk von konkreten Einzelverantwortungen mit Personen verknüpft. Die Verantwortung für die Koordination, die Steuerung, die Umsetzung und die Kontrolle der Aktionen kann damit eindeutig zugeordnet werden. Deshalb ist auch eine Einbindung der Aktionsprojekte ins Berichtswesen angesagt.

5. **Lernprozess organisieren**: Da hier Visionen und Strategien umgesetzt werden sollen, zieht sich die Realisierung in der Regel über einen längeren Zeitraum hin. Veränderungen und Neuerungen im Unternehmen und seiner Umwelt werden deswegen stets berücksichtigt und in den Umsetzungsprozess integriert.

Beispiel: (Fiedler 2003, S. 70-71) Die Vision des Unternehmens sei die Marktführerschaft. „*Als Messgrösse wird das Umsatzwachstum gewählt. Zielwert ist ein jährliches Wachstum von mindestens 15%. Dieses Ziel ist nur mit zufriedenen Kunden erreichbar. Messgrösse dafür ist ein Kundenzufriedenheitsindex, der regelmässig auf Basis von Kundenbefragungen ermittelt wird. Man möchte 90% zufriedene Kunden. Die Kundenzufriedenheit wird wiederum von der Qualität beeinflusst. Deswegen sollen mindestens 95% aller Aufträge ohne Reklamationen abgewickelt werden. Dies ist nur mit sehr motivierten Mitarbeitern möglich. Es wird ein Mitarbeiterzufriedenheitsindex definiert, der aufgrund monatlicher Mitarbeiterbefragungen berechnet wird. Angestrebt wird ein Indexwert von 95%.*" Tabelle 4.9. zeigt eine Balanced Scorecard für das skizzierte Beispiel, Abbildung 4.12. die Struktur der beschriebenen Ursachen- und Wirkungsbeziehungen. Konkrete Anwendungen der Balanced Scorecard sind beispielweise auch bei Horváth & Partner (2000) zu finden.

Tabelle 4.9. Beispiel einer Balanced Scorecard (Fiedler 2003, S. 71)

Perspektiven	Ziele	Kennzahlen	Zielwerte
Finanzen	Rentabilität	ROI	18%
	Umsatz	Umsatzzunahme	15%
Kunden	Neukunden	Neukunden/alle Kunden	10%
	Kundenzufriedenheit	Kundenzufriedenheitsindex	90%
Prozesse	Termintreue	In Time Aufträge / alle Aufträge	98%
	Qualität	Aufträge ohne Reklamationen / alle Aufträge	95%
	Entwicklungszyklen	Anz. Jahre für Neuentwicklungen	3
Mitarbeiter	Mitarbeiterzufriedenheit	Mitarbeiterzufriedenheitsindex	95%
	Absentismus	Fehlzeiten/Sollarbeitszeit	5%
	Fluktuation	Kündigungen/Anz. der Mitarbeiter	5%

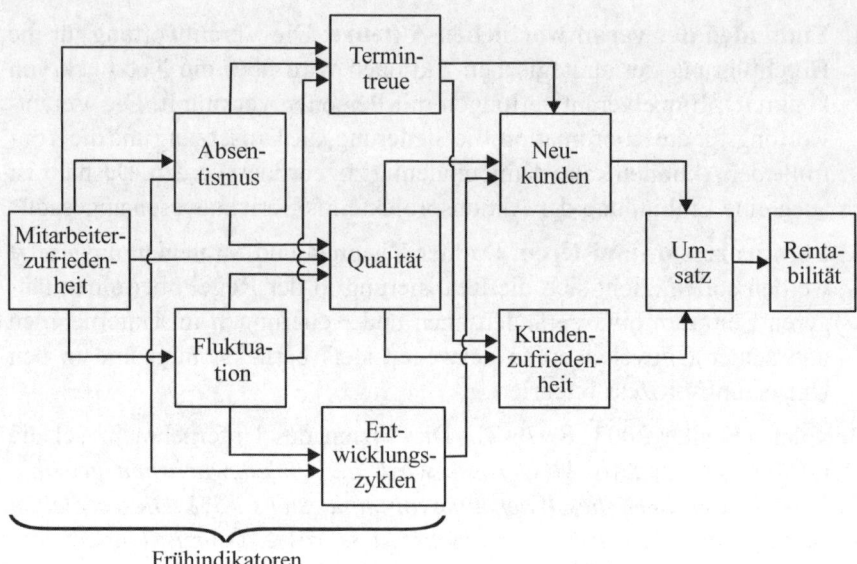

Frühindikatoren

Abb. 4.12. Ursache-Wirkungs-Beziehungen (Fiedler 2003, S. 71)

Jede Balanced Scorecard ist einzigartig. Deshalb stellt sich bei jeder Anwendung von Neuem die konkrete Frage, welches die richtigen Kenngrössen
zur Performance-Messung sind. Die Tabellen 4.10. und 4.11. (vgl. Bennert
2004, S. 141 u. 167) zeigen Kenngrössen, die zur Beurteilung und Erarbeitung der strategischen Ausrichtung des Unternehmens und seiner Vermögensstruktur nützlich sein können. Weitere Kenngrössen werden beispielhaft bei Bennert (2004, S. 139-282) und Klingebiel (2001) diskutiert.

Checklisten

Checklisten unterstützen das Management bei der systematischen Überprü-
fung oder Durchführung von Prozessen, Aktivitäten oder Bereichen. Sie
basieren auf langjährigen Erfahrungen und können sowohl vergangen-
heitsorientiert als auch zukunftsgerichtet sein. Sie beschreiben z.B. stichwortartig Schritte eines risikobehafteten Prozesses, die für die erfolgreiche
Durchführung auszuführen sind oder listen Kennzahlen aus Bereichen auf,
deren Risikoeinschätzung generell von Bedeutung ist. Ob alle Kennzahlen
oder nur eine Auswahl davon für den konkreten betrachteten Fall sinnvoll
sind, muss im Einzelfall entschieden werden. Checklisten für die Frühwarnung oder die Balanced Scorecard sind bereits in den Tabellen 4.7. und 4.8
sowie 4.10. bis 4.13. enthalten. Eine vielfältige Sammlung von etwa 500
Checklisten aus allen Funktionsbereichen eines Unternehmens ist bei Ossola-Haring (1996) zu finden.

Tabelle 4.10.   Kenngrössen zur Beurteilung der strategischen Ausrichtung
eines Geschäftsfeldes

Marktsituation	• Branchenrentabilität • Marktpotenzial • Differenzierungsmöglichkeiten • Konjunktureinflüsse • Marktveränderungen
Wettbewerbs- position	• Wettbewerberstruktur • Markteintrittsbarrieren • Abnehmermacht • Lieferantenmacht • Substitutionsdruck • Relativer Marktanteil • Relative Differenzierungsposition • Relative Kostenposition
Eigene Strategie- position	• Strategische Entwicklungsrichtung • Wettbewerbsstrategie • Produkt-/Marktstrategie • Produktsortimentsstrategie

Tabelle 4.11. Kenngrössen zur Beurteilung der Vermögensstruktur

Anlage- vermögen	• Anlage- und Umlaufintensität • Abnutzungsgrad • Investitionsquote • Wachstumsquote • Abschreibungsquote • Anlagebindung • Finanzanlagevermögen • Leasing	
Umlauf- vermögen	• Umschlagshäufigkeit des Umlaufvermögens • Vorratsintensität • Vorrätebindung • $\dfrac{\text{Auftragsbestand}}{\text{Vorräte}}$ • $\dfrac{\text{Vorräte Jahr t}}{\text{Vorräte }(t-1)}$ • $\dfrac{\text{Wertberichtigung}}{\text{Vorräte}}$ • $\dfrac{\text{Erhaltene Anzahlungen}}{\text{Vorräte}}$ • Kundenziel	• $\dfrac{\text{Forderungen} > 1\,\text{Jahr}}{\text{Warenforderungen}}$ • $\dfrac{\text{Wertberichtigung}}{\text{Warenforderung}}$ • $\dfrac{\text{Liquide Mittel}}{\text{Umlaufvermögen}}$ • $\dfrac{\text{Liquide Mittel Jahr t}}{\text{Liquide Mittel }(t-1)}$ • $\dfrac{\text{Übrige Vermögensgegenstände}}{\text{Umlaufvermögen}}$ • $\dfrac{\text{Übrige Vermögensgegenstände Jahr t}}{\text{Übrige Vermögensgegenstände }(t-1)}$

4.5 Szenarioanalyse, Kreativitätstechniken

Eine ex-post Analyse eingetretener Unternehmensrisiken zeigt immer wieder, dass viele Risiken aus den vorliegenden Daten und ihrer Extrapolation nicht zu identifizieren oder zu prognostizieren waren. Aus diesem Grund kann die Strukturierung und Identifizierung von neuen Risiken möglicherweise über die Anfertigung von Szenarien (*„ das Undenkbare diszipliniert denken"*) und durch die Anwendung von kreativen Techniken der Ideengenerierung erfolgen.

Szenarioanalyse

Die Szenarioanalyse zählt zu den *qualitativen Prognosemethoden* und ersetzt bei neuen Risiken, für die keinerlei oder wenig Daten vorliegen, die klassischen oder extrapolativen Prognosemethoden. Sie hat die Aufgabe, verschiedene mögliche Zukunftsbilder für ein Unternehmen, einen Bereich oder eine Problemstellung zu entwickeln. Neben der Beschreibung möglicher zukünftiger Unternehmenssituationen gehört zur Szenarioanalyse auch das Aufzeigen des Entwicklungsweges, der zu einer bestimmten Risikosituation führt.

Die Stärke dieses Analyseinstruments liegt darin, dass sowohl qualitative als auch quantitative Aspekte bei der Zusammenstellung von Zukunftsbildern Berücksichtigung finden. Ihr Nachteil ist die oft enorme Komplexität und Vielfalt der möglichen Szenarien. Deshalb ist ein strukturiertes und schrittweises Vorgehen bei der Entwicklung von Szenarien notwendig. Dazu hat sich ein allgemein anerkannter Prozess herauskristallisiert, der von der Problemabgrenzung bis zur Umsetzung der Konsequenzen, die aus der Analyse abgeleitet werden, reicht (vgl. Missler-Behr 1993, S. 9-21; Gausemeier et al. 1995):

1. **Problemanalyse**: Durch diesen Schritt wird die Thematik, die mit der Szenarioanalyse untersucht werden soll, genau abgegrenzt. Dabei werden sowohl inhaltliche als auch zeitliche und räumliche Aspekte geklärt. Daraus ergibt sich das relevante Untersuchungsfeld, für das Szenarien formuliert werden sollen. Um bei allen an der Analyse Beteiligten ein umfassendes und gleichwertiges Problemverständnis zu erreichen, werden sämtliche Basisinformationen zum Untersuchungsfeld gesammelt und analysiert.

2. **Umfeldanalyse**: Die wichtigsten Einflussbereiche, die auf das Untersuchungsfeld wirken, werden in der Umfeldanalyse ermittelt. Die Einflussbereiche werden durch ihre Einflussfaktoren konkretisiert und ope-

rationalisiert. Neben der inhaltlichen Auseinandersetzung mit den Einflussbereichen erfolgt eine Analyse der Wirkungszusammenhänge zwischen den Einflussbereichen und mit dem Untersuchungsfeld. Dabei wird die Vernetzungsstruktur der einzelnen Komplexe erarbeitet und bewertet. Somit wird der Gesamtkontext offenbar, in dem das Untersuchungsfeld zu betrachten ist.

Zur Umfeldanalyse können **Kausaldiagramme** sowie **Systemgrids** (vgl. Missler-Behr 1995) dienen. Im Kausaldiagramm von Abb. 4.13. stellen die Pfeile kausale Ursachen- und Wirkungsbeziehungen zwischen den an den Endpunkten angegebenen Variablen dar (vgl. auch Abb. 4.5.). Die positiven und negativen Vorzeichen an den Pfeilen des Diagramms geben die Richtung bzw. auch die Korrelation einer unterstellten Beziehung wieder. So nimmt die Zufriedenheit der Bürger eines Landes in der Regel zu (+), wenn seine wirtschaftliche Lage sich verbessert. Das bedeutet auch, dass die Lebensbedingungen der Bevölkerung dann oft positiv beeinflusst (+) werden können. In wirtschaftlich guten Zeiten, sind häufig auch die Staatsfinanzen weniger angespannt, so dass der Staat seinem Schuldendienst besser nachkommen kann (+) bzw. weniger Staatsschulden macht. Umgekehrt beeinflusst ein hoher Schuldendienst die wirtschaftliche Lage eines Landes negativ (−), da die Gelder für die Zinsen und die Tilgung nicht investiert werden können.

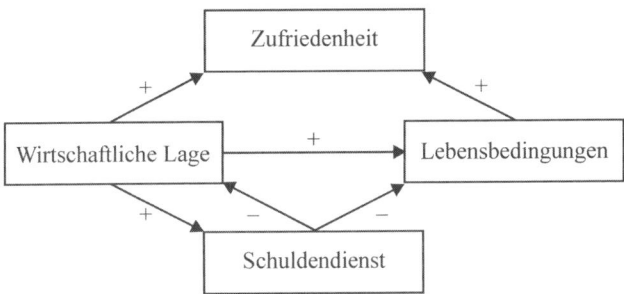

Abb. 4.13. Beispiel eines Kausaldiagramms

3. **Projektionen**: Zunächst wird der Ist-Zustand der wichtigsten Einflussfaktoren aus dem zweiten Schritt analysiert. Auf dieser Basis können dann Projektionen dieser Einflussfaktoren in die Zukunft erarbeitet werden. Bei den Projektionen der Faktoren werden denkbare und logisch begründbare Entwicklungen aufgezeigt und diskutiert. Die Beschreibung der Entwicklungen muss nicht mit quantitativen Grössen erfolgen; sie kann auch rein qualitativer und beschreibender Natur sein. Die Einflussfaktoren werden auch **Deskriptoren** genannt. Deskriptoren mit

eindeutiger Zukunftsprojektion werden *unkritisch*, solche mit mehreren Zukunftsprojektionen *kritisch* genannt. Die unterschiedlichen Zukunftsprojektionen eines kritischen Deskriptors werden plakativ beschrieben. Sie werden **Ausprägungen** genannt. Ausprägungen eines kritischen Deskriptors sollen dessen möglichen Wertebereich inhaltlich umfassend abdecken, sich aber nicht überschneiden.

4. **Szenarienbildung**: Auf der Basis der kritischen Deskriptoren werden alle hypothetisch möglichen Zukunftsbilder beschrieben, die zusammen den *Szenariengesamtraum* ergeben. Dazu werden die kritischen Deskriptoren im Verbund betrachtet und alle möglichen Ausprägungskonstellationen gebildet. Eine Ausprägungskonstellation ist eine Bündelung von Projektionen der kritischen Deskriptoren.

   Jede Ausprägungskonstellation bzw. jedes Projektionsbündel ist ein Szenario. Da der Szenariengesamtraum bereits bei kleinen bis mittelgrossen Szenarioanalysen hundert Tausende und mehr Szenarien umfassen kann, werden bei der praktischen Anwendung aus dem Szenariengesamtraum einige wenige Szenarien ausgewählt, auf die sich die anschliessenden Schritte des Szenarioprozesses konzentrieren. Methoden der Szenarienauswahl sind vor allem bei Missler-Behr (1993, 2001) beschrieben.

5. **Zukunftsbilder interpretieren**: Zu den ausgewählten Projektionsbündeln aus dem vierten Schritt der Analyse werden die unkritischen Deskriptoren hinzugefügt. Alle Deskriptoren werden zusammen als Gesamtheit interpretiert und zu vernetzten Zukunftsbildern ausgestaltet. Wesentlich ist, dass die Ausgestaltung der Zukunftsbilder schrittweise erfolgt, den zeitlichen Verlauf möglicher Entwicklungen der Risiken aufzeigt und auch mögliche Wechselwirkungen der Einflussfaktoren berücksichtigt.

6. **Auswirkungsanalyse**: Die Chancen und Risiken, die mit den im vorigen Schritt ausgearbeiteten Zukunftsbilder verbunden sind, werden in Bezug auf die Relevanz für das Unternehmen diskutiert. Daraus werden dann geeignete vorbeugende Massnahmen abgeleitet, mit denen das Chancenpotenzial verstärkt bzw. das Gefahrenpotenzial abgemildert werden kann. Häufig erhält man auf diese Weise *robuste Massnahmen*, die sowohl Gefahren verringern als auch Chancen erhöhen. Möglichkeiten für eine aktive Zukunftsgestaltung des Unternehmens werden in diesem Schritt angedacht.

7. **Störereignisse**: Nun wird die Auswirkung möglicher Störereignisse auf die ausgewählten Szenarien untersucht. Mögliche Reaktionen und Prä-

ventivmassnahmen sind für verschiedene Störereignisse zu erarbeiten. Hierdurch soll das gedankliche Spektrum erweitert, das Bewusstsein für mögliche Störereignisse geschärft und eine Vorbereitung auf den Störfall erfolgen.

8. **Szenarientransfer**: Durch den Szenarientransfer werden die Erkenntnisse der Szenarioanalyse in die strategische Planung integriert und dort nutzbar gemacht. Sowohl Leitbilder als auch Strategien können mit Hilfe der Szenarioanalyse entwickelt bzw. überprüft werden. Alternativstrategien, die beim Eintreten von bestimmten Zukunftsbildern verfolgt werden sollen, sind im Voraus zu bedenken. Besonders wichtige und für kritisch erachtete Einflussfaktoren sollen in das Frühwarnsystem der Unternehmung eingebaut werden.

Schrittweise ausgearbeitete Beispiele für Szenarioskizzen über *„Führung in der Zukunft"*, *„Entwicklung der Automobilindustrie"* und die *„Entwicklung des Handels"* sind bei von Reibnitz (1987, S. 65-154) zu finden. Tabelle 4.12. führt die Schritte des Szenarioprozesses stark verkürzt und stichpunktartig an einem Beispiel vor.

Beispiel: Die Firma FitMax betreibt ein Franchiseunternehmen im Fitness- und Wellnessbereich. Die Marktpositionierung in Deutschland ist gut. Der Umsatz stagniert jedoch seit 3 Jahren. Deshalb stellt sich die Geschäftsführung die generelle Frage, ob die strategische Ausrichtung des Unternehmens für den Zukunftsmarkt noch stimmt. Dazu wird eine Szenarioanalyse durchgeführt (Tabelle 4.12.).

Kreativitätstechniken

Sowohl bei der SWOT-Analyse, der Anwendung von Frühwarnsystemen, bei Anwendungen der Balanced Scorecard sowie bei Szenarioanalysen müssen neue Ideen entwickelt, neue Entwicklungstendenzen möglicher Risiken erkannt bzw. neue Wege zu deren Beeinflussung gefunden werden. Hierbei können Kreativitätstechniken eingesetzt werden, die einen kreativen Problemlösungsprozess unterstützen.

Die Ideengenerierung kann dadurch gefördert werden, dass die Intuition methodisch gestärkt oder dass der Generierungsprozess systematisiert und auch teilweise analytisch gestaltet wird. Auch Assoziationen zu ähnlichen und schon vorgekommenen Risiken oder die Konfrontationen mit neuen denkbaren Risiken helfen bei der Ideenbildung. Nach diesen Aspekten lassen sich die gängigen Kreativitätstechniken, wie in Tabelle 4.13. dargestellt, klassifizieren (vgl. auch Rosenkranz 2002, S. 216-225).

Tabelle 4.12. Beispielskizze zur Szenarioanalyse

Schritt	Skizzierung
1. Problemanalyse	„Wie werden die Menschen in Deutschland im Jahr 2015 ihre disponible Freizeit ausserhalb des privaten Wohnbereichs verbringen? Welche Auswirkungen hat dies auf das Unternehmen FitMax?"
2. Umfeldanalyse	Fünf wichtige Umfelder werden extrahiert: – Arbeitswelt (A), – gesellschaftliche Wertvorstellungen (gW), – Infrastruktur (I), – Wirtschaft (W) sowie – Ökologie und Ressourcen (Ö). Die ersten drei Umfelder beeinflussen das Freizeitverhalten besonders stark, während die letzten beiden Umfelder weniger direkt auf das Freizeitverhalten wirken.
3. Projektionen	Es werden z.B. kritische Deskriptoren mit ihren Projektionen bestimmt: *Verkehr* (V) (besonders zwischen Arbeits- und Freizeitbereich) mit den beiden Entwicklungsalternativen (V1): weiteres Ansteigen des Individualverkehrs bis zum Jahr 2015 (V2): Wachstum des öffentlichen Verkehrs und Stagnation des Individualverkehrs bis zum Jahr 2015 *Individuelle Reaktion auf den Druck von Gesellschaft und Arbeitswelt* (IR) mit den drei Entwicklungsalternativen (IR1): Frustration und Isolation des Einzelnen (IR2): Kompensation von psychologischem Stress durch Freizeitbeschäftigung (IR3): Integration von privaten, sozialen und arbeitsbezogenen Zielen, die somit nicht mehr im Widerspruch zueinander stehen.
4. Szenarienbildung	Ein mögliches Zukunftsbild aus sechs kritischen Deskriptoren: – Bei der Angebotssituation von Freizeitdienstleistungen und -produkten kommt es zu einer starken Konzentration in der Freizeitindustrie. Gründe hierfür sind notwendige Rationalisierungen und der Kostendruck. – Beim Verkehr zwischen Arbeits- und Freizeitbereich ist ein weiteres Ansteigen des Individualverkehrs zu beobachten. – Die Besiedlungsdichte in Deutschland ist gering. Die Menschen leben überwiegend in stadtnahen Regionen mit reichlich Grünfläche. – Ökologie und der Zustand der Natur stabilisieren bzw. verbessern sich durch eine geringere Verschmutzung. – Die gesellschaftlichen Wertvorstellungen wandeln sich dahin, dass versucht wird, private, soziale und arbeitsbezogene Ziele zu integrieren. Damit stehen diese Ziele nicht mehr im Widerspruch zueinander. – Staatliche Kontrolle und Einflussnahme auf den Freizeitbereich ist gering.
5. Szenarieninterpretation	Das unter Punkt 4 beschriebene Szenario wird um die unkritischen Deskriptoren ergänzt und verbal zu einem in sich stimmigen Bild ausformuliert.

6. Auswirkungs- analyse	Zur Ausformulierung der Untersuchungsfeldszenarien für FitMax werden die Ergebnisse aus Schritt 4 und 5 verwendet und Auswirkungen für das Unternehmen erarbeitet und diskutiert.
7. Stör- ereignisse	Beispiele für mögliche Störereignisse sind: – ökologische Katastrophen – politischer Umbruch in bisher typischen Urlaubsländern – Öffnung aller Geschäfte an 7 Tagen der Woche für 24 Stunden
8. Szenarien- transfer	Aus den erarbeiteten Szenarien zur „Freizeitgestaltung im Jahr 2015 in Deutschland" leitet FitMax beispielhaft folgende Vorschläge für eine Neupositionierung des Unternehmens ab: – Anstelle vieler kleiner Studios wird sich FitMax auf stadtnahe Regionen bzw. Städte konzentrieren. – Alle Studios sollen sowohl mit dem Auto als auch mit öffentlichen Verkehrsmitteln gut erreichbar sein. – Das Leistungsangebot von FitMax wird gezielt durch Outdoor-Kurse erweitert. – Mit erweiterten Öffnungszeiten wird der Integration von mehreren Lebenszielen entsprochen.

Tabelle 4.13. Klassifizierung von Kreativitätstechniken (Geschka 1986, S. 150)

Vorgehensprin-zip zur Kreati-vitätsförderung	*Ideenauslösendes Prinzip*	
	Assoziation / Abwandlung	*Konfrontation*
Verstärkung der Intuition	**Methoden der intuitiven Assoziation** *Brainstorming-Methoden* – Klassisches Brainstorming – Schwachstellen-Brainstorming – Parallel-Brainstorming *Brainwriting-Methoden* – Methode 635 – Ringtauschtechnik – Brainwriting-Pool – Kartenumlauftechnik – Galerie-Methode – Ideen-Delphi – Ideen-Notizbuch-Austausch	**Methoden der intuitiven Konfrontation** – Reizwortanalyse – Exkursionssynektik – Bildmappen-Brainwriting – Visuelle Konfrontation in der Gruppe – Semantische Intuition
Nutzung eines systematisch-analytischen Vorgehens	**Methoden der systematischen Abwandlung** – Morphologisches Tableau – Sequentielle Morphologie – Modifizierung (Attribute Listing) – Progressive Abstraktion	**Methoden der systematischen Konfrontation** – Morphologische Matrix – TILMAG – Systematische Reizobjekt-ermittlung

Die grösste Wirkung entfalten Kreativitätstechniken mit interdisziplinären Teams von 5-7 Mitgliedern. Die bekanntesten Methoden sind das **Brainstorming** und das **Brainwriting**, bei denen unstrukturiert oder teilstrukturiert ohne Kritik möglichst viele Ideen in kurzer Zeit mündlich oder schriftlich gesammelt werden. Häufig wird auch der **Morphologische Kasten** und die **Synektik** angewandt.

Morphologischer Kasten: Ein Problem wird hinsichtlich seiner Parameter oder Komponenten aufgegliedert. Anschliessend wird nach realistischen entweder bereits existierenden oder potenziellen Lösungsvarianten für die einzelnen Komponenten gefragt. Durch die Kombination von je einer Lösungsvariante für jede Komponente ergibt sich eine grosse Vielfalt von Gesamtproblemlösungen.

Synektik: Das Problem wird zunächst systematisch örtlich, zeitlich, sachlich verfremdet. Anschliessend wird versucht, die oft scheinbar nicht oder nur wenig zusammenhängenden Entfremdungselemente zusammenzufügen und dadurch neuartige Lösungen zu finden. In Tabelle 4.14. ist ein Beispiel skizziert (Peppels 1999, S. 45).

Tabelle 4.14. Beispiel für die Synektik

Problem: zu kurze Leitern bei der Rettung von Personen in den oberen Stockwerken von Wolkenkratzern bei Feuerlöscharbeiten			
Analyse	Leitern reichen nicht zu den oberen Stockwerken, daher ist keine Verbindung zur „rettenden Erde" gegeben		
spontane Reaktion	längere, ausziehbare Leitern oder weniger hohe Gebäude		
abstrakte Neuformulierung	Man möchte von einem höher gelegenen Punkt mit mässiger Geschwindigkeit zu einem tiefer gelegenen Punkt gelangen oder umgekehrt		
natürliche Analogie	i) Fluss	ii) Wasserfall	iii) Verdauungstrakt
persönliche Analogie	i) gedämpfter Fall	ii) enge, drängende Leere	
weitere Analogien	i) Dachbett	ii) Wurst	iii) Rohrpost
Funktionsprinzip	i) stufenweises Fallen des Wassers ii) gepresst und gebunden in einer Pelle iii) ansaugen bzw. abstossen		
Lösungsvorschläge	Kletterschlauch mit Steigeisen, den man vom Dach hinunterlassen kann oder elektrisch variabel aufschiebbare Röhre mit Bremselementen zum Herunterrutschen		

4.6 Übungsaufgaben

Aufgabe 4.6.1: Fehlerbaumanalyse

Die Sicherheitsfirma Watchdog GmbH hat den Auftrag erhalten, das Sicherheitskonzept im Pop-Art Museum zu überprüfen. Folgende Informationen stehen dafür zur Verfügung:

Die Alarmanlage funktioniert mit Bewegungs- und Geräuschsensoren und ist am Hauptstromnetz angeschlossen. Sie gilt dann als defekt, wenn entweder beide Sensoren gleichzeitig ausfallen und/oder kein Signal an den Polizeiposten übermittelt wird. Bei einem Stromausfall sorgt ein Notstromgenerator für die nötige Energie. Wird der Alarm ausgelöst, wird ein Signal an die nächste Polizeistation gesendet, d.h. Einbrecher bemerken die Alarmauslösung nicht und sollten daher auf frischer Tat ertappt werden können. Ein möglicher Fehlalarm kann unberücksichtigt bleiben.

Der Schaden beträgt für den Fall, dass Einbrecher erfolgreich sind, 1 Mio (GE). Die Wahrscheinlichkeit, dass die Geräusch- bzw. die Bewegungssensoren ausfallen, wird auf jeweils 1% geschätzt. Die Wahrscheinlichkeit dafür, dass kein Signal an den Polizeiposten übermittelt wird, beträgt ebenfalls 1%. Auch die Wahrscheinlichkeit für den Ausfall der Hauptstromquelle wird auf 1% geschätzt, jene des Notstroms aber auf 5%.

Da das Alarmsystem auf dem neuesten Stand ist, wird die Wahrscheinlichkeit, dass die Einbrecher das Sicherheitssystem umgehen können, mit lediglich 1% angesetzt. Der Einbruch ist auch dann erfolgreich, wenn der Alarm zwar ausgelöst wird, jedoch entweder die Personalkapazitäten auf dem Polizeiposten schon anderswo eingesetzt sind (Wahrscheinlichkeit von 1%), der Verantwortliche in der Alarmzentrale nicht reagiert, weil er z. B. ein Nickerchen macht (Wahrscheinlichkeit 2%) oder die Polizei aus irgendwelchen anderen Gründen wie Stau oder Autopanne nicht rechtzeitig am Tatort erscheint (Wahrscheinlichkeit 3%). Wird der Alarm ausgelöst und die Einbrecher verhaftet, entsteht kein Schaden für das Museum bzw. die Sicherheitsfirma.

a) Stellen Sie die beschriebene Situation mit Hilfe eines Fehlerbaums dar.
b) Berechnen Sie die Wahrscheinlichkeit dafür,

– dass die Alarmanlage ausfällt,
– dass die Polizei zu spät am Tatort erscheint und
– dass die Diebe gefasst werden.

c) Berechnen Sie den erwarteten Schaden sowie die Schadensvarianz bzw. -standardabweichung für die gegebene Situation.

Aufgabe 4.6.2: SWOT-Analyse

Erstellen Sie eine SWOT-Analyse für den fiktiven deutschen Automobilhersteller People Car (PC). Orientieren Sie sich bei Ihren Überlegungen an den aktuellen Presseberichten über den VW-Konzern.

Nennen Sie je zwei Stärken, Schwächen, Chancen und Gefahren.

Zeigen Sie für je eine Kombination aus der externen und internen Perspektive eine Strategie auf, mit der potenzielle Risiken abgefangen bzw. Chancen genutzt werden könnten.

Aufgabe 4.6.3: Balanced Scorecard

Der Automobilzulieferer AMZ hat sich bis jetzt auf Sitzheizungen spezialisiert. Auf diesem Teilmarkt ist er Marktführer in Europa. AMZ hat die Vision, sich zum Unternehmen mit dem besten Know-how und zum Marktführer für den gesamten Sitzgruppenbereich in Europa zu entwickeln.

Entwerfen Sie eine Balanced Scorecard zu dieser Vision.

Legen Sie für jede der vier Perspektiven zwei mögliche strategische Ziele fest und bestimmen Sie zu jedem Ziel eine sinnvolle Kennzahl für die Performance-Messung.

Aufgabe 4.6.4: Szenarioanalyse, Kausaldiagramm

Der Automobilhersteller People Car will sich in einer unternehmensinternen Zukunftswerkstatt mit dem Thema *„Die Entwicklung des PKWs in Europa bis zum Jahre 2020"* auseinandersetzen.

Das Thema ist besonders relevant, da je nach tatsächlicher Zukunftsentwicklung wesentliche Konsequenzen z. B. für den Absatz, die Modellpolitik oder die Schwerpunkte der Forschungs- und Entwicklungsabteilung erwartet werden. Schätzt People Car die Zukunft falsch ein, muss mit einem wesentlichen Verlust an Marktanteilen und sogar mit der Gefahr einer Übernahme gerechnet werden.

Führen Sie den Beginn einer Szenarioanalyse durch.

a) Eruieren Sie hierzu fünf wesentliche externe Einflussbereiche für das Thema und geben Sie für jeden der fünf Einflussbereiche zwei Deskriptoren an, die wesentliche Aspekte des Bereichs beschreiben.

b) Zeigen Sie anhand eines Kausaldiagramms, ob und wie stark folgende Bereiche direkt miteinander verknüpft sein können: Wirtschaftliche Entwicklung, Kunde und Technologie.

Aufgabe 4.6.5: Kenngrössen

Die Zukunftsfähigkeit eines Unternehmens hängt u.a. wesentlich von seiner Informationstechnologie sowie der Ausrichtung seiner Forschung und Entwicklung verbunden mit deren Innovationsfähigkeit zusammen.

Erarbeiten Sie wesentliche Kenngrössen, durch die das Unternehmen oder aber auch potentielle Kreditgeber in der Lage sind, den IT-Bereich bzw. F & E-Bereich eines Unternehmens zu beurteilen.

Aufgabe 4.6.6: Morphologischer Kasten

Nachdem das Fahrrad in den letzten Jahren eine wesentliche Bedeutung im Freizeitbereich erhalten hat, der Absatz dort inzwischen aber stagniert, fragt sich die Velo AG, wie der Absatz für Stadträder wieder belebt werden könnte. Dazu soll ein neues Konzept für ein Stadtfahrrad gefunden werden.

Gestalten Sie mit Hilfe eines Morphologischen Kastens prinzipiell neue Typen eines Stadtfahrrades. Überlegen Sie hierzu welche Realisierungsmöglichkeiten es für die Reifen, die Rahmenform, die Schaltung, die Kraftübertragung und den Gepäcktransport gibt.

5 Risikoanalyse und Bewertung

Die Risikoanalyse beschäftigt sich mit der Erklärung der identifizierten Risikoursachen und ihrer Interdependenzen. Damit können die Auswirkungen der Risiken transparent gemacht und auch bewertet werden.

In der Regel wird mit einer Analyse der **Einzelrisiken** begonnen. Diese Analyse wird meist auf der operativen Ebene der Unternehmen ausgeführt und bildet auch die Grundlage für die Analyse etwaiger **aggregierter Risiken** (vgl. Kapitel 2.2).

Während die Einzelrisiken unter Berücksichtigung möglicher Korrelationen zu anderen Risiken im Portfolio eher isoliert betrachtet werden, tritt bei der Analyse von aggregierten Risiken oder Gruppenrisiken die Untersuchung der **Wirkungsbeziehungen** oder **Wirkungskomplexe** der Risiken in den Vordergrund. Dazu müssen die Risiken und ihr Wirkungsgefüge gemessen und bewertet werden. Dies kann quantitativ mit Methoden der Statistik erfolgen. Häufig geschieht dies aber auch durch qualitative Schätz- und Bewertungsverfahren, da Risiken nicht immer quantifizierbar sind.

Da die Risikoanalyse der Vorbereitung der Risikosteuerung und somit der Vorbereitung geeigneter Risikomassnahmen dient, müssen die Risiken in Bezug auf die Auswirkungen für das Unternehmen und die Unternehmenszielsetzung bewertet werden. Die Auswirkungen können z. B. nach ihrer Grösse (*risk exposure*) oder nach ihrer Art differenziert werden.

Bei der **Risikogrösse** werden die Risikohöhe, die Risikofrequenz bzw. die Eintrittswahrscheinlichkeit sowie das sich aus der Summe oder Faltung der Risiken ergebende Gesamtrisiko unterschieden. Diese Grössen lassen sich quantitativ bestimmen oder schätzen.

Ist keine Quantifizierung möglich, wird häufig eine Einteilung in ordinale Risikoklassen von z. B. „*unwichtig*" bis „*extrem wichtig*" vorgenommen.

Bei der **Art des Risikos** wird unterschieden, ob ein Risiko finanzieller oder nicht finanzieller Natur ist. Werden finanzielle Risiken betrachtet, können z. B. erwartete Geldbeträge, Risikoprämien oder finanzielle Zielabweichungen zur Bewertung berechnet werden. Nicht finanzielle Risiken sind z. B. gewisse Rechtsrisiken oder solche Risiken, die das Image eines Unternehmens beeinflussen können. Vielfach versucht man, auch diese Risiken irgendwie finanziell zu bewerten.

Je nach Stärke der Auswirkungen der Einzel- und Gruppenrisiken erfolgt nach der Risikoanalyse und -bewertung eine Vorselektion der Risiken für die Risikosteuerung. Für die wichtigeren Risiken werden im Unternehmen Einzelmassnahmen vorbereitet, kleinere Risiken werden gegebenenfalls aggregiert und dann bei der Risikosteuerung summarisch behandelt. Wie der Umgang mit den so ausgewählten Risiken aussehen kann, wird in Kapitel 6 beschrieben.

5.1 Risikoanalyse und deren Elemente

Aus den genannten Zielen der Risikoanalyse und -bewertung lassen sich somit einige typische Aufgaben herauskristallisieren:

1. Erfassen der Ursache- und Wirkungsbeziehungen von Risiken

Nach der Identifikation eines Risikos stellen sich im Wesentlichen folgende Fragen: In welchem Unternehmensbereich, in welcher Abteilung und in welchem betrieblichen Umfeld tritt das Risiko auf? Handelt es sich um ein internes oder ein externes Risiko? Wodurch ist das Risiko begründet? Wodurch wird es beeinflusst? Lässt es sich durch das Unternehmen beeinflussen? In welchem Zusammenhang ist das Risiko zu sehen? Wie wirkt es auf andere Risiken oder Variablen, die das Unternehmen beeinflussen?

Durch die Beantwortung dieser Fragen können Kenngrössen bzw. Kennzahlen abgeleitet werden, mit denen das Risiko beschrieben und quantifiziert werden kann. Wenn in einem Unternehmen bzw. bei einem wichtigen Kunden die Zahlungsunfähigkeit droht, kann dieses Risiko z. B. durch die Kennzahl Liquidität 1. Grades beschrieben werden.

Daneben können Hypothesen über die Zusammenhänge zwischen den resultierenden Risiken und den sie verursachenden Variablen aufgestellt werden. Zum Beispiel kann vermutet werden, dass die Zahlungsfähigkeit von Bankkunden, die Kleinkredite in Anspruch nehmen, vom jeweiligen Einkommen, vom Familienstand, der Anzahl der Kinder, der Qualität der Berufsausbildung und der Jahre der Betriebszugehörigkeit beim letzten Arbeitgeber abhängt.

2. Datenerfassung oder Schätzung der wichtigen Variablen

Danach müssen die Werte der beschreibenden Kenngrössen für die Risiken und für wichtige verursachende Variablen ermittelt werden.

Mit Hilfe der Werte einzelner Kennzahlen – etwa einem Liquiditätskoeffizienten – können Risiken z.B. direkt bewertet werden. Eventuell muss zur Beurteilung eines Risikos aber auch eine ganze Zeitreihe einer Variablen erfasst und extrapoliert oder prognostiziert werden. Ein statistischer Zusammenhang zwischen Ursachen und Wirkungen muss gegebenenfalls statistisch überprüft werden. Schätzwerte für Risikohöhen und -frequenzen bzw. Eintrittswahrscheinlichkeiten können aus repräsentativen Daten objektiv ermittelt werden. Liegen nur qualitative Informationen vor oder müssen Risikohöhe und Frequenz subjektiv geschätzt werden, dann ist die Zuordnung der Risiken zu bestimmten Risikoklassen häufig ein gangbarer Weg.

3. Schätzung der Wirkungszusammenhänge

Wird ein quantitativer Zusammenhang zwischen einer Risikogrösse $R \equiv y$ und ursächlichen Grössen x_i, $i = (1,n)$, vermutet, so wird diese Hypothese durch die Funktion $y = f(x_1, ..., x_n)$ beschrieben.

Anschliessend wird der unterstellte Zusammenhang mit geeigneten Methoden statistisch überprüft. Solchermassen als signifikant erkannte Einflussgrössen x_i werden bei der weiteren Analyse berücksichtigt, die nicht signifikanten Einflussvariablen treten bei der Analyse in den Hintergrund. Dabei muss stets kritisch die Frage gestellt werden, ob die unterstellten und gefundenen Risikoursachen auch wirklich das Risiko beschreiben oder ob noch andere Einflussgrössen im Sinne einer Drittsteuerung (vgl. Kapitel 4.2 und Abb. 4.5.) wichtig sein könnten.

Können die Zusammenhänge von Ursachen und Wirkungen nicht in einer Gleichung funktional quantifiziert werden, werden die kausalen Einflüsse von teils messbaren, teils nicht messbaren Variablengruppen mit den hierfür notwendigen statistischen Methoden untersucht.

4. Überprüfung der Risikoprognosen für die Risikostrategie

Aufgrund der Hypothesen aus 1. und der Erkenntnisse aus 3. müssen die zukünftigen Auswirkungen der erkannten Risiken auf die Ergebnisse und Zielsetzung der Unternehmung neu überdacht und eingeschätzt werden. Es stellt sich die Frage nach der jeweils angemessenen Risikostrategie: Soll ein Risiko vermieden, vermindert, begrenzt, abgewälzt oder übernommen werden?

5. Bewertung der Risiken als Entscheidungsvorbereitung

Die Einzelrisiken sowie die aggregierten Risiken werden anhand ihrer Höhe, ihrer Frequenz bzw. ihrer Eintrittswahrscheinlichkeit und in Bezug auf das Gesamtrisiko genauer untersucht. Bei qualitativen Risiken bzw. bei nur qualitativ beschreibbaren Risikoursachen und Einflussgrössen kommen z. B. **Scoringmodelle** und **Sensitivitätsanalysen** für die Gesamtbeurteilung des Risikoausmasses zum Einsatz.

6. Darstellung von Risikoportfolios

Um einen Gesamteindruck der Risiken zu erhalten, werden diese z. B. in einer **Risk Map** oder in einem **Risikoportfolio** positioniert. Dadurch gelingt eine intuitiv bessere Einschätzung der Risikosituation als Ganzes. Die Risiken können auch leichter nach Wichtigkeit und Dringlichkeit in eine Rangordnung gebracht werden, die dann Einfluss auf die Prioritäten der Risikosteuerung hat.

5.2 Risikoursachen und Zusammenhänge

Nachdem die Einzelrisiken bei der Risikoidentifikation erfasst wurden, stellt sich die Frage, durch welche quantitativen und qualitativen Variablen oder Faktoren und Merkmale sie beschrieben werden können. Ob die einzelnen Variablen alleine oder im Verbund wirken oder ob sie mit anderen Variablen wechselwirken, sind zentrale Fragen für eine Einschätzung und Quantifizierung des Gesamtrisikos.

Da die Einflussfaktoren in der Regel nicht alle quantitativ sind, hat die Bewertung der Risiken immer auch qualitative Aspekte. Aus einer qualitativen Rangfolge der Risiken nach Höhe oder Frequenz folgt eine subjektive Risikoeinschätzung. Auf dieser Basis werden die Risiken ordinalen **Risikoklassen** mit Bandbreiten von **Ausfallraten** oder **Ruinwahrscheinlichkeiten** zugeordnet, die sich entweder im Unternehmen mit mathematisch-statistischen Verfahren selber ermitteln lassen oder von Beratungsfirmen und Ratingagenturen zugekauft werden.

Bei Unternehmen, die an der Börse notiert werden bzw. bei den am Kapitalmarkt gehandelten Produkten erfolgt eine Einteilung der Risiken in Risikoklassen oder **Ratings**. Festverzinsliche Wertpapiere oder ein Sparkonto weisen nur ein geringes Risiko auf und gelten als sicher. Aktien von **SMI-** oder **DAX-Werten** sind risikoreicher. In die Indizes werden jedoch nur grosse Unternehmen aufgenommen, die gewissen Mindestkriterien genügen. Ein Investment in ein DAX-Unternehmen gilt als mittelgrosses Risiko. Investitionen im **Neuen Markt** oder an der amerikanischen **NAS-DAQ-Börse** stellen dagegen ein hohes Risiko dar. Im Gegensatz zu Aktien kann bei Investments in **Optionen** auf Aktien sehr schnell ein Totalverlust des gesamten eingesetzten Kapitals drohen.

Einen ganz aktuellen Bezug erhält die Risikobewertung durch das Abkommen **Basel II**, dessen Realisierung nun für 2006/07 geplant ist. Parallel dazu werden für den Versicherungsbereich eventuell die vorgeschlagenen Regeln für ein Abkommen **Solvency II** verabschiedet (vgl. Meusel u. Aschenbrenner 2004).

In Zukunft werden die Kreditkosten der Unternehmen und auch die von Privatpersonen von ihrer Einordnung in eine Risikoklasse abhängen. Je schlechter die Risikobewertung ist, desto teurer wird der Kredit. Dies ist z.B. in den USA schon lange üblich. Im Zeitraum von 1990 bis Mitte 1995 ergaben sich in den USA folgende Risikoaufschläge für Anleihen von US-Industrieunternehmen gegenüber Staatsanleihen für die ersten fünf Risikoklassen: $+0.32\%$, $+0.43\%$, $+0.58\%$, $+0.80\%$, $+2.92\%$ (Gleissner u. Füser 2003, S. 16-17). Ab der fünften von acht Risikoklassen wurde die Finanzierung des Unternehmens mit Fremdkapital damit schon recht kostspielig.

5.2.1 Scoring- und Ratingmodelle

Besonders im Bereich der Banken, Kreditinstitute und Versicherungen ist ein ganzes Instrumentarium von Bewertungsmodellen entwickelt worden. Unter einem **Scoring** bzw. **Rating** wird hier ein *„standardisiertes, objektives, aktuelles, nachvollziehbares und skaliertes Krediturteil über die Bonität bzw. wirtschaftliche Lage einer Privatperson oder eines Unternehmens"* verstanden (Füser 2001, S. 37). Der Begriff des Scoring wird bei der Bonitätsbeurteilung von natürlichen Personen, aber auch von Firmenkunden verwendet, während der Begriff des Rating eher für die Kennzeichnung der Bonität von Unternehmen benutzt wird.

Neben der Bestimmung der Bonität von Schuldnern verfolgt das Rating auch die Ziele, die jeweiligen Risiken zu kategorisieren, verursachungsgerechte Risikoprämien für die eigene Risikoreduzierung zu ermitteln oder die Kreditrisiken zu minimieren. Hierbei sollen zweierlei Risiken geprüft werden: Einerseits das Risiko, Kredite oder Forderungen an schlechte Bonitäten zu vergeben bzw. aufzubauen (statistischer Fehler 2. Art, vgl. auch Kapitel 5.3, **Ruin- oder Ausfallrisiko**) und andererseits das Risiko, Kredite bei guten Bonitäten aufgrund eines Fehlurteils nicht zu vergeben

(Fehler 1. Art, **Opportunitätskosten**). Das erste Risiko schadet einem Unternehmen, z.B. einer Bank, direkt, das zweite indirekt.

Weitere Ziele der Scoring- und Rating-Modelle liegen im Aufbau einer Kundenhistorie, in einer vereinfachten Kompetenzzuordnung im Kreditbereich, in der Berechnung von **Migrationsraten** zwischen den Risikoklassen oder auch in der Optimierung des Portfoliomanagements (vgl. Füser 2001, S. 33-42; Krämer 2005; Oeher u. Unser 2002, S. 311-352).

Der Nutzen des Ratings konzentriert sich nicht ausschliesslich auf den Bankenbereich. Aus der Sichtweise der Unternehmen ist neben der

- Möglichkeit zur Verbesserung der Zinsmargen z.B. auch
- die intensive Auseinandersetzung mit der Zukunftsfähigkeit des Unternehmens,
- ein Imagegewinn bei Kunden, Lieferanten, Mitarbeitern und der Öffentlichkeit,
- eine Stärkung bei den Zulieferbeziehungen und insgesamt auch
- ein höheres Vertrauen für externe Investoren und Kapitalgeber

mit dem Rating verbunden (vgl. Gleissner u. Füser 2003, S. 17-21; Everling 2001, S. 63-118).

Um eine umfassende Bewertung über ein Unternehmen abgeben zu können, werden verschiedene Unternehmensbereiche untersucht und nach ihrer Bedeutung für das Gesamtunternehmen gewichtet. Mögliche Gewichte für ein Rating sind:

- Management und Organisation   (20%)
- Personal   (15%)
- Finanzwirtschaft   (40%)
- Produkte und Märkte   (15%)
- Produktions- und Informationstechnologie   (5%)
- Standort und Ökologie   (5%)

Mit diesen unterschiedlichen Gewichten werden die geschätzten Bewertungspunkte obiger Unternehmensbereiche multipliziert und zur Gesamtbewertung oder dem Rating eines Unternehmens aufsummiert.

Die Prozentangaben in obiger Auflistung werden z. B. bei der **URA Unternehmensratingagentur AG** verwendet. Die bekanntesten amerikanischen Ratingunternehmen sind **Standard & Poor's** sowie **Moody's**. Eine europäische Ratingagentur ist die **Fitch IBCA**. In Deutschland sind z. B. auch die **RS Rating Services AG** oder die **Creditreform Rating AG** tätig. Das **FERI-Institut** hat sich u.a. auf Branchenratings spezialisiert.

Welche Kriterien in den einzelnen Bereichen konkret geprüft werden, hängt in der Regel vom jeweiligen Ratingunternehmen bzw. von der jeweiligen Bank ab. Bei Gleissner und Füser (2003, S. 92-232) oder Everling (2001, S. 231-326) werden unterschiedliche Ratingansätze mit ihren Kriterien vorgestellt.

Ergebnis des Ratings ist eine Einstufung von Unternehmen oder Privatpersonen bzw. Kunden in eine Ratingklasse, die Auskunft über die Kreditwürdigkeit gibt. In Tabelle 5.1. (Füser 2001, S. 96) sind die Risikoklassen mit ihren Bezeichnungen und ihrer inhaltlichen Bedeutung, wie sie bei Moody's und Standard & Poor's verwendet werden, aufgelistet. Die letzte Spalte gibt die durchschnittliche einjährige Ausfallwahrscheinlichkeit der Risiken der entsprechenden Klassen in den Jahren 1983-1999 wieder. Weitere Werte für die Ausfallrisiken bis zu acht Jahren nach Vergabe eines Ratings sind bei Gleissner und Füser (2003, S. 25) zu finden. Die Risikoklassen AAA bis Baa3 werden für Investitionen grundsätzlich empfohlen, die Klassen von Ba1 bis D gelten als spekulativ bis hoch spekulativ.

Tabelle 5.1. Ratingklassen und ihre Ausfallwahrscheinlichkeiten

Risikoklasse Moody's	S&P	Kategorisierung des Risikos	Ausfallwahrscheinlichkeit
Aaa	AAA	höchste Bonität, geringstes Ausfallrisiko	0.0%
Aa1	AA +	hohe Bonität,	0.0%
Aa2	AA	kaum höheres Risiko	0.0%
Aa3	AA −		0.1%
A1	A +	überdurchschnittliche Bonität,	0.0%
A2	A	etwas höheres Risiko	0.0%
A3	A −		0.0%
Baa1	BBB +	mittlere Bonität,	0.0%
Baa2	BBB	stärkere Anfälligkeit bei negativen Entwick-	0.1%
Baa3	BBB −	lungen im Unternehmensumfeld	0.3%
Ba1	BB +	spekulativ,	0.6%
Ba2	BB	Zins- und Tilgungsrückzahlungen bei negati-	0.5%
Ba3	BB −	ven Entwicklungen gefährdet	2.5%
B1	B +	geringe Bonität,	3.5%
B2	B	relativ hohes Ausfallrisiko	6.9%
B3	B −		12.2%
Caa	CCC	geringste Bonität	insgesamt
Ca	CC	höchstes Ausfallrisiko	19.1%
C	C		
−	D	Schuldner bereits in Zahlungsverzug oder Konkurs	

Bei der Beurteilung der Kreditwürdigkeit bauen die Institute auf ihren Erfahrungen sowie auf einer Vielfalt von Methoden und Verfahren auf, die in den letzten gut 30 Jahren entwickelt wurden. Hierzu zählen vor allem die

- Punktbewertungsverfahren,
- mathematisch-statistischen Verfahren und die
- Verfahren der künstlichen Intelligenz.

Die **Punktbewertungsverfahren** werden in der Planungsliteratur auch **Scoringverfahren** genannt und stellen eine Variante der in Kapitel 3.10. beschriebenen **Nutzwertanalyse** dar. An dieser Stelle sei auf die Doppelbedeutung des Begriffs Scoring bei der Kreditwürdigkeitsprüfung hingewiesen. Einerseits wird darunter ein beliebiges Verfahren zur Bonitätsprüfung von natürlichen Personen verstanden und andererseits ein ganz spezielles Bonitätsprüfungsverfahren, nämlich ein Punktbewertungsverfahren. Aus dem Kontext lässt sich die verwendete Bedeutung des Begriffs jedoch in der Regel eindeutig erschliessen.

Bei einem Punktbewertungsverfahren werden die zu beurteilenden Personen oder Unternehmen anhand verschiedener Bonitätsmerkmale beurteilt. Je nach Ausprägung des jeweiligen Merkmals wird jedem Beurteilten ein Score zugeordnet. Zudem wird festgelegt, mit welchem Gewicht die einzelnen Merkmale zur Gesamtbeurteilung beitragen. Anschliessend wird für jede Person bzw. für jedes Unternehmen ein linearer, gewichteter Scorewert zur Bewertung der Gesamtbonität gebildet. Die Scorewerte können geordnet werden. Es können auch Wertebereiche für die unterschiedlichen Risikoklassen festgelegt werden. Tabelle 5.2. zeigt einen Auszug aus einer **Scorecard** mit der entsprechenden Punktezuordnung pro Kategorie (Füser 2001, S. 58-59). Bei der Bestimmung der Bonitätsmerkmale und ihrer objektiven, neutralen Gewichte kommt sehr häufig die **Diskriminanzanalyse** zum Einsatz. Sie wird im nächsten Kapitel kurz besprochen und gehört zu den mathematisch-statistischen Verfahren der Risikoanalyse, speziell auf dem Gebiet der Kreditwürdigkeitsprüfung.

Die mathematisch-statistischen Verfahren, die auch **multivariate Analysemethoden** genannt werden, sowie die **neuronalen Netze**, die zu den Verfahren der **künstlichen Intelligenz (KI)** gehören, werden wegen ihrer hohen Bedeutung für die Risikoanalyse – speziell die Kreditwürdigkeitsprüfung – im nachfolgenden Abschnitt kurz besprochen. Abbildung 5.1. stellt die wesentlichen Verfahren der Bonitätsprüfung im Überblick dar (vgl. auch Günther u. Grüninger 2000). Einen Vergleich der Verfahren hat Füser (2001, S. 89) erstellt. Sie werden auch auf anderen Gebieten der Risikoanalyse häufig eingesetzt.

Tabelle 5.2. Auszug aus einer Scorecard für Privatpersonen

Merkmal	Ausprägung	Score
Alter	bis 24 Jahre	– 110
	25 - 34 Jahre	– 40
	35 - 54 Jahre	40
	55 - 64 Jahre	80
	65 Jahre und älter	60
Familienstand	ledig, zusammen lebend, getrennt lebend	– 90
	verheiratet	40
	verwitwet, geschieden	– 40
Beruf	Beamter, Privatier	150
	Rentner	100
	Angestellter, Hausfrau/-mann	30
	Arbeiter, Berufs-/Zeitsoldat	– 70
	Sonstige, k.A.	– 100
Kreditsumme im Verhältnis	bis 70%	0
zum Jahresgesamteinkommen	71% bis 90%	– 30
in %	91% und mehr, k.A.	– 90

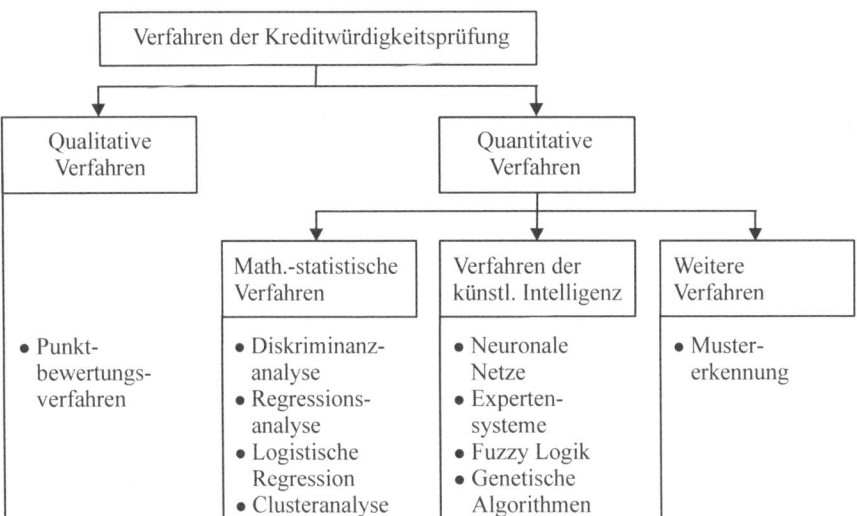

Abb. 5.1. Verfahren der Kreditwürdigkeitsprüfung

5.2.2 Multivariate Analysemethoden

Häufig werden quantitatitive, statistische Verfahren für die Analyse und Bewertung möglicher Ursache- und Wirkungsbeziehungen eingesetzt. Wird nur eine Variable in Bezug auf ihre Wirkung für ein Risiko untersucht, spricht man von einer **univariaten Analyse**. Hier kommt hauptsächlich die deskriptive Statistik zum Einsatz. Werden dagegen mehrere Einflussgrössen eines Risikos gleichzeitig analysiert, kommen **multivariate Analyse-methoden** zum Einsatz. Klassisches Beispiel für ihren Einsatz im Bereich des Risikomanagements ist die Bonitätsprüfung von Privat- und Geschäftskunden im Bankenbereich (vgl. Pfeiffer 1998).

Beispiel: Eine Grossbank hat $i = (1,n)$ Kunden mit verschiedenem Risikopotenzial, die im Jahresvergleich verschieden gut abschneiden.

Die einzelnen Kunden i werden durch verschiedene Informationen oder Variablen $j = (1,m)$ beschrieben. Insgesamt können die Informationen in Form einer Datenmatrix $X = (x_{ij})$ dargestellt werden (vgl. Tabelle 5.3.).

Tabelle 5.3. Datenmatrix in Tabellenform

Kunde $i\downarrow$	*Variablen* $j \rightarrow$							
	Umsatz-zuwachs p.a.	*Renta-bilität %*	*Zins %*	*Ort*	*Dienst-leistung*	*Risiko-klasse*	*Tage bis Zahlung*	*Qualität Management*
1	4	2	2.5	GS	gut	AAA	30	sehr gut
2	–2	3	3.5	GS	schlecht	AA	20	gut
3	–6	4	3.0	LA	schlecht	BBB	15	befried.
4	8	–2	3.5	KS	gut	AAA	45	gut
5	–2	–2	2.5	LA	gut	B	20	schlecht
...	...	...	...	...	...	...	...	...
n	8	6	3.5	GS	schlecht	C	40	excellent

Die Zeilen der Datenmatrix repräsentieren somit die Messwerte der Kunden. Allgemein formuliert, entsprechen die Zeilen den **Objekten** i. Die beschreibenden Merkmale oder **Variablen** j stehen in den Spalten von X. Das Matrixelement x_{ij} enthält somit die Ausprägung des Merkmals j bei Objekt i.

Die Matrix kann die Messungen von so genannten **abhängigen Variablen** und so genannten **unabhängigen Variablen** enthalten. Man nimmt hypothetisch an, dass Erstere von Letzteren beeinflusst werden. Ein Beispiel hierfür ist die Rentabilität. Die Rentabilität R eines Kunden ($j = 2$) kann z.B. für die Bank vom jeweils vereinbarten Zinssatz und vom Bankumsatz des Kunden abhängen, d.h. es ist dann $j = (1,3)$.

Formal lässt sich dieser Zusammenhang wie folgt schreiben:

$R_i = f(Zins_i, Bankumsatz_i)$ oder

$y_i \equiv x_{i2} = f(x_{i1}, x_{i3})$

Es stellt sich für die Bank auch die Frage, ob sich typische Risikoklassen bei ihren Kunden herausarbeiten lassen. Welche Kunden gehören dann welcher Klasse an? Gibt es typische Merkmale für diese Klassen? Können Neukunden anhand ihrer Merkmale sicher einzelnen Risikoklassen zugeordnet werden?

Datenniveau

Ein wesentlicher Aspekt bei der statistischen Auswertung von Risikodaten ist ihr Daten- oder **Skalenniveau**. Die Daten in Tabelle 5.3. sind verschieden skaliert und verteilt. Das Datenniveau beschreibt den **Informationsgehalt** der Daten.

Es werden qualitative und quantitative bzw. kardinale oder metrische Daten unterschieden. Zu den qualitativen Skalen gehören die Nominalskala und die Ordinalskala, zu den quantitativen Skalen die Intervall-, Verhältnis- und Absolutskala. Die letzten drei Skalen nennt man metrisch, weil sie die Berechnung von Abständen zwischen Objekten oder zwischen Variablen nach einem räumlich verallgemeinerten **Satz des Pythagoras** gestatten. Für statistische Auswertungen lassen sich für jedes Skalenniveau Lage-, Streuungs- und Korrelationsmasse angeben, deren statistische Signifikanz statistisch getestet bzw. verifiziert werden kann (vgl. Kapitel 5.4.1). Allgemein kann man sagen, dass ein hohes Skalenniveau mehr Informationsgehalt als ein niedriges Skalenniveau hat. Es lassen sich dann mehr Typen von Rechenoperationen und mehr statistische Masse auf die Daten anwenden. Das niedrigste Datenniveau ist die Nominalskala, das höchste die Absolutskala. Werden höhere Skalen in niedrigere überführt, spricht man von **Niveaudegression**. Bei der Überführung gehen Informationen verloren. Werden dagegen nominal- oder ordinalskalierte Daten in höhere metrische Daten transformiert, spricht man von einer **Niveauprogression**. Die entsprechenden Datentransformationen erfolgen mit **Skalierungsmethoden** nach zusätzlichen Hypothesen.

Nominalskala

Dies ist die am wenigsten anspruchsvolle Datenskala. Eine Variable heisst nominal skaliert, wenn bei ihren Ausprägungen nur zwischen **Gleichheit und Ungleichheit** unterschieden werden kann. Es gibt **binäre, dichotome** und **zweiwertige** bzw. **polytome** oder **mehrwertige** nominale Variablen oder Merkmale. Typische Lage-, Streuungs- und Korrelationsmasse der Nominalskala sind der **Modus**, die **Entropie** und die **Kontingenzkoeffizienten**.

Klassisches Beispiel für ein binäres Merkmal ist das *Geschlecht*. Mögliche Ausprägungen sind *männlich* und *weiblich*, die häufig durch die Zahlen 0 und 1 codiert werden. Die Codes 0 oder 1 haben hier keinerlei inhaltliche Bedeutung. Sie sind nur Platzhalter für unterschiedliche Worte. Ein weiteres Beispiel ist die Variable *Gesellschaftsform* mit den Ausprägungen *Personengesellschaft* und *Nicht-Personengesellschaft*.

Das Merkmal *Ort* in Tabelle 5.3. besitzt die Ausprägungen *GS (Grossstadt)*, *KS (Kleinstadt)* oder *LA (Land)*,

das Merkmal *Branche* z.B. die Werte *E (Elektro)*, *M (Maschinenbau)*, *IT (Informationstechnologie)*, *B (Biotechnologie)*, *D (Dienstleistung)* usw.

Da die letzten beiden Merkmale mehr als nur zwei Ausprägungen besitzen, sind sie polytom.

Ordinalskala

Ordinale Variablen oder Merkmale sind dadurch gekennzeichnet, dass ihre Ausprägungen **vollständig geordnet** werden können. Sie lassen sich also in eine aufsteigende Reihe oder **Rangordnung** bringen. Typische Lage-, Streuungs- und Korrelationsmasse der Ordinalskala sind der **Median**, die **Perzentile** und der **Koeffizient der Rangkorrelation**.

Das Merkmal *Dienstleistung* in Tabelle 5.3. ist ein ordinales Merkmal mit den beiden Ausprägungen *gut* und *schlecht*. Die inhaltliche Rangfolge ist offensichtlich. Eine sinnvolle Codierung für die beiden Werte sind die Zahlen 1 und 2. Vorab ist festzulegen, welche Bedeutung 1 hat. Bei den *Risikoklassen* aus obigem Beispiel werden die Ausprägungen *AAA, AA, A, BBB, BB, B, CCC, CC und C* entsprechend der Einteilung nach Moodys benutzt. AAA ist die beste Risikoklasse. Sie erhält z.B. die Rangziffer 1. C ist die schlechteste Risikoklasse und bekommt die Rangziffer 9.

Grundsätzlich können bei den Risikoklassen die Rangziffern auch umgedreht und von 9 bis 1 gezählt werden. Auch in diesem Fall stimmt die Reihung mit der inhaltlichen Bedeutung überein.

Das Merkmal *Qualität des Managements* besitzt 6 Ausprägungen mit den Rangziffern 6 bis 1:

exzellent (6)	*sehr gut* (5)	*gut* (4)
befriedigend (3)	*schlecht* (2)	*sehr schlecht* (1).

Intervallskala

Diese Skala ist die einfachste **metrische Skala** und kommt bei Risikoanalysen am häufigsten zum Einsatz. Zur Reihung der Ordinalskala kommt nun noch hinzu, dass die **Skalenabschnitte gleich gross** sind. Das bedeutet, dass das Ausmass der Unterschiedlichkeit oder der Abstand von zwei Merkmalsausprägungen genau beziffert werden kann. Typische Lage-, Streuungs- und Korrelationsmasse der Intervallskala sind das **arithmetische Mittel**, die **Standardabweichung** und der schon bisher verwendete (Bravais-Pearson) **Korrelationskoeffizient**.

Bei intervallskalierten Variablen wird der Nullpunkt der Skala willkürlich festgelegt. Klassisches Beispiel hierfür ist das Merkmal *Temperatur*. Je nach benutzter Temperaturskala, z. B. *Celsius* oder *Fahrenheit*, liegt der Gefrierpunkt des Wassers bei einer anderen Gradzahl (Celsius 0°, Fahrenheit 32°). Auch betriebswirtschaftliche Grössen wie das Umsatzwachstum oder die Rentabilität in Tabelle 5.3. sind oft intervallskaliert.

Verhältnisskala oder Ratioskala

Häufig sind Variablen der Risikoanalyse auch verhältnisskaliert. Sie besitzen im Gegensatz zur Intervallskala einen **natürlichen** oder absoluten **Nullpunkt** und nehmen deswegen nur positive Werte an. Sie können jedoch in unterschiedlichen Masseinheiten gemessen werden. Typische Lage-, Streuungs- und Korrelationsmasse der Verhältnisskala sind das **geometrische** oder **harmonische Mittel**, der **Varianzkoeffizient** und der (Bravais-Pearson) **Korrelationskoeffizient**.

Der natürliche oder absolute Nullpunkt liegt bei der absoluten *Kelvin-Verhältnisskala* bei 0° Kelvin oder −273.15° Celsius. Ein Absatz kann z.B. in *kg*, in *Stück* oder in *Europaletten* beziffert werden. Der *Marktanteil* kann in *Prozent* oder in *Promille* gemessen werden. Die *Zeiteinheit bis Zahlung* in Tabelle 5.3. kann in *Tagen, Wochen, Monaten, Jahren* oder aber auch in *Stunden* ausgedrückt werden.

Absolutskala

Die Absolutskala besitzt neben einem **natürlichen Nullpunkt** auch eine **natürliche Masseinheit**.

Beispiele hierfür sind die Merkmale *Stückzahl für Produkteinheiten, Anzahl der Mitarbeiter* eines Unternehmens oder auch die *Kundenfrequenz* für eine gegebene Bezugsbasis. Die Variablen können keine negativen Werte annehmen.

Multivariate Analysemethoden

Multivariate Analysemethoden werden eingesetzt, um Zusammenhänge zwischen Objekten i und Variablen j sichtbar zu machen und zu prüfen. Es werden grob **strukturentdeckende Verfahren** bzw. **Interdependenzverfahren** und **strukturprüfende Verfahren** bzw. **Dependenzverfahren** unterschieden.

Die **strukturentdeckenden Verfahren** haben die Aufgabe, Zusammenhänge bzw. Ähnlichkeiten zwischen den Objekten oder zwischen den Variablen zu finden. Hierzu gehören im Wesentlichen die **Segmentierungsverfahren** sowie die **Repräsentationsverfahren**. Segmentierungsverfahren haben die Aufgabe, die untersuchten Objekte in Klassen einzuteilen, die in sich möglichst homogen und untereinander möglichst heterogen sind. Die Repräsentationsverfahren verdichten die Variablen oder Merkmale. Sie versuchen inhaltlich gleichgerichtete Merkmale zu **Faktoren** zusammenzufassen, so dass in der Regel ein hoch dimensionierter Merkmalsraum in einen niedriger dimensionierten Faktorenraum transformiert wird. Dadurch soll eine bessere Übersichtlichkeit sowie eine zielgerichtetere Interpretation der Variablen oder Merkmale ermöglicht werden.

Tabelle 5.4. gibt eine Auflistung von strukturentdeckenden Verfahren bzw. Interdependenzverfahren in Abhängigkeit ihres Datenniveaus und der jeweiligen Bezugsgrössen der Verfahren.

Tabelle 5.4. Interdependenzverfahren im Überblick

Datenniveau	Bezugsgrösse		
	Objekt	Merkmal	
	Segmentierung	Repräsentation	Zusammenhang
metrisch	Clusteranalyse (metrisch) Neuronales Netz (metrisch)	Faktorenanalyse	Korrelations- analyse
nicht metrisch (nominal oder ordinal)	Clusteranalyse (nicht-metrisch) Neuronales Netz (nicht-metrisch) Baumanalysen, AID	Multidimensionale Skalierung (MDS)	

Die **strukturprüfenden Verfahren** versuchen dagegen, einen **kausalen Zusammenhang** zwischen den Variablen aufzudecken. Sie gehen der Frage nach, ob eine abhängige Variable y mit Hilfe von weiteren unabhängigen Variablen x_i erklärt werden kann: $y = f(x_1, x_2, ..., x_n)$.

Die Variable y wird auch die erklärte oder **endogene Variable**, die x_i die erklärenden oder **exogenen Variablen** genannt. Typische Anwendungsbereiche der Dependenzverfahren sind die Erklärung kausaler Ursache- und Wirkungszusammenhänge, die Prognose und die Klassifikation. Die klassischen Verfahren gehen in der Regel von einem linearen Zusammenhang aus. Die Auswahl der Verfahren orientiert sich am Datenniveau der abhängigen und unabhängigen Variablen. Tabelle 5.5. zeigt eine Auflistung von Dependenzverfahren in Abhängigkeit des Datenniveaus.

Tabelle 5.5. Dependenzverfahren im Überblick

	Datenniveau x_i	
Datenniveau y	*metrisch*	*nominal*
metrisch	multiple Regression	Varianzanalyse
ordinal		Conjointanalyse
nominal	Diskriminanzanalyse	Kontingenzanalyse
		logistische Regression

Die Zielsetzungen der oben angeführten Methoden der multivariatenAnalyse werden nachfolgend anhand des Bankenbeispiels kurz veranschaulicht (vgl. auch Backhaus et al. 2003; Berekoven et al. 2004, S. 209-240; Böhler 2004, S. 164-250; Churchill u. Iacobucci 2002, S. 778-857; Opitz 1980).

Clusteranalyse

Die Clusteranalyse hat das Ziel, eine gegebene Objektmenge in Gruppen oder Cluster aufzuteilen, die in sich möglichst homogen und untereinander möglichst heterogen sind. Als Mass für die Stimmigkeit bzw. die Verschiedenheit der Gruppen werden generalisierte Abstände zwischen den Objekten, sogenannte **Distanzen**, benutzt. Eine Grossbank möchte z.B. herausfinden, ob sich bei ihren Geschäftskunden drei typische Kundengruppen bestimmen lassen: die *wirtschaftlich erfolgreichen*, die *hoch riskanten* und die *nicht genau einschätzbaren* Kunden. Die Unterschiedlichkeit der einzelnen Kunden und der Kundengruppen wird über eine generalisierte Distanz bestimmt, die sich aus aussagekräftigen Merkmalen, wie sie z.B. in Tabelle 5.3. aufgelistet sind, errechnen lässt.

Neuronale Netze

Neuronale Netze sind Modelle der **künstlichen Intelligenz** (KI), die versuchen, Inputinformationen durch gezielte Verarbeitung und Transformationen in Outputinformationen zu überführen. Häufig wird eine Analogie zum menschlichen Gehirn gezogen. Ziel der Netze ist es, die richtige Verarbeitung und Transformationen der Daten zu finden. Hierbei lernt das aus Zellen bzw. Neuronen bestehende Netz.

Die beschreibenden Eingangsvariablen Umsatz, Rentabilität, Anzahl der Mitarbeiter und Technologiestand eines Kreditkunden bilden die **Eingabeschicht** des neuronalen Netzes. Seine Zugehörigkeit zu einer Risikoklasse ist die Zielvariable und bildet die **Ausgabeschicht**. Zwischen Ein- und Ausgabeschicht befinden sich Neuronen in einer so genannten verdeckten Schicht, die Funktionen und Gewichtungen enthält, um die Inputwerte der Eingabeschicht in die Ausgabewerte der Ausgabeschicht zu transformieren. Das Netz lernt die Transformation in einer Trainingsphase anhand der Daten einer Stichprobe des gesamten Kundenbestands (Trainingsmenge). An den restlichen Kunden (Evaluierungsmenge) wird die Güte des Netzes getestet. Wird das Netz für gut befunden, werden neue Kunden den Risikoklassen unter Anwendung der vom Netz erlernten Regeln zugeordnet.

Neuronale Netze werden heute auf vielfältigen Gebieten, auch in Konkurrenz zu den multivariaten statistischen Analysen, sowohl bei der Strukturprüfung als auch bei der Strukturentdeckung eingesetzt. Klassische Beispiele sind die Kreditwürdigkeitsprüfung, Zins- und Aktienkursprognosen sowie die Klassifizierung von Kunden.

AID (Automatic Interaction Detection)

AID versucht, Objekte einer Stichprobe über einen Baumalgorithmus verschiedenen Unterstichproben so zuzuordnen, dass sich die Mittelwerte der Unterstichproben bezüglich der Zielvariablen möglichst stark unterscheiden. Ausgehend von der Wurzel des Baumes, die einem Zielkriterium, z.B. den Risikoklassen, entspricht, versucht der AID-Algorithmus, Variablen zu bestimmen, die die Risikoklassen am Besten aufsplitten und beschreiben. So könnte z.B. eine Rentabilität von über 7% die guten, von 4%–7% die schlecht einschätzbaren und unter 4% die schlechten Kunden charakterisieren. Die Anzahl der Fehlzuordnungen soll dabei so gering wie möglich sein. Man sagt, der Baum wird gesplittet. An jedem Ast kann nun eine neue **Splittebene** angehängt werden. Es entsteht eine Baumstruktur von Unterstichproben. Ziel ist es, dass die Knoten der Äste der untersten Splittebenen möglichst rein sind, d.h. dass der Prozentsatz der Fehlzuordnungen möglichst gegen Null geht.

Anhand der Splittkriterien des Baumes kann z.B. ein Neukunde einer Bank der zu ihm passenden Risikoklasse zugeordnet werden.

Korrelationsanalyse

Die einfache Korrelationsanalyse (vgl. Kapitel 4.2) berechnet eine Masszahl für die Stärke des linearen Zusammenhangs zweier Variablen. Der Korrelationskoeffizient kann Werte zwischen -1 und $+1$ annehmen. Werte nahe bei -1 bedeuten, dass sich die beiden betrachteten Grössen gegenläufig verhalten. Zum Beispiel könnte die Rentabilität um so geringer sein, je höher der Kostenanstieg im gleichen Jahr ist. Bei Werten um $+1$ entwickeln sich die Grössen in die gleiche Richtung. Je höher das Umsatzwachstum, desto höher die Rentabilität. Werte der Korrelationskoeffizienten um Null sind ein Hinweis auf fehlende Korrelationen. Die Grössen sind dann gewöhnlich unabhängig voneinander. Bei der Korrelationsanalyse können mehrere Varianten unterschieden werden, die im Folgenden stichwortartig differenziert werden:

Kontingenztabellen, Rangkorrelation, Einfachkorrelation: Zusammenhang zwischen zwei nominalen, ordinalen bzw. metrisch skalierten Datenreihen, einfachste Variante.

Autokorrelation: Zusammenhang einer Datenreihe mit ihren verzögerten Werten $x_{it} \sim x_{it-\tau}$.

Lagkorrelation: Zusammenhang zweier Datenreihen die zeitlich gegeneinander verschoben sind $y_{it} \sim x_{it-\tau}$.

Partielle Korrelation: Zusammenhang zwischen zwei Datenreihen, bei denen der Einfluss anderer Datenreihen eliminiert wurde.

Kanonische Korrelation: Sie erlaubt Aussagen über die Korrelation zwischen zwei Variablengruppen. Haben z. B. Umsatz und Rentabilität der Kunden mit der Gruppe der Variablen Zins, Ort und Qualität des Managements etwas zu tun, d.h. gibt es einen signifikanten Zusammenhang zwischen beiden Gruppen von Variablen?

Faktor- und Hauptkomponentenanalyse

Die Faktoranalyse hat das Ziel, hoch korrelierte metrische Merkmale zu unabhängigen und orthogonalen Faktoren oder Hauptkomponenten zusammenzufassen. Die Faktoren entsprechen **latenten**, nicht beobachteten, künstlichen **Variablen**. Dadurch kann ein hoch dimensionierter Merkmalsraum in einen niedrig dimensionierten Faktorraum überführt werden. Gelingt eine sinnvolle Interpretation der Faktoren, kann ein auf das Wesentliche verdichteter Überblick und eine wesentlich bessere Handhabbarkeit des Merkmalraums erreicht werden. Bei nur zwei oder drei Faktoren kann der Faktorraum graphisch veranschaulicht werden.

So könnte sich z.B. ergeben, dass sich der Umsatzzuwachs, die Rentabilität und der Zins aus Tabelle 5.3. sinnvoll im Faktor *Wirtschaftlichkeit* zusammenfassen lassen. Das Rating und die Qualität des Managements beschreiben dagegen eher das *Ansehen des Unternehmens*. Ebenso könnte sich ein Faktor *Mitarbeiterförderung* aus den einzelnen Variablen Fluktuationsrate, Ausbildungsstand, Lohnanstieg und Gratifikationen ergeben.

Während die Faktoranalyse die Zahl der Variablen durch Zusammenfassen reduziert, versucht die Clusteranalyse Objekte in Gruppen zusammenzufassen. In beiden Fällen erfolgt eine Informationsverdichtung. Abbildung 5.2. zeigt schematisch die Unterschiede beider Methoden.

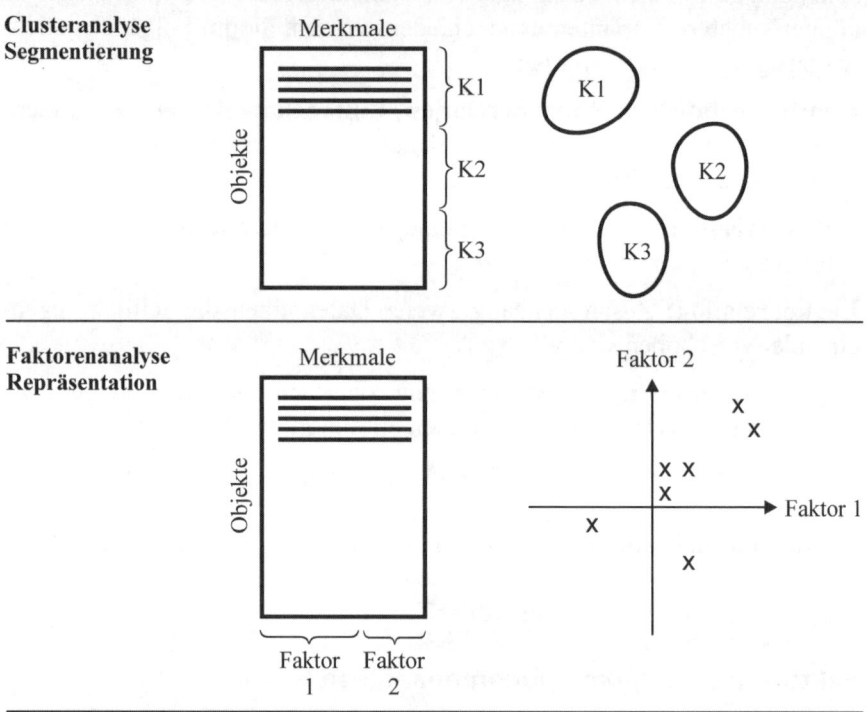

Abb. 5.2. Ziele der Faktoren- und Cluster-Analyse

Multidimensionale Skalierung (MDS)

Die multidimensionale Skalierung hat die gleiche Zielsetzung wie die Faktoranalyse. Sie versucht, die Objekte als Punkte in einem möglichst zweidimensionalen Raum so zu positionieren, dass die relative Lage der Objekte im Raum ihre Ähnlichkeit wiedergibt. Bei der MDS können die Variablen verschiedene Datenniveaus aufweisen.

So sollen die einzelnen Bankkunden in einem zweidimensionalen Eigenschaftsraum dargestellt werden. Das heisst, Unterschiede und Ähnlichkeiten der Kunden sollen grafisch sichtbar gemacht werden. Wird von der Bank auch ein „Idealkunde" im Eigenschaftsraum positioniert, können die Positionen der tatsächlichen Kunden in Bezug auf die Position des Idealkunden interpretiert werden.

Regressionsanalyse

Die Regressionsanalyse schätzt den gerichteten Zusammenhang zwischen einer abhängigen und einer oder mehreren unabhängigen Variablen. Alle Variablen müssen bei dieser Analyse metrisches Datenniveau besitzen.

Die Regressionsanalyse überprüft den unterstellten Zusammenhang der Variablen. Zudem gibt sie Auskunft über die Stärke und Richtung des Zusammenhangs der untersuchten Grössen. Häufig wird die Regressionsanalyse auch zu Prognosezwecken genutzt.

Mit Hilfe der Regressionsanalyse kann z. B. überprüft werden, wie stark die Rentabilität der Kunden vom Zins, vom Umsatzzuwachs und von der Zahlungsgeschwindigkeit gemessen in Tagen abhängt. Zentrale Frage bei der Analyse ist, ob es einen signifikanten Einfluss der einzelnen Variablen auf die Rentabilität gibt.

Erweiterungen der Regressionsanalyse sind die **Logit-** bzw. **Probit-Analyse.** Sie beschäftigen sich mit der regressionsanalytischen Untersuchung qualitativer oder gemischter Daten. Beispielsweise kann unter der Annahme einer logistischen (Logit) oder normalen (Probit) Dichtefunktion der Antworten der Probanden die Wahrscheinlichkeit $0 \leq p \leq 1$ modelliert werden, dass die untersuchten Kunden in die *gute* oder *schlechte* Risikoklasse in Abhängigkeit ihrer Rentabilität und der Qualität des Managements eingeordnet werden.

Diskriminanzanalyse

Bei der Diskriminanzanalyse ist die abhängige Variable nominal skaliert, während die unabhängigen Variablen metrischer Natur sind. Klassische Anwendung ist die *Analyse von Gruppenunterschieden.* In welchen Variablen unterscheiden sich gute Kreditrisiken von schlechten Kreditrisiken? Ob es überhaupt Gruppenunterschiede gibt, kann vorher mit Hilfe einer Clusteranalyse untersucht werden.

Wurde nun für eine gegebene Kundenmenge der Zusammenhang zwischen Gruppenzugehörigkeit und den beschreibenden Merkmalen aufgedeckt, kann darauf aufbauend eine *Prognose* über die Gruppenzugehörigkeit von

Neukunden erfolgen. Diesen Anwendungsbereich nennt man auch **Klassifikation**. Während bei der **Segmentierung** gefragt wird, ob überhaupt Gruppenstrukturen bestehen und dann homogen Gruppen gebildet werden, versucht die Klassifikation Objekte nachträglich bestehenden Klassen zuzuordnen.

Varianzanalyse

Bei der Varianzanalyse besitzt die abhängige Variable metrisches und die unabhängigen Variablen nominales Skalenniveau. Die Varianzanalyse gestattet die Analyse von Unterschieden zwischen verschiedenen Stichproben. So kann z. B. die Frage beantwortet werden, ob die örtliche Lage des Unternehmens (Grossstadt, Kleinstadt, Land) signifikante Auswirkungen auf die Rentabilität der Kunden hat.

Conjointanalyse

Die Conjointanalyse ist eine Kombination aus Erhebungs- und Analyseverfahren. Sie hat das Ziel, den ordinalen oder intervallskalierten Gesamtnutzen eines Produkts oder einer Dienstleistung mit Hilfe von Teilnutzenbeiträgen von nominalen Eigenschaften zu bestimmen.

Entsprechend kann eine Bank analysieren lassen, in welcher Höhe sich der Gesamtkundennutzen aus den verschiedenen Ausprägungen der Risikoklasse, der Beurteilung der Management-Qualität und des Zinssatzes bestimmen lässt.

Kontingenzanalyse

Die Kontingenzanalyse dient der Analyse der Beziehungen zwischen nominalen Merkmalen oder Variablen. Sie prüft, ob die nominalen Grössen unabhängig voneinander sind, d. h. ob es signifikante Gruppenunterschiede gibt oder nicht. Zudem wird über den Kontingenzkoeffizienten eine Masszahl für die Stärke des Zusammenhangs ermittelt.

Die Bank kann sich z. B. fragen, ob die Risikoklassen unabhängig vom Ort ihrer Kunden sind oder nicht.

LISREL (Linear Structural Relationships)

Beim LISREL-Ansatz, auch **Kausalanalyse** genannt, wird der Zusammenhang von mehreren tatsächlich beobachteten oder latenten Variablen untersucht. Latente Variablen sind hypothetische **Konstrukte**, die sich oft aus mehreren Eigenschaften zusammensetzen. Ein Beispiel ist das Image eines Unternehmens. Zuerst stellt sich die Frage, wie die latenten Variabeln gemessen werden können. Dann stellt sich die Frage nach den Kausalbeziehungen zwischen den Variablen. Sie könnten folgendermassen beschaffen sein: Die Einschätzung des Managements und die Rentabilität des Unternehmens beeinflussen das latent vorhandene Image eines bestimmten Kunden. Dieses drückt sich in seinem Rating aus. Das Image beeinflusst die Sparentscheidungen der Bankkunden, neben dem gezahlten Sparzins und dem Ort. Diese Variablen sind für die Rentabilität und das Umsatzwachstum der Bankfilialen verantwortlich.

5.2.3 Sensitivitätsanalysen

Sowohl bei den vorgestellten Ratingverfahren als auch bei den nachfolgend dargestellten Bewertungsverfahren stellt sich die Frage, wie stabil die Lösungen der Verfahren bei Änderung der Annahmen sind. Typische Fragen sind z. B.: Welche Auswirkungen haben Veränderungen bei den Ausprägungen der Bonitätskriterien auf die Zuordnung zu einer Risikoklasse? Welche Auswirkungen hat der Ausgang von Wahlen auf die Wirtschaftsstabilität eines Landes? Welche Auswirkungen hat der Dollarkurs auf die Bewertung des Auftragsbestands?

Sensitivitätsanalysen beantworten die Frage, welche Auswirkungen Veränderungen in den Merkmalen oder Variablen auf die betrachtete Zielgrösse haben. Grundsätzlich können zwei Vorgehensweisen unterschieden werden. Einerseits kann man die Auswirkungen eines konkret eingesetzten veränderten Wertes z. B. in einer Gleichung betrachten. Andererseits kann man auch fragen, wie stark ein bestimmtes Merkmal sich verändern darf, damit sich das Ergebnis, z. B. die Zuordnung zur Risikoklasse, nicht ändert. Hier stellt sich die Frage nach dem **Break-Even-Punkt**. Oft werden Sensitivitätsbetrachtungen lediglich bezüglich einer Veränderlichen durchgeführt, grundsätzlich ist die Zahl der Veränderungen jedoch nicht beschränkt. Es kann aber dann ohne zusätzlich eingesetzte mathematische oder statistische Verfahren schwierig werden, den Einfluss der Änderung einer bestimmten Variablen nachzuweisen.

Typische Vorgehensweisen bei der Sensitivitätsanalyse sind Szenariobetrachtungen, das Differenzieren bei funktionalen Zusammenhängen und eine entsprechende Fuzzy-Modellierung. Bei der **Szenariobetrachtung** werden bei einem unsicheren Wert der schlechteste, der wahrscheinlichste und der beste angenommene Wert nacheinander verwendet, um die Auswirkungen auf die Zielgrösse aufzuzeigen. Die **Stresstests** im Banken- und Versicherungsbereich beinhalten bestimmte Szenarios.

So werden im Versicherungsbereich beispielsweise Stresstests bezüglich der Liquidität, **Solvabilität** und Bilanzstruktur unter der Annahme ausgeführt, dass die Aktienbestände in einem Jahr 35% ihres Wertes oder Obligationen 10% ihres Wertes oder alternativ simultan Aktien 20% und Obligationen 5% ihres Wertes verlieren. Eine Sensitivitätsanalyse zeigt die Auswirkungen auf die Zielgrössen.

Beispiele: Die Firma X beantragt einen Kredit. Dazu soll sie ihren Umsatz für das laufende Jahr schätzen. Da sie 60% des Umsatzes auf dem amerikanischen Markt tätigt, hat der Dollarkurs starke Auswirkungen. Aktuell rechnet sie mit einem Kurs von 1.20 (GE) pro Dollar. Im schlechtesten Fall geht X davon aus, dass der Kurs um 5% fällt, im besten Fall steigt er um 5%. Die Auswirkungen aller drei Fälle sind zu untersuchen.

Bei Familie Y steht eine Hausfinanzierung an. Zur Zeit beträgt das Jahreseinkommen der Familie 45'000 (GE). Die Firma, bei der Herr Y arbeitet, hat jedoch massive Absatzprobleme, so dass Herr Y mit einer Arbeitszeitverlängerung von 10% und einem Lohnverzicht von 15% rechnen muss. Frau Y bemüht sich deshalb, ihren 40% Arbeitsvertrag bei ihrer Firma auf 60% aufzustocken. Haben diese potentiellen Änderungen bei Familie Y Auswirkungen auf ihre bisherige Zuordnung in die Risikoklasse Aa2?

Liegt ein funktionaler Zusammenhang $y = f(x_1, x_2, ..., x_n)$ zwischen einer abhängigen Variablen oder Zielgrösse y und den beeinflussenden Grössen x_i vor, kann mit Hilfe der **ersten Ableitung** der Funktion nach der sich verändernden Variablen x_j die Änderung der Zielgrösse y untersucht werden:

$$y' \equiv f'(x_1, x_2, ..., x_n) = \frac{\partial f(x_1, x_2, ..., x_n)}{\partial x_j}$$

Bei den Punktbewertungsverfahren der Bonitätsprüfung wird der Gesamtscore mit Hilfe einer gewichteten Summe gebildet. Verändert sich der Merkmalsscore i um eine Einheit, so ändert sich der Gesamtscore um g_i Einheiten. Dabei ist g_i der Gewichtungsfaktor des i-ten Merkmals.

Als relative Sensitivität oder **Elastizität** ε bezeichnet man die relative Änderung der Zielvariablen y in Bezug auf eine relative Änderung der Grösse x_j, hierbei werden die Variablen x_i, $i \neq j$, konstant gehalten:

$$\varepsilon = \left(\frac{\frac{\partial y}{y}}{\frac{\partial x_j}{x_j}} \right)_{x_{i \neq j} = \text{const.}} \equiv \left(\frac{\frac{\partial y}{\partial x_j}}{\frac{y}{x_j}} \right)_{x_{i \neq j} = \text{const}}$$

Die Auswirkung dy von gleichzeitigen Änderungen mehrerer Variablen x_j lässt sich über das **totale Differential** abschätzen:

$$dy = (\frac{\partial f}{\partial x_1})dx_1 + (\frac{\partial f}{\partial x_2})dx_2 + ... + (\frac{\partial f}{\partial x_n})dx_n.$$

Im obigen Fall würde also die Änderung der Eigenkapitalausstattung dy bei einem gleichzeitigen Wertverlust der Aktien- und Obligationenbestände um dx_1, dx_2 eines Versicherers getestet.

Es ist auch möglich, die Ungewissheit in den Daten mit Hilfe von **Fuzzy-Modellierungen** in Sensitivitätsbetrachtungen zu integrieren (vgl. Kapitel 3.6). Die Auswirkungen des ungewissen Merkmals können mit Hilfe einer vorab zu schätzenden Zugehörigkeitsfunktion in die Zielgrösse übertragen werden.

So können z. B. **unscharfe Break-Even-Analysen** durchgeführt (Missler-Behr u. Opitz 2002) oder **unscharfe Clusteranalysen** angewandt werden. Bei unscharfen Clusteranalysen wird nicht entschieden, ob ein Objekt zu einer Klasse gehört oder nicht. Vielmehr wird für jedes Objekt für jede Klasse ein Zugehörigkeitsgrad ausgerechnet. Dadurch können neben einer Zuordnung des Objekts zu der Klasse mit dem höchsten Zugehörigkeitsgrad weitere Aussagen getroffen werden. Es kann entschieden werden, ob es sich um ein Kernobjekt der Klasse handelt oder um ein Randobjekt bzw. ein Zwischen- oder Verbindungsobjekt.

Sensitivitätsanalysen können für die gezielte Analyse von Veränderungen einzelner und mehrerer Merkmale eingesetzt werden. Die Merkmale können zu ganz unterschiedlichen Risikobereichen gehören. Die Abschätzung der Auswirkungen kann dabei jedoch nur so exakt wie das Modell selbst sein.

Da oft vereinfachte Annahmen getroffen werden, stellen Sensitivitätsanalysen nur grobe Abschätzungen dar. Doch bereits diese sind bei der Beurteilung der zu erwartenden Änderungen einer Zielgrösse bei Änderungen der Annahmen sehr hilfreich.

5.3 Versicherungstechnisches Risiko

Das so genannte versicherungstechnische Risiko ergibt sich als arteigenes Risiko aus den Informationsdefiziten der Versicherungsfirmen und Banken über den zukünftigen Verlauf der übernommenen bzw. versicherten Risiken (vgl. Albrecht 1992, S. 8; Helten 1994) sowie aus dem Zufall an sich. Man unterscheidet dabei **Risiken der 1. Art** von den **Risiken der 2. Art**.

Versicherungstechnische **Risiken der 1. Art** entstehen durch statistische Effekte. So kann der Fall eintreten, dass eine Versicherung oder eine Bank über zu wenige oder nicht die richtigen Stichprobendaten verfügt, um ihre Risiken und deren Risikoparameter – wie Erwartungswert, Standardabweichung und Schiefe seiner Schadens- oder Gewinn- bzw. Verlustverteilung – mit der gewünschten Genauigkeit abzuschätzen. Da das versicherungstechnische Risiko 1. Art gewöhnlich über die mit den Versicherungsnehmern vereinbarte Prämien kompensiert werden soll, kann ein Risiko 1. Art dazu führen, dass die Versicherer falsche oder nicht genügend hohe Risikoprämien für die Risikoübernahme berechnen. Beim Risiko 1. Art werden die folgenden Risikokomponenten unterschieden:

- **Annahmerisiko:** Im Prozess des **Underwriting** entscheidet ein Versicherungsunternehmen oder eine Bank, ob und zu welchen Bedingungen ein Risiko übernommen wird. Beispielsweise wird mit dem Versicherungsnehmer eine **Franchise** und ein **Selbstbehalt** vereinbart.

  Damit wird der Versicherungsgeber von Ansprüchen freistellt, wenn ein Schaden unter der Franchise liegt. Darüber hinaus bewirkt der Selbstbehalt, dass der Versicherte am Schaden prozentual beteiligt ist. Die Versicherung kann auch eine Begrenzung des Anspruchs auf Schadensersatz nach oben – ein sogenanntes **Cap** – vereinbaren. Solche vertraglich vereinbarten Bedingungen für die Risikoübernahme haben einen Einfluss auf die Gewinn- bzw. die Verlustverteilung des Versicherers sowie auf Parameter der Verteilung. Der Versicherer kann das Annahmerisiko also **steuern**.

- **Preisrisiko:** Das Risiko eines Versicherungsportfolios muss durch die **Prämie** bzw. den Preis für die übernommenen Risiken kompensiert werden. Der Preis oder die Prämie hat den Charakter eines Sicherheitsäquivalents (vgl. Kapitel 3.3) und beeinflusst sowohl den Erwartungswert als auch die anderen Parameter der Gewinn- bzw. Verlustverteilung. Das Preisrisiko kann vertraglich durch Preisanpassungsklauseln und durch die **Erfahrungstarifierung** verringert werden. Im letzteren Fall wird die Schadensgeschichte eines Versicherten bei der Berechnung eines Versicherungstarifs berücksichtigt. Der Entscheidende kann das Preisrisiko also **weitgehend steuern**. Im Gegensatz zum Annahmerisiko ist er allerdings auf die Zustimmung des Versicherungsnehmers angewiesen.

- **Diagnoserisiko:** Aufgrund der verfügbaren Daten werden Risiken identifiziert, gemessen, erklärt und bewertet. Dabei werden Annahmen über zukünftige Gewinn- und Schadensverteilungen erarbeitet. Vielfach muss dabei mit subjektiven Schätzungen von Verteilungen gearbeitet werden (vgl. Vose 2001, S. 263-290). Beim Diagnoseprozess können **systematische Fehler** aber auch **Zufallsfehler** auftreten. Das Diagnoserisiko ist nur **bedingt steuerbar**.

Systematische Fehler entsprechen falschen Interpretationen von Ursache- und Wirkungssystemen. Sie können sowohl vom Versicherer als auch vom Versicherungsnehmer verursacht werden. Dazu gehören etwa unterlassene Recherchen oder Fragen nach möglichen Risikofaktoren, die Verwendung falscher Grundgesamtheiten und ungeeignet gewählte historische Stichproben als Grundlage für eine Risikoanalyse, die Verwendung methodisch falscher Auswertungsmethoden seitens des Versicherers sowie irreführende bzw. falsche Informationen, die von Seiten des Versicherungsnehmers gegeben werden. Dieser kann den Versicherer absichtlich täuschen (*„moral hazard"*), um Vorteile zu erlangen oder er ändert auf der Basis eines Versicherungsvertrages sein Verhalten so, dass sich das versicherte Risiko ändert (*„morale hazard"* und *„adverse selection"* vgl. Kapitel 2).

Im Rahmen der Risikodiagnose werden Hypothesen formuliert und geprüft. Dabei können zwei Arten von **Zufallsfehlern** vorkommen, die nicht mit den versicherungstechnischen Risiken erster und zweiter Art verwechselt werden dürfen: Beim **Fehler 1. Art** wird eine richtige Hypothese mit einem so genannten α-Fehler abgelehnt (vgl. Kapitel 1.3). Bei den **Fehlern 2. Art** wird eine falsche Hypothese mit einem so genannten β-Fehler angenommen. Die Fehler 1. und 2. Art sind kompensatorisch: Steigt die Wahrscheinlichkeit des einen Fehlertyps bei der Analyse, fällt die Wahrscheinlichkeit einer Fehldiagnose des zweiten Typs und vice versa.

Beide Typen von Fehlern können durch eine Vergrösserung der verwendeten Stichproben reduziert werden. Das Poolen von Risikodaten – etwa über Fachverbände – gestattet genauere Risikoberechnungen und, wie noch zu zeigen sein wird, in der Konsequenz auch niedrigere Prämien für die Risikoübernahme. Auch die Verwendung von verbesserten statistischen Verfahren verringert das Diagnoserisiko.

• **Prognoserisiko:** Das Prognoserisiko entsteht aus der Extrapolation von Gesetzmässigkeiten, die in bekannten oder historischen Daten gefunden wurden, auf andere Anwendungsgebiete oder die Zukunft. Das Prognoserisiko ist nur **bedingt steuerbar**. Schadensverteilungen sind oft dynamisch (z. B. die Zahl schwerer Stürme, Auswirkungen des Treibhauseffektes) und können mit der Zeit stärker variieren. Das Prognoserisiko kann durch die Anwendung geeigneter statistischer Analyseverfahren verringert werden. So kann man versuchen, Trends in den Erwartungswerten und Varianzen der Schadensverteilungen statistisch aufzudecken und vorherzusagen (vgl. Vose 2001, S. 313-330).

- **Zufalls- oder Restrisiko:** Es gibt den **Zufall an sich**, der selbst dann nicht kausal erklärt werden kann, wenn man alle Informationen hätte. Das **nicht steuerbare** Zufallsrisiko kann allerdings nach Art des generierenden Zufallsprozesses identifiziert und gemessen werden. Das Zufallsrisiko pro risikotechnischer Einheit verringert sich meist mit wachsender Zahl Risiken. Dies liegt daran, dass der Erwartungswert eines Schadens bei unabhängigen oder negativ korrelierten Schadensereignissen mit wachsendem Stichproben- oder Portfolioumfang nach dem Gesetz der grossen Zahlen genauer bestimmt werden kann.

Versicherungstechnische **Risiken der 2. Art** entstehen durch ein unzureichendes oder falsches Risikomanagement, etwa wenn die Verantwortlichkeiten für das Management der Risiken nicht geklärt ist oder das Controlling und die Revision des Risikomanagement-Prozesses Mängel aufweisen. Risiken der 2. Art sind Risiken aus mangelnder **Corporate Governance**. In Kapitel 7 wird auf einige der sich hierbei ergebenden organisatorischen Probleme des Controlling eingegangen.

5.4 Statistische Bewertung: Verteilungen und Parameter

In der nachfolgenden Tabelle 5.6. sind Kfz-Schäden in (GE) angegeben, die sich für vierzig Personen in einem Zeitraum von fünf Jahren ergeben haben.

Insgesamt haben 40 Personen 51 Schäden verursacht.

In der zweiten Kolonne ist die Anzahl der Schäden angegeben, die ein einzelner Kunde verursacht hat. Dies entspricht der Risikofrequenz für den Bezugszeitraum.

In der letzten Kolonne von Tabelle 5.6. ist die Schadenssumme angegeben, die eine Person in fünf Jahren insgesamt verursacht hat.

In den folgenden Abbildungen 5.3. bis 5.5. ist die Verteilung der Schäden pro Schadensfall, die Verteilung der Unfallzahlen pro Versicherungsnehmer und die Verteilung der Schadenssumme pro Person dargestellt.

Tabelle 5.6. Daten Kfz-Schadensfälle

Kunde	Zahl Unfälle	Schaden 1	2	3	4	5	6	Schadens-summe
1	0							0
2	0							0
3	1	3500						3500
4	0							0
5	2	2500	4500					7000
6	1	7000						7000
7	0							0
8	0							0
9	3	2000	4000	3500				9500
10	1	5000						5000
11	0							0
12	2	1000	6000					7000
13	4	3000	8000	2000	3500			16500
14	5	1000	1000	3000	4500	1500		11000
15	0							0
16	0							0
17	0							0
18	2	4000	2500					6500
19	3	8000	2000	5000				15000
20	1	3500						3500
21	4	8000	2500	4000	3500			18000
22	1	4500						4500
23	0							0
24	1	3500						3500
25	0							0
26	2	2500	4000					6500
27	2	1000	4000					5000
28	0							0
29	0							0
30	1	8500						8500
31	1	12000						12000
32	2	4500	1500					6000
33	0							0
34	0							0
35	1	5000						5000
36	3	5500	3000	2500				11000
37	2	4000	2500					6500
38	6	3500	5500	7000	2000	10000	2000	30000
39	0							0
40	0							0
Summe	51							208000
Mittelwert	1.275							5200
Standard-abweichung	1.54							6493.25
Schiefe	1.34							1.82
Kurtosis	1.46							4.43

Die **durchschnittliche Risikofrequenz** für die Periode von fünf Jahren ist

$$\frac{51}{40} = 1.275 \text{ Schäden pro Person.}$$

Die **durchschnittliche Risikohöhe** pro Schadensfall ist gleich der Summe aller Schäden dividiert durch die Zahl Schäden, also

$$\frac{208000}{51} = 4078.43 \text{ (GE).}$$

Aus dem Produkt dieser beiden Zahlen errechnet sich ein Schadenserwartungswert pro Person von 5200 (GE).

Alle gezeigten Verteilungen sind rechtsschief. Diese Verteilungscharakteristik muss bei der Berechnung eines **Value-at-Risk**, einer **Ausfall- oder Ruinwahrscheinlichkeit** oder bei der Berechnung der **Wahrscheinlichkeit von Zielabweichungen** – etwa der Wahrscheinlichkeit für Schäden grösser 8000 (GE) in Abb. 5.3. – berücksichtigt werden. Vielfach wird in der Praxis eine Normalverteilung der Risiken unterstellt, statt die genauere Natur der Verteilung zu eruieren. Die symmetrische Normalverteilung hätte eine **Schiefe** von Null, was bei keinem der diskutierten Beispiele der Fall ist. Die Annahme einer Normalverteilung kann so bei Risikoberechnungen zu stark verfälschten Resultaten führen.

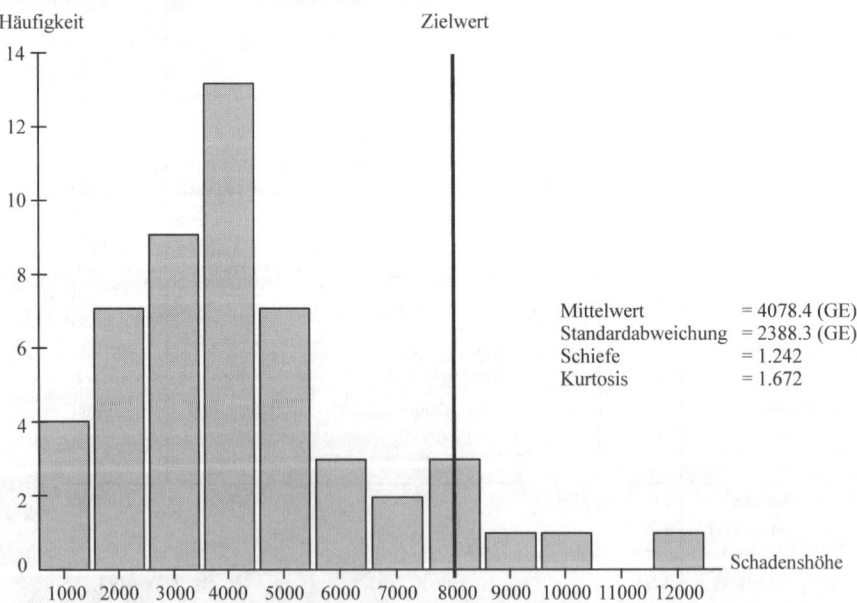

Abb. 5.3. Verteilung der Schadenshöhe pro Schadensfall

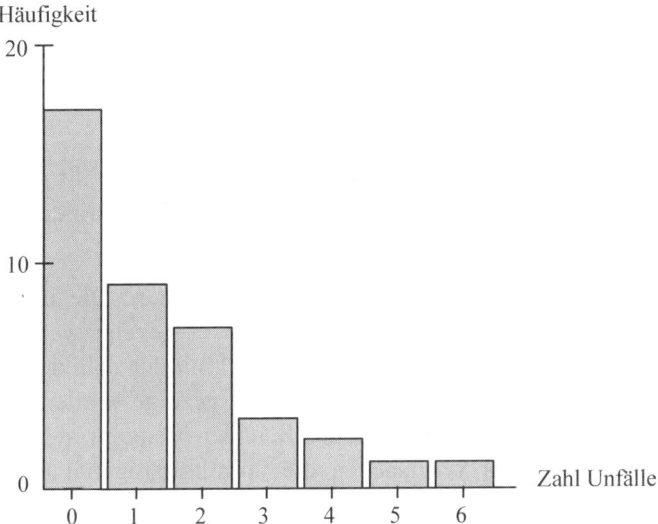

Abb. 5.4. Verteilung der Unfallzahlen pro Person

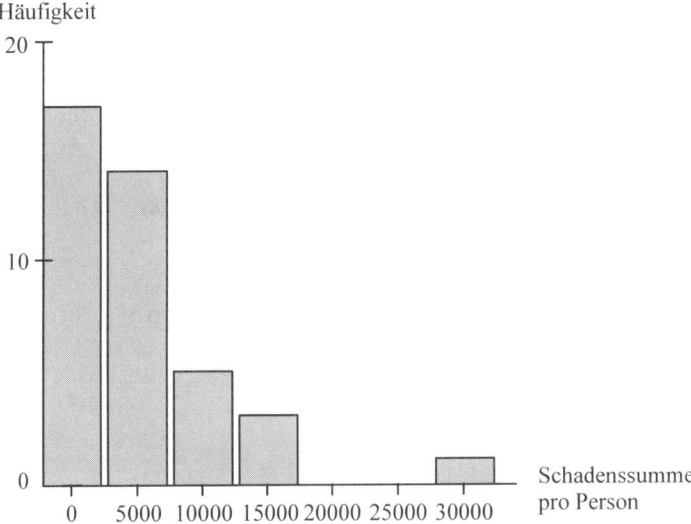

Abb. 5.5. Verteilung der Schadenssummen pro Person

Dies gilt auch dann, wenn andere Abweichungen von einer Normalverteilung vorliegen. Die **Kurtosis** oder **Wölbung** einer Verteilung weist auf
Abweichungen des absoluten Maximums einer Dichtefunktion von dem
einer Normalverteilung mit gleichem Erwartungswert und gleicher Varianz
hin. Die Kurtosis einer Normalverteilung ist Null, für positive Werte liegt
das Maximum der Verteilung über dem der Normalverteilung, was für die
Abb. 5.3., 5.4. und 5.5. der Fall ist. Für Werte der Kurtosis kleiner Null

liegt das Maximum unter dem der Normalverteilung. Solche Abweichungen müssen bei der Berechnung eines Value-at-Risk berücksichtigt werden, weil bei der Risikosteuerung sonst eventuell falsche Entscheidungen gefällt werden.

Die rechtsschiefe Verteilung der Unfallzahlen pro Person fällt nahezu exponentiell ab. Die meisten Versicherten fuhren in der Periode von fünf Jahren unfallfrei.

Dasselbe gilt für die Verteilung der Schadenssummen: Die unfallfreien Fahrer verursachen keine Schäden. Wie unschwer gezeigt werden kann, steigt die Schadenssumme pro Person tendenziell mit der Zahl der Unfälle. Mit den vorliegenden Daten kann auch leicht gezeigt werden, dass die Schadenshöhe nicht von der individuellen Schadensfrequenz abhängt. D.h. im vorliegenden Beispiel verursachen die unfallträchtigen Fahrer keine tendenziell höheren oder niedrigeren Einzelschäden. Damit sind Risikohöhe und -frequenz unkorreliert.

Sei y eine Zufallsvariable, die ein Risiko kennzeichnet. Im folgenden Abschnitt wird beschrieben, wie sich die in Tabelle 5.6. und der Legende von Abb. 5.3. gezeigten Parameter der Risikoverteilungen aus den Daten ergeben.

5.4.1 Einige statistische Ergänzungen

Einen Schätzwert $\hat{y}$ für den **Erwartungswert** $\varepsilon\{y\}$ von y erhält man aus n Messwerten y_i über

$$\hat{y} = \frac{1}{n}\sum_{i=1}^{n} y_i \quad \text{oder für diskrete Werte} \quad \hat{y} = \sum_i p_i y_i \ .$$

Hierbei sind die

$$p_i = \frac{h_i}{n}$$

relative Häufigkeiten für die diskreten Messwerte, die mit beobachteten Häufigkeiten h_i vorkommen. Damit gilt

$$\sum_i p_i = 1 \ .$$

Falls alle Werte von y_i im diskreten Fall gleich wahrscheinlich sind, wären die

$$p_i = \frac{1}{n} \text{ für alle } i \ .$$

Weitere häufig benutzte Lageparameter einer Verteilung sind der Modalwert (Modus) und der Median. Der **Modalwert** oder **Modus m(y)** ist der häufigste Wert. Er entspricht bei einer stetigen Dichtefunktion dem Wert, bei dem die Funktion ihren Maximalwert annimmt. Bei einer diskreten Verteilung entspricht er dem Wert von y mit der grössten Häufigkeit.

Der **Median med(y)** einer Dichtefunktion entspricht dem Wert von y, der mit jeweils 50% Wahrscheinlichkeit unter- oder überschritten wird. Bei symmetrischen Verteilungen entspricht er dem Erwartungswert. Wichtig ist auch der Begriff des **α-Quantils** $F(y_\alpha)$ einer Verteilung:

Für stetige Verteilungen ist

$$F(y_\alpha) \equiv \int_{-\infty}^{y_\alpha} f(y)dy = \alpha .$$

Für diskrete Verteilungen von y gilt für das α-Quantil y_α .

$$F(y) \geq \alpha \text{ für } y \geq y_\alpha \text{ bzw. für jedes } y < y_\alpha \text{ ist } F(y) \leq \alpha .$$

Das α-Quantil einer Verteilung entspricht dem Wert von y, für den die Wahrscheinlichkeit $100 \cdot \alpha$ Prozent ist, dass Werte $-\infty < y \leq y_\alpha$ eintreten.

Das α-Quantil wird damit mit einer Wahrscheinlichkeit von $100(1 - \alpha)$ Prozent durch Werte von $y > y_\alpha$ übertroffen. Der Median ist also ein 50%-Quantil oder ein 50%-**Percentil**. Die 25%- und 75%-Quantile nennt man auch das untere und obere **Quartil**.

Die empirisch aus einer Stichprobe ermittelte **Standardabweichung** wird mit s bezeichnet (Grundgesamtheit σ). Sie ergibt sich über die empirisch ermittelte **Varianz**

$$s_y^2 = \frac{1}{n-1} \sum_{i=1}^{n} (y_i - \hat{y})^2$$

oder für diskrete Werte aus

$$s_y^2 = \sum_i p_i (y_i - \hat{y})^2 .$$

In der Planung werden positive und negative Abweichungen oft verschieden gewichtet.

Angenommen es sei $\hat{y} = 4078.43$ (GE) der prognostizierte Einzelschaden für das Kfz-Beispiel, so werden negative Abweichungen $y_i < \hat{y}$ begrüsst, während positive Abweichungen vermieden werden sollen.

Die mittlere Quadratsumme der negativen Abweichungen vom Mittelwert, die **Semivarianz** oder das **downside risk** SV_-, wird über

$$SV_- = \frac{1}{n} \sum_{i=1}^{n} z_i^2$$

definiert. Hierbei gilt

$$z_i = \begin{cases} (y_i - \hat{y}) & \text{für} \quad (y_i \le \hat{y}) \\ 0 & \text{sonst} \end{cases}.$$

Das Komplement zur Semivarianz ist das **upside risk** SV_+. Es beschreibt nur die positiven Abweichungen vom Mittelwert $\hat{y}$. Im Falle der Kfz-Schadensfälle ist die Gesamtvarianz $s^2 = 5.7 \cdot 10^6$ (vgl. $s = 2388.3$ (GE) in Abb. 5.3.), das downside risk ergibt sich zu $SV_- = 1.87 \cdot 10^6$ und das upside risk zu $SV_+ = 3.83 \cdot 10^6$. Das Gesamtrisiko, gemessen über seine Varianz, wird also sehr stark durch einige Versicherte mit hohen Schäden beeinflusst.

Diese Einsicht kann zu Massnahmen bei der Risikosteuerung führen: etwa, dass bei Mehrfachunfällen sehr hohe Strafprämien verlangt werden oder ein Versicherungsvertrag gekündigt wird.

In diesem Zusammenhang ist auch oft die **Summe der absoluten Abweichungen** von Interesse. Sie ist definiert über

$$\frac{1}{n} \sum_{i=1}^{n} | y_i - \hat{y} |.$$

Als Risikomass hat die Summe der absoluten Abweichungen gegenüber der Varianz den Vorteil, dass sie dieselbe Dimension wie ein Plan-, Ziel- oder Erwartungswert hat. Die Summe der absoluten Abweichungen kann wieder in ein upside risk und ein downside risk zerlegt werden.

Ein weiteres wichtiges Streuungsmass ist der **Quartilsabstand**. Er errechnet sich als Differenz von oberem und unterem Quartil.

Die **Schiefe einer Verteilung** errechnet sich aus

$$s_1 = \frac{n}{(n-1)(n-2) \cdot s^3} \sum_{i=1}^{n} (y_i - \hat{y})^3$$

oder

$$s_1 = \frac{1}{s^3} \sum_{i} p_i (y_i - \hat{y})^3$$

im diskreten Fall.

Bei einer symmetrischen Verteilung ist $s_1 = 0$. Für linksschiefe Verteilungen ist $s_1 < 0$. In der Praxis der Risikoanalyse werden – wie auch beim Beispiel von Tabelle 5.6. – vielfach **rechtsschiefe Verteilungen** mit $s_1 > 0$ gefunden. Die ungeprüfte Annahme von (symmetrischen) Normalverteilungen für Einzelrisiken oder für die Summe einer kleinen Zahl von Risiken ist daher für viele Risikoberechnungen oft nicht zulässig.

Die **Wölbung** oder **Kurtosis** einer Verteilung errechnet sich aus

$$s_2 = \{\frac{n(n+1)}{(n-1)(n-2)\cdot s^4}\sum_{i=1}^{n}(y_i - \hat{y})^4 - \frac{3(n-1)^2}{(n-2)(n-3)}\}$$

oder

$$s_2 = \{\frac{1}{s^4}\sum_i p_i(y_i - \hat{y})^4 - 3\}$$

im diskreten Fall.

Sie misst die Abweichung der Wölbung einer Verteilung von der Normalverteilung, für die $s_2 = 0$ ist. Ist das Maximum einer beobachteten Verteilung grösser als bei der Normalverteilung, was bei einer relativ spitzen und schmalen Verteilung der Fall ist, dann ist $s_2 > 0$. Eine relativ zur Normalverteilung flache Verteilung ist durch $s_2 < 0$ gekennzeichnet.

Schliesslich berechnet sich die empirische **Kovarianz** zwischen zwei Variablen x und y aus

$$Cov(x,y) = \frac{1}{n-1}\sum_{i=1}^{n}(y_i - \hat{y})(x_i - \hat{x}).$$

Im diskreten Fall gilt entsprechend

$$Cov(x,y) = \sum_i p_i(y_i - \hat{y})(x_i - \hat{x}).$$

Der empirische (Bravais-Pearson) **Korrelationskoeffizient** $-1 \le r_{xy} \le 1$ ist über die Kovarianz und die Standardabweichungen von x_i und y_i definiert:

$$r_{xy} = \frac{Cov(x,y)}{s_x s_y}.$$

Er misst die Stärke des linearen Zusammenhangs zwischen zwei Variablen x und y. Für $r_{xy} > 0$ spricht man von positiver, bei $r_{xy} < 0$ von negativer Korrelation. Die Variablen x und y steigen und fallen im ersten Fall tendenziell im gleichen Sinne, während sie sich im zweiten Fall gegenläufig entwickeln.

Die Beziehung

$$y = \hat{y} \pm t_{\alpha/2,(n-1)} \cdot \frac{s}{\sqrt{n}}$$

definiert beim Vorliegen einer Normalverteilung der y_i ein $100(1 - \alpha)$-Prozent **Konfidenzintervall** für den Mittelwert; $t_{\alpha/2,\,(n-1)}$ ist der für $(n - 1)$ Freiheitsgrade tabellierte Wert der t-Verteilung.

Dabei ist α der Fehler 1. Art.

Wenn man mit

$$\varepsilon = t_{\alpha/2,(n-1)} \cdot \frac{s}{\sqrt{n}}$$

und

$$\varepsilon = |y - \hat{y}|$$

die Breite eines gewünschten Konfidenzintervalls von y_i definiert und wieder eine Normalverteilung der y_i unterstellt, dann folgt, dass der Stichprobenumfang der verfügbaren Daten mindestens

$$n > t^2_{\alpha/2,(n-1)} \cdot \frac{s^2}{\varepsilon^2}$$

betragen sollte. Das Problem der **langsamen stochastischen Konvergenz** ersieht man daraus, dass sich die zum Erreichen eines halbierten Konfidenzintervalls $\varepsilon/2$ notwendige Stichprobe im Umfang vervierfacht. Für andere Verteilungen als die Normalverteilung lassen sich keine ähnlich einfachen Formeln für Konfidenzintervalle oder Stichprobengrössen angeben.

5.4.2 Rechnungen mit zufälligen Einflussfaktoren

Bei der Bewertung von Risiken müssen die im Schritt der Risikoidentifikation gefundenen Ursache- und Wirkungsbeziehungen berücksichtigt werden. Es wurde gezeigt, dass dabei öfters Beziehungen in der Form von Gleichungen oder Restriktionen zwischen zufälligen Grössen angenommen, geschätzt und ausgewertet werden. Durch solche Beziehungen werden Zufallsgrössen transformiert, die sowohl unabhängig als auch korreliert sein können. Die häufigste und wichtigste der vorkommenden Transformationen ist die **Risikoaggregation**, bei der Summen bzw. die Verteilungen von Summen zufälliger Variablen bestimmt werden müssen. Von wenigen Verteilungen, wie z. B. der Normalverteilung, abgesehen, ändert sich der Verteilungstyp bei der Risikoaggregation.

Beispiel: Angenommen die Zufallsvariable z werde durch die Summe z = x + y definiert. Dabei seien x und y zwei unabhängige und gleichverteilte Zufallsvariablen mit f(x) = g(y) = 1 im Bereich $0 < x \leq 1$ bzw. $0 < y \leq 1$ und f(x) = g(y) = 0 sonst. Dann wird die Dichte h(z) der Zufallsvariablen z über das **Faltungsintegral**

$$h(z) = \int_{-\infty}^{+\infty} f(z-y) \cdot g(y) dy$$

bestimmt.

Wenn $0 < x \leq 1$ bzw. $0 < y \leq 1$ sind, dann variiert z in den Grenzen $0 < z \leq 2$. Damit folgt

$$h(z) \equiv \int_0^z 1 \cdot 1 \cdot dy = z \qquad \text{für} \quad 0 < z \leq 1$$

und

$$h(z) \equiv \int_z^2 1 \cdot 1 \cdot dy = 2 - z \quad \text{für} \quad 1 < z \leq 2.$$

Dies beschreibt eine **Dreiecksverteilung** für z. Man versteht das Faltungsintegral am besten als Summe der Werte von x = z − y und y, die ein bestimmtes z ergeben. Dabei werden die Häufigkeiten oder Dichten – wie bei der Reduktion einer zusammengesetzten Lotterie – miteinander multipliziert und über alle Werte von y aufsummiert bzw. integriert.

In Kapitel 5.5 wird über Entscheidungsbäume gezeigt, wie sich die Wahrscheinlichkeiten im diskreten Fall bei der Risikoaggregation ändern.

Wichtig ist schon an dieser Stelle folgende Risikoüberlegung: Im Vergleich zu den Dichtefunktionen von x und y ist die Dichtefunktion von z einerseits breiter geworden, d.h. es kommen *„seltenere"* Extremwerte wie z = 2 vor, die die Zufallsvariablen x und y nicht annehmen konnten. Andererseits konzentrieren sich die Häufigkeiten von z in der Mitte des Intervalls, weil es dort mehr Möglichkeiten oder eine höhere Wahrscheinlichkeit dafür gibt, dass über die Summe von x = z − y und y ein bestimmtes z erreicht wird.

Diese Tendenz setzt sich für die Summe von mehreren unabhängig gleichverteilten Zufallsgrössen verstärkt fort: So ist die Summe von vier gleichverteilten Grössen schon nahezu normalverteilt (vgl. van der Waerden 1965, S. 102-105).

Zwei weitere für die Risikoaggregation wichtige Resultate seien an dieser Stelle angeführt:

- Die Faltung von Normalverteilungen lässt den Verteilungstyp unverändert, d. h. die Summe von normalverteilten Zufallsvariablen ist wieder normalverteilt. Wie in Kapitel 3.9 gezeigt wurde: Der Erwartungswert der Summe ergibt sich aus der Summe der einzelnen Erwartungswerte, die Varianz der Summe ergibt sich bei unabhängigen Zufallsvariablen als Summe der einzelnen Varianzen.

- Die Faltung von exponentiell verteilten Zufallsgrössen ergibt eine Gammaverteilung. Die Faltung von Gammaverteilungen ergibt wieder eine Gammaverteilung. Beide Verteilungstypen sind für die Risikoanalyse sehr wichtig.

Neben der Risikoaggregation kommen bei der Analyse auch Fälle vor, bei denen die Zufallsvariablen über die anderen Grundrechenarten oder über komplizierte nichtlineare Beziehungen miteinander verkettet sind. Es ist dann nicht leicht, die Verteilung der Resultatvariablen zu bestimmen. Beispielsweise ergibt sich der Umsatz U eines Geschäftes aus der Definitionsgleichung $U = p \cdot x$. Dabei soll p den Absatzpreis und x die Absatzmenge bedeuten. Es ist meist sehr schwer, eine Preis-Absatzfunktion $p = p(x)$ aus empirischen Daten zu ermitteln. Vielerlei systematische und zufällige Störungen sind die Ursachen dafür. So gelingt es vielleicht, eine Preis-Absatzfunktion als eine Art **Regressionsgleichung** zu bestimmen, die zwei Zufallsvariablen x und p miteinander verkettet. Wenn die Verteilungsfunktion des Umsatzes bestimmt werden soll, muss dies über das Produkt der miteinander korrelierten Zufallsvariablen p und x erfolgen. Dies gelingt analytisch – ähnlich wie bei der Division zweier zufälliger Grössen – nur über die Berechnung komplizierter Summen bzw. Integrale (Hartung et al. 1999, S. 108-112; Fisz 1988, S. 51-58; Vose 2001, S. 15-16). Für die analytische Auswertung komplizierter Beziehungen zwischen den Variablen entsteht ein hoher Rechenaufwand, weswegen meist numerische Methoden eingesetzt werden.

Die Praxis hat in dieser Situation verschiedene **Sensitivitätsanalysen** vorgeschlagen, die z. B. die Extremwerte der Verteilungen (Minimalwert oder optimistischer Wert, Maximalwert oder pessimistischer Wert) sowie den häufigsten Wert einer Verteilung berücksichtigen (vgl. z. B. Schierenbeck u. Lister 2001, S. 345-347). Es gelingt mit diesen Analysen jedoch nicht, die Verteilung der Resultatvariablen herzuleiten oder einigermassen genaue Risikoabschätzungen – etwa eines Value-at-Risk oder einer Ruinwahrscheinlichkeit – vorzunehmen. Aus diesem Grunde wird in der Praxis vielfach die **Monte-Carlo-Methode** (vgl. Fishman 1996) eingesetzt. Dabei werden auf dem Computer zufällige Stichproben mit geeignet transformierten Zufallsvariablen erzeugt. Diese werden miteinander verkettet und ausgewertet. Damit gelingt die Abschätzung von Lageparametern (Max, Min, häufigster Wert, Erwartungswert), Streuungsparametern (Varianzen, Quartilsabstände, Kovarianzen, absolute Abweichungen) sowie von Schiefe- und Wölbungsmassen der Zufallsgrössen. Da die Verteilung der Grössen über die Simulation empirisch gewonnen wird, können auch genauere Abschätzungen der Risiken erfolgen. Eine Schwäche der Monte-Carlo-Analyse ist die meist langsame stochastische Konvergenz der aus künstlichen Stichproben ermittelten Resultate, die mitunter zu mehreren 10.000 Simulationen führen kann, ehe eine zufrieden stellende Genauigkeit für die gesuchte Dichtefunktion bzw. für ihre Parameter erreicht ist. Ein weiterer Nachteil des Simulationsansatzes ist die oft schwach ausgebildete empirische Verifikation und Validierung der angenommenen Ursache- und Wirkungsbeziehungen.

Ob nun eine Risikoabschätzung mit analytischen oder simulativen Methoden erfolgt: in jedem Fall werden statistische Verteilungen geschätzt oder bei der Auswertung angenommen. Dazu werden nachfolgend einige der häufig gebrauchten Verteilungen skizziert (vgl. Rosenkranz 2002, S. 126-132; Evans u. Olson 2002, S. 71-81; Vose 2001, S. 99-131).

5.4.3 Wichtige Wahrscheinlichkeitsverteilungen

Es werden einige für die Praxis der Risikoanalyse wichtige Verteilungsfunktionen beschrieben. Sie sind heute meist software- oder hardwaremässig so auf dem PC realisiert, dass ein Benutzer Verteilungen schätzen, prüfen, verifizieren und validieren kann. Schliesslich stehen in der Regel die geeigneten Zufallszahlengeneratoren der Verteilungen für Simulationsexperimente zur Verfügung.

Sei y eine Zufallsvariable, dann gibt ihre **Verteilungsfunktion F(y′)** die vom Minimalwert bis zu einer Stützstelle $y′ = y$ kumulierten Häufigkeiten an. Somit entspricht die Verteilungsfunktion $F(y′)$ der Wahrscheinlichkeit $F(y′) = P(y \leq y′)$. $F(y)$ ergibt sich als Integral oder Summe der **Dichtefunktion f(y)**. Diese beschreibt die beobachteten oder postulierten Häufigkeiten von y. Dabei wird vorausgesetzt, dass sich alle Häufigkeiten zu 100% Wahrscheinlichkeit oder $F(y) = 1$ für y gleich dem Maximalwert von y summieren. Diese Bedingung wird die **Normierung** der Dichte oder Verteilungsfunktion genannt.

Für die Beschreibung der Verteilungs- bzw. der Dichtefunktion sind insbesondere die ersten vier ihrer so genannten zentralen **Momente** sehr wichtig: der **Erwartungswert** $\varepsilon\{y\}$, ihre **Varianz** $\sigma^2(y)$, ihre **Schiefe** $s_1(y)$ und ihre **Kurtosis** $s_2(y)$.

Sie sind über die nachfolgenden Beziehungen definiert, wenn die Dichtefunktion f(y) in entweder kontinuierlicher oder diskreter Form vorgegeben ist.

Verteilungsfunktion: F(y)

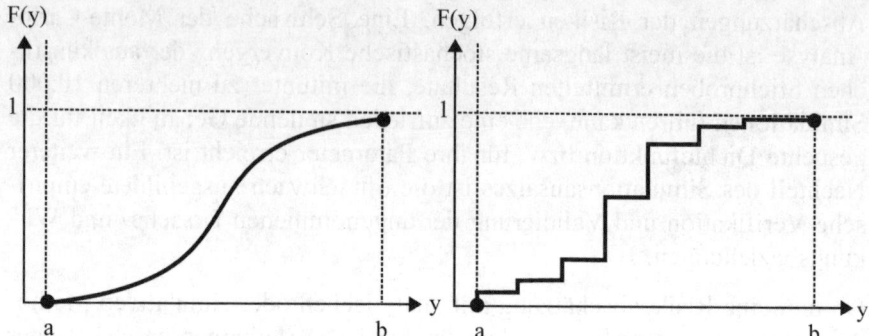

Abb. 5.6. Kontinuierliche und diskrete Verteilung

$$F(y) = \int_{-\infty}^{y} f(y')dy' \qquad\qquad F(y) = \sum_{-\infty}^{y} f(y')$$

Dichtefunktion: f(y)

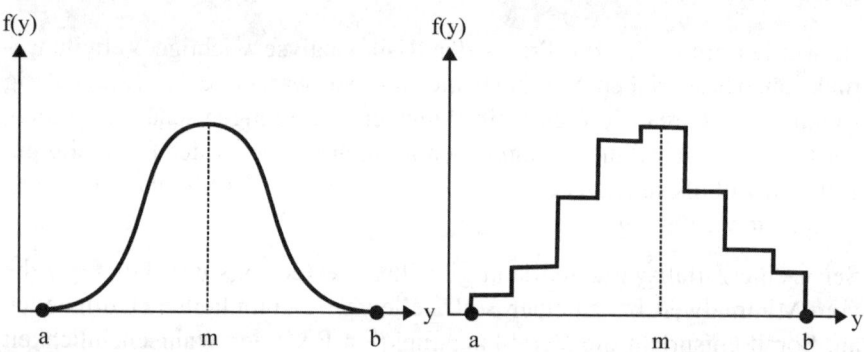

Abb. 5.7. Kontinuierliche und diskrete Dichte

Normierung:

$$\int_{-\infty}^{\infty} f(y')dy' = 1 \qquad\qquad \sum_{y'} f(y') \equiv \sum_{y'} p_{y'} = 1$$

Erwartungswert:

$$\varepsilon\{y\} = \int_{-\infty}^{\infty} y' \cdot f(y')dy' \qquad\qquad \varepsilon\{y\} = \sum_{y'} y' \cdot f(y') = \sum_{y'} y' \cdot p_{y'}$$

Varianz:

$$\sigma^2(y) = \varepsilon\{y^2\} - \varepsilon\{y\}^2 \qquad\qquad \sigma^2(y) = \varepsilon\{y^2\} - \varepsilon\{y\}^2$$

oder

$$\sigma^2(y) = \int\limits_{-\infty}^{\infty}(y'-\varepsilon\{y\})^2\, f(y')dy' \qquad \sigma^2(y) = \sum_{y'}(y'-\varepsilon\{y\})^2 f(y')$$

Schiefe:

$$s_1(y) = \frac{1}{\sigma^3}\int\limits_{-\infty}^{\infty}(y'-\varepsilon\{y\})^3\, f(y')dy' \qquad s_1(y) = \frac{1}{\sigma^3}\sum_{y'}(y'-\varepsilon\{y\})^3 f(y')$$

Kurtosis, Wölbung:

$$s_2(y) = \{\frac{1}{\sigma^4}\int\limits_{-\infty}^{\infty}(y'-\varepsilon\{y\})^4 f(y')dy' - 3\} \quad s_2(y) = \{\frac{1}{\sigma^4}\sum_{y'}(y'-\varepsilon\{y\})^4 f(y') - 3\}$$

In der Praxis hat sich gezeigt, dass bei Verteilungs- oder Dichtefunktionen insbesondere drei Stützstellen von y wichtig sind: der **häufigste Wert** oder **Modalwert m**, der **minimale** oder **pessimistische Wert a** und der **maximale** oder **optimistische Wert b**. Man geht gewöhnlich davon aus, dass die Wahrscheinlichkeit für Werte von y < a oder Werte von y ≥ b sehr klein ist (oft kleiner 1% Wahrscheinlichkeit). Vielfach können Erwartungswert und Varianz von y direkt durch a, m und b ausgedrückt werden. Insbesondere bei subjektiven Schätzungen kann bei der Annahme eines Verteilungstyps damit sofort der Erwartungswert und die Varianz berechnet werden.

Die folgenden Verteilungen werden in der Praxis häufig benötigt.

Gleichverteilung

Die Gleichverteilung (Rechtecksverteilung) ist die wichtigste Verteilung, zum einen, weil sie in erster Näherung oft beobachtet wird, zum anderen, weil viele andere Verteilungen sich über Transformationen auf der Basis von zahlentheoretischen oder statistischen Sätzen aus der Gleichverteilung herleiten lassen.

Die Dichtefunktion f(y) hat für a, b und m dieselben Werte und ist stetig.

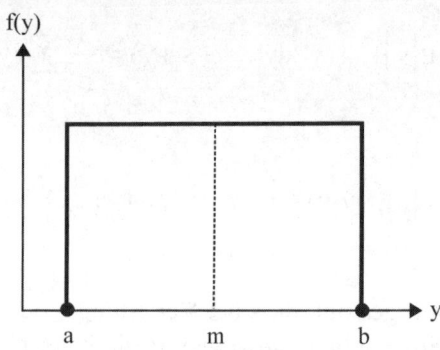

Abb. 5.8. Gleichverteilung

Dichtefunktion: $\quad f(y) \quad = \quad \begin{cases} \dfrac{1}{(b-a)} & \text{für} \quad a < y \leq b \\[2mm] 0 & \text{für} \quad y \leq a \;\text{ oder }\; y > b \end{cases}$

Erwartungswert: $\quad \varepsilon\{y\} \quad = \quad \dfrac{1}{2}(a+b)$

Varianz: $\quad\quad\quad \sigma^2(y) \quad = \quad \dfrac{1}{12}(b-a)^2$

Dreiecksverteilung

Die Dreiecksverteilung ist eine stetige Verteilung, die in der Natur nicht vorkommt. Sie wird aber oft zu Approximationszwecken eingesetzt und lässt sich zudem leicht auf dem Computer über eine Transformation der Gleichverteilung numerisch realisieren (s. u.).

Je nach Lage von m ist die Verteilung rechtsschief, symmetrisch oder linksschief.

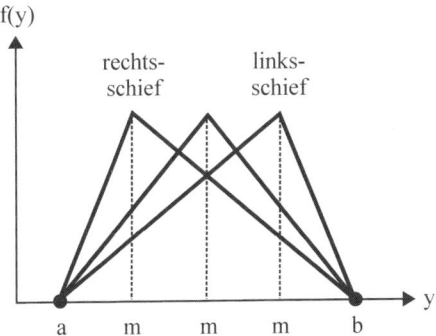

Abb. 5.9. Dreiecksverteilung

Dichtefunktion: $f(y) = \begin{cases} \dfrac{2(y-a)}{(b-a)(m-a)} & \text{für } a < y \leq m \\[2mm] \dfrac{2(y-b)}{(b-a)(m-b)} & \text{für } m < y \leq b \\[2mm] 0 & \text{für } y \leq a \text{ oder } y > b \end{cases}$

Erwartungswert: $\varepsilon\{y\} = \dfrac{1}{3}(a+b+m)$

Varianz: $\sigma^2(y) = \dfrac{1}{18}((b-a)^2 - (m-a)(b-m))$

Normalverteilung

Diese Verteilung ist für die theoretische und praktische Arbeit der Risikobewertung besonders wichtig. Bei der Aggregation von Risiken konvergiert die Summe von Zufallsvariablen oder zufälligen Risiken beliebiger Verteilungen nach dem zentralen Grenzwertsatz gegen eine Normalverteilung.

Die Verteilung ist symmetrisch und für das Intervall $-\infty < y \leq \infty$ definiert. Erwartungswert und häufigster Wert m sind identisch, die Standardabweichung σ entspricht direkt dem Abstand des Wendepunktes der Dichtefunktion vom Erwartungswert.

Oft wird angenommen, dass man $(b-a) = 6\sigma$ setzen kann, d. h. der Abstand von a bzw. b zu m beträgt dann jeweils 3σ. Werte von $y \leq a$ oder $y > b$ sind demnach sehr unwahrscheinlich.

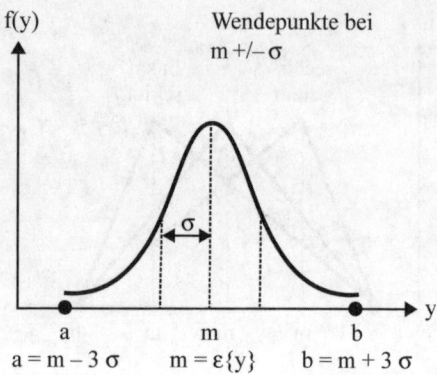

Abb. 5.10. Normalverteilung

Dichtefunktion: $f(y) = \dfrac{1}{\sigma\sqrt{2\pi}} \exp\left\{-\dfrac{(y-\varepsilon\{y\})^2}{2\sigma^2}\right\}$

Erwartungswert: $\varepsilon\{y\} = m$

Varianz: $\sigma^2(y) = \dfrac{1}{36}(b-a)^2$

Durch die Normierung auf $\varepsilon\{z\} = 0$ und $\sigma = 1$ über die Substitution

$$z = \frac{y - \varepsilon\{y\}}{\sigma}$$

erhält man die Dichtefunktion für die standardisierte Normalverteilung.

$$f(z) = \frac{1}{\sqrt{2\pi}} \exp\left\{-\frac{z^2}{2}\right\} \equiv N(0,\,1)\,.$$

Für Risikobewertungen verwendet man auch öfters die normierte **gestutzte Normalverteilung** im Intervall $a \leq y < b$. Dabei werden die Parameter a und b entweder – wie oben beschrieben – über die Abstände $\pm\,3\sigma$ zum Mittelwert definiert, oder im asymmetrischen Fall über z. B. $a = m - 2 \cdot \sigma$ und $b = m + 3 \cdot \sigma$ festgelegt. Die gestutzte Normalverteilung wird wieder auf 100% Wahrscheinlichkeit normiert.

Beta-Verteilung

Anders als bei der Dreiecksverteilung sind auch die Ableitungen der Beta-Dichtefunktion stetig. Sie kann eine Vielzahl von Formen annehmen, von denen die in der Abbildung gezeigten Typen in der Praxis am häufigsten verwendet werden. Die Betaverteilung kann rechtsschief, symmetrisch als auch linksschief sein.

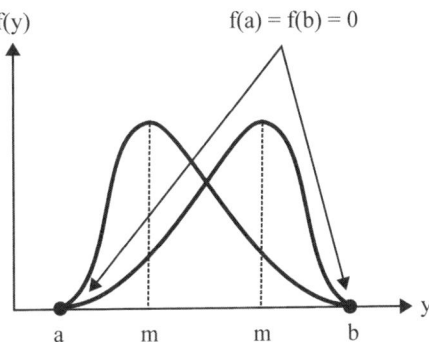

Abb. 5.11. Beta-Verteilung

Dichtefunktion: $f(y) = \begin{cases} K \cdot (y-a)^{\alpha} \cdot (b-y)^{\gamma} & a < y \leq b \\ 0 & \text{für} \quad y \leq a \text{ oder } y > b \end{cases}$.

K ist eine Normierungskonstante, so dass gilt

$$\int_{-\infty}^{\infty} f(y')dy' = 1 \,.$$

In der Praxis wählt man die Parameter α und γ bei subjektiven Schätzungen aus pragmatischen Gründen meist wie folgt:

$$\alpha_1 = 2 + \sqrt{2} \qquad \alpha_2 = 2 - \sqrt{2} \qquad \alpha_3 = 3$$
$$\gamma_1 = 2 - \sqrt{2} \qquad \gamma_2 = 2 + \sqrt{2} \qquad \gamma_3 = 3$$

linksschiefe Lösung   rechtsschiefe Lösung   symmetrische Lösung

Diese Werte der Parameter haben bei der subjektiven Parametrisierung der Beta-Verteilung in der Projektplanung (PERT) eine vielfache Anwendung gefunden. In den drei so genannten PERT-Fällen gilt damit näherungsweise:

Erwartungswert: $\varepsilon\{y\} = \dfrac{1}{6}(a + 4m + b)$

Varianz: $\sigma^2(y) = \dfrac{1}{36}(b-a)^2$

Exponentialverteilung

Sie wird – vgl. Abb. 5.4. und 5.5. – bei Risikodaten häufig beobachtet. Insbesondere erhält man dann eine Exponentialverteilung, wenn die Wahrscheinlichkeit dafür, dass in einem Zeitintervall von t bis t + Δt ein Risikoereignis vorkommt der Länge von Δt und der Ausfallrate λ direkt proportional ist. Abgesehen davon werden oft auch die Risikohöhe und die Risikofrequenz durch Exponentialverteilungen beschrieben.

Für die Risikoaggregation (Faltung) gilt: Die Summe der Risikohöhen von exponentiell verteilten Variablen ist gammaverteilt.

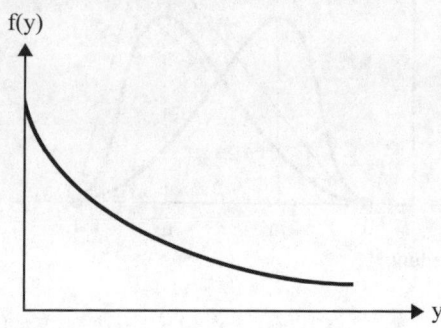

Abb. 5.12. Exponentialverteilung

Dichtefunktion: $f(y) = \begin{cases} \lambda e^{-\lambda y} & \text{für } \lambda > 0 \text{ und } y \geq 0 \\ 0 & \text{sonst} \end{cases}$

Erwartungswert: $\varepsilon\{y\} = \dfrac{1}{\lambda}$

Varianz: $\sigma^2(y) = \dfrac{1}{\lambda^2}$

Ähnliche Eigenschaften wie die Exponentialverteilung hat die bei grossen y nicht so rasch abfallende **Pareto-Verteilung** (vgl. Schlittgen u. Streitberg 1996, S. 215-218).

Poissonverteilung

Diese Verteilung wird auch die *Verteilung seltener Ereignisse* genannt, weil sie oft die in einem Zeitintervall Δt vorkommende *diskrete Zahl* y von (seltenen) Risikoereignissen gut beschreibt. Dabei treffen die Risikoereignisse in exponentiell verteilten Zeitabständen ein.

Für kleine λ ähnelt die Poissonverteilung der Exponentialverteilung bzw. der Gammaverteilung, für grosse λ wird sie nahezu symmetrisch und ähnelt der Normalverteilung.

Dichtefunktion: $f(y) = e^{-\lambda}\left(\dfrac{\lambda^y}{y!}\right)$ für $y \geq 0$ (ganzzahlig) und $\lambda > 0$

Erwartungswert: $\varepsilon\{y\} = \lambda$

Varianz: $\sigma^2(y) = \lambda$

Eng verwandt mit der Poissonverteilung sind die diskreten **Binomialverteilung**, die **negative Binomialverteilung** sowie die **geometrische Verteilung** (vgl. Schlittgen u. Streitberg 1996, S. 196-206).

Rechtsschiefe Verteilungstypen

Bei der Risikoanalyse kommen oft rechtsschiefe Verteilungstypen (vgl. Abb. 5.13.) zum Einsatz.

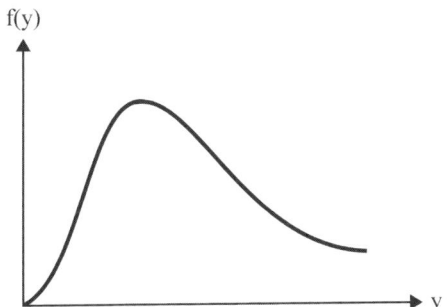

Abb. 5.13. Rechtsschiefe Verteilungstypen

Dazu gehören u.a. die

Gammaverteilung

Bei der Risikoaggregation ergibt sich die Gamma-Verteilung aus der Summe bzw. der Faltung von exponentiell verteilten oder gammaverteilten Zufallsvariablen. Für die Summe von k (ganzzahlig) exponentiell verteilten Zufallsvariablen mit Parameter λ ergibt sich als Spezialfall die **Erlang-k-Verteilung** (vgl. Hartung et al. 1999, S.234-235).

Bei der Faltung ändert sich der polynomiale Term der Funktion und damit der Erwartungswert und die Varianz. Mit k = 1 stellt die Exponentialverteilung einen Spezialfall der Gammaverteilung dar.

Dichtefunktion: $\quad f(y) = \begin{cases} \dfrac{\lambda^k y^{(k-1)} e^{-\lambda y}}{(k-1)!} & \text{für } \lambda > 0, k > 0 \text{ und } y \geq 0 \\ 0 & \text{sonst} \end{cases}$

Erwartungswert: $\quad \varepsilon\{y\} = \dfrac{k}{\lambda}$

Varianz: $\quad \sigma^2(y) = \dfrac{k}{\lambda^2}$

Lognormal-Verteilung

Sie ergibt sich aus der Normalverteilung, wenn $\ln y \sim N(\mu, \sigma)$. Sie wird z.B. beobachtet, wenn die *Zuwachsraten der Risikohöhen* in verschiedenen Perioden unabhängig voneinander und zufällig zu- oder abnehmen. Die Risikoaggregation oder Faltung der Zuwachsraten über längere Zeitperioden konvergiert dann gegen eine logarithmische Normalverteilung.

Dichtefunktion: $\quad f(y) \;=\; \dfrac{1}{\sigma\sqrt{2\pi}}\dfrac{1}{y}\exp\left\{-\dfrac{(\ln y - \mu)^2}{2\sigma^2}\right\} \quad$ für $\;\; y > 0$

Erwartungswert: $\quad \varepsilon\{y\} \;=\; e^{\mu + \frac{\sigma^2}{2}}$

Varianz: $\quad\quad\quad \sigma^2(y) \;=\; e^{2\mu + \sigma^2}(e^{\sigma^2} - 1)$

5.4.4 Erzeugung von Zufallszahlen

Zufallszahlen für Simulationsexperimente werden gewöhnlich in der Form von **Pseudozufallszahlen** durch die vier arithmetischen Grundoperationen (Kongruenzen) auf dem Computer erzeugt. So werden nach Vorgabe einer ersten Zufallszahl r_0 („*seed*") nach einer Beziehung wie

$$z_{n+1} = (a \cdot z_n + c)\,(\mathrm{mod}\ m)$$
(mod m entspricht dem Divisionsrest, wenn durch m dividiert wird)

rekursiv weitere Zufallszahlen erzeugt. Die Zufallszahl z_{n+1} ergibt sich bei dieser Kongruenz erster Ordnung als Divisionsrest, wenn der Ausdruck $(a \cdot z_n + c)$ durch m dividiert wird. Hierbei müssen a, c und m die Anforderung erfüllen, dass es auf dem Computer durch die Multiplikation mit a, der Addition von c und Division durch m zu „*Überläufen*" in der für die Darstellung einer Zahl vorgesehenen „Wortlänge (z. B. 32 bit)" kommt. Die Pseudozufallszahlen $0 < z \leq 1$ sind dann nahezu gleichverteilt (**Anm.**: Erzeugung mit Excel durch „=ZUFALLSZAHL()").

Erzeugung von Zufallszahlen nach der Inversionsmethode

Zufallszahlen spezieller Verteilungen, z. B. der einer Dreiecksverteilung, lassen sich neben anderen Methoden auch nach der Inversionsmethode aus gleichverteilten Zufallszahlen erzeugen. Das Prinzip dieses Verfahrens ist in folgender Grafik durch Pfeile dargestellt: Die gewünschte Verteilung $F(y)$ einer zufälligen Grösse wird gegen y abgetragen. Gleichverteilte Zufallszahlen $0 \leq z = F(y) \leq 1$ werden an der Verteilung „*invertiert*" und ergeben die Zufallszahlen y der gewünschten Verteilung.

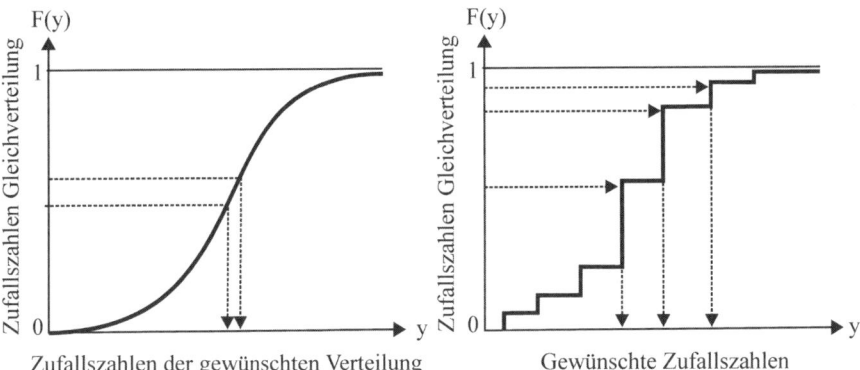

Abb. 5.14. Inversionsmethode der Zufallszahlenerzeugung

Sei $F(y) = \int_{-\infty}^{y} f(y')dy'$ oder im Beispiel Abb. 5.14. $F(y) = \int_{0}^{y} f(y')dy'$

die gewünschte Verteilungsfunktion, dann kann z. B. für eine über einen Zufallszahlengenerator erzeugte gleichverteilte Zahl $0 < z = 0.5629 \leq 1$ die Beziehung

$$0.5629 = \int_{-\infty}^{y} f(y')dy' = \int_{0}^{y} f(y')dy'$$

entweder analytisch, in Tabellenform oder wie oben grafisch nach der gewünschten Zufallszahl y aufgelöst werden. So ergibt sich beispielsweise analytisch über die Beziehungen

$$y = a + z \cdot (b - a)$$

eine **gleichverteilte Zufallszahl** in den Grenzen $a < y \leq b$.

Mit $y = a + (z \cdot (b - a)(m - a))^{1/2}$ für $z \leq (m - a)/(b - a)$

$y = b - ((1 - z)(b - m)(b - a))^{1/2}$ für $z > (m - a)/(b - a)$

erhält man eine **dreiecksverteilte Zufallszahl**.

Schliesslich wird mit

$$y = \frac{\ln(1 - z)}{-\lambda}$$

aus einer gleichverteilten Zufallszahl z eine **exponentiell verteilte Zufallszahl y**.

Über die Transformation $y = e^{y'}$ folgen **logarithmisch normalverteilte Zufallszahlen y**, wenn die $y' \sim N(\mu,\sigma)$ normal verteilte Zufallszahlen sind.

Bei anderen Verteilungen, die sich nicht in geschlossener Form integrieren lassen, können auch zahlentheoretische oder statistische Sätze zur Generierung der erforderlichen Zufallszahlen herangezogen werden. Es folgen näherungsweise **standardnormalverteilte Zufallszahlen y** auf der Basis des zentralen Grenzwertsatzes:

Wenn die $0 \le z_i \le 1$ gleichverteilte Zufallszahlen sind, dann ist die Summe

$$y = \sigma \left(\sum_{i=1}^{12} z_i - 6 \right) + \mu$$

näherungsweise normalverteilt mit Erwartungswert μ und Standardabweichung σ. Hieraus lassen sich die oben beschriebenen logarithmisch normalverteilten Zufallszahlen erzeugen. Daneben kann $F(y)$ aus einer numerischen Integration genau ermittelt und tabelliert werden.

Die oben angegeben Beziehungen können z. B. in einem Excel-Programm direkt zur Inversion verwendet werden:

„=ZUFALLSZAHL()"	Gleichverteilung (0;1)
„=NORMINV(ZUFALLSZAHL();μ;σ)"	Normalverteilung
„=STANDNORMINV(ZUFALLSZAHL())"	Standardnormalverteilung
„=LOGINV(ZUFALLSZAHL();μ;σ)"	logarithm. Normalverteilung
„=BETAINV(ZUFALLSZAHL();α;γ; a;b)"	Betaverteilung
„=GAMMAINV(ZUFALLSZAHL();λ;k)"	Gammaverteilung

Korrelierte Zufallszahlen

Bei Simulationsexperimenten stellt sich öfters die Frage, wie Zufallszahlen für **positiv oder negativ korrelierte Variablen x und y** erzeugt werden können. Im Prinzip bauen Methoden, die dies gestatten, auf der Beziehung

$$z = x + y$$
$$Var(z) = Var(x) + Var(y) + 2Cov(x,y) =$$
$$= Var(x) + Var(y) + 2 \cdot r_{xy}\sigma_x\sigma_y$$

auf. Dabei ist r_{xy} der Korrelationskoeffizient zwischen den Variablen, σ_x und σ_y ihre Standardabweichung. Sind x und y stochastisch unabhängig, dann verschwindet die Kovarianz, bei negativ korrelierten Variablen ist sie negativ, bei positiv korrelierten Variablen positiv.

Dadurch, dass Werte von x beispielsweise mit einer normalverteilten Zufallszahl $x = z_1$ und Werte von y über die normalverteilten Zufallszahlen z_1 und z_2 mit

$$y = r_{xy} \cdot z_1 + z_2 \cdot (1 - r_{xy}^2)^{1/2}$$

erzeugt werden, wird je nach Grösse des Korrelationskoeffizienten $r_{xy} \neq 0$ eine positive oder negative Korrelation zwischen den Zufallsvariablen x und y erzeugt (**Anm.**: Das skizzierte Verfahren lässt sich auf den allgemeinen Fall einer Summe von vielen interkorrelierten und normalverteilten Variablen erweitern, deren Varianz-Kovarianz-Matrix (vgl. Kapitel 3.9) vorgegeben ist. Dabei werden die Koeffizienten, mit denen die unkorrelierten normalverteilten Zufallszahlen z_1, z_2, ..., z_N multipliziert und zu den korrelierten Zufallszahlen aufaddiert werden, über eine **Cholesky-Faktorisierung** rekursiv bestimmt.) Falls z_1 und z_2 normalverteilt sind mit N(0,1), dann ist auch y verteilt mit N(0,1) (vgl. Kanzow 2005, S. 77-81; Meister 1999, S. 42-45; Hartung et al. 1999, S. 119-120).

In anderen Fällen ändert sich durch die arithmetische Operation meist der Verteilungstyp. So wurde z. B. gezeigt, wie sich aus der Addition zweier gleichverteilter Zufallszahlen eine Dreiecksverteilung ergibt. Möchte man deswegen korrelierte Zufallszahlen einer anderen als der Normalverteilung erhalten, hat sich vielfach der folgende näherungsweise Weg bewährt: Unter Anwendung der Inversionsmethode werden aus den nach obigem Weg berechneten korrelierten normalverteilten Zufallszahlen zunächst *„rückwärts"* korrelierte Zufallszahlen einer Gleichverteilung gewonnen.

Sei A1 eine Zufallszahl, die dem jeweiligen Quantil der Normal- oder Betaverteilung entspricht, dann gelingt dies in Excel beispielsweise über

„=NORMVERT(A1;μ;σ;1)"   oder über

„=BETAVERT(A1;α;γ; a;b)"   etc.

Diese gleichverteilten Zufallszahlen werden dann wieder nach der Inversionsmethode *„vorwärts"* in die korrelierten Zufallszahlen der gewünschten Verteilung transformiert.

Speziell für die Simulation von Portfolios mit normalverteilten Risiken können auf der Basis einer geschätzten oder vorgegebenen Varianz-Kovarianz-Matrix oder Korrelationsmatrix korrelierte Zufallszahlen einer multivariaten Normalverteilung oder von bedingten Verteilungen erzeugt werden (vgl. auch Naylor 1971, S. 396-405; Delaney u. Vaccari 1989, S. 460-477; Fishman 1996, S. 223-224).

Beispiel: Ein Unternehmen habe ein Portfolio aus fünf heterogenen Risiken mit verschiedenen Verteilungen bzw. Dichten und möchte den Erwartungswert, die Standardabweichung sowie die Dichtefunktion und Schiefe der gesamten Risikohöhe ermitteln. Das Portfolio enthält ein Risiko auf dem Gebiet des Umweltschutzes (1.), zwei Investitionsrisiken (2. und 3.), ein Risiko aus einer Auslandsbeteiligung (4.) sowie ein Forderungsrisiko (5.).

Die mit dem Umweltschutzrisiko verbundenen Zahlungen sind normalverteilt und stellen Verluste dar, die anderen Projekte generieren Gewinne. Die mit den beiden Investitionsrisiken verbundenen Zahlungen sind dreiecksverteilt und mit $r_{23} = 0.5$ positiv korreliert. Falls bei einem Projekt grosse (kleine) Zahlungen eintreten, bedeutet dies, dass auch beim anderen Projekt tendenziell grosse (kleine) Zahlungen eintreten. Die Zahlungen sind positiv und entsprechen Auszahlungen. Die mit dem Auslandsrisiko verbundenen Zahlungen sind normalverteilt. Die Zahlungen dieses Risikos sind mit den Zahlungen für das zweite Investitionsrisiko mit $r_{34} = - 0.2$ leicht negativ korreliert. Die Zahlungen des Forderungsrisikos (Risiko 5) sind exponentiell verteilt. Für alle Risiken liegen Schätzungen des Parameters a, des häufigsten Wertes m und des Parameters b vor. Der Wert des Forderungsrisikos b = 36.84 (GE) wird nur mit ein Prozent Wahrscheinlichkeit überschritten. Wenn die Verteilungsfunktion mit dieser Vorgabe nach λ aufgelöst wird, erhält man $\lambda = 0.125$ für den Parameter der Exponentialverteilung. Nach den bekannten analytischen Formeln werden aus den gegebenen Schätzwerten zunächst der Erwartungswert und die Standardabweichung der einzelnen Risiken errechnet (vgl. Tabelle 5.7.).

Tabelle 5.7. Simulation von fünf Risiken

Risikoabschätzung	a	m	b	$\varepsilon\{ X_i \}$	Var(X_i)	σ_i
Projekt						
1. Umweltschutz (Normal)	-10.00	-20.00	-30.00	-20.00	11.11	3.33
2. Investition (Dreieck)	10.00	30.00	40.00	26.67	38.89	6.24
3. Investition (Dreieck)	20.00	30.00	50.00	33.33	38.89	6.24
4. Beteiligung (Normal)	5.00	20.00	35.00	20.00	25.00	5.00
5. Forderung (Exponent.)	0.00	0.00	36.84	8.00	64.00	8.00
Summe					177.89	
$2 \cdot$ Cov(X_2, X_3) ($r_{23} = 0.5$)					38.89	
$2 \cdot$ Cov(X_3, X_4) ($r_{34} = - 0.2$)					-12.47	
Gesamtrisiko G(ΣX_i)						
Rechnung analytisch				**68.00**	**204.31**	**14.29**
Schätzung Simulation				**70.37**	**203.16**	**14.25**

Hieraus ergibt sich zunächst analytisch ein Erwartungswert von 68 (GE). Für die Standardabweichung des Gesamtrisikos erhält man 14.29 (GE). Jedes der Risiken wurde nun $n = 100$ Mal simuliert. Die Korrelationen zwischen den Risiken zwei und drei bzw. zwischen drei und vier wurden nach der oben beschriebenen Methode zunächst über standardnormalverteilte Zufallszahlen hergestellt. Diese wurden invertiert und in dreiecksverteilte Zufallszahlen umgerechnet.

Statt $r_{23} = 0.50$ wurde aus der Stichprobe der Wert $\hat{r}_{23} = 0.51$ geschätzt, statt $r_{34} = -0.20$ folgte der Schätzwert $\hat{r}_{34} = -0.18$.

In Tabelle 5.7. sind auch der Erwartungswert und die Standardabweichung eingetragen, die aus der Simulation folgen. Schliesslich ist in der nachfolgenden Abb. 5.15. ein Histogramm der Resultate gezeigt. Für die Dichtefunktion wird empirisch eine Schiefe von $s_1 = 0.013$ und eine Wölbung von $s_2 = -0.137$ ermittelt. Man kann zeigen, dass beide Parameter nicht signifikant von Null verschieden sind. Trotz der asymmetrischen Dreiecksverteilungen und der Exponentialverteilung ist die resultierende Verteilung des Gesamtrisikos also fast symmetrisch und gewölbt wie eine Normalverteilung. Es soll in Kapitel 5.4.6 getrennt untersucht werden, ob die empirisch gefundene Dichtefunktion mit der eingezeichneten normalen Dichte verträglich ist oder ob eine andere Verteilung angenommen werden sollte.

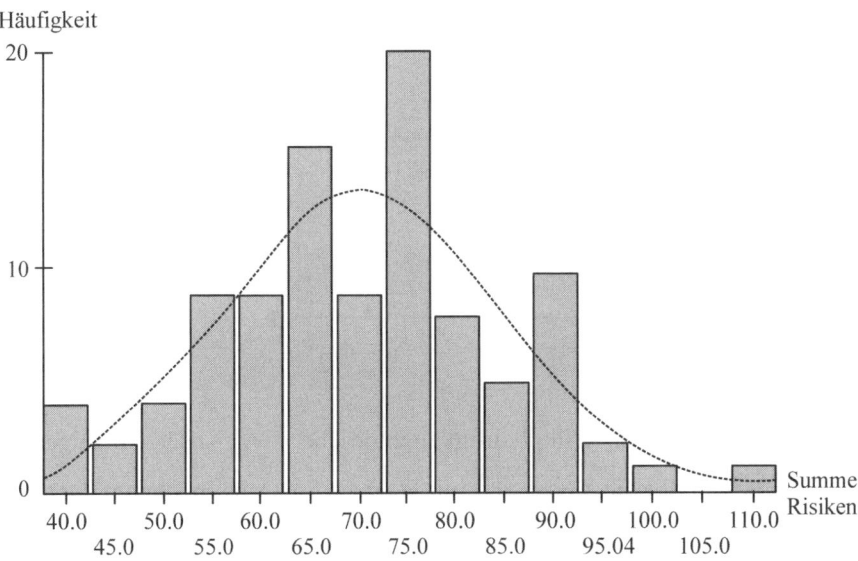

Abb. 5.15. Resultat der Simulation des Gesamtrisikos

Das 1%-Percentil beträgt 37.81 (GE), das 99%-Percentil 110.06 (GE). Das 25%-Quartil beträgt 60.7 (GE), das 75%-Quartil 79.1 (GE). Damit ist die Interquartilsdistanz 18.4 (GE). Dies sind Werte, die jeweils für die Bestimmung eines Value-at-Risk herangezogen werden können.

5.4.5 Verteilung von Frequenz, Höhe und Gesamtrisiko

Verteilung der Risikofrequenz oder -häufigkeit

Seien $t_1, t_2, \ldots, t_N$ zufällige Zeiten, zu denen Risikoereignisse der zufälligen Höhe $X_1, X_2, \ldots, X_N$ eintreten, dann nennt man $\{X(t); t \in T\}$ einen **stochastischen Prozess**. Bezogen auf eine Zeit- oder Planperiode entspricht die Zahl zufällig eintreffender Ereignisse in einer Periode der Risikofrequenz. Verschiedene Risikofrequenzen entsprechen verschiedenen Eintreffenswahrscheinlichkeiten.

Je nachdem wie der Zeitindex t gewählt wird, spricht man von stochastischen Prozessen **mit diskretem oder kontinuierlichem Zeitparameter**. Man spricht von einem **Zählprozess** $\{N(t); t > 0\}$, wenn $N(t)$ die möglichen Zufallsereignisse ihrer Zahl nach bis t aufsummiert. In nachfolgender Abbildung ist ein kumulierter Prozess dargestellt, der die Risikohöhen X_i bei kontinuierlichem Zeitparameter aufsummiert. Die Höhe der vertikalen Linien entspricht der Grösse der X_t.

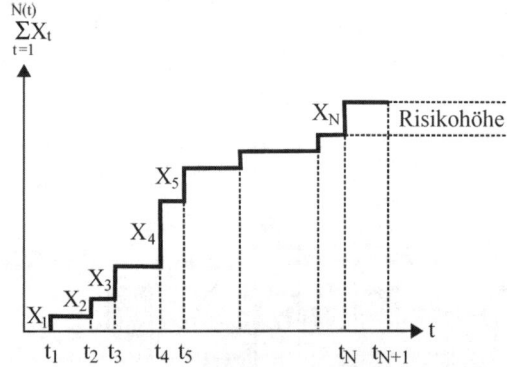

Abb.5.16. Zählprozess

Die Beschreibung der Risikohäufigkeit kann über zwei Ansätze erfolgen:

1. Man beschreibt die Verteilung mit $F(t = t_j - t_i)$. Dabei bedeuten die $t_j \geq t_i$ die Eintreffenszeiten der Risikoereignisse i und j.

2. Man beschreibt die Verteilung der Zahl Ereignisse $N(t)$ in einer Zeitperiode t.

Häufig wird für die **Risikozwischenzeiten** $t = t_j - t_i$ neben einer Gleichverteilung auch eine Exponentialverteilung (bzw. -dichte) unterstellt. Diese ist über

$$f(t) = \lambda\, e^{-\lambda t} \quad \text{für} \quad \lambda > 0 \quad \text{und} \quad t \geq 0 \quad \text{mit}$$

$$\varepsilon\{t\} = \frac{1}{\lambda} \quad \text{und} \quad \sigma^2(t) = \frac{1}{\lambda^2} \quad \text{definiert.}$$

Die Exponentialverteilung hat einige interessante Eigenschaften:

- $f(t)$ nimmt mit steigendem t monoton ab. Die Wahrscheinlichkeit $(1 - F(t))$ nimmt mit grossem t stark ab, d. h. lange Risikozwischenzeiten werden schnell unwahrscheinlich.

- Die Dichte $f(t)$ hat kein „*Erinnerungsvermögen*", ein Risiko tritt damit also immer unabhängig von anderen Risiken ein.

- Für die Anzahl $N(t)$ der in einem Zeitintervall t eintretenden Risikoereignisse folgt aus der Exponentialverteilung eine **Poissonverteilung** mit

$$f(t) \equiv P\{N(t) = n\} = e^{-\lambda t}\, \frac{(\lambda t)^n}{n!} \quad \text{für n ganzzahlig und } \lambda > 0, N(0) = 0$$

$$\varepsilon\{t\} = \lambda t$$

$$\sigma^2(t) = \lambda t\,.$$

Damit sind also sowohl der Erwartungswert als auch die Varianz proportional zur Länge des Zeitintervalls t. Darüber hinaus ist

$$P\{N(t) \leq n\} = \sum_{i=0}^{n} e^{-\lambda t}\, \frac{(\lambda t)^i}{i!}$$

die Wahrscheinlichkeit dafür, dass in einer Periode t insgesamt bis zu $N(t) = n$ Ereignisse eintreten. Dabei ist

$$P\{N(t) = 0\} = e^{-\lambda t}$$

die Wahrscheinlichkeit dafür, dass das erste Ereignis nach t Zeiteinheiten eintritt. Für kleine Zeiten Δt folgt aus einer Taylorentwicklung, dass

$$P\{N(t) = 0\} - P\{N(t + \Delta t) = 0\} = 1 - \lambda t - 1 + \lambda t + \lambda \Delta t + - \dots \approx \lambda \Delta t$$

die Wahrscheinlichkeit für das Eintreten eines Ereignisses im Intervall Δt ist. Dabei ist λ die **mittlere Eintreffens- oder Ankunftsrate** der Ereignisse pro Zeiteinheit.

Falls der Erwartungswert oder die Varianz der Poissonverteilung einen Trend aufweisen (z. B. beim *moral hazard* in der Krankenversicherung einzelner Personen) oder selber durch einen Zufallsprozess beschrieben werden, gelangt man unter der Zuhilfenahme **mischender Verteilungen** zu komplizierteren Risikoprozessen. Ihre Verteilungen können numerisch berechnet oder über Simulationen ermittelt werden.

Bei so genannten **Kumulrisiken** treffen mehrere Ereignisse so gut wie gleichzeitig ein bzw. ein Ereignis beeinflusst gleichzeitig mehrere Einzelrisiken (vgl. Abb. 5.17.). Diese Prozesse können durch **Klumpen-Poisson-Prozesse** beschrieben werden. Die diskrete Klumpenverteilung bzw. die Klumpendichte f(m) beschreibt die Häufigkeit, mit der m = 1, 2, 3, ..., M Ereignisse gleichzeitig eintreffen.

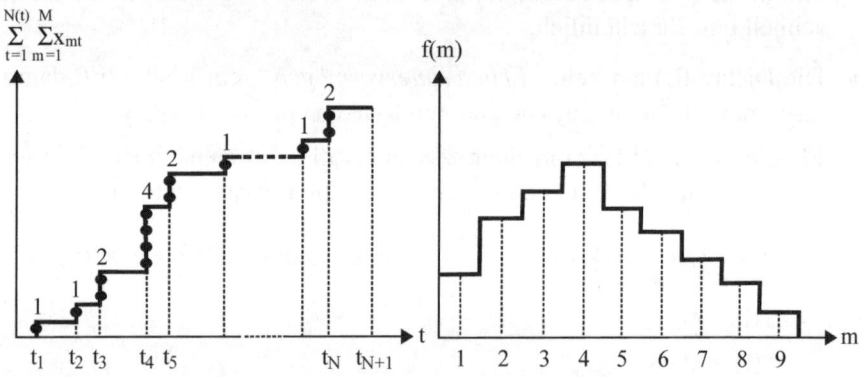

Abb. 5.17. Gesamtrisiko Klumpenprozess und Klumpendichte f(m)

Verteilung der Risikohöhe

Entweder erfolgt die Beschreibung mit einer diskreten Verteilung oder es wird eine der schon vorgestellten Verteilungen

- Normalverteilung oder gestutzte Normalverteilung,
- Logarithmische Normalverteilung,
- Exponentialverteilung,
- Gamma-Verteilung,
- Beta-Verteilung,
- Dreiecks-Verteilung

oder weitere in der Literatur diskutierte Verteilungen eingesetzt.

Verteilung des Gesamtrisikos G(X,t)

Die Verteilung des Gesamtrisikos wird für kontinuierliche Verteilungen durch die numerische Berechnung von Faltungsintegralen, im diskreten Fall durch die Berechnung von Faltungssummen oder alternativ in beiden

Fällen auch über Monte-Carlo-Simulationen bestimmt. Beim Vorliegen von Kumulrisiken wären in einem Simulationsexperiment bis zu drei verschiedene Zufallszahlen zu ziehen. Für die

1. Simulation des Zeitabstandes oder der Frequenz der Ereignisse,

2. Bestimmung der Zahl der Ereignisse pro Ereignistermin über die Klumpenverteilung,

3. Simulation der Risikohöhe.

5.4.6 Schätzung und Prüfung der Verteilungen

Um herauszufinden, welcher Verteilung die Risikohöhe, die Risikofrequenz oder das Gesamtrisiko entsprechen, betrachtet man am besten die Häufigkeitsverteilung der empirischen oder simulierten Werte und vergleicht ihren Verlauf mit den Verläufen bekannter Verteilungen. Dabei wird der Fall, dass zwei diskrete Verteilungen verglichen werden (Abb. 5.18. rechts), vom Fall unterschieden, dass eine hypothetische kontinuierliche Verteilung $F_0(y)$ mit einer gemessenen diskreten Verteilung $F(y)$ verglichen wird (links).

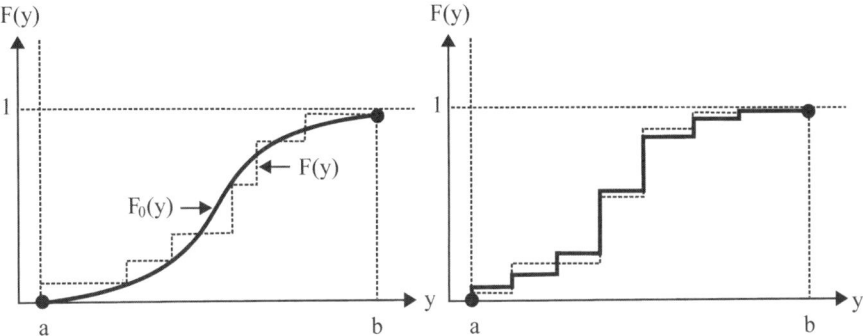

Abb. 5.18. Prüfung einer Verteilung

In Abb. 5.19. (oberes Bild) ist die Häufigkeitsverteilung des Gesamtrisikos des Risikoportfolios aus Tabelle 5.7. bei n = 3000 Simulationen abgetragen. Der Verlauf ähnelt einer Normalverteilung oder einer symmetrischen Beta-Verteilung.

Die Übereinstimmung einer angenommenen Verteilung $F_0(X)$ mit der empirischen Verteilung $F(X)$ kann mit Hilfe von **Q-Q-Plots**, dem χ^2-**Anpassungstest** oder dem **Kolmogorov-Smirnov-Anpassungstest** überprüft werden.

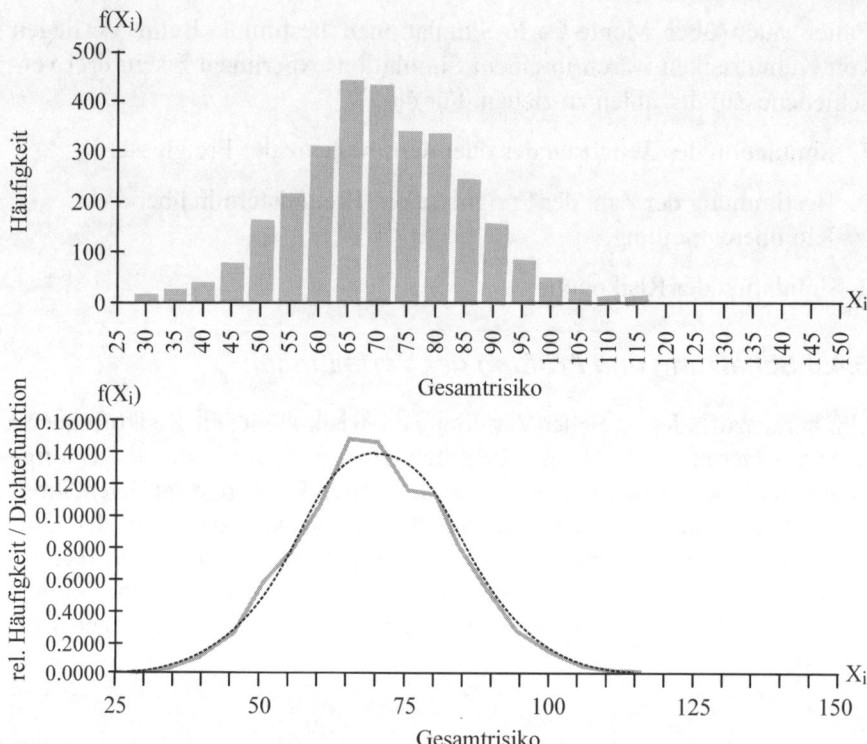

Abb. 5.19. Häufigkeitsverteilung, relative Häufigkeiten und Dichtefunktion

Dabei müssen die spezifischen Parameter der hypothetischen Verteilungen zunächst durch konkrete Zahlenwerte konkretisiert werden. Diese Werte ergeben sich entweder durch das analytische Modell einer in Gleichungsform unterstellten Verteilung oder über die Schätzwerte für die Parameter der unterstellten Verteilung. Diese werden aus den empirischen Daten ermittelt und in die unterstellte Verteilung eingesetzt. Meist werden der Erwartungswert und die Varianz für diese Parametrisierung verwendet. Der Erwartungswert wird gewöhnlich als Mittelwert geschätzt, die Varianz ergibt sich aus den empirischen oder simulierten Daten als mittlere quadratische Abweichung der Datenpunkte vom Mittelwert.

Beim Risikoportfolio-Beispiel des vorigen Kapitels ergaben sich unter Berücksichtigung der Korrelationen bzw. Kovarianzen die folgenden analytischen Schätzungen für das Gesamtrisiko G(X):

$$\varepsilon\{G\} = \varepsilon\{X_1\} + \varepsilon\{X_2\} + \varepsilon\{X_3\} + \varepsilon\{X_4\} + \varepsilon\{X_5\} = 68$$

$$\text{Var}(G) = \text{Var}\{X_1\} + \text{Var}\{X_2\} + \text{Var}\{X_3\} + \text{Var}\{X_4\} + \text{Var}\{X_5\} + {} + 2 \cdot \text{Cov}(X_2,X_3) + 2 \cdot \text{Cov}(X_3,X_4) = 204.31$$

Bei n = 100 Simulationsläufen ergab sich für das Gesamtrisiko ein Mittelwert von 70.37 und eine mittlere quadratische Abweichung von 203.16. Bei n = 3000 ergaben sich die Werte 68.11 und 204.20. Die theoretischen und empirischen Werte entsprechen sich recht genau, allerdings muss nun überprüft werden, ob die theoretisch unterstellte Normalverteilung oder eine Betaverteilung mit den empirischen Daten verträglich ist:

Der **Quantile-Quantile-Plot** (Q-Q-Plot) vergleicht die empirischen und die theoretischen Quantile (vgl. Kapitel 5.4.1) und stellt beide in einem Diagramm, dem so genannten Q-Q-Plot dar. Entsprechen sich die beiden Quantilwerte, d. h. liegen sie möglichst genau auf der Diagonalen mit Steigung 45° im Q-Q-Plot, so kann man davon ausgehen, dass die empirischen Daten die angenommene theoretische Verteilung besitzen. Abweichungen von der Geraden deuten darauf hin, dass die Verteilungsannahme nicht zutrifft.

Für den Vergleich der Quantilwerte werden die geordneten, empirischen Beobachtungswerte der Zufallsvariablen benötigt: X_1, X_2, ..., X_n. Der i-te Wert X_i entspricht dem i/(n+1)-Quantil der beobachteten Werte.

Dieses empirische Quantil wird direkt mit dem i/(n+1)-Quantil der angenommenen Verteilung verglichen. Abbildung 5.20. zeigt einen entsprechenden Q-Q-Plot für das Risikoportfolio bei n = 3000 Simulationen. Es wird geprüft, ob die empirischen Daten einer Normalverteilung mit μ = 68 und $Var(X_i)$ = 204.20 bzw. σ = 14.29 entsprechen. Wie die Abb. 5.20. zeigt, sind die Quantilwerte beider Verteilungen fast identisch. Man könnte deshalb davon ausgehen, dass die empirische Verteilung der angenommenen Verteilung entspricht.

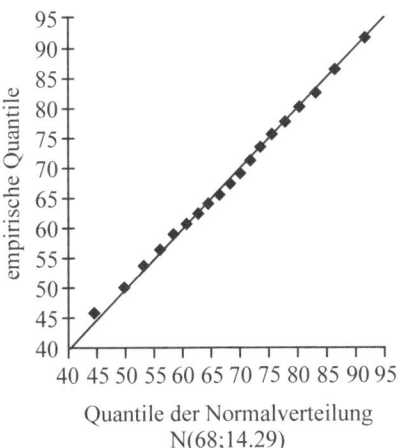

Quantile der Normalverteilung
N(68;14.29)

Abb. 5.20. Q-Q-Plot

Der χ^2-**Anpassungstest** testet statistisch, ob die unbekannte Verteilung der beobachteten Werte einer hypothetischen Verteilung entspricht. Welche Verteilung angenommen werden soll, wird in der Regel mit Hilfe der Häufigkeitsverteilung festgelegt. Die Häufigkeitsverteilung (oberes Bild) aus Abb. 5.19. lässt auf eine Normalverteilung oder eine symmetrische Betaverteilung schliessen. Das untere Bild zeigt die relativen Häufigkeiten der empirischen Daten (durchgezogene Linie) und die Dichtefunktion der angenommenen Normalverteilung mit $\mu = 68$ und $\sigma = 14.29$ (gestrichelte Linie). Mit Hilfe des χ^2-Anpassungstests kann überprüft werden, ob sich die beiden Kurven signifikant unterscheiden.

Dazu wird der Wertebereich der untersuchten Grösse, die auf der X-Achse dargestellt ist, in k aneinander angrenzende Intervalle unterteilt. Für jedes Intervall I_j wird die Anzahl h_j der im Intervall liegenden empirischen Werte gezählt. Insgesamt wurden n Werte beobachtet. Es ergibt sich die empirische Verteilung F. Mit Hilfe der angenommenen Verteilung F_0 wird die Wahrscheinlichkeit p_j ermittelt, mit der ein Beobachtungswert in das Intervall I_j fällt. Die Intervalle I_j sind so zu wählen, dass sowohl sämtliche h_j als auch die $n \cdot p_j$ einen Wert grösser oder gleich fünf annehmen. Mit diesen Grössen kann die Testfunktion T ermittelt werden:

$$T = \sum_{j=1}^{k} \frac{h_j - n \cdot p}{n \cdot p_j} \ .$$

Die Testfunktion genügt unter der Nullhypothese, dass beide Verteilungen gleich sind, d. h. $H_0 : F = F_0$, einer $\chi^2_{(k-1),(1-\alpha)}$-Verteilung mit $(k-1)$ Freiheitsgraden und Signifikanzniveau α. Die Testfunktion T misst den normierten quadratischen Abstand zwischen der empirisch beobachteten Häufigkeit h_j und der theoretisch erwarteten Häufigkeit $n \cdot p_j$. Entsprechen sich die beiden Verteilungen, so ist der Abstand der beiden Werte gering. Ein grosser Wert von $T > \chi^2_{(k-1),(1-\alpha)}$ bringt somit eine Ablehnung der angenommenen Verteilung mit sich (vgl. Bamberg u. Baur 2001, S. 198-202).

Für das Risikoportfolio-Beispiel ergibt sich mit n = 3000 Simulationen und einer Einteilung in 100 äquidistante Intervalle eine Teststatistik von T = 130.53. Der p-Wert der χ^2-Verteilung mit $(k - 1) = 99$ Freiheitsgraden beträgt bei einem Signifikanzniveau von $\alpha = 5\%$ nur T = 123.23. Somit muss die Nullhypothese $H_0 : F = F_0$ abgelehnt werden.

Auch beim Vorliegen stetiger Zufallsvariablen muss beim χ^2-Anpassungstest eine Klasseneinteilung vorgenommen werden. Zudem hängt das Ergebnis von der Intervalleinteilung ab. Dieser Einfluss zeigt sich besonders bei kleineren Stichproben. Deshalb bietet sich bei stetigen Variablen insbesondere der **Kolmogorov-Smirnov-Anpassungstest** zur Überprüfung einer angenommenen Verteilung an (vgl. Toutenburg 2000, S. 168-171). Auch hier wird $H_0 : F(X) = F_0(X)$ gegen $H_1 : F(X) \neq F_0(X)$ getestet. Die Teststatistik ergibt sich bei diesem Test durch die grösste Abweichung zwischen empirischer und theoretischer Verteilung (vgl. Abb. 5.21.)

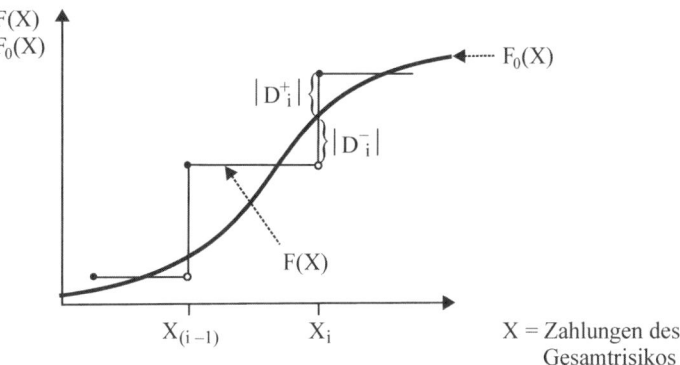

Abb. 5.21. Differenzen beim Kolmogorov-Smirnov-Test

Für die Durchführung dieses Tests müssen zunächst alle empirischen Daten der Grösse nach geordnet werden ($X_1, X_2, ..., X_n$). Dann wird die empirische Verteilungsfunktion bestimmt:

$$F(X) = \begin{cases} 0 & -\infty < X < X_1 \\ i/n & X_i \leq X < X_{i+1} \; ; i = 1, ..., n-1 \\ 1 & X_n \leq X < \infty \end{cases}$$

Mit n wird die Gesamtanzahl der beobachteten Datenwerte bzw. die Gesamtzahl der Simulationen bezeichnet. Die Teststatistik D berechnet sich aus der grössten absoluten Differenz zwischen empirischer (= F(X)) und hypothetischer (= $F_0(X)$) Verteilungsfunktion:

$$D = \sup_x \left| F_0(X) - F(X) \right| = \max_{i=1, ..., n} \left\{ \left| D^+_i \right|, \left| D^-_i \right| \right\}$$

mit $D^+_i = F(X_i) - F_0(X_i)$ und $D^-_i = F(X_{i-1}) - F_0(X_i)$.

Die kritischen Werte $d_{n,(1-\alpha)}$, mit denen D verglichen wird, sind tabelliert (vgl. z.B. Toutenburg 2000, S. 170).

Ist D bei einem vorgegebenen Signifikanzniveau α grösser als der entsprechende kritische Wert $d_{n,(1-\alpha)}$, wird H_0 abgelehnt.

Für das Simulationsbeispiel von Kapitel 5.4.5 ergibt sich eine Teststatistik von D = 0.02288. Die Nullhypothese wird nicht verworfen, da bei einem Fehler von α = 5% D $\leq$ $d_{n;(1-\alpha)}$ = 0.02483 ist. Damit würde der Kolmogorov-Smirnov-Test die Nullhypothese H_0 : F = F_0 der Normalverteilung der Daten von Abb. 5.19. wie auch der Q-Q-Plot akzeptieren, während der χ^2-Anpassungstest zu einer Ablehnung führt. Es müsste nun genauer untersucht werden, wo die Ursachen für diese Abweichung beim selben Signifikanzniveau α liegen bzw. das Niveau α müsste angehoben werden.

5.5 Risikoausgleich im Kollektiv und in der Zeit

Angenommen die Risikohöhen und bzw. oder die Risikofrequenzen werden tabellarisch für die risikotechnischen Einheiten i = 1, 2, 3, ..., n (Zeilen) und für Zeiten t = 1, 2, ..., T (Spalten) erfasst, dann enthält die untenstehende Tabelle 5.8. sowohl Querschnitts- als auch Zeitreihendaten.

Tabelle 5.8. Risiken im Querschnitt und in der Zeit

Risikotechnische Einheit	Zeit				
	1	2	.	t	. T
1	X_{11}	X_{12}	.	.	. X_{1T}
2	X_{21}	X_{22}	.	.	. X_{2T}
.	.	.	.	.	.
i	.	.	.	X_{it}	. .
.	.	.	.	.	.
n	X_{n1}	X_{n2}	.	.	. X_{nT}

Es soll kurz diskutiert werden, wie sich die Risiken spaltenweise auf der Basis von Querschnittsdaten zu einer Zeit oder zeilenweise in der Form von Zeitreihendaten beschreiben und abschätzen lassen. Im ersten Fall spricht man im Risikomanagement gewöhnlich vom **Risikoausgleich im Kollektiv**, im zweiten Fall vom **Risikoausgleich in der Zeit**.

5.5.1 Risikoausgleich im Kollektiv

Wenn die X_{i1}, i = (1, n), Zufallsvariablen in einer Periode t = 1 sind, lassen sich über die Beziehungen für den Erwartungswert

$$\varepsilon\{\sum_{i=1}^{n} X_{i1}\} = \varepsilon\{X_{11}\} + \varepsilon\{X_{21}\} + \varepsilon\{X_{31}\} + ... + \varepsilon\{X_{n1}\}$$

und die Varianz der Summenverteilung

$$\text{Var}(\sum_{i=1}^{n} X_{i1}) = \sum_{i=1}^{n} \text{Var}(X_{i1}) + 2\sum_{i=1}^{n} \sum_{j=i+1}^{n} \text{Cov}(X_{i1}, X_{j1})$$

Risiken spaltenweise abschätzen. Analog kann zeilenweise für t = (1, T) vorgegangen werden, wenn die Kopplung von Risiken über die Zeit beschrieben wird.

Die **Kreuzkorrelation**

$$-1 \le r_{X_{i1}X_{j1}} \le 1$$

zwischen den Risiken i und j zur Zeit t = 1 wird durch

$$r_{X_{i1}X_{j1}} = \frac{\text{Cov}(X_{i1}, X_{j1})}{\sigma_{X_{i1}} \sigma_{X_{j1}}}$$

gemessen oder geschätzt.

Auch die Korrelationen zwischen den Zeilen bzw. Spalten der Matrix lassen sich nach den obigen Beziehungen berechnen. Werden Spalten, also verschiedene Risiken zu verschiedenen Zeiten, miteinander in Beziehung gebracht, ist die Masszahl für die Stärke des Zusammenhanges in verschiedenen Perioden t = (1, T) der Koeffizient der Kreuzkorrelation.

Die **Autokorrelation** der Risikowerte in einer Zeile gibt die Kopplung eines Risikos über mehrere Perioden oder sein *Risikogedächtnis* an.

Der **Autokorrelationskoeffizient**

$$-1 \le r_{X_{it}X_{i,t-\tau}} \le 1$$

für ein Risiko i zu Zeiten t und (t − τ) wird über

$$r_{X_{it}X_{i,t-\tau}} = \frac{\text{Cov}(X_{it}, X_{i,t-\tau})}{\sigma_{X_{it}} \sigma_{X_{i,t-\tau}}}$$

aus der Autokovarianz und den Standardabweichungen bestimmt und beschreibt die zeitliche Kopplung eines Risikos über mehrere Perioden. Häufig vorkommende Beispiele hierfür sind die mit strategischen Projekten, wie F & E-Projekten, verbundenen Ein- und Auszahlungen, die sich über mehrere Jahre hinziehen können.

Insgesamt kann man zunächst feststellen, dass bei verschwindenden Kovarianzen der Kolonnen die Gesamtvarianz – und damit das Risiko – linear mit der Zahl der Risiken oder Zufallsvariablen bzw. der risikotechnischen

Einheiten ansteigt. Die aus der Varianz hergeleitete Standardabweichung des Gesamtrisikos nimmt allerdings nur mit der Wurzel aus der Summe der Varianzen der Einzelrisiken zu. Wird die Standardabweichung aber pro Einzelrisiko berechnet, nimmt diese aufgrund von Diversifikationseffekten mit der Zahl der Risiken meist ab. Dasselbe gilt, wenn ein Risiko sich über verschiedene Perioden t erstreckt: Meist ergibt sich pro Periode eine Verringerung der Standardabweichung des Gesamtrisikos pro Periode, wenn Daten für mehrere Perioden vorliegen. Im seltenen Fall von Kumul- oder Klumpenrisiken kann die Standardabweichung pro Risiko oder pro Periode aber auch ansteigen.

Einige der skizzierten Fälle sollen nachfolgend über einfache Entscheidungsbäume veranschaulicht werden.

Beispiele: Angenommen $X_{11} = 1'000$ (GE) sei der Schaden, der den Mitarbeitern eines Unternehmens durch Lohn- und etwaige Pensionsausfälle entsteht, wenn ihr Unternehmen (Unternehmen_1) Konkurs macht, sonst sei $X_{11} = 0$ (GE).

Die Konkurswahrscheinlichkeit in Periode $t = 1$ sei $p = 0.1$. Damit wird der erwartete Schaden $\varepsilon\{X_{11}\} \equiv p \cdot X_{11} = 100$ (GE) und für die Varianz folgt

$$\text{Var}\{X_{11}\} \equiv (1'000 - 100)^2 \cdot 0.1 + (0 - 100)^2 \cdot 0.9 = 90'000 \ (\text{GE}^2).$$

Hieraus bestimmt sich die Standardabweichung zu $\sigma = 300$ (GE). Die Situation ist bei risikoneutraler Betrachtung mit einem Sicherheitsäquivalent $X = \varepsilon\{X_{11}\}$ an folgendem Entscheidungsbaum dargestellt:

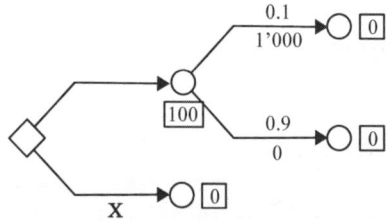

Abb.5.22. Erwartungswert und Standardabweichung für Konkursschaden

Angenommen es droht nun der Konkurs von zwei Unternehmen Unternehmen_1 und Unternehmen_2, die beide stochastisch unabhängig voneinander sein sollen. Konkursschaden und Wahrscheinlichkeit soll jeweils dem Fall eines Unternehmens entsprechen (vgl. auch Doherty 1985, 101-135; 2000, S. 87-126). Auch diese Situation wird anhand eines Entscheidungsbaumes analysiert. Nun gibt es mehrere Möglichkeiten: Eines der beiden Unternehmen kann Konkurs machen. Der Schaden beträgt dann 1'000 (GE). Die Wahrscheinlichkeit dafür ist $0.18 = (2 \cdot 0.09)$.

Falls keines der beiden Unternehmen Konkurs macht, entsteht kein Schaden; die Wahrscheinlichkeit hierfür beträgt $0.81 = 0.9 \cdot 0.9$.

Es können allerdings auch beide Unternehmen mit einer Wahrscheinlichkeit von 0.01 in Konkurs gehen. Der Schaden beträgt dann $2'000$ (GE).

Die Faltung der Verteilungen der beiden Unternehmen ist in Abb. 5.23. rechts dargestellt.

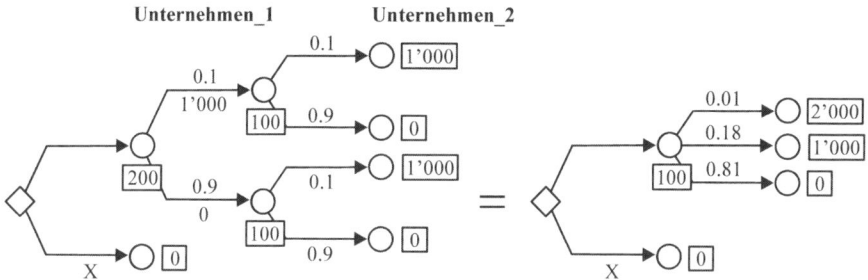

Abb.5.23. Erwartungswert für zwei Konkursschäden

Es ist nun

$$\varepsilon\{X_{11}\} + \varepsilon\{X_{21}\} = 200 \text{ und } \mathrm{Var}(\sum_{i=1}^{2} X_{i1}) = 180'000.$$

Somit folgt $\sigma = 424.3$.

Damit ist sowohl der erwartete Verlust als auch seine Varianz bzw. Standardabweichung für das Risikoportfolio aus zwei Firmen angestiegen. Wenn man aber die entsprechenden Werte **pro risikotechnischer Einheit** oder pro Firma berechnet, ergibt sich

$$\varepsilon\{X_{11}\} \equiv \varepsilon\{X_{21}\} = 100 \text{ und}$$

$$\sigma(X_{11}) \equiv \sigma(X_{21}) = \frac{300}{\sqrt{2}} = \frac{424.3}{2} = 212.13 \;.$$

Der Schätzwert des Erwartungswertes bleibt gegenüber dem Fall mit nur einem Unternehmen unverändert, aber seine Standardabweichung hat stark abgenommen. Dies bedeutet, dass der Erwartungswert mit einer Stichprobe von n = 2 Unternehmen genauer bestimmt oder eingegrenzt werden kann. Daraus folgt für einen Versicherer, der die beiden Unternehmen gegen Insolvenz versichern möchte, eine **Risikoreduktion pro Einheit**.

Angenommen die Mitarbeiter von Unternehmen_1 oder Unternehmen_2 haben eine exponentielle Nutzenfunktion mit Risikotoleranzparameter R = 1'000.

Dann ist

$$z_C = \varepsilon\{X_{11}\} + \frac{1}{2} \cdot \frac{Var(X_{11})}{R} = 100 + 45 = 145$$

ein Sicherheitsäquivalent (Schaden) für die Situation, weil die Mitarbeiter nur bei jeweils einer Firma tätig sind und es für sie damit keinen Diversifikationseffekt gibt. Positive Zahlen werden dabei als Schäden verstanden. Der erwartete Schaden bei Risikoscheu wird durch die Risikoprämie also nur vergrössert. Es sei ferner angenommen, dass eine Insolvenzversicherung den Unternehmen eine Versicherung mit der sicheren Jahresprämie von X = 120 (GE) anbietet, die den drohenden Schaden von 1'000 (GE) regulieren würde. Bei Risikoneutralität würde diese Versicherung zwar abgelehnt, im vorliegenden Fall wird sie aber akzeptiert, weil der erwartete Nutzen mit (145-120) = 25 (GE) positiv wäre.

Eine ähnliche Überlegung kann nun aus der Sicht des Versicherungsunternehmens angestellt werden. Angenommen es habe ebenfalls eine exponentielle Nutzenfunktion, aber wegen seiner höheren Finanzkraft einen Risikotoleranzparameter von R = 5000. Es ergibt sich dann bei zwei versicherten Firmen, die jeweils Jahresprämien von 120 zahlen, das folgende Sicherheitsäquivalent für die Versicherung

$$z_C \equiv \varepsilon\{X_{11}\} + \varepsilon\{X_{21}\} - 2 \cdot \text{Prämie} + \frac{1}{2R} Var(\sum_{i=1}^{2} X_{i1}) =$$
$$= 200 - 240 + 18 = -22 \ .$$

Dies bedeutet, dass es für das Versicherungsunternehmen interessant ist, die zwei Unternehmen gegen eine Prämie von je 120 (GE) zu versichern. Für eine risikoneutrale Versicherung mit R → ∞ resultiert sogar ein Sicherheitsäquivalent von $z_C = -40$ (GE).

Es kann also sowohl für den Versicherungsnehmer als auch für das Versicherungsunternehmen interessant sein, Verträge miteinander abzuschliessen, weil diese für beide zu Nutzensteigerungen führen (vgl. Doherty 2000, S. 17-60). Dabei bleiben bei diesen einfachen Überlegungen Gesichtspunkte wie die Berechnung von Sicherheitsaufschlägen und Aufschläge für das Entgelt der Verwaltungskosten bei der Prämienbestimmung ausser Acht.

Das Versicherungsunternehmen kann seine erwarteten Risiken umso besser abschätzen, je grösser die Zahl risikotechnischer Einheiten in der Stichprobe oder in seinem Portfolio ist. Man nennt diesen Effekt auch das **Produktionsgesetz der Versicherung** (vgl. Zweifel u. Eisen 2002, S. 244).

Für stochastisch unabhängige Variablen ist $r \equiv Cov(X_{i1}, X_{j1}) = 0$.

Haben n Variablen oder Risiken dieselbe Varianz, dann gilt

$$\text{Var}(\sum_{i=1}^{n} X_{i1}) = n \cdot \text{Var}(X_{11}), \text{ oder } \sigma = (n)^{1/2}\sigma(X_{11}).$$

Bei n risikotechnischen Einheiten ergibt sich hieraus **pro Einheit** eine Standardabweichung σ_E von

$$\sigma_E \equiv \frac{\sigma}{n} = \frac{\sigma(X_{11})}{n^{1/2}}.$$

Mit zunehmendem Stichprobenumfang n verringert sich also die Ungenauigkeit der Schätzung des Erwartungswertes pro risikotechnischer Einheit. Dies führt in der Praxis zu Auswirkungen auf die Versicherungsprämien. Die Zusammenhänge werden an nachfolgender Abbildung erläutert (vgl. Doherty 1985, S. 109):

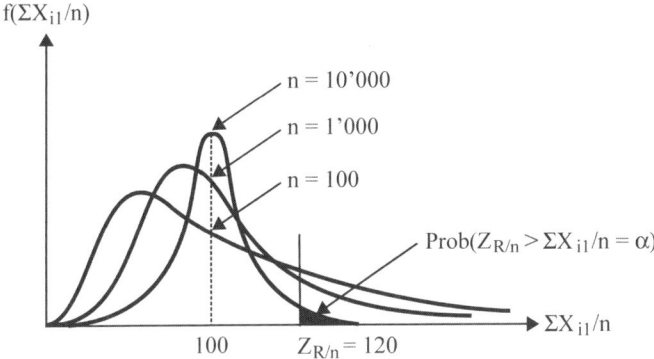

Abb. 5.24. Konvergenz der Schätzung des Erwartungswertes

Gezeigt wird die Verteilung der $\Sigma X_{i1}/n$ unter der Annahme, dass jedes X_{i1}/n die identische Verteilung wie X_{11}/n hat. Für kleine Stichproben ist die Risikoverteilung breit und möglicherweise asymmetrisch. Häufig sind die in der Praxis beobachteten Risikoverteilungen rechtsschief.

Nach dem **Gesetz der grossen Zahlen** verringert sich die Streuung der Verteilung mit wachsender Stichprobengrösse. Damit verringert sich mit wachsendem n auch das Diagnoserisiko und bei stationären Umweltbedingungen auch das Prognoserisiko.

Darüber hinaus konvergiert die Verteilung der $\Sigma X_{i1}/n$ nach dem **zentralen Grenzwertsatz** mehr und mehr gegen die symmetrische Normalverteilung. Dagegen bleibt der Erwartungswert der Verteilung bei dem gewählten Beispiel pro Risiko derselbe.

Eine weitere Beobachtung ist an dieser Stelle sehr wichtig: Zwar ist die Schadensverteilung durch die Zunahme des Stichproben- oder Portfolio-umfanges enger und symmetrischer geworden, andererseits kommen nun zunehmend **Extremschäden** mit kleiner Eintreffenswahrscheinlichkeit vor. Im Falle einer Firma im Versicherungsportfolio ist der Höchstschaden 1000 (GE), der mit 10% Wahrscheinlichkeit eintreten kann. Bei zwei Firmen ist der Höchstschaden 2000 (GE), der nur mit einer Wahrscheinlichkeit von einem Prozent eintreten kann. Bei drei Firmen im Portfolio könnte ein Höchstschaden von 3000 (GE) mit einer Wahrscheinlichkeit von 1 Promille eintreten. Seltene aber sehr hohe Schäden resultieren also aus der Risiko-aggregation. Dies wurde in Kapitel 5.4 schon am Beispiel der Faltung von zwei Gleichverteilungen gezeigt. Den Extremrisiken muss sowohl bei der Risikoidentifikation als auch bei der Analyse und Bewertung hohe Auf-merksamkeit geschenkt werden. Eine meist pessimistische Abschätzung der Ruinwahrscheinlichkeit bzw. des Value-at-Risk kann für alle Vertei-lungen über die **Tschebycheffsche Ungleichung** (vgl. Hartung et al. 1999, S. 116) erfolgen. Zur genaueren Abschätzung eines **Value-at-Risk** werden asymmetrische oder schiefe Verteilungen, speziell von Verteilungen, deren Wölbung $s_2 < 0$ ist, auch häufig durch die so genannte **Normal-Power-Verteilung** (vgl. Doherty 1985, S. 306-312; Albrecht 1992, S. 24; Zweifel u. Eisen 2002, S. 234-237) approximiert. Über eine Reihenentwicklung wird dabei den Abweichungen zwischen der symmetrischen Normalverteilung mit $s_1 = s_2 = 0$ und der zu approximierenden asymmetrischen Verteilung mit höheren relativen Häufigkeiten bei den Extremwerten Rechnung getragen.

Wird mit $Z_{R/n}$ der **Value-at-Risk** bezeichnet, der über Prämien, Rücklagen oder Rückstellungen zur Abdeckung von Risiken verwendet werden muss, dann gerät ein Investor oder – für das vorliegende Beispiel – ein Versiche-rungsunternehmen in Schwierigkeiten, wenn das **durchschnittliche Risiko** über diesen Betrag ansteigt. In Abb. 5.24. ist die Wahrscheinlichkeit dafür als Fläche α gekennzeichnet. Deutlich ist zu sehen, wie diese **Ruin- oder Ausfallwahrscheinlichkeit** α mit wachsender Stichprobengrösse für ein gegebenes $Z_{R/n}$ abnimmt. Dabei wurde unterstellt, dass die X_{i1} stochastisch unabhängig sind.

Für obiges Beispiel ergeben sich folgende Varianzen und Standardabwei-chungen σ_E bzw. Ruinwahrscheinlichkeiten für einen **Value-at-Risk** von $Z_{R/n} = 120$ (GE) unter der Annahme einer Normalverteilung (vgl. Tabelle 5.9.). Für kleine Stichproben ist diese Annahme sicherlich nicht gut erfüllt. Die Ruinwahrscheinlichkeiten werden dann entweder grob über die Tsche-bycheffsche Ungleichung oder genauer über eine Reihenapproximation abgeschätzt.

Bei Verwendung der Normalverteilung errechnet sich der Wert z der Standardnormalverteilung über

$$z \equiv \frac{(z_{R/n} - \varepsilon\{X_{11}\})}{\sigma_E} = \frac{(120 - 100)}{\sigma_E}.$$

Tabelle 5.9. Stichprobengrösse und Ruinwahrscheinlichkeit

n	$N \cdot \text{Var}\{X_{11}\}$	σ_E	z	$\alpha = \text{Pr}(\Sigma X_{11}/n > Z_{R/n})$
1	90'000	300.00	0.0667	0.474
10	900'000	94.90	0.2108	0.416
100	9'000'000	30.00	0.6667	0.252
1'000	90'000'000	9.49	2.1082	0.017
1'0000	900'000'000	3.00	6.6667	10^{-4}
∞	∞	0	∞	0

Nach derselben Methode wie vorher kann man sich unter Verwendung von Risikobäumen nun auch überlegen, welchen **Einfluss eine positive oder negative Korrelation** zwischen den Risikoereignissen auf die Standardabweichung σ_E hat.

Aus der Sicht eines Versicherungsnehmers ändert sich in beiden Fällen nichts, da er nur sein eigenes Risiko sieht und eine Versicherungsprämie entrichtet. Aus der Sicht des Versicherungsunternehmens können sich jedoch gravierende Änderungen ergeben. Das nachfolgende Beispiel wurde so konstruiert, dass sich immer dieselben Erwartungswerte für die Risiken ergeben. Auf diese Weise lassen sich die aus Korrelationen und unterschiedlichen Stichprobengrössen folgenden Effekte deutlicher sichtbar machen.

Positive Korrelation zwischen den Ereignissen

Angenommen die (totalen) Konkurswahrscheinlichkeiten für die beiden Unternehmen bleiben unverändert:

p(Konkurs) = p(K) = 0.1 und (1 – p(K)) = 0.9 = p(kK) (kein Konkurs).

Auch der Schadensbetrag von 1'000 (GE) soll gleich bleiben. Hingegen soll nun durch die Verwendung von **bedingten Wahrscheinlichkeiten** ausgedrückt werden, dass der Konkurs von Unternehmen_1 den Konkurs von Unternehmen_2 wahrscheinlicher macht und vice versa. Diese positive Korrelation wirkt natürlich auch umgekehrt: Macht das eine Unternehmen keinen Konkurs, wird auch der Konkurs des zweiten Unternehmens weniger wahrscheinlich.

Es seien p(KU_2/KU_1) = 0.4   p(KU_2/kKU_1) = 0.0666
          p(kKU_2/KU_1) = 0.6   p(kKU_2/kKU_1) = 0.9333.

So ist z.B. p(KU_2/kKU_1) die Wahrscheinlichkeit dafür, dass Unternehmen_2 Konkurs macht (K), wenn Unternehmen_1 keinen Konkurs gemacht hat (kK). Obige Daten sind in nachfolgender Abbildung zusammen mit den Ergebnissen einer Roll-Back-Analyse eingetragen.

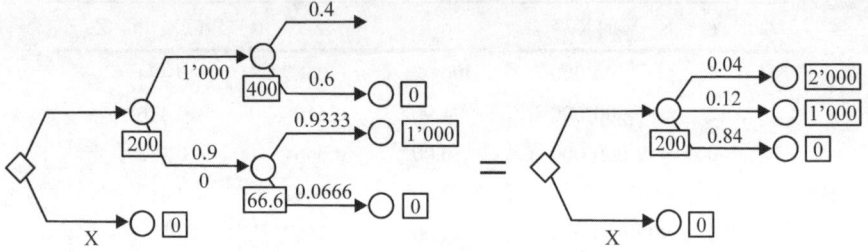

Abb. 5.25. Positive Korrelation von Konkursrisiken

Wie zu sehen ist, bleiben die Erwartungswerte und das **erwartete Risiko** für beide Unternehmen mit 200 (GE) insgesamt oder mit 100 (GE) pro Unternehmen unverändert. Man überzeugt sich durch die Anwendung des Satzes von den totalen Wahrscheinlichkeiten und der Bayes-Formel (vgl. Kapitel 3.8) auch leicht davon, dass die Vertauschung der Informationen für den ersten und zweiten Konkurs zu keiner Änderung der Resultate führt.

Die Varianz für die Versicherungsgesellschaft berechnet sich nun zu

$$\mathrm{Var}(\sum_{i=1}^{2} X_{i1}) \equiv (2'000 - 200)^2 \cdot 0.04 + (1'000 - 200)^2 \cdot 0.12 + (0 - 200)^2 \cdot 0.84 = 240'000 .$$

Damit ist $\sigma = 489.9$ und $\sigma_E = 244.95$.

Die Standardabweichung der Summe beider Risiken, aber auch des Risikos pro risikotechnischer Einheit, ist gegenüber dem Ausgangsproblem stark angestiegen. Zwar würde das Versicherungsunternehmen bei unveränderter Risikobereitschaft immer noch Versicherungsverträge abschliessen, aber der Nutzen dieser Risikoübernahme hat sich von − 22 auf 16 verringert. Eine noch stärkere Kopplung der Risiken bis hin zu einem Klumpen- oder Kumulrisiko kann dazu führen, dass das Versicherungsunternehmen den Abschluss einer Versicherung ablehnen muss.

Negative Korrelation zwischen den Ereignissen

Dieselbe Analyse wird nun mit der entgegengesetzten Annahme ausgeführt: Der Konkurs des einen Unternehmens verringert die Konkurswahrscheinlichkeit für das zweite Unternehmen und vice versa. Zu erklären wäre ein solcher Fall etwa damit, dass die Überlebenschance des übrig bleibenden Unternehmens beim Konkurs des anderen Unternehmens aufgrund einer Marktbereinigung verbessert wird.

Die Wahrscheinlichkeiten seien

$$p(KU\_2/KU\_1) = 0.05 \qquad p(KU\_2/kKU\_1) = 0.1056$$
$$p(kKU\_2/KU\_1) = 0.95 \qquad p(kKU\_2/kKU\_1) = 0.8944 \, .$$

Wieder wird in der nachfolgenden Abbildung eine Roll-Back-Analyse ausgeführt.

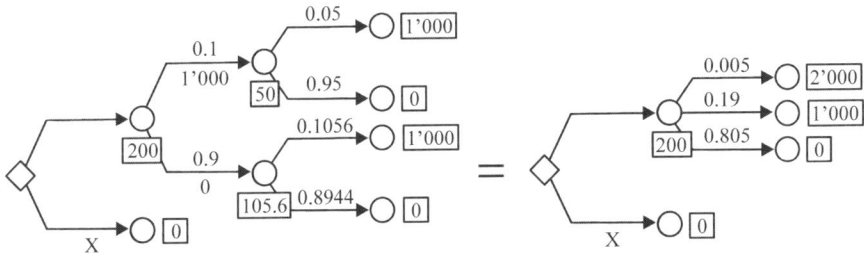

Abb. 5.26. Negative Korrelation von Konkursrisiken

Für die Versicherung errechnet sich wieder derselbe Erwartungswert von 200 (GE) wie vorher. Die Varianz ändert sich jedoch. Es folgt diesmal

$$\text{Var}(\sum_{i=1}^{2} X_{i1}) \equiv (2'000 - 200)^2 \cdot 0.005 + (1'000 - 200)^2 \cdot 0.19 + \\ +(0 - 200)^2 \cdot 0.805 \equiv 170'000 \, .$$

Damit folgt $\sigma = 412.31$ und $\sigma_E = 206.15$.

Das Risiko einer Fehlprognose des Mittelwertes hat damit gegenüber dem Ausgangsproblem abgenommen, der Nutzen des Risikoportfolios für das Versicherungsunternehmen ist auf -23 angestiegen. Die negative Korrelation oder Kovarianz der Ereignisse hat bei gleichbleibendem Erwartungswert zu einem Risikoausgleich geführt. Es lag nur an der Wahl der Wahrscheinlichkeiten, dass der Erwartungswert unverändert blieb. Man kann leicht Fälle konstruieren bei denen sich die Erwartungswerte mit den Korrelationen der Risiken verändern.

Zu denselben Resultaten gelangt man direkt über die Beziehung

$$\text{Var}(\sum_{i=1}^{n} X_{i1}) = \sum_{i=1}^{n} \text{Var}(X_{i1}) + 2\sum_{i=1}^{n} \sum_{j=i+1}^{n} \text{Cov}(X_{i1}, X_{j1}) \ i \neq j \ \text{mit } n = 2.$$

Es ist definitionsgemäss

$$Cov(X_{i1}, X_{j1}) \equiv \sum_i p_i \, (X_{i1} - \varepsilon\{X_1\})(X_{i2} - \varepsilon\{X_2\}) \; .$$

Für den ersten Fall mit positiver Korrelation gilt:

$$Cov(X_{11}, X_{21}) = 0.04 \, (1'000 - 100)(1'000 - 100) +$$
$$+ 0.12(1'000 - 100)(0 - 100) + 0.84(0 - 100)(0 - 100) =$$
$$= 30'000 \; .$$

Damit ist wieder

$$Var\{\sum_{i=1}^{2} X_{i1}\} = Var(X_{11}) + Var(X_{21}) + 2 \cdot Cov(X_{11}, (X_{21}) \equiv$$
$$\equiv 90'000 + 90'000 + 2 \cdot 30'000 = 240'.000 \; .$$

Für den Korrelationskoeffizienten folgt dementsprechend

$$r_{X_{11}X_{21}} \equiv \frac{Cov(X_{11}X_{21})}{\sigma_{X11}\sigma_{X21}} = \frac{30'000}{300^2} = \frac{1}{3} \; .$$

Für den Fall mit negativer Korrelation folgt ebenso:

$$Cov(X_{11}, X_{21}) \equiv 0.005(1'000 - 100)(1'000 - 100) +$$
$$+ 0.19(1'000 - 100)(0 - 100) +$$
$$+ 0.805(0 - 100)(0 - 100) = - 5'000$$

Damit erhält man einen Korrelationskoeffizienten von

$$r_{X_{11}X_{21}} = - 0.056 \; .$$

Es hängt also vom Term

$$\sum_{i=1}^{n} \sum_{j=i+1}^{n} Cov(X_{i1}, X_{j1}) \quad mit \quad i \neq j$$

ab, wie stark im allgemeinen Fall korrelierter Variablen eine Risikominderung durch Diversifizierung erfolgen kann.

Zusammenfassung der Resultate

Tabelle 5.10. Standardabweichung in Abhängigkeit von Stichprobenumfang und Korrelation

n	1	2		
$r_{X_{11}X_{21}}$		0	0.333	$- 0.056$
σ_E	300	212.13	244.95	206.25

5.5.2 Risikoausgleich in der Zeit

Sind die X_{it} für t = (1, T) stochastisch unabhängig, dann kann für ein Risiko i über mehrere Perioden ein Risikoausgleich nach denselben Prinzipien wie bei Querschnittsdaten für mehrere Risiken erfolgen. Ein Versicherer könnte also – statt über eine grössere Stichprobe – auch einen Risikoausgleich über den Abschluss von Verträgen mit längerer Laufzeit erreichen. Ebenso würde ein Investor in Aktien mit einer geringeren Standardabweichung oder **Volatilität** pro Periode seines Portfolios rechnen können, wenn er es länger hält. Dieser Fall ist in Abb. 5.27. (oben) gezeigt.

Die Zeitreihe X_{1t} schwankt zufällig um den Wert $\varepsilon\{X_{1t}\} = 0$. Die Standardabweichung von X_{1t} ist damit $\sigma(X_{1t}) = \sigma(X_{11})$ für alle t, und ändert sich nicht in der Zeit. Für die Risikoaggregation der Risiken X_{11}, X_{12} ..., X_{1T} folgt wie bei den Querschnittsdaten mit n = T für die Standardabweichung

$$\sigma = (T)^{1/2}\,\sigma(X_{11}).$$

Bei T Perioden ergibt sich hieraus **pro Periode** bei **unkorrelierten Daten** eine mit T abnehmende Standardabweichung σ_E von

$$\sigma_E \equiv \frac{\sigma}{T} = \frac{\sigma(X_{11})}{T^{1/2}}.$$

Zeitreihen

Unkorrelierte Zeitreihen sind in der Praxis eher die Ausnahme als die Regel. Die meisten Zeitreihen risikobehafteter Variablen weisen **positive Autokorrelationen** zwischen aufeinander folgenden Werten auf. Es gibt dann so etwas wie einen **Risiko-** oder auch **Schadenstrend**, der typisch für eine risikotechnische Einheit sein kann. Dieser Trend kann den Erwartungswert, die Varianz, die Autokovarianz bzw. die Autokorrelation oder alle Grössen betreffen (z.B. Abb. 5.27. (unten), vgl. z. B. Schlittgen u. Streitberg 2001, S. 100). Unter Verwendung von statistischen Methoden der Zeitreihenanalyse ist es oft möglich, Gesetzmässigkeiten in der zeitlichen Entwicklung aufzudecken und somit zu einer Reduktion des **Diagnose-** und **Prognoserisikos** zu kommen. Besonders gut gelingt dies, wenn die Zeitreihe durch Differenzenbildung aufeinander folgender Werte oder durch Transformationen der Werte auf den unkorrelierten Fall zurückgeführt werden kann (vgl. z. B. Rosenkranz 1999, S. 121-123).

Durch Trends ändern sich i. d. R. auch die Nutzenwerte einer Lösung. Dies wird auf dem Kapitalmarkt durch Preisänderungen, bei Versicherungen durch Tarifanpassungen berücksichtigt. Ist Letztere z. B. personenbezogen, kann aus einer beobachteten Schadensentwicklung eine Preisanpassung der

Versicherungsprämien oder eine **Erfahrungstarifierung** folgen. Auch die Kombination eines Risikoausgleichs in der Zeit und im Kollektiv kann analysiert werden.

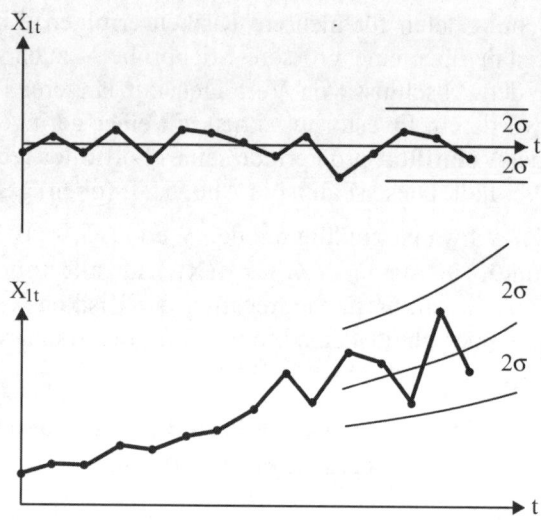

Abb. 5.27. Stationäre und nichtstationäre Zeitreihen

Beispiel: Es werde nun die Entwicklung der Konkurswahrscheinlichkeit eines Unternehmens im Zeitablauf bei fehlender und bei positiver Autokorrelation der Wahrscheinlichkeiten untersucht. In Ergänzung und Abweichung zum bisherigen Beispiel wird angenommen, dass ein Unternehmen in der Zeit nur einmal in Konkurs gehen kann. Der Schaden sei wieder 1'000 (GE), die Wahrscheinlichkeit für den Konkurs in der ersten Periode sei wieder p = 0.1. Mit diesen Werten ändern sich die Konkurswahrscheinlichkeiten bei fehlender Autokorrelation nicht. D. h. die Wahrscheinlichkeit, dass das Unternehmen weder in der ersten noch in der zweiten Periode Konkurs macht, beträgt dann 0.81 = (0.9 · 0.9).

Die Gegenwahrscheinlichkeit, dass entweder in der ersten oder in der zweiten Periode ein Konkurs mit einem Schaden von 1'000 (GE) erfolgt, ist dann (1 − 0.81) = 0.19. Es werden nun folgende autokorrelierte bedingte Wahrscheinlichkeiten angenommen:

$$p(kK_{t+1}/\,kK_t) \quad = 0.9 \cdot p(kK_t)$$

$$p(K_{t+1}/\,kK_t) \quad = (1 - p(kK_{t+1}/\,kK_t))$$

$$p(K_{t+1}/\,K_t) \quad = 0$$

$$p(kK_{t+1}/\,K_t) \quad = 1\,.$$

Dabei ist $p(kK_{t+1}/kK_t)$ die Wahrscheinlichkeit dafür, dass das Unternehmen in der Periode t+1 keinen Konkurs macht, wenn es in der Periode t keinen Konkurs gemacht hat. Eine Roll-Back-Analyse für drei Perioden liefert dann das in Abb. 5.28. gezeigte Resultat.

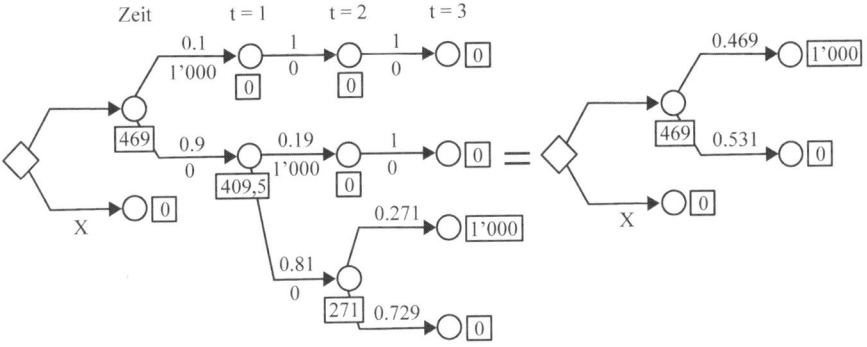

Abb. 5.28. Autokorrelierte Wahrscheinlichkeiten

Zusammengefasst gibt Tabelle 5.11. die Ergebnisse wieder: Bei positiver Autokorrelation der Wahrscheinlichkeiten resultieren pro Periode grössere Erwartungswerte und Standardabweichungen als im unkorrelierten Fall.

Im unkorrelierten Fall nimmt der Erwartungswert pro Periode nun sogar mit der Zeit ab, weil der Konkurs in einer Periode einen weiteren Konkurs unmöglich macht. Im Falle der Korrelation steigt die Standardabweichung und der Erwartungswert, wie es in Abb. 5.27. für eine autokorrelierte Zeitreihe gezeigt ist, weil die Konkurswahrscheinlichkeit bedingt zunimmt, wenn bisher noch kein Konkurs erfolgte. In beiden Fällen nimmt die Standardabweichung pro Periode ab.

Der Risikoausgleich in der Zeit ist beim unkorrelierten Fall wie erwartet grösser als im korrelierten Fall.

Tabelle 5.11. Auswirkungen der Autokorrelation der Wahrscheinlichkeiten

t	1	2		3	
$r_{t+1,t}$	0	0	0.9	0	0.9
$\varepsilon\{X_{1t}\}$	100	95	135.5	90.3	156.19
σ	300	392.3	444.48	444.48	499.01
σ_E	300	196.2	222.2	148.16	166.34

Value-at-Risk, Cash-Flow-at-Risk

Im Bereich der Banken und Versicherungen wird der **Value-at-Risk** als der **Verlustbetrag** verstanden, der nur mit einer vorgegebenen Wahrscheinlichkeit α überschritten wird. Diese Verlustwahrscheinlichkeit kann auch die Bedeutung einer Ruinwahrscheinlichkeit haben. Meist rechnen die Banken und Versicherungen mit einer grossen Zahl Risiken, die nach ihren Charakteristiken in Risikogruppen zusammengefasst werden und deren Summe dann abgeschätzt wird. Das Resultat dient als Grundlage für die Ausarbeitung der erforderlichen Risikomassnahmen.

Wenn die Summe aus einer grossen Zahl homogener Einzelrisiken besteht, dann kann die Verteilung der Risikosumme und damit eine Abschätzung des Value-at-Risk oder der Ruinwahrscheinlichkeit über eine Normalverteilung erfolgen. Da es aus der Praxis aber viele Hinweise gibt, dass die Approximation über eine Normalverteilung gerade im Bereich sehr grosser Risiken häufig ungenau ist, weil die beobachteten Risikoverteilungen flacher auslaufen (*„fat tails"*), wird entweder mit Reihenentwicklungen oder mit **Stresstests** gearbeitet, die den Value-at-Risk z. B. in einem $4 \cdot \sigma$-Intervall abschätzen. Die **Abschätzung** kann auf der Basis von Querschnitts- und Zeitreihen **analytisch,** über **historische Simulationen** auf der Basis gemessener historischer Daten oder auf der Basis von **Monte-Carlo-Simulationen** erfolgen. Dabei müssen alle Methoden auf die aus den Daten folgenden oder subjektiv für die Zukunft geschätzten Kreuz- und Autokorrelationen der Daten bzw. auf die entsprechenden Varianz-Kovarianz-Matrizen Rücksicht nehmen.

Unternehmensrisiken unterscheiden sich von den Risiken im Bank- und Versicherungsbereich insbesondere dadurch, dass sie in der Zahl der Risiken sowohl kleiner als auch heterogener sind. Die überwiegende Zahl von Unternehmensrisiken ist auch nicht handelbar, so dass der Zeitaspekt und die Autokorrelation der Risiken eine besondere Rolle spielt. Meist gehorchen die beobachteten Risiken darüber hinaus keiner Normalverteilung. Schliesslich interessiert bei einem wertorientierten Risikomanagement weniger der Value-at-Risk zu einem bestimmten Termin, sondern mögliche Änderungen des **Unternehmenswertes**, die von den Risiken verursacht werden (vgl. Rosenkranz 1999, S. 230-231; Hager 2004).

Möglich wird eine Ermittlung auf dem Weg der Simulation, wenn die identifizierten und bewerteten Risiken so bei der Modellierung der Aktiva und Passiva eines Unternehmens berücksichtigt werden, dass ihr Einfluss auf den Firmenwert abgeschätzt werden kann. Vielfach wurde als Bezugsgrösse hierfür der **diskontierte freie Cashflow** (DFCF$_t$) vorgeschlagen. Seine

Ermittlung erfolgt im Prinzip über die Barwertmethode der Investitionsrechnung, unter der Annahme einer unendlichen Lebensdauer des Unternehmens. Dabei werden die Unternehmensrisiken für etwa drei Jahre genauer abgeschätzt und durch die Abschätzung eines nachhaltigen freien Cashflows (NFCF) ergänzt.

Der diskontierte freie Cashflow und seine Verteilung wird mit einem einfachen Planungsmodell wie folgt berechnet:

Brutto Cashflow $_t$ = Operatives Ergebnis $_t$ + Abschreibungen $_t$

Working Capital $_t$ = Umlaufvermögen $_t$ – Kurzfrist. Verbindlichkeiten $_t$

Gesamtinvestition $_t$ = Bruttoinvestion $_t$ + Working Capital $_t$ – – Working Capital $_{t-1}$

Operativer Free Cashflow $_t$ = Brutto Cashflow $_t$ – Gesamtinvestition $_t$

Free Cashflow $_t$ = Operativer Free Cashflow $_t$ + Bankverbindlichkeiten $_t$ – Bankverbindlichkeiten $_{t-1}$

$$DFCF_t = \frac{NFCF}{i} + \sum_{t=1}^{3} \frac{(\text{Free Cashflow}_t - NFCF)}{(1+i)^t}$$

Das operative Ergebnis wird dabei nach Zinsen und Steuern errechnet. Den Abschreibungen wären gegebenenfalls Pensionsrückstellungen u. Ä. zuzurechnen. Bankverbindlichkeiten werden bei der Berechnung des Working Capital nicht berücksichtigt. Der Diskontierungszinsfuss i sollte vergleichbaren Marktzinsfüssen entsprechen. Der erste Term in der Gleichung zur Definition des diskontierten freien Cashflows entspricht dem Barwert einer unendlichen Rente mit konstantem NFCF. Der Beitrag in den drei Planjahren, für die bessere Schätzwerte des FreeCashflow$_t$ vorliegen, muss wieder subtrahiert werden.

Die obigen Planungsrelationen bilden nur das Bewertungsgerüst. Die Risiken mit den von ihnen ausgelösten und meist autokorrelierten Einnahmen und Ausgaben bzw. den Wertänderungen der Aktiva und Passiva werden detailliert mit ihren angenommenen Verteilungen und Varianz-KovarianzMatrizen in die Simulation eingearbeitet.

Statt mit Zahlenwerten können die Simulationen auch mit zufällig variierenden Zuwachsraten der Werte erfolgen. Auf diese Weise gelingt es, die Verteilung des Unternehmenswertes über eine grössere Zahl von Monte-Carlo-Simulationen herzuleiten.

5.5.3 Portfolio-Betrachtungen

Eine Kombination der Konzepte des Risikoausgleichs im Kollektiv und in der Zeit kommt bei der quantitativen Portfolioplanung von Anlagen in Aktien, Obligationen und anderen Wertschriften, aber auch bei der Simultanplanung von Risiken in der Aktiv- bzw. Passivseite der Bilanz eines Unternehmens – dem **Asset- und Liability-Management** – zur Anwendung (vgl. Buchner 1981, S. 221-304; Spremann 2000, S. 163-206; Rosenkranz 1999, S. 246-248).

Die Kurse oder Werte dieser Anlagen sind meist stark autokorreliert, lassen sich aber nur sehr schwer prognostizieren. Die quantitative Portfolioplanung baut auf historischen Zeitreihendaten für die Werte der Risiken auf. Meist werden aus den Vergangenheitswerten Schätzwerte für die Erwartungswerte und Varianzen sowie Kovarianzen der Rentabilitäten der Anlagen berechnet. Auf dieser Basis wird mit den so gewonnenen Verteilungsparametern dann meist deterministisch weitergerechnet. Die Portfolioanalyse versucht, die optimale Aufteilung geplanter Budgets auf die verschiedenen Anlageformen zu bestimmen. Es sind aber auch Anwendungen bekannt, bei denen im Rahmen der **stochastischen Programmierung** mit den Rentabilitätsverteilungen selber gerechnet und eine optimale Portfolioaufteilung bestimmt wird.

Aus Vergangenheitswerten lassen sich für die Risikopositionen i = (1, m) auf der Aktiv- bzw. Passivseite der Bilanz eines Unternehmens folgende Grössen schätzen:

Erwartete Rentabilität von Risiko i

$$\varepsilon\{re_i\} = \frac{1}{T}\sum_{t=1}^{T} re_{it}$$

Dabei entspricht t = (1, T) der Anzahl historischer Perioden für die Daten verfügbar sind.

Die **Rentabilitäten** re_{it} ergeben sich pro Periode aus Kursänderungen, Preisänderungen, Dividenden, Soll- und Haben-Zinsen, Mieten, dem Saldo von Prämien bzw. Erstattungen zum eingesetzten Kapital. Diese Rentabilitäten bzw. Renditen können auch negativ sein.

Für Aktienanlagen i würde man z.B. über Kursänderungen ($k_{it+1} - k_{it}$) und Dividenden d_{it} folgende Rentabilität erhalten:

$$re_{it} = \frac{(k_{it+1} - k_{it} + d_{it})}{k_{it}}.$$

Varianz der Rentabilität

Sie ergibt sich wie die Kovarianzen aus den historischen Daten über

$$Var(re_i) \equiv \sigma_i^2 = \frac{1}{T}\sum_{t=1}^{T}(re_{it} - \varepsilon\{re_i\})^2 \text{ bzw.}$$

Kovarianz der Rentabilitäten zweier Risiken i und j

$$Cov(re_i, re_j) \equiv \sigma_{ij} = \frac{1}{T}\sum_{t=1}^{T}(re_{it} - \varepsilon\{re_i\})(re_{jt} - \varepsilon\{re_j\}) \equiv r_{ij}\,\sigma_i\,\sigma_j$$

Dabei ist r_{ij} wieder der Korrelationskoeffizient. Die zur Verfügung stehenden Mittel werden auf die verschiedenen Anlageformen verteilt. Diese Verteilung wird durch die relativen Anteile x_i beschrieben, die sich zu eins summieren.

Relative Anteile (Quoten) der Risiken

$$x_i = \frac{\text{Höhe des in Risiko i investierten Betrages}}{\text{investierter Gesamtbetrag}}, \quad i = (1, m)$$

Die **mittlere Rentabilität** Re_t eines Portfolios berechnet sich zu einer Zeit t damit zu

$$Re_t = \sum_{i=1}^{m} re_{it} \cdot x_i \,.$$

Wenn über die verfügbaren historischen Zahlen gemittelt wird, ergibt sich der folgende Schätzwert für den **Erwartungswert der Rentabilität** $\overline{Re}$ des Portfolios:

$$\varepsilon\{\overline{Re}\} = \frac{1}{T}\sum_{t=1}^{T}\sum_{i=1}^{m} re_{it} \cdot x_i$$

Ziele der Auswertung oder Optimierung

Von obigen Definitionen ausgehend, lassen sich zunächst mehrere deterministische mathematische Optimierungsprogramme formulieren. Den statistischen Verteilungen der Risiken wird dabei nur durch die Verwendung von Erwartungswert und Varianz Rechnung getragen. Es handelt sich also um nur teilweise statistische Ansätze, die die Verteilungscharakteristiken der Risiken im Detail ausser Acht lassen.

Ein risikoneutraler Entscheidender optimiert den **Erwartungswert**, d.h. es ist:

$$Z = \sum_{i=1}^{m} \varepsilon\{re_i\} \cdot x_i \to Max$$

$$x_i \geq 0 ; \quad i = (1, m)$$

$$\sum_{i=1}^{m} x_i = 1 .$$

Wird der **Standardabweichung des Risikos** Rechnung getragen, hat man bei einer exponentiellen Nutzenfunktion stattdessen folgende Zielfunktion (vgl. Kapitel 3.3):

$$Z = \sum_{i=1}^{m} \varepsilon\{re_i\} \cdot x_i - \sum_{i=1}^{m} \frac{x_i \sigma_i}{2R} \to Max ,$$

dabei ist R der Risikotoleranzfaktor. In beiden Fällen hängt die Zielfunktion linear von den Quoten x_i ab. Die mögliche Korrelation bzw. Kovarianz der Risiken wird bei diesen Ansätzen nicht berücksichtigt.

Beides ändert sich, wenn das Risiko über die Varianz berücksichtigt wird. Einmal könnten die verfügbaren Mittel z. B. so eingesetzt werden, dass eine vorgegebene Rentabilität oder ein Zielwert von $\overline{Re}$ unter **Minimierung des Risikos** erreicht wird. Es folgt hierfür

$$\sum_{i=1}^{m} \varepsilon\{re_i\} \cdot x_i = \overline{Re} \quad oder \quad \sum_{i=1}^{m} \varepsilon\{re_i\} \cdot x_i \geq \overline{Re}$$

$$x_i \geq 0 ; \quad i = (1, m)$$

$$\sum_{i=1}^{m} x_i = 1$$

$$\sigma^2 = \sum_{i=1}^{m} \sigma_i^2 \cdot x_i^2 = \frac{1}{T} \sum_{i=1}^{m} (\sum_{t=1}^{T} (re_{it} - \varepsilon\{re_i\})^2 \cdot x_i^2) \to Min .$$

Man kann versuchen, das Risiko der Abweichung von der erwarteten Rentabilität für das Gesamtportfolio zu minimieren. Wenn nur das Risiko von negativen Abweichungen von einer erwarteten oder geplanten Rendite minimiert werden soll, würde das sogenannte **downside risk** als Messgrösse verwendet. Etwaige Kovarianzen werden dabei zunächst nicht berücksichtigt.

Bei einem anderen Ansatz soll die **Rentabilität der Risiken** bei vorgegebener **Risikotoleranz** maximiert werden:

$$\sum_{i=1}^{m} x_i = 1$$

$$x_i \geq 0 \qquad i = (1, m)$$

$$\sum_{i=1}^{m} \varepsilon\{re_i\} \cdot x_i - \frac{1}{2R}\left(\sum_{i=t}^{m} x_i^2 \sigma_i^2\right) \to \text{Max}$$

Dabei ist R wieder der **Risikotoleranzfaktor**. Unter Berücksichtigung der Kovarianzen zwischen der Entwicklung der Rentabilität verschiedener Risiken erhält man für die Zielfunktion:

$$Z = \sum_{i=1}^{m} \varepsilon\{re_i\} \cdot x_i - \frac{1}{2R}\left(\sum_{i=1}^{m} x_i^2 \sigma_i^2 + 2\sum_{i=1}^{m}\sum_{j=i+1}^{m} x_i x_j \cdot \sigma_{ij}\right) \to \text{Max}$$

Zu beachten ist dabei, dass sowohl Aktiv- als auch Passivrisiken simultan in die Zielfunktion eingehen. Die Erwartungswerte der Passivrisiken haben dabei gewöhnlich ein negatives Vorzeichen.

Die Summe der erwarteten Aktiv- und Passivrisiken ergibt den **erwarteten Gewinn** einer Lösung. Die Lösung kleinerer Modelle mit $m < 30$ ist meist auch mit dem **Excel-Solver** möglich. Für umfangreichere Anwendungen kommt Software der mathematischen Programmierung zum Einsatz.

Bei den obigen Zielfunktionen wird das an und für sich statistische Problem durch die Berechnung bzw. Schätzung der Parameter der Verteilungen auf ein deterministisches Problem reduziert. Dies wird bei Anwendung der Ansätze der **stochastischen Programmierung** (vgl. Kall et al. 1998, S. 33-64) vermieden; dabei können sowohl die Koeffizienten der Restriktionen als auch der Zielfunktion Zufallsvariablen mit (bekannten oder geschätzten) statistischen Verteilungen sein.

So würde beispielsweise die Zielfunktion des stochastischen Optimierungsproblems für den risikoneutralen Investor durch

$$Z \equiv \sum_{i=1}^{m} c_i \cdot x_i = \underline{c}^T \cdot \underline{x} \to \text{Max}$$

beschrieben. Dabei werden die stochastischen Koeffizienten der Zielfunktion c_i beispielsweise als normalvereilt angenommen, d.h. in vektorieller Schreibweise ist $\underline{c} \sim N(\mu, \sigma)$.

Bei der Auswertung oder Optimierung lässt sich das **Theorem für lineare Sicherheitsäquivalente** benutzen, das besagt, dass

$$\text{Max } \varepsilon\{\underline{c}^T \cdot \underline{x}\} = \text{Max } \varepsilon\{\underline{c}^T\} \cdot \underline{x},$$

oder in Summenform

$$Z = \text{Max } \varepsilon\{\sum_{i=1}^{m} c_i \cdot x_i\} \equiv \text{Max}(\sum_{i=1}^{m} \varepsilon\{c_i\} \cdot x_i).$$

Neben der stochastischen Optimierung von Erwartungswerten kann als Zielkriterium für die Auswertung auch die stochastische Minimierung der Varianzen oder die Maximierung der Wahrscheinlichkeit für eine Zielüberschreitung in Frage kommen.

Restriktionen

Bei obiger Darstellung wurden bereits Restriktionen angeführt, die bei der Optimierung einer bestimmten Zielfunktion eingehalten werden müssen. So ist offensichtlich, dass die Quoten x_i nichtnegativ sein müssen und in der Summe den gesamten zur Verfügung stehenden Betrag (100% des Budgets) ergeben müssen. Darüber hinaus ergeben sich noch eine Vielzahl weiterer Restriktionen, die bei der Portfolio-Optimierung der Quoten x_i strikt oder im Sinne von Wahrscheinlichkeitsaussagen einzuhalten sind:

* **Bestandsgleichungen**: Als Restriktionen verknüpfen sie die Bestände in verschiedenen Perioden. Ein neuer Bestand an Aktiva oder Passiva ergibt sich aus dem Bestand der Vorperiode + Zugänge – Abgänge.

* **Eigenkapitalausstattung**: Als Restriktion setzt sie das Eigenkapital ins Verhältnis zur Summe aus Eigenkapital und Fremdkapital. Der statische Verschuldungsgrad bezieht sich auf das Verhältnis von Fremd- zu Eigenkapital.

* **Solvabilität**: Als Restriktion verbindet sie das Eigenkapital und verschiedene Posten des Fremdkapitals (Ist-Solvabilität) der Versicherungen oder des Investors mit verschiedenen Grössen des Versicherungsgeschäftes, wie die Soll-Solvabilität, die Solvabilitätsspanne, die Schwankungsrücklagen oder einen Garantiefond.

* **dynamischer Verschuldungsgrad**: Eine Restriktion begrenzt das Verhältnis der Effektivverschuldung zum Cash Flow.

* **Anlagendeckungsgrad**: Eine Restriktion setzt die Summe von Eigenkapital und langfristigem Fremdkapital ins Verhältnis zum Anlagevermögen.

- **Liquidität:** Verschiedene Restriktionen verbinden unterschiedliche Positionen des Umlaufvermögens mit den kurzfristigen Verbindlichkeiten.

- Daneben folgen im konkreten Einzelfall eine Vielzahl weiterer gesetzlicher, sachlogischer und stilistischer Restriktionen.

Die überwiegende Zahl dieser Restriktionen ist linear in den Variablen oder Quoten x_i. Ausnahmen sind die bereits erwähnten Solvabilitätsrestriktionen. Werden die Restriktionen als lineares Gleichungs- oder Ungleichungssystem geschrieben, dann werden die Koeffizienten in einer Matrix B zusammengefasst und man kann schreiben

$$B \cdot \underline{x} \leq \underline{b}$$

$$\underline{x} \geq \underline{0} \,.$$

Falls die Restriktionen nicht strikt, sondern im Sinne von **Wahrscheinlichkeiten** oder von **Unschärfe** (Fuzzyness) nur mit vorgegebenen Niveaus β (z.B. Ruinwahrscheinlichkeiten) eingehalten werden müssen, dann wäre z.B. (vgl. Abb.5.29.)

$$B_1 \cdot \underline{x} \leq \underline{b}_1$$

$$P\{B_2 \cdot \underline{x} \leq \underline{b}_2\} \geq \underline{\beta} \qquad P = \text{Wahrscheinlichkeit}$$

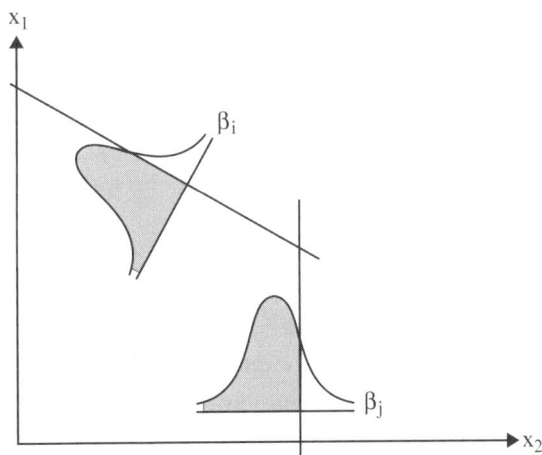

Abb. 5.29. Veranschaulichung der stochastischen Programmierung

Unter der Annahme, dass die Restriktionen für eine stochastische Zielfunktion nur mit vorgegebenen Wahrscheinlichkeiten β_i oder β_j eingehalten werden müssen, ergibt sich eine andere Lösung als wenn die Restriktionen als „*hart*" betrachtet werden.

Rechenverfahren

Einfache deterministische Optimierungsprobleme lassen sich mit der Methode der **Lagrange-Parameter** lösen. Wird dem Risiko über den Risikotoleranzparameter R und der Standardabweichung Rechnung getragen, kann zur Lösung die **lineare Programmierung** eingesetzt werden.

Schliesslich lassen sich Zielfunktionen, in denen die Variablen mit den Koeffizienten der Varianz-Kovarianz-Matrix quadratisch vorkommen, mit der **quadratischen Programmierung** optimieren. Einfache Demonstrationsbeispiele lassen sich für Excel formulieren und mit dem Excel-Solver lösen. Für umfangreichere Probleme sind in der Praxis spezielle Softwarepakete im Einsatz. Dabei kann auch Nichtlinearitäten komplizierteren Typs (Minimierung der absoluten Abweichungen von Mittel- oder Planwerten) durch Approximations- und Suchverfahren Rechnung getragen werden.

Die stochastische Optimierung verursacht einen wesentlich grösseren Lösungsaufwand als die deterministische Optimierung (vgl. Kall et al. 1998). Dabei wird eine kontinuierliche Verteilung der Zielfunktionskoeffizienten durch umfangreiche diskrete Lotterien approximiert.

Im Gegensatz zur deterministischen Programmierung, die implizit von symmetrischen Verteilungen, insbesondere einer Normalverteilung, ausgeht, kann die stochastische Programmierung auch asymmetrische Verteilungen berücksichtigen. Dies ist für die Versicherung einer kleineren Zahl von Risiken mit z.B. asymmetrischen Schadensverteilungen von Vorteil.

Falls aufgrund von Nichtlinearitäten, einer zu komplexen Dynamik oder Stochastik Lösungen über die mathematische Programmierung nicht möglich sind, kann für eine Beschreibung und auch Optimierung der Simulationsansatz herangezogen werden.

Anwendungen

In etwas abgewandelter Form hat die beschriebene Portfolioanalyse (auch mit Hilfe der stochastischen Programmierung) bei Banken, Versicherungen und größeren institutionellen Anlegern häufiger eine Anwendung erfahren. So hängt beispielsweise der oben beschriebene Risikotoleranzfaktor mit verschiedenen den Anlegern angebotenen Fondslösungen zusammen. Ein Portfolio aus Geldmarktpapieren und Anleihen beinhaltet meist ein kleineres Risiko als ein Aktienportfolio. Dieses mag im Schnitt der letzten Jahre dafür höhere Renditen erbracht haben.

Die Bedeutung der computergestützten Portfolioplanung darf jedoch nicht überschätzt werden: Die notwendigen Daten über Renditen und Risiken werden entweder aus Vergangenheitsdaten ermittelt oder subjektiv geschätzt. Für das Risiko-Management müssen die **Risiken** (Verteilungen, Erwartungswerte, Varianzen, Kovarianzen) jedoch **prognostiziert** werden. Dies kann für die Risikomasse (Varianz, Schiefe) besser als für die Erwartungswerte selber gelingen. Die Modelle der linearen oder quadratischen Programmierung haben ferner die etwas beunruhigende Eigenschaft, dass sie ohne zusätzliche Restriktionen **oft nicht robust** sind. Schon kleine Datenänderungen können zu abrupten Änderungen in den Anlagequoten führen. Vielfach werden deswegen für die Portfoliooptimierung maximale und minimale Grenzen für die Quoten der Anlageformen vorgegeben. Bei strukturellen Marktänderungen kann die computergestützte Analyse nur wenig Hilfe gewähren.

5.6 Risk-Reporting, Darstellungsformen von Risiko

Hilfreich bei der Grobbeurteilung der Einzelrisiken und der aggreggierten Risiken sind grafische Darstellungen wie die **Risk-Map**, die auch **Risiko-matrix** oder **Risikoportfolio** genannt wird. Entsprechend den bei der strategischen Planung verwendeten Portfoliodarstellungen werden auf der y-Achse die Eintrittswahrscheinlichkeit und auf der x-Achse der Ergebnis-effekt bzw. die Tragweite des Risikos abgetragen. Ob die Bewertung der Wahrscheinlichkeit und der Tragweite ordinal oder stetig abgetragen wird, spielt bei der Darstellung vom Prinzip her keine Rolle. Abbildung 5.30. zeigt eine ordinale Einteilung der Risk-Map (vgl. Nücke u. Feinendegen 1998, S. 23; Schierenbeck u. Lister 2001, S. 350-352; Burger u. Buchhart 2002, S. 164).

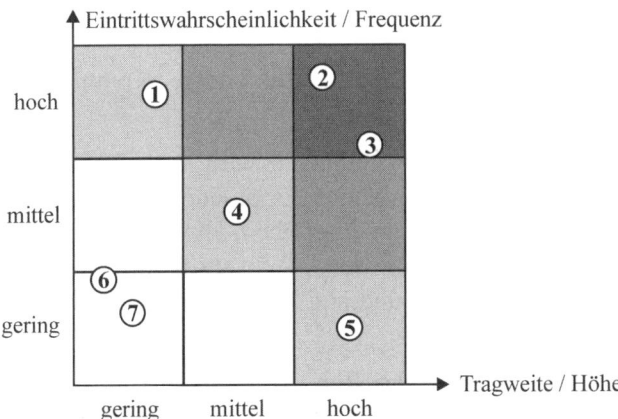

Abb. 5.30. Beispiel einer Risk-Map

Es entsteht eine 9-Felder-Matrix. Die einzelnen Felder können wie folgt interpretiert werden:

- Weisse Felder bedeuten kleines Risiko. Risiken in diesem Bereich bedürfen keiner oder erst einer späteren Behandlung.

- Hellgraue Felder bedeuten ein mittleres Risiko. Für diese Felder muss abgeschätzt werden, wie sich die Risiken zukünftig verhalten. Werden Sie nach rechts oben oder nach links unten in der Portfoliomatrix wandern? Hat das Unternehmen die Möglichkeit, die Risikofrequenzen oder die Risikohöhe so zu beeinflussen, dass eine Positionierung in den weissen Feldern möglich wird? Die Positionierung sollte mindestens gehalten werden.

- Risiken, die sich in den mittelgrauen Feldern befinden, bedeuten grosse Risiken. Diese Felder besitzen die zweithöchste Priorität. Es ist dringend erforderlich, aktiv Gegenmassnahmen zu ergreifen.

- Ein dunkelgraues Feld bedeutet Katastrophenrisiko. Risiken, die hier positioniert sind, besitzen höchste Priorität, da sie lebensbedrohend für das Unternehmen sind. Wenn es dem Unternehmen nicht gelingt, die Auswirkungen dieser Risiken zu mildern und gleichzeitig seine Eintrittswahrscheinlichkeit zu senken, wird in der Regel mindestens die Handlungsfähigkeit des Unternehmens ernsthaft bedroht sein.

Somit erscheint obiges Risikoportfolio wenig ausgeglichen, weil zwei Katastrophenrisiken gefunden wurden und drei weitere Risiken im mittleren Bereich positioniert sind. Das Unternehmen muss handeln. Treten viele Risiken auf, deren Tragweite zwar gering ist, die jedoch häufig vorkommen und zudem noch hoch positiv miteinander korreliert sind, kann sich daraus auch sehr schnell ein **Katastrophenrisiko** entwickeln.

Neben Dringlichkeit und Ausmass der Risiken können z.B. auch Höchstschaden und erwartetes Ergebnis oder andere Kombinationen in der Portfoliomatrix dargestellt werden.

Bei den üblichen Portfoliodarstellungen wird vorwiegend das **downside risk** bei der Tragweite berücksichtigt. Es ist jedoch sinnvoll, neben den Risiken auch die Chancen mit einzubeziehen. Hier bietet sich die Chancen-Risiken-Matrix an, bei der auf der x-Achse z.B. die Varianz oder Standardabweichung der Rendite und auf der y-Achse der Erwartungswert abgetragen wird.

Eine weitere Darstellung ist das **Risk-Reward-Portfolio**, das drei Dimensionen veranschaulicht: Eintrittswahrscheinlichkeit, Risikopotenzial und Ergebnispotenzial (vgl. Burger u. Buchhart 2002, S. 166-171).

Mit Hilfe von Risikoportfolios kann eine schnelle Priorisierung oder Vorselektion der wichtigsten Risiken erreicht werden. Im Ist-Portfolio wird die aktuelle Situation sichtbar. Durch gezielte Planungs- und Steuerungsmassnahmen wird auf das geplante Soll-Portfolio hingearbeitet. Durch beiderlei Darstellungen wird indirekt die Zeitkomponente integriert.

Grundsätzlich sind Portfoliodarstellungen Ansätze für eher grobe Handlungsrichtlinien. Wechselwirkungen zwischen den Risiken können sie nicht richtig wiedergeben. Sie können aber sinnvolle Hinweise für eine intensive Auseinandersetzung mit speziellen Risiken geben.

5.7 Übungsaufgaben

Aufgabe 5.7.1: Schadensanalyse

Eine Transportfirma hat in den vergangenen 15 Jahren die Anzahl der Fahrzeuge im Fuhrpark, die Zahl der mit dem Fuhrpark gefahrenen Kilometer, die Zahl der aufgetreten Unfälle sowie die durchschnittliche Schadenshöhe pro Unfall aufgenommen:

Jahr	Anzahl der Fahrzeuge	gefahrene Kilometer (in Mio.)	Unfallzahl	Ø-Schadenshöhe (TGE)
1	6	1.125	12	14.0
2	14	2.655	42	16.0
3	18	3.388	50	15.5
4	16	3.655	65	16.5
5	20	3.956	55	17.0
6	22	4.450	74	17.0
7	22	5.050	81	17.5
8	25	5.300	86	18.5
9	27	5.680	90	19.0
10	32	6.340	93	19.0
11	33	6.610	103	21.0
12	36	7.220	110	20.5
13	38	7.880	113	21.0
14	37	7.960	118	22.0
15	40	8.245	120	22.5

a) Stellen Sie die nachfolgenden Daten grafisch dar. Welche Art der Zusammenhänge können Sie zwischen den einzelnen Variablen erkennen?

b) Führen Sie eine Korrelationsanalyse mit den vier Variablen durch und interpretieren Sie die Ergebnisse kritisch.

c) Erstellen Sie mit Hilfe der Regressionsanalyse:

   – ein Modell für die Beschreibung des Zusammenhangs zwischen der Anzahl der Unfälle und der Anzahl der gefahrenen Kilometer,

   – ein Modell für die Beschreibung des Zusammenhangs zwischen der Anzahl der gefahrenen Kilometer und der Anzahl der Fahrzeuge im Fuhrpark.

Nehmen Sie nun an, dass die Zahl der eingesetzten Lastwagen zur Zahl der gefahrenen Kilometer proportional ist und die Anschaffung eines Lastwagens im ersten Jahr 150 (TGE) kostet. Der Anschaffungspreis eines Lastwagens steigt mit 3% p.a. Der durchschnittliche Betrag eines Unfallschadens steigt proportional zum Preis der Lastwagen.

d) Zeichnen Sie ein Kausaldiagramm, in dem die Zusammenhänge der Einflussgrössen auf die Versicherungsprämie veranschaulicht wird.

e) Aus welchen Bestandteilen sollte sich die Versicherungsprämie für ein Fahrzeug zusammensetzen?

Aufgabe 5.7.2: Schadenshäufigkeit

Ein Industrieunternehmen hat für seinen Maschinenpark in den letzten Jahren eine nahezu konstante Schadenszahl von 30 Fällen pro Jahr festgestellt. Es kann angenommen werden, dass die Schadensfälle einer Poisson-Verteilung genügen.

Wie gross ist die Wahrscheinlichkeit dafür, dass im nächsten Jahr 40 bzw. nur 20 Schadensfälle auftreten?

Aufgabe 5.7.3: Simulation Prozessrisiken

Simulieren Sie das in Kapitel 3.10 skizzierte Modell der Rechtsrisiken (vgl. Abb. 3.30.) mit den angegebenen Verteilungsparametern für den minimalen, häufigsten und maximalen Wert.

Legen Sie für alle Kosten eine Dreiecksverteilung zugrunde. Nehmen Sie dabei an, dass Sie den Prozess mit $p = 0.4$ gewinnen. Simulieren Sie die Verteilung der Erfolgswahrscheinlichkeit mit p und $(1-p)$ durch Zufallszahlen einer Gleichverteilung.

a) Führen Sie mit Excel 15 Simulationen aus und bestimmen Sie empirisch einen Schätzwert für den Erwartungswert und die Standardabweichung der Variablen *KostenMisserfolg* und *GesamtkostenProzess*.

b) Geben Sie unter Annahme einer Normalverteilung ein 95%-Konfidenzintervall für den Erwartungswert der Variablen *GesamtkostenProzess*, *ProzesskostenErfolg und KostenMisserfolg* an.

c) Wie oft müssten Sie bei Annahme einer Normalverteilung in etwa simulieren, um den Erwartungswert der Variablen *GesamtkostenProzess* auf ein Prozent genau zu schätzen?

d) Führen Sie eine geeignete Sensitivitätsanalyse der Variablen *GesamtkostenProzess* bezüglich der Gewinnwahrscheinlichkeit p aus.

e) Nehmen Sie nun an, dass die Gewinnwahrscheinlichkeit p eine Dreiecksverteilung mit einem pessimistischen Wert von 30%, einem häufigsten Wert von 40% und einem optimistischen Wert von 70% besitzt. Das so verteilte p soll mit r = 0.5 mit der Höhe der *ExterneKostenProzess* korreliert sein (d.h. ein teurer Anwalt erhöht die Gewinnwahrscheinlichkeit). Wie ändern sich die Resultate des Ausgangsproblems?

Aufgabe 5.7.4: Simulation Entscheidungsbaum

Führen Sie zehn Monte-Carlo-Simulationen für den Entscheidungsbaum von Kapitel 3.5, Abb. 3.12. (Anlagenbau) aus. Simulieren Sie die Entscheidungen in den Zufallsknoten (Knoten des Marktes (O)) mit Hilfe gleichverteilter Zufallszahlen im Intervall [0,1]. Bestimmen Sie die Dichtefunktion, den Erwartungswert und die Varianz des Gewinnes aus zehn Simulationen des gesamten Entscheidungsbaums (ohne Diskontierung).

Aufgabe 5.7.5: Konkursversicherung bei vier Unternehmen

Erweitern Sie das Beispiel der Konkursversicherung für die Mitarbeiter eines Unternehmens aus Kapitel 5.5 auf vier Unternehmen. Gehen Sie hierbei von unkorrelierten Ereignissen aus.

a) Berechnen Sie den Erwartungswert und die Varianz der Verteilung für den Konkursschaden bei vier Unternehmen insgesamt und pro risikotechnischer Einheit.

b) Bestimmen Sie den Nutzen für ein Versicherungsunternehmen, das alle vier Unternehmen mit einer sicheren Jahresprämie von 120 (GE) versichert. Der Nutzen sei exponentialverteilt mit Risikotoleranzparameter R = 5'000.

Aufgabe 5.7.6: Prämie Insolvenzversicherung

Betrachten Sie wieder das Beispiel der Konkursversicherung für die Mitarbeiter eines Unternehmens aus Kapitel 5.5. Nehmen Sie nun an, dass sich 1'000 vergleichbare Unternehmen gegen Insolvenz versichern lassen. Die Versicherung möchte über die Versicherungsprämie die folgenden Komponenten abdecken:

- die Höhe der zu erwartenden gesamten Schadenssumme,

- einen Risikozuschlag in Höhe des Dreifachen der Standardabweichung der gesamten Schadenssumme und die

- erwarteten Transaktions- und Verwaltungskosten von 40 (GE) je Vertrag sowie einen Gewinnaufschlag von 20 (GE) je Vertrag.

a) Bestimmen Sie den Erwartungswert und die Varianz der gesamten Schadenssumme.

b) Wie gross ist die Standardabweichung des erwarteten Schadens pro Vertrag?

c) Berechnen Sie das notwendige gesamte Prämienaufkommen und die daraus resultierende Prämie pro Versicherungsvertrag.

d) Wie würde das Versicherungsunternehmen bei 10'000 Verträgen rechnen?

Aufgabe 5.7.7: Simulation Gesamtrisiko

a) Ermitteln Sie das jährliche Gesamtrisiko eines Klumpen-Prozesses, bei dem die Risikozwischenzeiten exponentiell mit $\lambda = 4$ [Jahre]$^{-1}$ verteilt sind und die Risikohöhe logarithmisch-normalverteilt ist. Die der logarithmischen Normalverteilung zugrunde liegende Normalverteilung werde durch $\mu = 3$ und $\sigma = 1$ gekennzeichnet.

Die Risikoereignisse können in Klumpen (Kumul-Ereignisse) mit der Klumpen-Dichte f(M = 1) = 0.8, f(M = 2) = 0.15 und f(M = 3) = 0.05 eintreten. Dabei haben die in einem Kumulereignis enthaltenen Einzelereignisse jeweils eine unterschiedliche Risikohöhe.

b) Bestimmen Sie Näherungswerte für den Erwartungswert und die Varianz des Gesamtrisikos aus zehn Simulationen für jeweils zwei Jahre.

c) Geben Sie für die erste Simulation aus b) die Häufigkeitsverteilung von Schadensanzahl und Schadenshöhe über die Zeit an.

Aufgabe 5.7.8: Veranschaulichung Portfolio-Optimierung

Nehmen Sie an, dass Sie zwei Fonds (Fond_1 und Fond_2) zur Auswahl haben, in die Sie ihr Kapital zu 100% investieren können. Über Regressionsanalysen wurde herausgefunden, dass die Rentabilität R_i, i = (1, 2) der Fonds jeweils gut durch folgendes 1-Faktor-Modell beschrieben wird:

$$R_i = \alpha_i + \beta_i R_m + e_i$$

Dabei ist α_i eine konstante (risikolose) Rendite, R_m die Rendite des relevanten Marktindex, β_i der Regressionskoeffizient, der die Abhängigkeit von R_i zu R_m misst, sowie e_i ein durch das Modell nicht erklärter Rest, der nicht mit den anderen Variablen korreliert sein soll und einen Erwartungswert von Null hat. Folgende Resultate wurden aus einer Analyse von 36 Monatswerten erhalten:

Anlage	α_i (%)	β_i	Var(e_i)
1	6	1.4	65
2	4	0.8	20

Der Marktindex R_m habe eine erwartete Rentabilität von 12.5% und eine Standardabweichung von 14.9%.

a) Berechnen Sie die erwarteten Renditen der beiden Anlagen, die Varianzen der Renditen und ihre Kovarianz. Dabei gelte:

$$Cov(R_1, R_2) = \beta_1 \beta_2 \cdot Var(R_m)$$

b) Fertigen Sie ein Diagramm an, in dem Sie die erwartete Rendite und die Standardabweichung des Portfolios mit den Quoten x_1 und x_2 gegeneinander auftragen. Gehen Sie hierbei davon aus, dass 100% des Kapitals investiert wird.

Nehmen Sie nun an, dass der Risikotoleranzfaktor bei exponentieller Nutzenfunktion R = 2.5 sei und Sie ein nutzenmaximales Portfolio mit den zusätzlichen Nebenbedingungen

$$NB\ 1 : 0.8\,x_1 + x_2 \geq 0.4 \qquad NB\ 2 : x_1 \geq 0.1 \qquad NB\ 3 : x_2 \geq 0.2$$

ermitteln wollen. Es soll maximal 100% des Kapitals investiert werden.

c) Zeichnen Sie das für die Lösung zulässige Gebiet und skizzieren Sie Höhenlinien der Zielfunktion.

d) Bestimmen Sie analytisch ein Optimum ohne Berücksichtigung irgendwelcher Restriktionen.

e) Bestimmen Sie ein Optimum bei Berücksichtigung aller Restriktionen mit Hilfe des Excel-Solvers.

Aufgabe 5.7.9: Gesamtrisiko als Faltungssumme

Berechnen Sie für eine Lotterie aus Risikofrequenz (Maximum zwei Risiken pro Jahr mit Wahrscheinlichkeiten p_i) und Risikohöhe (vier Bereiche mit Wahrscheinlichkeiten q_i) die Verteilung des Gesamtrisikos.

Legen Sie hierbei folgende Werte zugrunde:

Risikofrequenz pro Jahr	p_i	Σp_i	Risikohöhe	Mittelwert	q_i	Σq_i
0	0.5	0.5	0- 1000	500	0.4	0.4
1	0.3	0.8	1001- 5000	3000	0.3	0.7
2	0.2	1.0	5001-20000	12500	0.2	0.9
			20001-50000	35000	0.1	1.0

a) Stellen Sie die Lotterie als Baum dar.

b) Berechnen Sie Erwartungswert und Varianz der Verteilung der Schadenssumme.

c) Zeichnen Sie die Häufigkeitsverteilung der Schadenssumme.

6 Umgang mit dem Risiko

Die Vorbereitung und Durchführung von Entscheidungen zur Risikobehandlung bzw. die Risikosteuerung bilden – von den Controlling-Aktivitäten abgesehen – den letzten Schritt bei einem systematischen Risikomanagement (vgl. Doherty 1985, S. 7-14, Lück 1998, S. 1925-1930). Oft wird in diesem Zusammenhang auch von der Bestimmung einer Risikopolitik gesprochen.

Nach Mehr und Hedges (1993) gelten für den Umgang mit dem Risiko die drei Grundregeln:

- *„Don't risk more than you can afford to loose"*. Riskiere nicht mehr als verantwortbar ist. Mit anderen Worten: Das Management muss klare Vorstellungen darüber haben, von welcher Höhe und Häufigkeit an eintretende Schadensfälle gefährlich für das Unternehmen werden.

- *„Consider the odds"*. Die Risikohäufigkeit und -höhe muss abgeschätzt und bei einer Entscheidung berücksichtigt werden.

- *„Don't risk a lot for a little"*. Mitteleinsatz und Resultat der Risikomassnahmen müssen in einem ausgewogenen Verhältnis stehen.

Massnahmen der Risikosteuerung bzw. der Risikobewältigung ändern meist die Risikoverteilungen. Die Änderungen können sowohl die Risikofrequenz als auch die Risikohöhe oder beides betreffen.

- Änderungen des **Erwartungswertes** der Verteilung

  Beispiel: Bei einem Produkt wird der Preis erhöht, aber die zufällig variierenden Kosten bleiben dieselben. Durch diese umsatzerhöhende Massnahme wird die Risikoverteilung parallel verschoben. Es ändert sich zwar der Varianzkoeffizient, d. h. das Verhältnis von Standardabweichung und Erwartungswert, weil sich der Erwartungswert erhöht. Die Standardabweichung der Risikoverteilung ändert sich jedoch nicht.

- Änderungen der **Varianz**

  Beispiel: Eine Standardisierung in der Produktion verringert oft die Streuung der Qualität oder der Kosten, der Erwartungswert bleibt aber erhalten.

- Änderungen von **Erwartungswert und Varianz**

  Dieser Fall kommt am häufigsten vor (vgl. Abb. 6.1.).

  Beispiel: Durch mehr Investitionen in dasselbe prozentual aufgeteilte Aktienportfolio X steigen der Erwartungswert und die Varianz proportional zum investierten Gesamtbetrag an, während die Standardabweichung wegen

  $$\sigma_X = \mathrm{Var}(X)^{1/2}$$

  nur unterproportional ansteigt. Falls nun durch die Verwendung von Put- oder Call-Optionen bzw. durch andere derivative Produkte, so genannte *Caps*, Haftungsbegrenzungen eingeführt werden, dann wird die Risikoverteilung gestutzt. Hierdurch ändern sich sowohl der Erwartungswert als auch die Standardabweichung. Dasselbe gilt für versicherte Risiken, wenn mit dem Versicherer eine Selbstbeteiligung bzw. Franchise vereinbart wird.

Die Risikosteuerung kann sich sowohl auf die **Risikoursachen** als auch auf die **Auswirkungen der Risiken** beziehen. Wenn ein Unternehmen die Qualität der Fertigung erhöht, entstehen weniger ursachenbezogene Reklamationen. Wenn das Unternehmen nur die Qualitätskontrolle verbessert, wird die Reklamationsrate der Kunden in der Auswirkung zwar auch verringert, doch bleibt die Ursache der Risiken unverändert. Man unterscheidet Massnahmen der **aktiven Risikobewältigung** von Massnahmen der **passiven Risikobewältigung**. (vgl. Schierenbeck u. Lister 2001, S. 353).

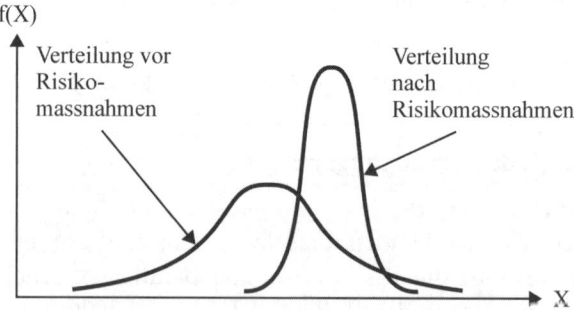

Abb. 6.1. Risikomassnahmen und Verteilung

Die beiden vorher geschilderten Risikomassnahmen bei der Qualitätskontrolle sind aktive Massnahmen. Passiv wäre die Risikobewältigung dagegen, wenn das Unternehmen nur eine neue Produkthaftpflichtversicherung abschliesst oder mehrere unveränderte Risiken derselben Art zusammenfasst oder *poolt*, um einen Risikoausgleich im Kollektiv zu erzielen.

6.1 Risikobewältigung

Grundvarianten der Risikobewältigung in einem Unternehmen sind (vgl. Kapitel 2.4):

- die Vermeidung des Risikos,
- die Reduktion und Begrenzung des Risikos,
- der Selbstbehalt oder das Tragen des Risikos,
- die Überwälzung oder Verlagerung des Risikos sowie
- die Teilung des Risikos.

In der Regel werden in einem Unternehmen verschiedene Massnahmen der Risikobewältigung kombiniert. Eine genaue Abgrenzung der oben genannten Begriffe ist zudem problematisch. In Tabelle 6.1. wird eine grobe Zuordnung der zu treffenden Risikomassnahmen zur Frequenz bzw. Häufigkeit und Höhe der Risiken vorgenommen.

Tabelle 6.1. Mechanismen der Risikobewältigung

Häufigkeit → Risikohöhe ↓	Gross	Gering
Hoch	Vermeidung Reduktion	Verlagerung Teilung
Niedrig	Reduktion Selbstbehalt	Selbstbehalt

Die Bedeutung der Begriffe von hoch und niedrig bzw. gross und gering in Tabelle 6.1. hängt stark von der Risikoeinschätzung und Risikobereitschaft der Entscheidenden ab. Davon unabhängig kann man jedoch sicher sagen, dass das Risiko des Bruchs einer Porzellantasse in der Kaffeeküche eines Unternehmens sowohl von der Schadenshöhe als auch von der Häufigkeit her gesehen niedrig bzw. gering ist. Dies führt meist zum Selbstbehalt oder Tragen des Risikos trotz einer eventuell abgeschlossenen Bruchversicherung, denn die Kosten der Schadensmeldung wären höher als die zu erwartende Entschädigung.

Schäden durch einen Wirbelsturm sind sehr selten, aber von der Risikohöhe her gravierend. Hier werden tendenziell Versicherungs- und Rückversicherungslösungen als Massnahmen der Risikobewältigung gewählt.

Die Zusammenhänge zwischen der Art des Risikos und dem Typ der Risikobewältigung sollen am nachfolgenden Beispiel konkreter veranschaulicht werden.

Beispiel (nach Helten 1998, S. 2.17, geändert):

In Tabelle 6.2. werden Massnahmen der Risikobewältigung bei der Produkthaftpflicht eines Produktionsunternehmens aufgeführt. Dabei werden drei Typen von Risikoursachen unterschieden.

- **Konstruktions- und Entwicklungsfehler**: Die Fehler treten bereits vor der serienmässigen Herstellung eines Produktes auf.

- **Produktionsfehler**: Menschliches oder technisches Versagen während der Produktion verursachen die Fehler.

- **Unterweisungs- oder Instruktionsfehler**: Schäden entstehen bei der Anwendung durch mangelhafte Erläuterungen bzw. Dokumentationen eines an sich erklärungsbedürftigen Produktes.

Tabelle 6.2. Typen von Risiken und ihre Risikobewältigung

Risiko-behandlung	Entwicklungs-fehler	Produktions-fehler	Instruktions-fehler
Vermeidung	keine Neuentwicklungen, Lizenzproduktion	Fremdfertigung und Zukauf	keine erklärungsbedürftigen Produkte
Reduktion	beherrschbare Technologie, verstärkte Qualitätskontrolle oder Qualitätszirkel	Ausbildungsinvestitionen, verlängerte Anlaufphase, verstärkte Qualitätskontrolle	Markttests
Selbstbehalt	Rücklagenbildung, Wertberichtigungen und Rückstellungen	Rücklagenbildung, Wertberichtigungen und Rückstellungen	Rücklagenbildung, Wertberichtigungen und Rückstellungen
Verlagerung	Abschluss von Produkt- und Betriebshaftpflichtversicherungen	Abschluss von Produkt- und Betriebshaftpflichtversicherungen	Abschluss von Produkt- und Betriebshaftpflichtversicherungen
Teilung und Diversifikation	Entwicklungskooperation, Auslagerung von F&E in eigene Gesellschaft	Auslagerung der Produktion in eigene Gesellschaft, Produktion mit Partnern	Auslagerung des Vertriebs in eigene Gesellschaft, Dokumentations- und Instruktionsvertrag

Massgeblich für die zu ergreifenden Massnahmen ist die **wirtschaftliche Situation** des Unternehmens, die **Risikoneigung** (Nutzenfunktion) der Entscheidenden bzw. die **Gewinne und Kosten**, die mit einer Lösung verbunden sind. Das Risikomanagement wird gewöhnlich den Nutzen einer Entscheidungssituation für das Unternehmen so ändern, dass der Nutzen nach Durchführung der Massnahmen der Risikobewältigung grösser als vorher ist. Betriebswirtschaftlich gesehen, wird der Unternehmenswert durch ein richtiges Risikomanagement gesteigert, weil Aktiva weniger gefährdet sind und höher bewertet werden können, Passiva weniger stark als ohne Risikomanagement ansteigen und Cash-Flows oder Erträge zunehmen. Dies ist insbesondere auch deswegen der Fall, weil der Prozess des Risikomanagements zu einer besseren Beurteilung von riskanten Investitionen führt.

Dabei ist zu berücksichtigen, dass die Massnahmen des Risikomanagements gewöhnlich einen zusätzlichen Aufwand verursachen, der durch den zusätzlichen Nutzen überkompensiert werden muss. Die Risikomassnahmen sind als **Investitionen** zu verstehen und zu bewerten, etwa durch die Berechnung eines **Barwertes** oder eines **internen Zinsfusses**. Dies soll an folgendem Beispiel erläutert werden.

Beispiel: Einführung von **ISO 9000**
(International Standards Organization, vgl. z.B. Masing 1999, S. 56-68)

Die Zertifizierung eines Betriebes nach ISO 9000 beinhaltet die Dokumentation der Arbeitsschritte und Abläufe, der Organisationsstruktur und der Verantwortlichkeiten und regelmässige Messungen der Leistungen, Termine und Qualitäten der erstellten Produkte und Dienstleistungen. U.a. soll damit das Risiko von Produktionsausfällen, Maschinenstillstand, Qualitätsmängeln oder Reklamationen, die Haftpflichtrisiken beinhalten können, vermieden werden.

Die Einführung von ISO 9000 erfordert

- einmalige **Auszahlungen,** wie z.B. die Inanspruchnahme von Beratungsleistungen, die Schulung von Mitarbeitern, die Anpassung der Organisation an neue Erfordernisse, neue Soft- und Hardware zur Dokumentation und zum Controlling,

- **regelmässige Auszahlungen,** wie z.B. die regelmässige Fortbildung der Mitarbeiter, die Aktualisierung der Firmenunterlagen und die Kosten der regelmässigen ISO-Zertifizierung,

- **einmalige und regelmässige Einzahlungen,** wie z.B. *„ersparte"* Reklamationskosten, der geldmässig bewertete Nutzen eines vermiedenen *„Goodwill-Verlusts"*, Einsparungen durch die Reduktion von Maschinenstillstandszeiten, durch geringeren Materialverbrauch und durch schnellere und weniger zyklische Durchlaufprozesse.

Öfter werden die Auswirkungen von Risikoereignissen auf Wertbestände bezogen, so z. B. im Anlagevermögen: Eine Maschine wird zerstört und soll ersetzt oder aber nicht ersetzt werden. Änderungen der Wertbestände im Umlaufvermögen wären: Lagerbestände verderben oder Forderungen fallen aus und führen zu Wertberichtigungen. Wenn sich die Risikoanalyse am Erhalt oder der Steigerung des Unternehmenswerts orientiert, ist die alleinige Analyse mit Beständen meist nicht der richtige Ansatz, denn der Wert bestimmt sich wesentlich aus den zukünftigen und zu diskontierenden Cash-Flows oder Erträgen. Die Verluste, die nach einem Maschinenbruch beispielsweise aus dem Stillstand der Produktion folgen, können grösser als der Wertverlust an Aktiva sein. Demgemäss sollte die Risikoanalyse **dynamisch** sein und sich an den mit dem Risiko verbundenen zukünftigen Ein- und Auszahlungen bzw. Einnahmen und Ausgaben orientieren (vgl. z. B. Hager 2004, S. 17-27). Häufig müssen dabei zukünftige Verteilungen von Zahlungen geschätzt oder prognostiziert werden. Dies kann über die Extrapolation von Vergangenheitszahlen erfolgen oder – falls diese nicht in valider Form vorliegen – durch die Erfassung plausibler Entwicklungsszenarien. In beiden Fällen haben sich der Simulationsansatz nach dem **Monte-Carlo-Verfahren** oder auch deterministische und computergestützte **Sensitivitätsanalysen** vielfach bewährt.

Bei der Analyse von Massnahmen der Risikobewältigung müssen auch die Ein- und Auszahlungen berücksichtigt werden, die aus der **Finanzierung des Risikos** oder den Massnahmen des Risikomanagements selber folgen.

Beispiele solcher Folgeeffekte sind

- die Eigenfinanzierung,
- die Finanzierung durch Kapitalerhöhungen,
- die Finanzierung durch Kredite,
- die mit Leasinglösungen oder Versicherungslösungen verbundenen Ein- und Auszahlungen.

Mit der Risikofinanzierung sind verschiedene **Kapitalkosten** verbunden. Spekulationsgewinne aus Wertpapiergeschäften oder Ausgleichszahlungen aus einem Versicherungsvertrag müssen nicht zur Beibehaltung oder Wiederherstellung des alten Zustandes eingesetzt werden. Sie eröffnen in der Regel neue Investitionsmöglichkeiten oder machen neue Investitionen erforderlich. Es sind dann jeweils verschiedene Investitionsalternativen nach ihrer Wirtschaftlichkeit und dem damit verbundenen Risiko zu vergleichen. Behandelt der Gesetzgeber verschiedene Risikomassnahmen steuerlich unterschiedlich, muss ein Wirtschaftlichkeitsvergleich **nach Steuern** erfolgen.

6.1.1 Vermeidung des Risikos

Bei diesen Massnahmen ändert sich die Risikoverteilung eines Unternehmens durch den Ausschluss bestimmter Risiken. Beispiele für die Risikovermeidung sind die Entscheidungen,

- keine Investitionen in bestimmten Ländern vorzunehmen,
- keine Geschäfte mit Derivaten/Optionen/Futures zu tätigen,
- als riskant betrachtete Geschäftsbeziehungen zu kündigen,
- sich auf bestehende Geschäftsbereiche zu konzentrieren und nicht zu diversifizieren,
- nur vielfach bewährte Techniken einzusetzen,
- oder, wie z.B. oft in der Pharmaindustrie, nur gründlich ausgetestete, erprobte und auch offiziell überprüfte Produkte auf den Markt zu bringen.

Die Risikovermeidung ist in der Regel keine effiziente Behandlung des Risikos, da hierbei oft Chancen für das Unternehmen ausser Acht gelassen werden. Es geht beim Risikomanagement mehr um die richtige Mischung von Chancen und Risiken. Eine Strategie der Risikovermeidung bei den Versicherungsunternehmen kann zu einem *„Versicherungsnotstand"* bei den Versicherungsnehmern führen, wie es etwa in der unmittelbaren Folge auf die Attentate auf das World Trade Center 2001 bei den Fluggesellschaften geschehen ist. Dieses Fundamentalrisiko übernahmen die Einzelstaaten in einer Übergangsphase für ihre Fluglinien, bis die Versicherer unter geänderten Konditionen die Risiken wieder selbst übernahmen.

6.1.2 Reduktion und Begrenzung des Risikos

Man versteht darunter die Verminderung der Risiken durch die Modifikation des zugrunde liegenden Ursache- und Wirkungssystems. Dabei werden entweder die Frequenz, die Höhe des Risikos oder beides geändert. Folgende Methoden und Verfahren werden bei einer gezielten Risikoverminderung eingesetzt:

- **Risiko- und Fehlerbäume:** Fehlerursachen und Wirkungen werden baumartig erfasst und disaggregiert. Dabei werden die Häufigkeit und Höhe von Risikoereignissen (Schäden und Chancen) über die Analyse logischer **AND-, OR- oder XOR-Bedingungen** kausal aus den Ursachen der Risiken ermittelt (vgl. Rosenkranz 2002, S. 42-68).

- **Dokumentenanalyse:** Die Analyse historischer Firmenunterlagen und der Informationssysteme gibt für die darin dokumentierten und eingetretenen Risiken sowohl Hinweise auf die vorgelegenen Ursache- und

Wirkungsbeziehungen (*„what went wrong"*) als auch auf zweckmässige Entscheidungen, die entweder getroffen wurden oder die hätten getroffen werden sollen. Die Analyse von historischen Informationen über die Struktur und den Ablauf betrieblicher Geschäftsprozesse liefert vielfach die für eine Risikoverminderung notwendigen Informationen und Hinweise auf die *„Stellschrauben"* der Risiken, wie z.B. Durchlaufzeiten, Reklamationswahrscheinlichkeiten oder stark streuende Prozesskosten.

- **Checklisten** und **Regeln für das Underwriting**: Unter Underwriting versteht man im Versicherungswesen den formalisierten Prozess der Risikoprüfung bis hin zum Versicherungsabschluss. In den Unternehmen werden dabei Listen mit möglichen Risiken aufgestellt, in denen auch Regeln zur Risikobegrenzung und -vermeidung festgehalten werden. Ein Verstoss gegen diese Regeln wird gewöhnlich geahndet.

  Beispiele sind etwa Vorschriften, dass von bestimmten Personen keine Lebensversicherung mit einer Sofortzahlung einer Summe von über 1 Mio (GE) abgeschlossen werden dürfen, dass keine Investitionen in Emerging Markets erfolgen, dass im Wertschriftengeschäft offene Positionen nach vorformulierten Stopp-Loss-Vorschriften geschlossen werden müssen, dass z.B. keine Autoversicherung südlich von Neapel abgeschlossen wird, dass Mitarbeiter des Unternehmens generell keine *„Schubladenverträge"* abschliessen dürfen, die für ein Unternehmen rechtliche Risiken heraufbeschwören können usw.

- **Organisationsanalysen**: Hierbei wird durch organisatorische Massnahmen sichergestellt, dass insbesondere Risiken aus der inneren Umwelt eines Unternehmens nicht eintreten. So beugt das sogenannte *„Vier-Augen-Prinzip"*, d.h. das Öffnen von Tresoren, das Kopieren von vertraulichen Unterlagen sowie bestimmte Kontoverfügungen durch mindestens zwei sich gegenseitig kontrollierenden Personen der *gefährdeten Moral* oder einer *moralischen Gefahr* vor. Ähnliches gilt für firmenspezifische Geheimhaltungsvorschriften, Archivierungsvorschriften und Unterschriftenregelungen.

  Die Zertifizierung der Geschäftsprozesse eines Unternehmens nach ISO 9000 sorgt für eine aktuelle Dokumentation der Prozesse und Informationsflüsse sowie einer statistischen Kontrolle der Qualität und Produktivität. Organisatorische Massnahmen zur Risikobewältigung und Risikosteuerung sind in gewisser Weise immer mit der Gefahr bürokratischer Massnahmen verbunden, die die Reaktionsgeschwindigkeit des Unternehmens und damit die Chancenverwertung herabsetzen.

Beispiel Risikobegrenzung

Bei der Heizöllagerung kann es zu Verschmutzungen des Bodens um den Öltank, aber auch zu Grundwasserschäden kommen (nach Helten 1998, S. 2.18-2.22 geändert).

Der in Abb. 6.2. gezeigte Risikobaum gibt die zu einem festgestellten Schaden am Öltank führenden Möglichkeiten der Schadensentstehung teilweise detailliert wieder. Dabei wird das Eintreffen möglicher Schadensereignisse und ihrer Konsequenzen über verschiedene logische Funktionen gesteuert.

Nachfolgend wird zunächst die Verteilung möglicher Schäden beschrieben, danach werden mögliche Massnahmen der Risikoverminderung aufgelistet und die damit verbundenen Kosten sowie Nutzen abgeschätzt.

Zunächst gibt Tabelle 6.3. die Daten des Beispiels wieder.

Tabelle 6.3. Daten für den Fehlerbaum

Ausgangssituation	• Gefahr des Auslaufens eines Heizöltanks und dadurch entstehender Umweltschaden (20% Eintrittswahrscheinlichkeit in einer Planperiode)
Mögliche Umweltschäden	• Kontamination von Boden und Grundwasser (80% Eintrittswahrscheinlichkeit) • Kontamination nur des Bodens (20% Eintrittswahrscheinlichkeit)
Schadensursachen bei Boden- und Grundwasserschaden	• Leckage (70% Eintrittswahrscheinlichkeit) • Unsachgemässes Befüllen oder Entleeren (30% Eintrittswahrscheinlichkeit)
Entstehung eines Schadens beim Befüllen oder Entleeren	• Nur beim Befüllen (10% Wahrscheinlichkeit) • Nur beim Entleeren (18.2% Wahrscheinlichkeit) • Bei Beidem gleichzeitig (1.8% Wahrscheinlichkeit)
Wirkungen beim Schaden durch Leckage bzw. beim Befüllen oder Entleeren	• Gravierender Schaden GS (GE 1.0 Mio) (80% Wahrscheinlichkeit) • Mittlerer Schaden MS (GE 0.5 Mio) (10% Wahrscheinlichkeit) • Leichter Schaden LS (GE 0.1 Mio) (10% Wahrscheinlichkeit)
Wirkungen beim Bodenschaden (nicht weiter detailliert)	• Gravierender Schaden GS (GE 1.0 Mio) (50% Wahrscheinlichkeit) • Mittlerer Schaden MS (GE 0.5 Mio) (10% Wahrscheinlichkeit) • Leichter Schaden LS (GE 0.1 Mio) (40% Wahrscheinlichkeit)

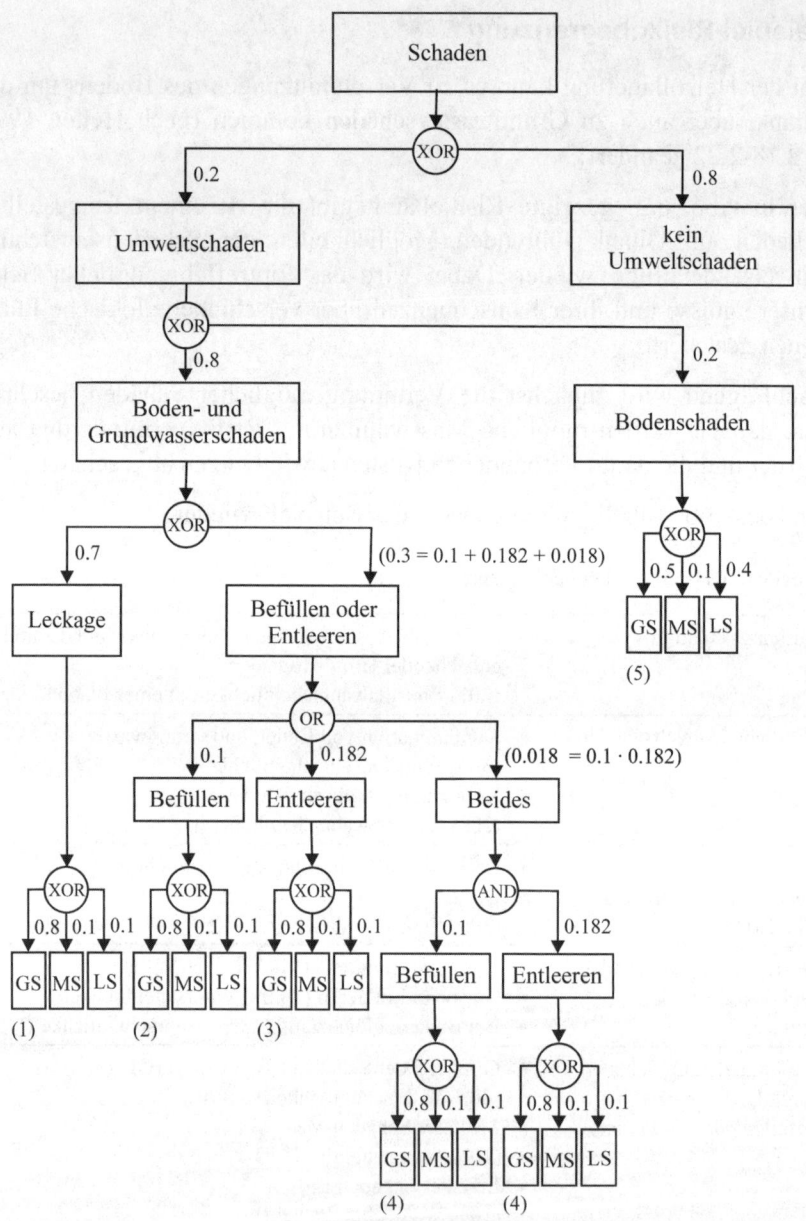

Abb. 6.2. Risikobaum für das Beispiel Heizöllagerung

Es hat sich bewährt, dass Risiko- oder Fehlerbäume von der Wurzel bzw. vom aggregierten Hauptereignis ausgehend verfeinert und aufgespalten werden (**„Top-Down-Entwurf"**, vgl. Abb. 6.2. und auch Abb. 4.8.). Der umgekehrte Weg von den Endereignissen bzw. Astenden des Baumes vorwärts zum Hauptereignis führt oft zu einer vorzeitigen Detaillierung und zu Redundanzen in der Darstellung des Ursache- und Wirkungssystems. Der Fehlerauflösung der Top-Down-Analyse entgegengesetzt verläuft meist die tatsächliche zeitliche und logische Folge der Risikoereignisse: Ein verdichtetes Ereignis tritt erst dann ein, wenn die disaggregierten Risikoereignisse eingetreten sind (vgl. Abb. 6.2.).

Für das Beispiel werden die *„Exklusiv-Oder-Funktion (XOR)"*, die *„Inklusiv-Oder-Funktion (OR)"* und die logische *„UND-Funktion (AND)"* verwendet (vgl. Hartung et al. 1999, S. 765-774; Peters u. Meyna 1999, S. 311-326; Eisenführ u. Weber 2003, S. 20-29; Clemens 1993, S. 1-96; Andrews 1998, S. 1-101; Ericson 1999, S. 1-117). Falls der zeitliche Ablauf oder die Dynamik des Risikoprozesses dabei eine Rolle spielt, lassen sich Risiken über **ereignisgesteuerte Simulationen** quantifizieren (vgl. Rosenkranz 2002, S. 135-142). Beim Vorliegen einer logischen XOR-Bedingung schliessen sich die Unterereignisse gegenseitig aus d. h. sie müssen disjunkt definiert sein. Die Wahrscheinlichkeit der Unterereignisse summiert sich zu 100%. Beim Vorliegen einer OR-Bedingung können alle Kombinationen der Unterereignisse vorkommen. Beim Befüllen und Entleeren in Abb. 6.2. kann der Schaden durch das Befüllen, das Entleeren des Tanks oder durch das gleichzeitige Eintreffen beider Unterereignisse eintreten. Sind diese Ereignisse disjunkt, ergibt die Summe der Wahrscheinlichkeiten für die Unterereignisse die Wahrscheinlichkeit für das übergeordnete Hauptereignisse. Im Beispiel ist also dementsprechend

$$0.3 = 0.1 + 0.182 + 0.018.$$

Die Wahrscheinlichkeit 0.1 für mögliche Fehler beim Befüllen enthält damit nicht die Möglichkeit für das gleichzeitige Eintreffen von Fehlern beim Befüllen und Entleeren. Die Wahrscheinlichkeit hierfür kann über eine logische UND-Bedingung isoliert über das Produkt der Wahrscheinlichkeiten des Eintretens eines Befüllungsfehlers und des Eintretens eines Fehlers beim Entleeren zu 0.018 errechnet werden, wenn die Ereignisse unabhängig von einander eintreten. Die Eintreffenswahrscheinlichkeiten für die verschiedenen finanziellen Auswirkungen werden folgendermassen bestimmt: Ausgehend vom Hauptereignis „Schaden" werden alle Pfade gesucht, die zu einem bestimmten Schadensbetrag (GS, MS, LS oder „Kein Umweltschaden") führen. Die Wahrscheinlichkeiten an den einzelnen Pfaden werden multipliziert. Dann werden diese Produkte über die verschiedenen Pfade summiert. So ergibt sich beispielsweise für den gravierenden Schaden GS eine Wahrscheinlichkeit von 14.8% aus der Summe der Wahrscheinlichkeiten auf den nummerierten Pfaden (vgl. Abb. 6.2.):

(1) $0.0896 = 0.2 \cdot 0.8 \cdot 0.7 \cdot 0.8$

(2) $0.0128 = 0.2 \cdot 0.8 \cdot 0.1 \cdot 0.8$

(3) $0.0237 = 0.2 \cdot 0.8 \cdot 0.182 \cdot 0.8 = 0.2 \cdot 0.8 \cdot \dfrac{0.2}{1.1} \cdot 0.8$

(4) $0.0023 = 0.2 \cdot 0.8 \cdot 0.1 \cdot 0.1 \cdot 0.182 \cdot 0.8 =$

$$= 0.2 \cdot 0.8 \cdot 0.1 \cdot \dfrac{0.2}{1.1} \cdot 0.8$$

(5) $0.0200 = 0.2 \cdot 0.2 \cdot 0.5.$

Die Anwendung des geschilderten Verfahrens ergibt folgende Wahrscheinlichkeiten für die vier möglichen Ereignisse (vgl. Abb. 6.3.):

$p_1 =$ 0.148 für einen gravierenden Schaden GS   1.0 (Mio GE)
$p_2 =$ 0.020 für einen mittleren Schaden MS   0.5 (Mio GE)
$p_3 =$ 0.032 für einen kleinen Schaden LS   0.1 (Mio GE)
$p_4 =$ <u>0.800</u> für keinen Schaden   0.0 (Mio GE)
Summe 1.000

Damit ergeben sich folgende Werte:

Erwartungswert

$$\varepsilon\{X_{ij}\} = 1.000 \cdot 0.148 + 500 \cdot 0.020 + 100 \cdot 0.032 + 0 \cdot 0.8 =$$
$$= 161.2 \ (TGE)$$

Varianz

$$Var\,(X_{ij}) = (1.000 - 161.2)^2 \cdot 0.148 + (500 - 161.2)^2 \cdot 0.020 +$$
$$+ (100 - 161.2)^2 \cdot 0.032 + (0 - 161.2)^2 \cdot 0.8 = 127.3$$

Standardabweichung

$$\sigma_{X_{ij}} = 356.8 \ (TGE)$$

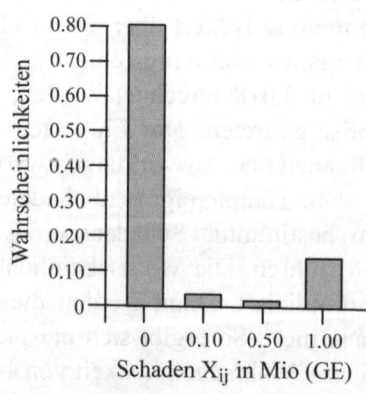

Abb. 6.3. Häufigkeiten Schadensereignisse

Enthält ein Fehlerbaum nur XOR-Bedingungen, so können die Wahrscheinlichkeiten durch eine Reduktion des Baumes nach den Regeln für die Reduktion von zusammengesetzten Lotterien (vgl. Kapitel 3.3.3) berechnet werden.

Ausgehend von den Daten des Ist-Zustandes können nun verschiedene Massnahmen zur Reduktion der Risikofrequenz oder der Risikohöhe für das Beispiel der Heizöllagerung untersucht werden (vgl. Tabelle 6.4.).

Tabelle 6.4. Liste der Risikomassnahmen

Massnahmen	Kennzahlen des Gesamtrisikos TGE		Kosten TGE	Nutzen	Art der Massnahme
	$\varepsilon\{X_{ij}\}$	$\sigma_{X_{ij}}$			
Ausgangssituation	161.2	356.8			
Hülle versteifen	120.9	200.0	100	Geringere und besser eingegrenzte Schäden	ursachenbezogen
Leckwarngerät	80.0	60.0	150	Geringere und besser eingegrenzte Schäden	wirkungsbezogen
Rücklagen bilden	161.2	356.8	200	Ausgleich bis 200 TGE	wirkungsbezogen
Versicherung	161.2	356.8	240	alle Schäden werden ausgeglichen	wirkungsbezogen
Gasheizung	85.0	200.0	800	wenig Umweltschäden, aber gefährlicher	ursachenbezogen
Solarheizung	10.0	5.0	2000	kaum Umweltschäden, aber sehr teuer	ursachenbezogen

Bedeutung der logischen Operatoren

In Abb. 6.4. werden drei mögliche Einzelschäden „Schaden durch Leckage des Öltanks", „Schaden beim Befüllen des Öltanks" und „Schaden beim Entleeren des Öltanks" unterschieden.

Falls eine logische XOR-Bedingung vorliegt, kann nur eines dieser drei Schadensereignisse zum aggregierten Ereignis *„Boden- und Gewässerschaden"* führen. Es gibt also drei Möglichkeiten. Bei einer logischen OR-Bedingung kann der Boden und Gewässerschaden in sieben logischen Fällen auftreten: Bei drei Einzelereignissen, bei drei Doppelereignissen und einem Dreifachereignis (d.h. Leckage, Schaden beim Befüllen und beim Entleeren treten beim Dreifachereignis zusammen auf, was konkret aber eher unwahrscheinlich ist).

Bei einer logischen AND-Bedingung müssen alle drei Einzelschäden zusammen auftreten, ehe das aggregierte Schadensereignis eintritt. Bei Rechnungen mit den beschriebenen logischen Operatoren und den Wahrscheinlichkeiten, die den Ereignissen zugeordnet sind, gelten die folgenden Zusammenhänge (vgl. zur Veranschaulichung auch die Venn-Diagramme von Abb. 6.5.):

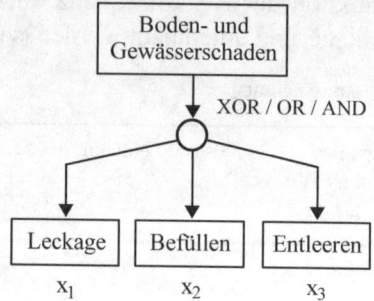

Abb. 6.4. Logische Verknüpfung der Ereignisse

Seien x_1, x_2 und x_3 drei parallele Ereignisse, dann kann man schreiben

$x_i = \{0,1\}$ Ereignis i findet statt $x_i = 1$
          Ereignis i findet nicht statt $x_i = 0$

Daraus folgt als algebraische Bedingung für das

- **OR** $x_1 + x_2 + x_3 \geq 1$
- **XOR** $x_1 + x_2 + x_3 = 1$ oder $x_1 \cdot x_2 \equiv x_2 \cdot x_3 \equiv x_1 \cdot x_3 = 0$
- **AND** $x_1 + x_2 + x_3 = 3$ oder $x_1 \cdot x_2 \cdot x_3 = 1$

Für die Bestimmung bzw. Schätzung der Wahrscheinlichkeiten p an den Ästen des Baumes gilt u. a. der

Additionssatz

$$p(x_1 \cup x_2) = p(x_1) + p(x_2) - p(x_1 \cap x_2) \, .$$

Dabei bedeutet $p(x_1 \cup x_2)$ die Wahrscheinlichkeit dafür, dass mindestens eines der verbundenen Ereignisse x_1 und x_2 eintritt und $p(x_1 \cap x_2)$ die Wahrscheinlichkeit dafür, dass beide Ereignisse x_1 und x_2 gleichzeitig eintreten (vgl. Kapitel 3.8.2 und Abb. 6.5.).

Die Beziehung gilt für eine logische OR-Bedingung, wenn die Ereignisse nicht wie im Beispiel von Abb. 6.2. disjunkt sind. Beim Vorliegen einer XOR-Bedingung kann jeweils nur ein Ereignis eintreten und für disjunkte Ereignisse gilt entsprechend

$$p(x_1 \cup x_2) = p(x_1) + p(x_2) \, .$$

Bei drei parallelen Risikoereignissen gilt für das OR

$$p(x_1 \cup x_2 \cup x_3) = p(x_1) + p(x_2) + p(x_3) - p(x_1 \cap x_2) - p(x_1 \cap x_3) -$$
$$- p(x_2 \cap x_3) + 2p(x_1 \cap x_2 \cap x_3) ,$$

was sich für die XOR-Bedingung bei disjunkten Ereignissen zu

$$p(x_1 \cup x_2 \cup x_3) = p(x_1) + p(x_2) + p(x_3) \text{ vereinfacht.}$$

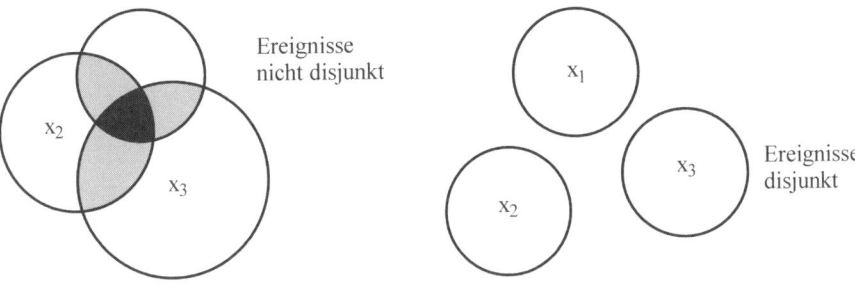

Abb. 6.5. Venn-Diagramme

Die Wahrscheinlichkeiten an den Ästen eines Fehlerbaumes können auch gekoppelt sein.

So kann die Wahrscheinlichkeit eines grossen Schadens (GS) beispielsweise von der Wahrscheinlichkeit für das Vorereignis „Leckage" oder „Fehler beim Befüllen oder Entleeren" abhängen.

Diese Fälle werden über bedingte Wahrscheinlichkeiten beschrieben.

Definition bedingter Wahrscheinlichkeiten

$$p(x_1 \mid x_2) = \frac{p(x_1 \cap x_2)}{p(x_2)}, \quad \text{für} \quad p(x_2) > 0 . \text{ Ferner gilt der}$$

Satz von den totalen Wahrscheinlichkeiten

$$p(x_1) = p(x_1 \mid x_2)p(x_2) + p(x_1 \mid x_3)p(x_3)$$

und für die Eintretenswahrscheinlichkeiten $p(x_1 \cap x_2)$ von mehreren Ereignissen, die durch logische AND-Bedingungen gekoppelt sind, gilt:

$$p(x_1 \cap x_2) \qquad = p(x_1 \mid x_2) \, p(x_2) \equiv p(x_2 \mid x_1) \, p(x_1)$$
$$\text{oder } p(x_1) \cdot p(x_2) \text{ für unabhängige Ereignisse}$$

$$p(x_1 \cap x_2 \cap x_3) = p(x_1 \mid x_2) \, p(x_2) \cdot p(x_3 \mid x_1 \cap x_2)$$
$$\text{oder } p(x_1) \cdot p(x_2) \cdot p(x_3) \text{ für unabhängige Ereignisse.}$$

Beispiel: In Abb. 6.6. sind acht Ursachen für das Eintreten von Qualitäts-mängeln an einem PKW dargestellt (nach Helten 1998, S. 5.15 geändert). Es sei angenommen, dass die Wahrscheinlichkeiten für diese Mängel aus Kundenbefragungen gewonnen wurden.

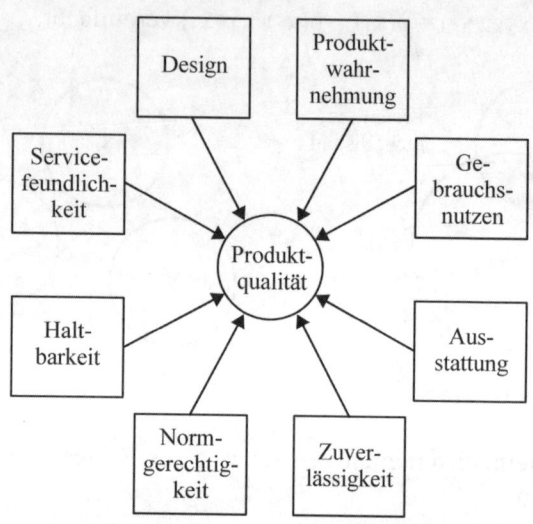

Abb. 6. 6. Einflussfaktoren auf die Produktqualität

Da die Dimensionen der Mängel weitgehend unabhängig voneinander sind, kann davon ausgegangen werden, dass die Mängelereignisse durch eine logische OR-Bedingung verbunden sind, d.h. ein Kunde kann bis zu 0, 1, 2, ..., 8 Mängel feststellen. Wenn mindestens eine der Bedingungen eintritt, liegt mangelnde Qualität vor.

Jeder der Mängeltypen kann über eine weitergehende Ursachenanalyse lo-gisch in Unterereignisse oder Untermängel zerlegt werden. Eine ursachen-orientierte und aktive Risiko- oder Mängelreduktion setzt an den einzelnen Qualitätsmängeln an.

Für das Beispiel wären auf der obersten Stufe des Baumes u. a. folgende gezielte Massnahmen zur Qualitätsverbesserung denkbar:

- **Erhöhung des Gebrauchsnutzens**: Die Fahrzeuge erhalten eine geän-derte Brems- und Beschleunigungsautomatik, der Einbau von RFITs (**R**adio **F**requency **I**dentification **T**ags) erlaubt eine verbesserte Fehler- und Abnutzungsdiagnostik, eine verbesserte Wegfahrsperre vermindert das Risiko des Diebstahls.

- **Verbesserte Ausstattung**: Durch Airbags auf drei Seiten wird die Verletzungsgefahr bei Unfällen verringert.

- **Verbesserte Zuverlässigkeit**: Über den Fehlerbaum ergeben sich die häufigsten Ursachen für die notwendigen Reparaturen. Durch Verbesserungen des Fertigungsprozesses werden die Reparaturhäufigkeit oder die jeweilige Schadenshöhe reduziert.

- **Bessere Normgerechtigkeit**: Durch die verbesserte Kompatibilität mit technischen Standards wird der Einbau von zusätzlichen Komponenten in das Fahrzeug erleichtert (GPS, PC und Elektronikgeräte).

- **Verbesserte Haltbarkeit**: Die Lebensdauer des PKW wird durch die Verwendung neuer Werkstoffe erhöht (Plastik, Aluminium).

- **Bessere Servicefreundlichkeit**: Es werden längere Garantien auf wichtige Komponenten gegeben, nach der Inspektion wird eine Mobilitätsgarantie ausgesprochen.

- **Verbessertes Design**: Durch Abrundungen wird die Verletzungsgefahr an Bauteilen verringert.

- **Bessere Produktwahrnehmung**: Durch Werbespots und Inserate wird das Image des PKWs gezielt geändert.

Neben der Analyse durch Fehlerbäume können zur Risikoreduktion u. a. auch verschiedene Methoden der kreativen Ideensuche und die Nutzwertanalyse (vgl. Kapitel 4.5 und 3.10) eingesetzt werden. Die Wirtschaftlichkeit der Verbesserungsmassnahmen wird dabei gewöhnlich rechnerisch überprüft bzw. geld- oder nutzenmässig bewertet.

Historisch gesehen sind bei der aktiven Qualitätssicherung für Produkte und Dienstleistungen und damit bei der Risikoreduktion verschiedene Phasen zu unterscheiden (vgl. Abb. 6.7.).

Während in der ersten Phase Kontrollabteilungen eine weitgehend vollständige Qualitätskontrolle vornahmen und Reparaturzyklen in den Geschäftsprozessen anstiessen, wurde die Vollkontrolle bei bereits verbesserter Qualität in der zweiten Phase durch die Verwendung statistischer Prüfpläne abgelöst. Systemeingriffe und Verbesserungszyklen erfolgen nur noch dann, wenn gemessene Qualitätsparameter ausserhalb von statistisch definierten Konfidenzintervallen liegen.

In den nächsten Schritten der Qualitätsverbesserung wird durch die Förderung und die Ausbildung der Mitarbeiter und schliesslich durch den Einbezug auch der Lieferanten und der Kunden versucht, die Leistungserstellung nahezu fehlerfrei und ohne Korrekturzyklen zu ermöglichen.

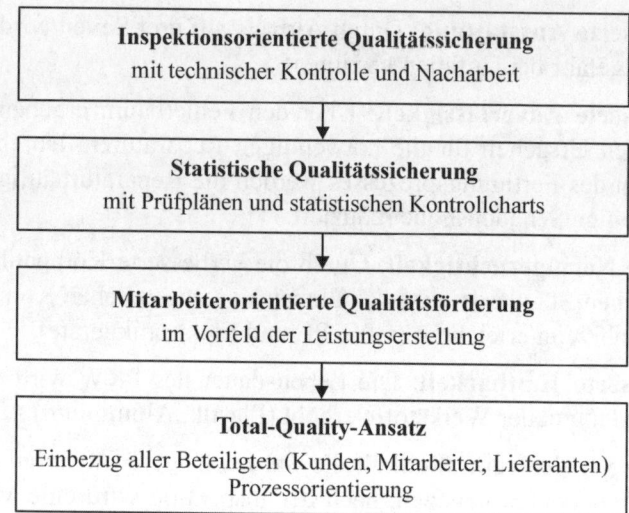

Abb. 6.7. Ansätze zur Qualitätssicherung

Neben der aktiven Risikoreduktion oder -begrenzung werden vielfach auch passive Massnahmen verfolgt. Dies ist insbesondere bei den auf das Risikogeschäft spezialisierten Unternehmen wie Banken und Versicherungen anzutreffen. Die Risikoreduktion erfolgt hierbei vielfach nicht durch gezielte Eingriffe in Ursache- und Wirkungszusammenhänge, sondern durch die Ausnutzung von statistischen Stichprobeneffekten.

Reduktion des Risikos durch Änderung der Portfoliozusammensetzung

- **Vergrösserung der Stichprobe** (vgl. Kapitel 3.9 und 5.5)

  Eine Reduktion des Gesamtrisikos kann auch durch eine Änderung der Zusammensetzung eines Risikoportfolios erfolgen. Wenn angenommen wird, dass sich das Gesamtrisiko im einfachsten Fall aus der Summe der zufälligen Einzelrisiken X_i ergibt, dann gilt für den Erwartungswert

$$\varepsilon\{\sum_{i=1}^{n} X_i\} = \varepsilon\{X_1\} + \varepsilon\{X_2\} + \varepsilon\{X_3\} + \ldots + \varepsilon\{X_n\}$$

und für die Varianz der Summenverteilung gilt:

$$\text{Var}(\sum_{i=1}^{n} X_i) = \sum_{i=1}^{n} \text{Var}(X_i) + 2\sum_{i=1}^{n} \sum_{j=i+1}^{n} \text{Cov}(X_i, X_j), \text{ wobei } i \neq j.$$

Das Risiko pro risikotechnischer Einheit verringert sich, wenn der Umfang des Risikokollektivs zunimmt. Allerdings tendiert das Risiko bei Stichproben mit positiv korrelierten Ereignissen selbst dann zu einem positiven

Wert, wenn die Stichprobe einen unendlichen Umfang hat. Angenommen die Varianzen der einzelnen Ereignisse seien gleich und die Kovarianzen seien

$$\text{Cov}(X_i, X_j) = r_{ij} \cdot \sigma_{X_i} \sigma_{X_j}.$$

Dann ist

$$\text{Var}\{\sum_{i=1}^{n} X_i\} = n \cdot \text{Var}(X_1) + 2\sum_{i=1}^{n}\sum_{j=i+1}^{n} r_{ij}\sigma_{X_i}\sigma_{X_j}, \quad \text{wobei } i \neq j$$

$$= n \cdot \text{Var}(X_1) + n \cdot (n-1) \cdot r_{ij} \cdot \sigma_{X_i}\sigma_{X_j} = \sigma_{ges}^2.$$

Da die Standardabweichungen der Variablen als gleich mit

$$\sigma_{Xj} = \sigma_{Xj} = \sigma_{X1}$$

angenommen wurden und für die Korrelationen gelten soll

$$r = r_{ij} \ \forall \ i, j,$$

ergibt sich für die Standardabweichung

$$\sigma_E = \sigma_{ges}/n$$

pro risikotechnischer Einheit

$$\sigma_E = \frac{\sigma_{X_1}}{n^{1/2}}\left(1 + (n-1) \cdot r\right)^{1/2},$$

also ein endlicher und positiver Grenzwert von

$$\sigma_E = \sigma_{X_1}\left(r\right)^{1/2}$$

für positive Korrelation und $n \to \infty$.

Je grösser also ein positiver Korrelationskoeffizient ist, desto weniger kann ein Risikoausgleich durch Zunahme des Kollektivs oder durch Diversifikation erfolgen. Die Konvergenz der Risikoverteilung zu einer Normalverteilung erfolgt wesentlich langsamer und die Formeln für die Berechnung von **Ruinwahrscheinlichkeiten** oder des **Value-at-Risk** müssen anders ausgewertet werden als bei unabhängigen Ereignissen. Eine sehr grobe Abschätzung einer Obergrenze der Ruinwahrscheinlichkeit kann zwar über die *Tschebycheffsche Ungleichung* (vgl. z. B. Hartung et al. 1999, S. 116) vorgenommen werden. Die Berechnung der notwendigen Risikoreserven kann aber nicht auf einfache Weise erfolgen. Insbesondere ist dies dann nicht möglich, wenn ein Unternehmen nur eine **begrenzte, heterogene und korrelierte Menge** von Risiken zu managen hat. Vielfach verfügen die Unternehmen nicht über historisches Zahlenmaterial, über das sie die

Parameter ihrer Risikoverteilung schätzen können. Durch die Zusammenarbeit mit den Banken, den Versicherungsunternehmen und Sicherheitsberatern mag diese Situation zwar verbessert werden, vielfach müssen sich die Unternehmen aber mit subjektiven Risikoschätzungen begnügen. Wieder ist die Simulation ein möglicher Ausweg für eine quantitative Analyse.

- **Risikoreduktion durch Schichtung der Stichprobe**

Angenommen die Gesamtstichprobe oder das Risikoportfolio mit dem Umfang n setze sich aus drei Unterstichproben mit jeweils demselben Erwartungswert und derselben Varianz zusammen.

Dabei soll sein

$$n = n_1 + n_2 + n_3 = q \cdot n + s \cdot n + t \cdot n \quad \text{und} \quad q + s + t = 1$$

(vgl. Doherty 1985, S. 112-116). Dann gilt für den Erwartungswert

$$\varepsilon\{\sum_{i=1}^{n} X_i)\} \equiv \varepsilon(\sum_{i=1}^{n_1} X_i) + \varepsilon(\sum_{i=n_1+1}^{n_1+n_2} X_i) + \varepsilon(\sum_{i=n_1+n_2+1}^{n} X_i)$$

$$= (q \cdot n \cdot \varepsilon\{X_1\} + s \cdot n \cdot \varepsilon\{X_2\} + t \cdot n \cdot \varepsilon\{X_3\})$$

und für die Varianz folgt bei stochastischer Unabhängigkeit der Risikoereignisse

$$\text{Var}(\sum_{i=1}^{n} X_i) \equiv \text{Var}(\sum_{i=1}^{n_1} X_i) + \text{Var}(\sum_{i=n_1+1}^{n_1+n_2} X_i) + \text{Var}(\sum_{i=n_1+n_2+1}^{n} X_i)$$

$$= \{q \cdot n \cdot \text{Var}(X_1) + s \cdot n \cdot \text{Var}(X_2) + t \cdot n \cdot \text{Var}(X_3)\}.$$

Pro risikotechnischer Einheit der Gesamtstichprobe erhält man

$$\varepsilon\{\frac{\sum_{i=1}^{n} X_i}{n}\} = q \cdot \varepsilon\{X_1\} + s \cdot \varepsilon\{X_2\} + t \cdot \varepsilon\{X_3\} \quad \text{und wegen}$$

$$\text{Var}(\frac{\sum_{i=1}^{n} X_i}{n}) = \frac{1}{n^2} \text{Var}(\sum_{i=1}^{n} X_i) \quad \text{gilt}$$

$$\text{Var}(\frac{\sum_{i=1}^{n} X_i}{n}) = \frac{1}{n} (q \cdot \text{Var}(X_1) + s \cdot \text{Var}(X_2) + t \cdot \text{Var}(X_3)).$$

Auch hier wird gezeigt, dass die Varianz des Gesamtrisikos mit dem Umfang des Kollektivs oder der Gesamtstichprobe pro risikotechnischer Einheit abnimmt. Falls die Schichtung dies zulässt, kann das Risiko pro risikotechnischer Einheit bei geeigneter Wahl von q, s und t aber gegenüber einer Gesamtstichprobe mit

$$\text{Var}(\frac{\sum_{i=1}^{n} X_i}{n}) = \frac{1}{n} \text{Var}(X_1)$$

noch weiter abgesenkt werden. Homogene Unterstichproben ergeben also eine geringere Standardabweichung des Gesamtrisikos pro risikotechnischer Einheit und lassen damit eine genauere Bestimmung des Mittelwertes des Gesamtrisikos zu. Damit sinkt aber die Ruinwahrscheinlichkeit oder das α für einen gegebenen Value-at-Risk. Das Unternehmen muss als Massnahme der Risikoreduktion somit die richtigen Risikokollektive bilden. Wenn das Gesamtrisiko unter Ausnutzung der verfügbaren Informationen verringert wird, nennt man dies einen **Versicherungseffekt 1. Art** (vgl. Kapitel 5.5). Aber auch eine Zunahme des Risikos wäre denkbar, wenn eine Schicht mit grosser Varianz zu stark gewichtet wird. Diese qualitativen Aussagen gelten für unabhängige Risikoereignisse. Sie müssen beim Vorliegen von positiven oder negativen Kovarianzen oder Korrelationen zwischen den Ereignissen erheblich modifiziert werden. Es müssen dann insbesondere zwei Fälle unterschieden werden:

- Die Ereignisse in den Schichten oder Clustern sind zwar innerhalb einer Schicht korreliert, aber zu den anderen Schichten bestehen kaum Korrelationen. Die Varianz-Kovarianz-Matrix hat eine *Blockstruktur*, d.h. die Matrixelemente sind nur für die Kovarianzen innerhalb einer Schicht von Null verschieden.

- Auch die Ereignisse in verschiedenen Schichten sind miteinander korreliert; die Varianz-Kovarianz-Matrix kann voll ausgebildet sein.

Die Schichten oder Cluster für eine solche Analyse können mit den in Kapitel 5.2 diskutierten multivariaten Techniken bestimmt werden.

6.1.3 Selbstbehalt oder Tragen des Risikos

Man versteht unter dieser Risikomassnahme die Bildung von Reserven finanzieller, materieller oder personeller Art im Unternehmen, damit kleinere Risiken, sogenannte „*peanuts*", selber ausgeglichen oder versichert werden können. Oft handelt es sich dabei um eine passive Risikomassnahme, d.h. in die Ursache- und Wirkungsbeziehungen der Risiken wird nicht eingegriffen. Ein aktives Forderungsmanagement, bei dem die Mitarbeiter des Unternehmens hautnah die Forderungen nach Höhe und Fristigkeit verfolgen und mit den säumigen Kunden Zahlungspläne und Sicherheitsübereignungen vereinbaren, vermindern sowohl den Erwartungswert als auch die Varianz der Risiken.

- Eine **finanzielle Reservebildung** über die Bildung von Rücklagen, Wertberichtigungen sowie Rückstellungen dient der Vorbereitung auf das Eintreten der Risiken. Der Gewinn des Unternehmens wird dabei im Wesentlichen bei der Realisierung der Vorsorgemassnahme und weniger beim eigentlichen Eintreten des Risikos verringert. Die Reservebildung kann erfolgen aus

  – dem Cash Flow bzw. Gewinn,
  – der Auflösung stiller Reserven,
  – aus Finanzierungs- und Steuereffekten,
  – der Selbstversicherung bzw. der Gründung eigener Versicherungsgesellschaften, sogenannter **Captives**.

- Eine **personelle Reservebildung** stellt Reservepersonal für die personellen Risiken zur Verfügung, die aus Krankheitsfällen und der Personalfluktuation resultieren.

- Bei der **materiellen Reservebildung** werden geplante Lagerbestände gehalten, um etwaige Lieferrisiken und Risiken aus Produktionsunterbrüchen auszugleichen.

Beim Selbstbehalt müssen die notwendigen Reserven über eine Investitionsrechnung unter Berücksichtigung des Risikos bzw. der Ruinwahrscheinlichkeit sehr oft nach Steuern ermittelt werden (Barwert, interner Zinsfuss). Häufig handelt es sich beim Selbstbehalt oder der Selbstversicherung um eine sehr wirtschaftliche oder rentable Massnahme der Risikosteuerung. Ihr Einsatz wird allerdings gewöhnlich durch die zur Verfügung stehenden finanziellen Ressourcen begrenzt. Auch unterscheidet sich die Risikotoleranz von Privatleuten, kleineren Unternehmen und grösseren diversifizierten Konzernen erheblich. Wo ein Konzern zum Selbstbehalt neigt, wird der Privatmann schon lange eine andere Massnahme der Risikosteuerung ins Auge fassen.

6.1.4 Überwälzung oder Verlagerung des Risikos

Oft ist hierunter nicht der Transfer des Risikos an sich, sondern die damit verbundenen Folgegewinne oder -kosten zu verstehen. Die Inanspruchnahme einer **Versicherung oder Rückversicherung** sind typische Beispiele für die Risikoüberwälzung und -verlagerung.

Abbildung 6.8. erläutert die Zusammenhänge (Albrecht 1992, S. 4) für den Fall der Versicherung: Die Versicherungsnehmer verlagern Risiken an die Versicherungsunternehmen. Es sind dafür Prämien zu zahlen.

Wenn beim Versicherungsnehmer ein Schaden auftritt, leistet die Versicherung eine vertraglich geregelte Entschädigung. Gewöhnlich handelt es sich um eine Zahlung, nicht aber die Wiederherstellung des ungestörten Zustandes beim Versicherungsnehmer. Die Versicherungsunternehmen informieren die Versicherungsnehmer darüber hinaus über eventuell mögliche Massnahmen zum Risikomanagement. Bei den Versicherungsunternehmen findet erneut eine Risikotransformation statt.

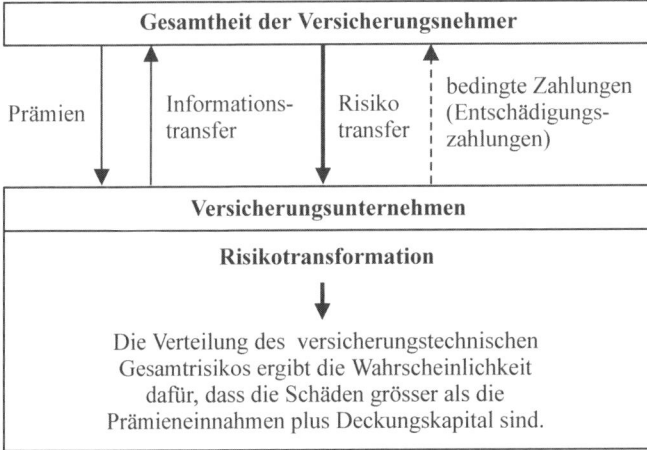

Abb. 6.8. Prozess der Risikotransformation

Diese Transformation betrifft sowohl Versicherungseffekte erster Ordnung (d.h. Stichprobeneffekte), als auch Versicherungseffekte zweiter Ordnung (Durchführung des Risikomanagements: Bildung von Kollektiven, Kooperationen, Rückversicherung usw.). Durch das Zusammenwirken dieser Effekte entsteht das versicherungstechnische Gesamtrisiko. Dieses darf die Summe aus den eingehenden Prämienzahlungen und dem jeweiligen Deckungskapital nie überschreiten bzw. die Ruinwahrscheinlichkeit für eine Überschreitung muss extrem klein sein.

Als Massnahmen der Risikoverlagerung ohne Inanspruchnahme einer Versicherung wäre zunächst an folgende Möglichkeiten zu denken:

- **Factoring**: Ein Spezialist vergütet einen Prozentsatz der offenen (riskanten) Forderungen sofort und betreibt das Forderungsmanagement gegen eine Beteiligung an den Forderungseingängen.

- **Leasing**: Gegenstände des Anlagevermögens werden gemietet statt gekauft. Die dadurch entstandene *Bilanzverkürzung* ermöglicht dem Unternehmen möglicherweise einen grösseren Kreditspielraum und verringert das Kreditrisiko.

- **Outsourcing**: Hierbei werden Leistungsrisiken eines Unternehmens an Lieferanten, Partner oder Kunden oder an speziell gegründete Spin-Off-Firmen verlagert.

Für die Risikoverlagerung im Finanzbereich werden häufig sogenannte **Finanzderivate** eingesetzt. Beispiele hierfür sind der Erwerb von

- **Kauf- oder Verkaufsoptionen** auf Devisen, Waren oder Aktien oder

- **Termingeschäfte**, Futures und Swaps.

Daneben lassen sich Risiken über Verträge mit Partnern verlagern, die eine **Haftungsbegrenzung** vorsehen. So kann ein Konsortium zur Risikobegrenzung Haftungsumlagen vereinbaren.

6.1.5 Teilung des Risikos

Historisch gesehen, wurde die Gesellschaftsform der Aktiengesellschaft in England zur Beginn des Ostindienhandels zum Zweck der Risikoteilung geschaffen, weil damit die Gefahren der Naturgewalten und aus feindlichen Angriffen besser diversifiziert werden konnten. Eine Risikoteilung zwischen verschiedenen Vertragsparteien liegt heute u. a. vor bei

- Versicherungsverträgen mit **Selbstbeteiligung**,

- bei Versicherung auf **Gegenseitigkeit**, bei der etwa verschiedene Rückversicherungen sich jeweils am Risikoportfolio der Partner beteiligen.

- **Risiken** werden auch geteilt oder **gepoolt**, wenn Pharma-Firmen eine Biotech-Firma gemeinsam betreiben oder wenn Autofirmen bei der Forschung auf dem Brennstoffzellensektor (z. B. Ballard Power) kooperieren. Gewöhnlich werden bei solchen Firmenkonstruktionen nicht nur Umlagen für mögliche Schäden vereinbart, sondern auch eine anteilige Nutzung der entstehenden Chancen, etwa in der Form von Forschungsresultaten oder Gewinnen.

- Generell ist eine **Risikodiversifikation** mit einer Risikoteilung verbunden. Statt der Investition in wenige und positiv korrelierte Geschäfte wird dabei eine Aufteilung des Risikos auf mehrere und dabei nach Möglichkeit auch noch negativ korrelierte Bereiche und Anlagen gesucht. In der Form der **Securitization** lassen sich heute Unternehmensrisiken manchmal auf den Bank- und Versicherungsmärkten handeln.

6.2 Risikoübernahme

Als Finanzdienstleistung ist das Handeln mit Risiken Kerngeschäft z. B. der Versicherungen, Banken, Fondgesellschaften aber auch der Kreditkartenorganisationen. Gewöhnlich liegt dabei eine asymmetrische Vertragsstruktur zwischen den Beteiligten vor: Der **Versicherungsnehmer** geht mit der Verpflichtung zur Zahlung von Prämien **unbedingte Zahlungsverpflichtungen** ein. Der **Versicherer** gibt ein **bedingtes Zahlungsversprechen** ab, das die zu bezahlenden Leistungen definiert, wenn ein vorher definierter Schaden eintritt (vgl. Albrecht 1992, S. 4).

Die vereinbarte Kompensation erfolgt entweder im Rahmen einer **Schadensversicherung** oder als **Summenversicherung**. Im ersten Fall erfolgt ein finanzieller Ausgleich nach Massgabe und Höhe des aufgetretenen Schadens, im zweiten Fall wird – weil sich der Schaden oft nicht definieren oder beziffern lässt – eine vereinbarte Summe an den Versicherungsnehmer, oder z. B. im Falle der **Risikolebensversicherung**, an seine Erben ausbezahlt.

Bedingungen für versicherbare Schäden

Risiken lassen sich unter den folgenden Bedingungen an eine Versicherung transferieren (vgl. Karten 1993, S. 9; Vaughan 1997, S. 210):

1. Es muss auf Seiten des Versicherers eine genügend grosse Zahl risikotechnischer Einheiten geben, damit die Erwartungswerte der möglichen Schäden mit genügender Zuverlässigkeit prognostiziert werden können. Die Standardabweichung der Risikoverteilung pro versicherungstechnischer Einheit nimmt gewöhnlich mit dem Umfang des Portfolios ab. Bei einem grösseren Versicherungsbestand werden also Risikoinformationen so gepoolt, dass eine genauere Risikoabschätzung möglich wird.

2. Die durch das Eintreten eines Risikos entstehenden Schäden müssen definierbar und messbar sein. Dies wird in einem Vertrag beschrieben, der die Risikoübernahme regelt.

   Im Falle der Lebensversicherung gibt es schon mit der Schadensdefinition im Todesfalle Probleme. Zwar ist das Ereignis mit dem Todesdatum definier- und messbar. Aber ist der Schaden oder die Nutzenminderung der gekürzte Barwert der Witwen- oder Kinderrenten oder die mögliche Vereinsamung des Lebenspartners?

   Aus diesem Grunde werden Lebensversicherungen oft in der Form von Summenversicherungen abgeschlossen.

3. Die Risiken müssen **zufällig** und **unabhängig** voneinander cintreten und der Versicherte darf keinen Einfluss auf den Schaden haben (d.h. keine *moralische Gefahr* oder *gefährdete Moral*, keine *adverse Selektion*). Aus diesem Grunde sind Kumulrisiken oder die so genannte *„force majeur"* bzw. höhere Gewalt nicht gut versicherbar oder sie wird, etwa im Kriegsfalle, vom Staat getragen.

4. Die Schadenshöhe der Ereignisse darf nicht **katastrophal gross** sein. Dies ist nicht leicht zu definieren und hängt von der Risikokapazität des Versicherers ab. Die Rückversicherer finden z. B. Konstruktionen für Poolverträge und Verträge auf Gegenseitigkeit, die sehr grosse Risikobeträge nicht zur Katastrophe werden lassen.

Ansonsten gilt: Versichern lassen sich alle Risiken, bei denen sich beim Risikotransfer Angebot und Nachfrage treffen.

Folgende Begriffe sind dabei noch wichtig:

Versicherungstechnische Einheiten, Einzelrisiken und Gruppenrisiken

* Eine **versicherungstechnische Einheit** entspricht einer risikotechnischen Einheit: Es handelt sich dabei um die kleinste Risikoeinheit, die in einem Versicherungsbestand mit möglichst homogenen anderen Einheiten zusammen beschrieben, geschätzt sowie – was die Risikoprämie für den Transfer anbelangt – tarifiert und verwaltet werden kann.

* Versichert werden **Einzelrisiken** und in der Regel keine **Gruppenrisiken** (vgl. Kapitel 2.2). Bei einem Einzelrisiko handelt es sich um ein Risiko, das nach Frequenz und Schadenshöhe zufällig eintritt und für jede versicherungstechnische Einheit getrennt reguliert werden muss. Bei Gruppenrisiken betrifft ein Schadensereignis mehrere Einzelrisiken. Beispiele sind Kumulrisiken, globale Risiken und Klumpenrisiken.

Gefahrengemeinschaft, Risiko- oder Versicherungskollektiv

Kennzeichnend für eine Gefahrengemeinschaft oder eine **Solidargemeinschaft** ist die Tatsache, dass die Mitglieder zur selben Zeit denselben Gefahren ausgesetzt sind. Die dem Schadensfall zugrunde liegenden Ereignisse haben ähnliche Charakteristiken. Obwohl es bei einer detaillierten Betrachtung der Schäden nur Einzelrisiken gibt, weil jeder Schadensfall anders liegt, werden Einzelrisiken in möglichst ähnliche oder homogene Gruppen zusammengefasst.

Oft ergeben sich *„gerechte"* Gebühren für den Versicherungsschutz einer Gefahrengemeinschaft durch **Divisionskalkulation**. Dabei werden alle

Fälle, unabhängig von der individuellen Schadenshöhe und -frequenz, bei den Gebühren gleich behandelt. Der Tarif oder die Prämie errechnet sich als Quotient einer Bemessungsgrundlage und der Anzahl Mitglieder der Gemeinschaft. Dies ist etwa bei der Rentenversicherung (AHV) und der Arbeitslosenversicherung der Fall.

6.2.1 Typen von Schäden

Meist werden in der Versicherung Personenschäden von Vermögens- und Sachschäden bzw. Güterschäden unterschieden (vgl. Farny 1995, S. 307-342; Bitz 2000, S. 328-350).

Personenschäden

Ein Schaden, etwa eine Krankheit, trifft die versicherte Person zunächst als immaterieller Schaden. Dieser führt in der Folge aber zu finanziellen Belastungen oder Vermögensschäden z.B. in der Form von Kosten für Medikamente und einen Krankenhausaufenthalt.

Folgende Versicherungstypen sind bei Personenschäden besonders wichtig:

- **Krankenversicherung**: Sie deckt als Krankheits**kosten**versicherung die finanziellen Folgeaufwendungen einer Erkrankung ab. Gewöhnlich handelt es sich um eine Schadensversicherung, oft mit vereinbartem Selbstbehalt oder **Franchise** (zur Vermeidung des *„morale hazard"*) oder einem **Cap** (Höchstsumme, die von der Versicherung bereitgestellt wird).

  Die Tagegeldversicherung ist meist als Summenversicherung ausgeprägt (Arbeitsunfähigkeit, Krankenhauskosten). Damit hat sie auch die Eigenschaft einer Ertragsversicherung, indem sie – unabhängig von den im Detail anfallenden Kosten – Verdienstausfälle durch einen Pauschalbetrag ersetzt.

- **Unfallversicherung**: Sie deckt Schäden als Folge von Unfall**ursachen** ab. Der Schaden kann vielschichtig sein (z.B. Todesfall, Krankheit, Invalidität). Dem gemäss ist die Unfallversicherung meist als Summenversicherung ausgeprägt (pauschale Summen werden im Todesfall, bei Krankenhausaufenthalten als Krankenhaustagegeld oder je nach Invaliditätsgrad ausbezahlt).

- **Lebensversicherung**: Ziele sind die Absicherung des Lebensstandards nach Beendigung der Erwerbstätigkeit oder die Absicherung der Hinterbliebenen im Todesfall oder im Fall der Berufsunfähigkeit.

Folgende Grundtypen werden dabei unterschieden:

Leistungspflicht nur bei Tod oder Berufsunfähigkeit

Im Schadensfall wird eine Versicherungssumme oder bei Berufsunfähigkeit eine regelmässige Rente bezahlt, sonst erfolgen keine Leistungen.

Leistungspflicht bei Tod oder Vertragsablauf

Eine Versicherungssumme wird im Erlebensfall, z. B. bei der Pensionierung, fällig. Daneben erfolgt die Absicherung wie oben.

Unbedingte Leistungspflicht zu einem bestimmten Zeitpunkt

Die Versicherungsleistung erfolgt zum festen Termin, z. B. zu Beginn einer Ausbildung. Die Prämienzahlung wird im Todesfall eingestellt.

Versicherungsleistungen: Entweder es folgt eine einmalige Zahlung im Todes- oder Erlebensfall, wie bei der Kapitallebensversicherung, oder es erfolgen Dauerzahlungen, wie bei der Renten- oder Berufsunfähigkeitsversicherung.

Beitragszahlungen: Man unterscheidet bei der zeitlichen Verteilung und Höhe konstante Prämienzahlungen pro Periode, eine Prämienfreiheit ab einem bestimmten Termin oder einem bestimmten Ereignis oder steigende bzw. fallende Prämien mit oder ohne Auswirkung auf die Versicherungssumme.

Überschussbeteiligung: Man versteht darunter die Beteiligung des Versicherten am finanziellen Überschuss der Versicherung. Erhöhte Ergebnisse führen zu Gewinngutschriften und zu Erhöhungen der späteren Versicherungsleistungen oder zur Abkürzung der Vertragslaufzeit.

Solche Überschüsse resultieren im Wesentlichen aus drei Ursachen:

- Sterblichkeitsgewinne ergeben sich als geänderter **Risikoanteil** der Versicherung, falls die Schadensfälle weniger hoch sind als dies bei der Prämienberechnung vorausgesetzt wurde. Dementsprechend verringert sich die Überschussbeteiligung, falls die Versicherung aufgrund einer geringeren Sterblichkeitsrate länger Rentenzahlungen zu leisten hat.

- Durch Rationalisierungsgewinne der Versicherung vermindert sich der **Kostenanteil**.

- Durch die Anlage der Prämien erzielt die Versicherung Verzinsungs- und Anlagegewinne, die den **Sparanteil** des Geschäftes vergrössern. Dies ist insbesondere bei fondsgebundenen Lebensversicherungen der Fall.

Vermögen- und Sachschäden sowie Güterschäden

Sachversicherungen im engeren Sinne decken nur Risiken, die im Versicherungsvertrag im Einzelnen aufgeführt sind.

Dabei sind folgende Versicherungstypen zu unterscheiden (vgl. Abb. 6.9.):

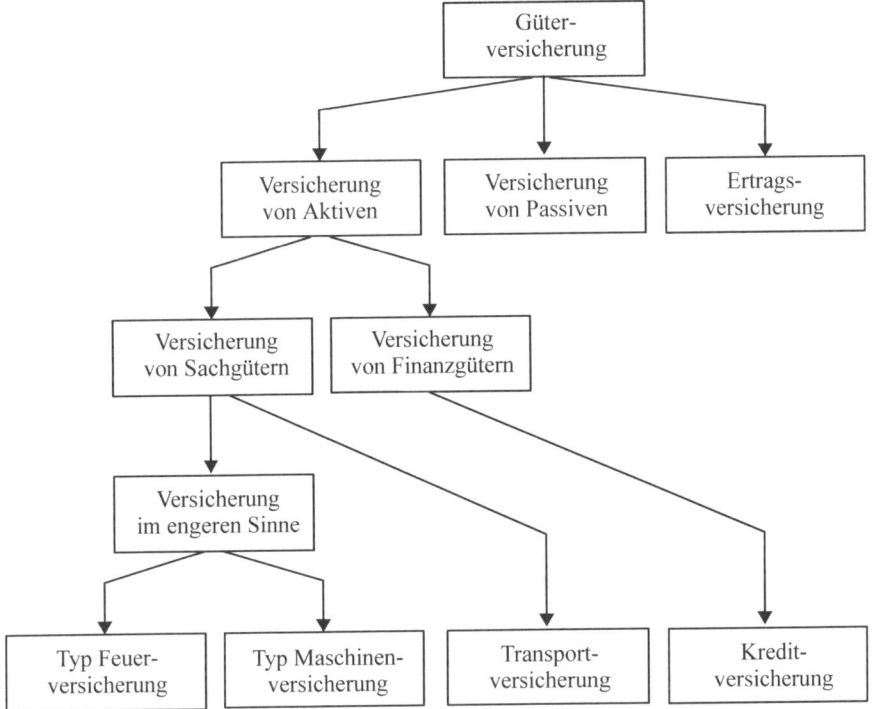

Abb. 6.9. Typen von Versicherungen (vgl. Bitz 2002, S. 341-346)

- **Typ Feuerversicherung**: Eine Vielzahl von Versicherungsobjekten (Haus, Kfz, Hausrat, Wertgegenstände) wird gegen eine eng begrenzte Zahl von Gefahren versichert. Weitere Beispiele für diesen Versicherungstyp sind die Leitungswasser-, Sturm- und Einbruchsversicherung.

- **Typ Maschinenversicherung**: Ein Versicherungsobjekt wird gegen eine Vielzahl von Gefahren versichert. Beispiel wäre die Versicherung einer Maschine gegen Wasser-, Brand- und Bruchschäden. Neben der Maschinenversicherung sind die Hausrat-, Tier-, Bau-, Kfz-Kasko- und Transportversicherung zu nennen. Die Versicherung schliesst oft noch die Haftpflicht- und Ertragsversicherung mit ein.

- **Versicherung von Finanzgütern** bzw. Forderungen: Darunter versteht man die Kreditversicherung für Waren, Finanzen, Teilzahlungen, Exporte und Importe, aber auch laufende Hypotheken.

- **Versicherung von Passiven**: Während die vorgenannten Versicherungen in der Regel Schäden an den Aktiva eines Unternehmens betreffen, soll eine Versicherung der Passiva Schutz vor einer Erhöhung der Passiven bzw. von unerwartetem und drohendem Aufwand bieten. Dies geschieht hauptsächlich über die Haftpflichtversicherung (Versicherungen für Kfz, Rechtsschutz, Maschinengarantien, Computermissbrauch).

- **Ertragsversicherung:** In der Form einer Betriebsunterbruchversicherung lassen sich Ertragsausfälle versichern, die durch einen Betriebsstillstand entstehen. Grund hierfür können Feuer- und Maschinenschäden sein.

6.2.2 Rückversicherung

Man versteht darunter im Wesentlichen eine Risikoteilung zwischen Versicherungsunternehmen (vgl. Farny 1995, S. 486-492; Helten 1994, S. 57-59; Zweifel u. Eisen 2000, S. 203-207): Erstversicherer (**Zedenten**) transferieren Teile des Risikos an andere Erstversicherer, die ebenfalls Rückversicherungsgeschäfte betreiben, oder an professionelle Rückversicherer oder **Zessionare** (insbes. *Swiss Re, Münchner Rück*). Gibt eine Rückversicherung Teile ihrer übernommenen Risiken an andere Versicherer weiter, spricht man von Weiterrückversicherung (**Retrozession** bzw. Retrozessionaren). Je nachdem, ob die Partner nach Vertrag gezwungen sind, Risiken abzutreten (zu zedieren) oder zu akzeptieren, spricht man von **obligatorischer oder fakultativer Rückversicherung**. Eine Mischform ist die fakultativ-obligatorische Rückversicherung. Weiter wird bei der Rückversicherung unterschieden in:

- **proportionale Rückversicherung**: Schäden, Prämien und Kosten der Versicherung werden proportional zwischen Zedent und Zessionar aufgeteilt. Man nennt sie deswegen auch Quotenrückversicherung.

- **nicht-proportionale Rückversicherung**: Es handelt sich meist um eine Summenversicherung, d.h. der Vertrag sieht eine Versicherungssumme oder eine so genannte **Priorität** vor, bis zu der der Erstversicherer ein Risiko alleine trägt. Übersteigt ein Schaden diesen Selbstbehalt, wird der Rest an den Rückversicherer zediert (**Summenexzedenten-Rückversicherung**). Hierbei kann es sich um eine Einzelschaden-Exzedenten-Rückversicherung oder um eine Kumulschaden-Exzedenten-Rückversicherung handeln.

Wie bei einer normalen Versicherung verändert sowohl eine Franchise, ein Cap aber auch die Prämien, die für die Dienstleistung der Rückversicherung in Rechnung gestellt werden, sowohl die Schadensverteilung als auch die Gewinn- bzw. Verlustverteilungen der Beteiligten. Ein Erstversicherer muss also ermitteln, wie sich die Entschädigungsverteilungen bzw. ihre Parameter sowie die Gewinn- bzw. Verlustwahrscheinlichkeiten durch eine Rückversicherung ändern.

Neben der Rückversicherung sind noch folgende Risikotransfers erwähnenswert:

Mitversicherung: Mehrere Erstversicherer übernehmen jeweils eine Risikoquote und haften mit dieser Quote. Gewöhnlich ist der akquirierende Erstversicherer Konsortialführer bei diesem Risikogeschäft. Die Mitversicherung wird gewählt, falls die eigene Risikokapazität – etwa im Falle der industriellen Feuerversicherung für grössere Anlagen – für das Geschäft nicht ausreicht bzw. eine stärkere Diversifizierung gesucht wird.

Versicherungspool: Hier bilden Erst- und Rückversicherer eine Gemeinschaft oder gründen ein gemeinsames Unternehmen zum Tragen der eingebrachten besonders seltenen und hohen Risiken.

Die Gewinne bzw. die Verluste aus diesen Risikogeschäften werden nach den vereinbarten Quoten abgerechnet. Über Poollösungen werden z. B. Schäden aus dem Betrieb von Kernreaktoren, durch Flugzeugunfälle, Schäden, die bei der Einführung neuer Präparate der Pharma-Forschung entstehen, aber auch Insolvenzschäden von Versicherungsgesellschaften selber versichert.

Captives: Hier handelt es sich um die Gründung eigener Versicherungsgesellschaften durch grössere und meist international tätige Unternehmen. Sie wählen für die Versicherung möglicher Schäden einen firmenfremden Erstversicherer, die Rückversicherung wird manchmal von einem eigenen Versicherungsunternehmen übernommen.

Bei der Begründung von Captives sind meist steuerliche Aspekte der Risikovorsorge, wie sie aus der Besteuerung von Rücklagen, Rückstellungen und der Versicherungserträge sowie der zu zahlenden Versicherungssteuer folgen, von grosser Wichtigkeit.

6.2.3 Marktsegmente, Kundentypen

Im Risikogeschäft der Banken und der Versicherungen gibt es verschiedene Marktsegmente, die – was etwa die Zahl und die Wünsche der Kunden anbelangt – verschiedene Anforderungen stellen, aber auch verschiedene

Typen von Risiken darstellen. Diese Risiken werden unterschiedlich identifiziert, analysiert und gesteuert.

Krankenversicherungen werden von einer Vielzahl von Anbietern betreut.
Die Zahl der Kunden ist gross, die Einzelrisiken begrenzt. Das Rückver-
sicherungsgeschäft ist dagegen durch eine oligopolistische Konkurrenz
weniger Spezialisten gekennzeichnet, deren Kunden Erstversicherer oder
grössere Industrieunternehmen sind, die beispielsweise nicht über einen
Aussendienst, sondern in der Regel durch Spezialisten des Innendienstes
und die jeweilige Geschäftsleitung betreut werden.

Folgende Kundengruppen mit ihren Hauptcharakteristiken können unterschieden werden:

- **Unternehmen, Firmenkunden, gewerbliche Kunden**

  Wichtig sind die Grösse, Rechtsform und Eigentümer der jeweiligen
  Gesellschaften. Daneben sind die Wirtschaftsbranche, die dominieren-
  den Produkte und Produktionsfaktoren des Kunden, die eingesetzten
  Technologien sowie die geographische Lage der zu versichernden Objekte von Interesse.

- **Freie Berufe**

  Angehörige dieser Kundenkategorie versichern sich häufig über Be-
  rufshaftpflicht- und Rechtsschutzversicherungen. Wichtig ist wieder die
  Grösse und die Art der Risiken der Kunden, ihre Rechtsform und ihre
  Eigentümer, die den Tätigkeiten der Kunden zuzuordnende Branche
  sowie ihre regionalen Standorte.

- **Privatkunden, private Haushalte**

  Zur Analyse und Segmentierung dieser Kundenkategorie werden häufig
  die in Kapitel 5.2 dargestellten Analysemethoden eingesetzt. Die Ermittlung der kognitiven Charakteristiken der Kunden ist für die Markt-
  bearbeitung, z. B. über den Aussendienst, aber auch über schriftliche
  Angebote oder über die Internetbetreuung von Interesse. Wichtig ist bei
  der Datenerfassung, dass die Mitgliederzahl und die jeweilige Lebens-
  zyklusphase der Kunden sowie ihre Erwerbstätigkeit (selbstständig, un-
  selbstständig) erhoben werden. Bei einem Haushalt gehört auch die
  Angabe der Nichterwerbstätigen wie der Kinder und Rentner dazu.

  Für den Abschluss von Lebensversicherungen sollten Angaben über die
  jeweiligen Einkommen sowie der wesentlichen Vermögens- oder
  Schuldenpositionen erfolgen.

- **Öffentliche Haushalte**

Bei den öffentlichen Haushalten handelt es sich um ein spezielles und umfangreiches Segment des Risikomarktes. Wieder muss die Grösse und Rechtsform des Kunden erhoben werden. So kann es sich bei den Kunden z. B. um Regiebetriebe – wie etwa eine kommunale Müllverwertungsanlage –, um Behörden und Vereine handeln oder sie haben eine privatwirtschaftliche Rechtsform. Die Aufsicht und Verantwortung für den Kunden kann bei verschiedenen Organisationseinheiten, wie z. B. dem Bund, den Kantonen oder Ländern bzw. Gemeinden liegen. Der öffentliche Haushalt betätigt sich in verschiedenen Wirtschaftszweigen, so etwa in der öffentlichen Verwaltung oder bei einem Versorgungsbetrieb. Er setzt dabei verschiedene Produktionsfaktoren und Technologien ein, stellt meist Dienstleistungen zur Verfügung, kann aber auch Produkte herstellen. Auch die regionalen Standorte des öffentlichen Haushalts sind von Interesse.

6.2.4 Produkttypen der Versicherungen und Banken

Bei den Geschäften der Versicherer sind zwei Hauptgruppen zu unterscheiden (z.B. Farny 1995, S. 325-332, Bitz 2002, 341-350).

- **Versicherungsgeschäft**

Beim eigentlichen **Risikogeschäft** handelt es sich um den Transfer von Wahrscheinlichkeitsverteilungen von Schäden vom Versicherungsnehmer auf den Versicherer. Die Risikoverteilungen ändern sich durch die vertraglich vereinbarte Art und Tarifierung der Versicherungsleistung. Versicherungen sind Dienstleistungen, die **nicht lagerbar** und **nicht vorhaltbar** sind. Sie werden für **einen Zweck** – den der Absicherung – erstellt und verbraucht.

Daneben betreiben die Versicherer das **Spar- und Entspargeschäft** bei der Versicherung von Renten und Pensionen. Das Spargeschäft ist in der Regel durch entweder einmalige oder regelmässige Prämienzahlungen gekennzeichnet, beim Entspargeschäft wird das angesammelte Kapital durch entweder einmalige oder regelmässige Zahlungen an den Versicherungsnehmer wieder abgebaut.

Im **Dienstleistungsgeschäft** hilft der Versicherer dem Kunden bei der Schadenserklärung, erledigt die Schadensbearbeitung und assistiert bei der Schadensregulierung. Eine wichtige Komponente des Dienstleistungsgeschäftes ist die Beratung der Versicherungskunden beim Risikomanagement. Dies ist gleichzeitig eine ursachenorientierte Massnahme der Risikoverhinderung und Risikoreduktion sowohl auf Seiten der Versicherer als auch auf Seiten der Versicherungsnehmer.

- **Kapitalanlagegeschäft**

  Bei dem Kapitalanlagegeschäft der Versicherer liegt teilweise eine **Kuppelproduktion** von Dienstleistungen vor: Die am Jahresanfang eingezahlten Versicherungsprämien für das Risikogeschäft oder für das Spar- und Entspargeschäft werden in Kapitalanlagen (vgl. Abb. 6.10.) investiert und verzinst.

  Diese Anlagen sind im Gegensatz zu den Versicherungsdienstleistungen **lagerbar und vorhaltbar**. Falls diese Anlagegeschäfte nicht auf Spezialisten übertragen werden, begründen sie das **Allfinanzgeschäft** der Versicherer bzw. der Banken. Bei der Anlage sind die Charakteristiken und die Liquidität der Anlagemärkte, die Maturität und Laufzeit der Anlagen, das Rating der Issuer, etwaige vorliegende Garantien sowie die Risikocharakteristik des Geschäftes insgesamt zu berücksichtigen. In Bezug auf die beim Eintreten des Versicherungsfalles notwendigen Dispositionen muss die Priorität und Art der entstehenden Einkommens- und Vermögensansprüche geklärt sein.

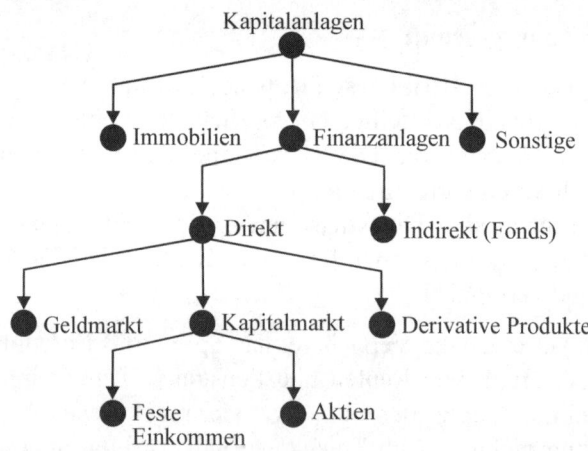

Abb. 6.10. Anlageformen

Produkttypen im Versicherungsgeschäft

Nachfolgend werden einige häufig vorkommende Versicherungstypen skizziert. Sie sind nicht nur für das Versicherungsgeschäft von Interesse, sondern können auch im Risikomanagement normaler Unternehmen für die vertragliche Gestaltung des Risikotransfers nützliche Anregungen geben. Im Zusammenspiel von Versicherungsnehmer und Versicherer wird eine beim Versicherungsnehmer entstehende Schadensverteilung f(S) in eine beim Versicherer entstehende Entschädigungsverteilung f(E) transformiert.

Ein wichtiger Begriff bei der Diskussion eines bestimmten Versicherungsmodelles ist die so genannte **Intensität I** des Versicherungsschutzes.

$$I = \frac{\text{Entschädigung}(E)}{\text{Schaden}(S)}$$

Die Intensität definiert den wertmässigen Anteil E an einem aufgetretenen Schaden S, der vom Versicherer ersetzt wird.

Man unterscheidet hierbei die

- **unbegrenzte Interessenversicherung**

  Im Schadensfall erfolgt eine vollständige Kompensation des Schadens S durch die Entschädigung E. In Abb. 6.11. (links) wird dieser direkt proportionale Zusammenhang durch eine Gerade mit 45° Steigung dargestellt. Damit ist I = 1 für alle S in Abb. 6.11. (rechts). Beispiele für eine unbegrenzte Interessenversicherung sind häufig die Glasbruchversicherung und die unbegrenzte Krankenversicherung.

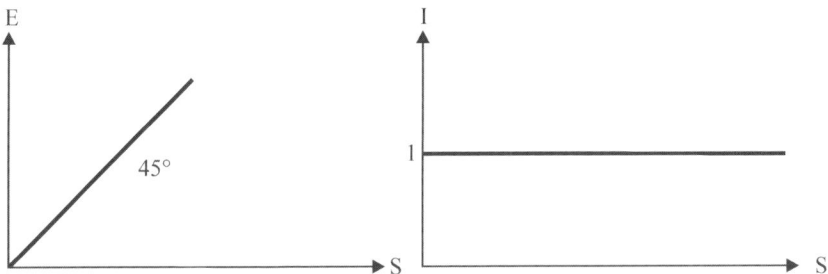

Abb. 6.11. Unbegrenzte Interessenversicherung

- **Erstrisikoversicherung**

  Der Schaden S wird hier bis zur Höhe einer vertraglich vereinbarten Deckungssumme D voll ausgeglichen, dann kommt eine Risikobegrenzung oder ein Cap zur Anwendung.

  Die Erstrisikoversicherung wird häufig bei der Haftpflichtversicherung realisiert.

  Die Versicherungsintensität sinkt für S > D hyperbolisch ab.

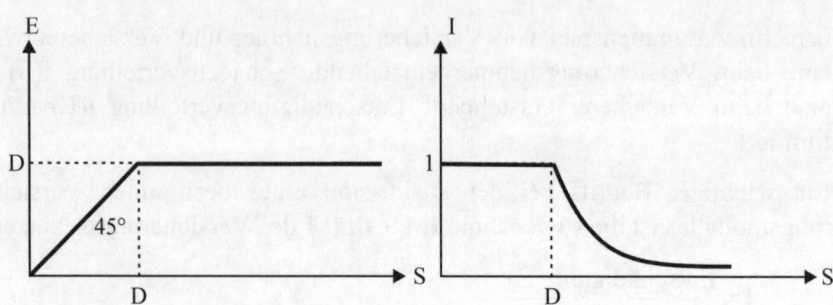

Abb. 6.12. Erstrisikoversicherung

- **Vollwertversicherung**

  Sie bietet bei Sachversicherungen Entschädigung bis zu einem vereinbarten Versicherungsvollwert D = VW (vgl. Abb. 6.13.). Bei der Vollwertversicherung gibt es das Problem der Unter- und Überversicherung: Bei einer **Überversicherung**, d.h. für D > VW, wird D = VW
  erstattet. Bei der **Unterversicherung** wird der Schaden nur im Verhältnis der Versicherungsintensität I < 1 ausgeglichen (vgl. Abb. 6.14.).

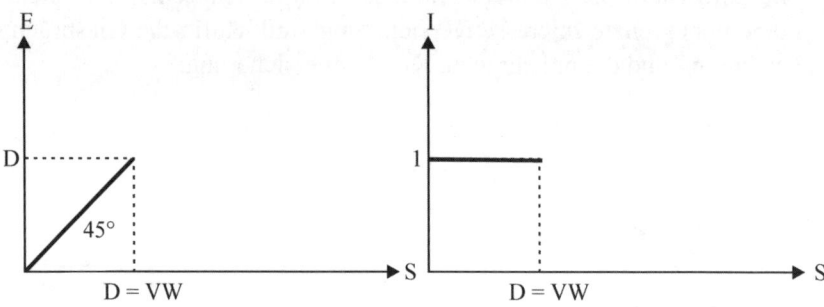

Abb. 6.13. Vollwertversicherung

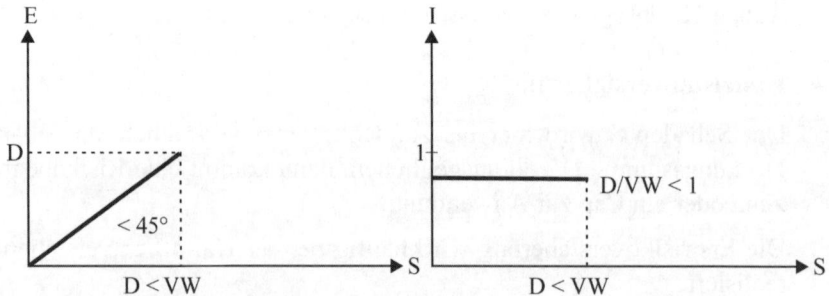

Abb. 6.14. Unterversicherung und Bruchteilversicherung

- **Bruchteilversicherung**

  Sie dient der Versicherung von Teilschäden und wird auf Seiten des Versicherungsnehmers häufig zusammen mit einem Selbstbehalt eingesetzt. Beispiel: Versicherung von Wasserschäden in Produktions- und Lagergebäuden. Es handelt sich bei der Bruchteilversicherung um eine Kombination von Erstrisikoversicherung und Vollwertversicherung. Wie bei der Vollwertversicherung gibt es das Problem der Über- und Unterversicherung (vgl. Abb. 6.14.).

- **Franchiseversicherung**

  Sie beteiligt den Versicherten am Risiko. Die Risikoteilung kann der passiven Verminderung des Risikos dienen, häufig ist sie eine aktive Massnahme der Risikoreduktion, da sie erwünschte Verhaltensänderungen beim Versicherten hervorruft, etwa der Reduktion des *„morale hazard"* und der *„adverse selection"* in der Krankenversicherung. Man unterscheidet die

  - **Selbstbeteiligungsfranchise:** Die Versicherung ersetzt nur einen bestimmten Anteil I des Schadens (z. B. prozentualer Selbstbehalt bei der Krankenversicherung oder der Kreditversicherung).

  - **Abzugsfranchise:** Hier wird nur der Schaden ersetzt, der eine Mindesthöhe M übersteigt (Anwendung z. B. bei der Krankenversicherung und der Kfz-Kaskoversicherung).

    Es ist

    $$I = 0 \ \text{ wenn } \ S \leq M \quad \text{und} \quad I = \frac{S - M}{S} \ \text{ wenn } \ S > M$$

  - **Integralfranchise:** Hier erfolgt ein voller Ausgleich des Schadens S erst, wenn die Grenze M überschritten wird (z. B. Seewarenversicherung).

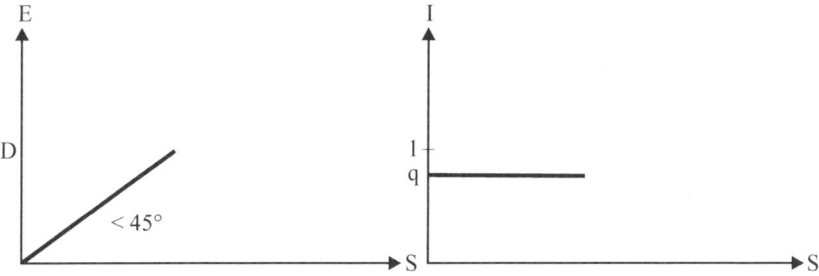

Abb. 6.15. Selbstbeteiligungsfranchise

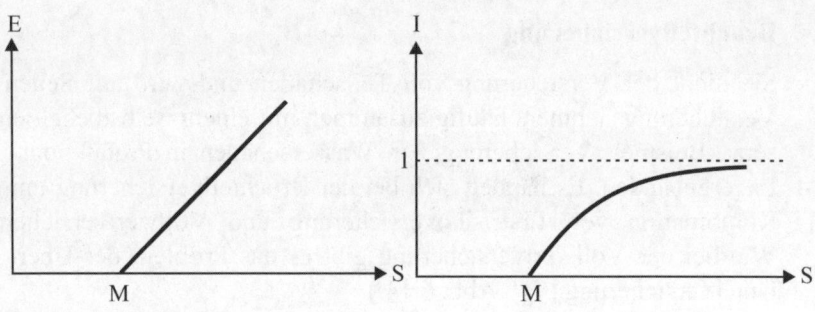

Abb. 6.16. Abzugsfranchise

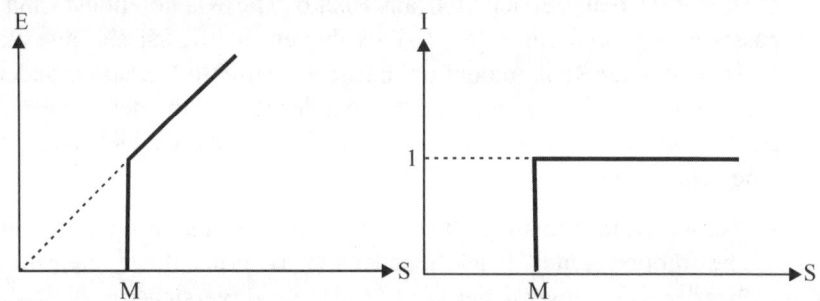

Abb. 6.17. Integralfranchise

Änderung der Verteilungen

Lediglich im Falle einer unbegrenzten Interessenversicherung bleiben die Dichtefunktionen des Schadens f(S) und die der Entschädigungen f(E) identisch. Sonst ändert sich die Dichtefunktion oder Verteilung. Bei der Bruchteilversicherung wird die Dichte zu kleineren Entschädigungen parallel verschoben, bei der Erstrisikoversicherung ist die Entschädigungsverteilung gegenüber der Schadensverteilung gekappt. Bei der Abzugsfranchise wird das Maximum der Dichtefunktion der Entschädigungen zu kleineren Werten verschoben, da unter M keine Entschädigung bezahlt wird. Bei der Integralfranchise verschiebt sich das Maximum der Entschädigungsverteilung nach rechts, da bei einer Überschreitung des Schadens M der gesamte Schaden entschädigt wird. In der Regel verändern sich sowohl die Erwartungswerte als auch die Varianzen der Verteilungen. Beim Modell einer proportionalen Rückversicherung erfolgt eine Stauchung der Entschädigungsverteilung gegenüber der Schadensverteilung, bei einer nichtproportionalen Rückversicherung mit Franchise wird das Maximum der Verteilung nach rechts verschoben. Auch **Bonussysteme**, bei denen Gutschriften oder Prämienreduktionen bei Schadensfreiheit nach Höhe oder Frequenz erfolgen oder so genannte **Zeitrisiken**, bei denen die Prämie von der Dauer der Schadensfreiheit abhängt, ändern die Verteilungen. Aus der Entschädigungsverteilung ergibt sich unter Berücksichtigung der proportionalen (z.B. Kosten des Aussendienstes) und fixen Kosten (z.B. Verwaltungskosten) der Versicherung sowie der erhaltenen Prämien die Verteilung der Gewinne- und Verluste f(G/V) der Versicherung (vgl. Abb. 6.18.).

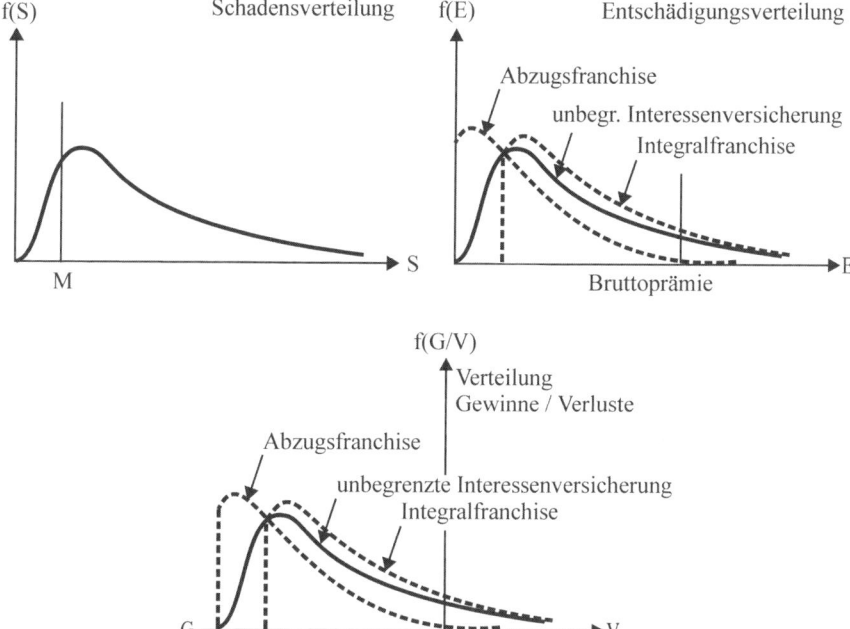

Abb. 6.18. Transformation der Verteilungen im Versicherungsgeschäft

Neben den Versicherungen bieten auch die Banken Produkte zur Risikoübernahme an. Klassische Bankinstrumente mit Versicherungscharakter sind der Aval- und Akzeptkredit:

- **Avalkredit einer Bank**

  Die Bank haftet für Verpflichtungen eines Kunden gegenüber Dritten.

  Sie gibt gegenüber dem Dritten eine Garantie (z.B. Bietergarantie, Lieferungs- und Leistungsgarantie, Anzahlungsgarantie) oder eine Bürgschaft (Sicherung gegen Ansprüche öffentlicher Stellen, Prozessbürgschaften, Einlagebürgschaft bei Unternehmensgründung) ab.

  Im Innenverhältnis haftet der Kunde gegenüber der Bank.

  Die **Avalprovision** hat den Charakter einer Versicherungsprämie.

- **Akzeptkredit einer Bank**

  Die Bank verpflichtet sich mit einem von ihr akzeptierten Wechsel, Anspruchsberechtigten zum Fälligkeitstermin die im Wechsel vorgesehene Summe zu bezahlen. Der Kunde verpflichtet sich andererseits, die Bank zum Fälligkeitszeitpunkt freizustellen und die Wechselsumme an die Bank zu transferieren. In der Zwischenzeit verwendet der Kunde das Bankakzept zu seiner Finanzierung. Gegenüber Dritten haftet die Bank für die Zahlungsverpflichtung ihres Kunden. Im Innenverhältnis haftet der Kunde gegenüber der Bank. Die Risikoprämie ist die **Akzeptprovision**.

In den letzten Jahren wurden im Bankbereich zahlreiche neue Instrumente zur Risikoübernahme entwickelt. Dies betrifft hauptsächlich die Bereiche der Kreditrisiken sowie das Zins- und Devisenmanagement. Einige Instrumente aus diesen Bereichen werden im Folgenden kurz skizziert.

Im Rahmen des Managements von Kreditrisiken sind in den letzten Jahren verschiedene **Kreditsubstitute** entwickelt worden, die auf die **Übernahme** bzw. den **Handel mit Forderungen** abzielen. Hier sind vor allem das Factoring, die Asset Backed Securities (ABS) und die Forfaitierung zu nennen (vgl. z.B. Lüscher-Marty 2003, S. 1.35-1.38 sowie S. 10.02-10.06; Büschgen u. Börner 2003, S. 140-149; Perridon u. Steiner 2003, S. 445-449).

- **Factoring**

  Unter Factoring versteht man den vertraglich fixierten Ankauf und die Verwaltung von kurzfristigen (maximal bis zu 120 Tagen) Forderungen aus Warenlieferungen und Dienstleistungen durch einen **Factor**. Der Factor ist ein Kreditinstitut oder ein spezielles Finanzierungsinstitut. Er übernimmt typischerweise das Ausfallrisiko (*Delkredererisiko*), während der Verkäufer der Forderungen nur noch für den rechtlichen Bestand der Forderungen haftet und das Transfer- und Währungsrisiko aus den Forderungen übernimmt. In diesem Fall spricht man auch von **echtem Factoring**. Beim **unechten Factoring** verbleibt das Ausfallrisiko beim Forderungsverkäufer.

  Neben dem Management der Kreditrisiken beinhaltet das Factoring in der Regel zwei weitere Bestandteile: Im **Debitorenmanagement** wird vom Factor die Debitorenbuchhaltung sowie das Mahn- und Inkassowesen vom Factor-Kunden übernommen. Die Ausfertigung und der Versand der Rechnungen verbleiben beim Kunden. Im **Liquiditätsmanagement** bevorschusst der Factor oft bis zu 80% des abgetretenen werthaltigen Forderungsbetrags. Der Restbetrag wird bei Zahlung des Debitors gutgeschrieben.

Die Kosten des Factorings sind abhängig von der Bonität des Factor-Kunden und der Debitoren, vom Umsatz und der Anzahl der Rechnungen sowie vom Anteil der inländischen und ausländischen Forderungen. Je nach Umfang der Dienstleistungen des Factors betragen die Factoringgebühren von 0.5% bis zu 1.5% des fakturierten Betrages. Zusätzlich können noch Finanzierungskosten anfallen.

- **Asset Backed Securities**

  Eine modernere Form insbesondere längerfristige (mehr als ein Jahr) Forderungsbestände zu refinanzieren, besteht durch die Emission von so genannten Asset Backed Securities (ABS). Asset Backed Securitie bezeichnen festverzinsliche, handelbare Wertpapiere (*engl. Securities*), die mit Vermögensgegenständen (*engl. Assets*) wie z.B. Forderungsbeständen unterlegt (*engl. backed*) sind. Somit kann das Kreditrisiko an den Kapitalmarkt transferiert werden. Risikoträger ist der jeweilige Investor.

  Der **Originator** verkauft seine Kreditpositionen oder Forderungen an eine unabhängige **Einzweckgesellschaft** (*special purpose company*), die die übernommenen Beträge durch die Ausgabe von Anleihen finanziert. Damit die Anleihen gut platziert und die Anleger vor Verlusten geschützt werden können, werden in der Regel nur gute Bonitäten gehandelt. Dazu werden die Assets und Cash-Flows der Forderungsbestände regelmässig von Rating-Agenturen überprüft und bewertet. ABS erreichen oft Bewertungen von AAA bis AA.

  Da der Markt eher als ein Factor bereit ist, Risiken zu übernehmen, verlangt er meist geringere Gebühren bzw. Renditen für die Risikoübernahme. Dadurch sind ABS-Lösungen oft kostengünstiger als Factoring-Lösungen.

  Das Procedere der Zertifizierung, Verbriefung oder wertpapiermässigen Unterlegung und Absicherung von Bilanzaktiva, wie z.B. Forderungsbeständen, zum Zwecke der Handelbarkeit wird auch **Securitization** oder **Asset Securitization** genannt. Dadurch können Kredite direkt durch Wertpapierplatzierungen ersetzt werden.

- **Forfaitierung**

  Die Forfaitierung ist eine Form der Aussenhandelsfinanzierung. Hierbei werden häufig **Wechsel** oder Forderungen vom **Forfaiteur** aufgekauft, die aus dem Verkauf von Investitionsgütern ins Ausland resultieren. Der Forfaiteur bekommt gute Sicherheiten eingeräumt, ein Rückgriff auf den Exporteur erfolgt nicht. Der Verkäufer der Forderungen oder

Wechsel befreit sich von jedem Risiko und haftet lediglich für den rechtlichen Bestand der Forderung. Die Liquidität des Exporteurs wird durch die Umwandlung der Forderungen in bares Geld verbessert. Ferner wird der Exporteur vom Kreditrisiko, Transferrisiko, Währungsrisiko, Zinsänderungsrisiko oder auch vom politischen Risiko befreit. Schliesslich wird seine Bilanz um die langfristigen Forderungen verkürzt. Ein Debitorenmanagement wie beim Factoring betreibt der Forfaiteur jedoch nicht. Das Zahlungsziel der abgetretenen Forderungen beträgt in der Regel ein bis fünf Jahre

Beim Devisen- und Zinsmanagement wird heute häufig ein **Risikomanagement** über **Termingeschäfte** betrieben (vgl. Perridon u. Steiner 2003, S. 307-343; Schierenbeck u. Lister 2001, S. 428-452). Hier kommen vor allem Optionen bzw. Optionsscheine (*engl. warrants*) zum Einsatz.

Optionsscheine sind Wertpapiere, die dem Besitzer Kauf- oder Verkaufsrechte, so genannte **Optionen**, einräumen. Die Inhaber von Optionen haben das Recht, aber nicht die Verpflichtung, eine bestimmte Menge eines **Basisgutes** (*engl. underlying*) – wie Aktien, Devisen oder Rohstoffe – zu einem im voraus festgelegten Preis, dem so genannten **Basispreis** (*engl. Strike Price oder Strike*) entweder zu jedem Termin bis zum Ablauf der Option (*amerikanische Option*) oder an einem festgelegten Verfallstag (*europäische Option*) zu kaufen (*Kaufoption, engl. Call*) oder zu verkaufen (*Verkaufsoption, engl. Put*).

Kaufoptionen dienen dazu, sich vor steigenden Preisen des Basisgutes zu schützen. Steigt der Preis des Basisgutes während der Laufzeit über den Strike Price, so verbrieft die Option das Recht, das Basisgut dennoch zum Basispreis und somit unter dem aktuellen Kurs zu kaufen. Entsprechend sichern Verkaufsoptionen gegen Kursrückgang bzw. Preisverfall ab. Falls der aktuelle Kurs unter den Basispreis fällt, wird durch den Put gewährleistet, dass das Basisgut noch zum höheren Basispreis verkauft werden kann.

Typische Basisgüter für Optionen sind Aktien, Indizes und Aktienkörbe (z. B. DAX-Scheine), Zinsen, Währungen und Rohstoffe. International tätige Unternehmen sichern auf diese Weise vielfach Währungsschwankungen ab.

Optionen gehören zur den **Termingeschäften**, da die Vertragskonditionen mit einem Preis heute vereinbart werden, aber eine Ausübung der daraus folgenden Rechte erst in der Zukunft stattfindet. Termingeschäfte werden auch **Derivate** genannt. Optionen sind **bedingte Termingeschäfte**, da der Käufer seine Rechte ausüben kann, aber nicht muss.

Futures sind dagegen **unbedingte Terminkontrakte**, die zu einem Kauf oder Verkauf einer bestimmten Menge eines Basisguts zu einem festgesetzten Preis an einem festgelegten Zeitpunkt verpflichten. Man unterscheidet **Financial Futures** (*Finanzterminkontrakte*) und **Commodity Futures** (*Warenterminkontrakte*). Der Handel erfolgt an eigenen Terminbörsen wie z. B. der Eurex. Die Basiswerte sind die gleichen wie beim Optionsgeschäft.

Zu den unbedingten Terminkontrakten gehören auch Forwards und Swaps. Ein **Forward Rate Agreement (FRA)** ist ein ausserbörslicher Zinsterminkontrakt, innerhalb dessen die Vertragspartner vorab für einen bestimmten Betrag einen Zinssatz für eine in der Zukunft liegende Periode und ein zugrunde liegendes (fiktives) Nominalvolumen vereinbaren. Die Differenz zwischen dem vereinbarten und dem am Fälligkeitstag gültigen Zinssatz wird zwischen den Partnern verrechnet. Ein Kapitaltransfer erfolgt nicht.

Swap-Geschäfte sind vertraglich vereinbarte Tauschgeschäfte mit Arbitragecharakter. Ein Swap ist z. B. ein Tausch von Verbindlichkeiten oder Forderungen. So kann ein deutscher Exporteur seine Forderung in US-$ mit einem amerikanischen Exporteur tauschen, der eine Forderung in Euro hat. Zinsunterschiede zwischen den Währungen werden mit dem Swapsatz ausgeglichen. Man unterscheidet **Zins- und Währungsswaps**. Beim reinen Zinsswap geht es um den Austausch von Verpflichtungen zur Zinszahlung in einer Währung für eine bestimmte Laufzeit. Hauptmerkmal eines Währungsswaps ist, dass die zu tauschenden Verbindlichkeiten in verschiedenen Währungen begründet sind. Swaps haben sich als Alternativen zu direkten Finanzierungen an den internationalen Finanzmärkten und als Quelle für kostengünstiges festverzinsliches Fremdkapital erwiesen.

6.2.5 Das Prinzip der Prämienkalkulation

Versicherungs- oder Risikoprämien werden auf der Basis von (individuellen) Einzelrisiken oder bei kollektiver Schadensverteilung über eine Divisionskalkulation durch den Umfang n des Kollektivs bestimmt (vgl. Farny 1995, S. 44-50; Helten 1994, S. 53-55; Zweifel u. Eisen 2000, S. 238-244). Die so genannte **Nettoprämie** NRP_i ergibt sich als Erwartungswert des Schadens $S_i = X_i$ oder als **fairer Preis** für das Risiko i

$$NRP_i = \varepsilon\{X_i\}.$$

Auf die Nettoprämie NRP_i erfolgt ein **Sicherheitsaufschlag** (SZ_i), der sich aus der Form und den Eigenschaften der Risikoverteilung ergibt. Dies ergibt die **Bruttorisikoprämie** (BRP_i).

Die **Bruttoprämie** BP_i, die der Kunde an den Versicherer zu entrichten hat, errechnet sich aus der Bruttorisikoprämie unter Berücksichtigung eines Betriebskostenaufschlages BKZ_i und eines angemessenen Gewinnaufschlages GZ_i. Neben den Verwaltungs- und Vertriebskosten enthält BKZ_i auch die Kosten einer etwaigen Rückversicherung. Somit gilt:

Nettorisikoprämie	(NRP_i)
+ Sicherheitszuschlag	(SZ_i)
Bruttorisikoprämie	(BRP_i)
+ Betriebskostenzuschlag	(BKZ_i)
+ Gewinnzuschlag	(GZ_i)
= Bruttoprämie	(BP_i)

Zu beachten ist in diesem Zusammenhang, dass sich die Nettorisikoprämie bei stochastischer Unabhängigkeit der Risikohöhe und Risikofrequenz als Erwartungswert des Gesamtschadens oder des Gesamtrisikos aus dem Produkt der beiden Erwartungswerte ergibt. Die Addition eines Risikoaufschlags SZ_i ergibt den Erwartungswert der Bruttorisikoprämie:

$$\varepsilon\{BRP_i\} \geq \varepsilon\{X_i\} + SZ_i$$

Der **Sicherheitszuschlag** SZ_i ergibt sich aus dem versicherungstechnischen Risiko und den vorliegenden Risikoverteilungen. Seine Höhe hängt letztendlich von den Nutzenvorstellungen des Versicherers, den Konkurrenzbedingungen und dem Umfang des jeweiligen Kollektivs ab. Die Sicherheitszuschläge SZ_i reduzieren sich gemäss

$$SZ_i \approx \sigma_{\overline{X}} = \frac{\sigma_X}{\sqrt{n}}$$

mit wachsendem n. Ein Versicherer kann allerdings – wie in den letzten Jahren vielfach z. B. für die Industrieversicherungen geschehen – aus marktstrategischen Gründen Versicherungsleistungen über Jahre sogar unter der Nettorisikoprämie anbieten und verkaufen.

Folgende Sicherheitszuschläge werden oft angetroffen. Dabei nehmen die Parameter λ_{1i}, λ_{2i} und λ_{3i} gewöhnlich mit wachsendem n ab.

1. Erweitertes Mittelwertprinzip

$$\varepsilon\{BRP_i\} = \varepsilon\{X_i\} + \lambda_{1i}\, \varepsilon\{X_i\} \quad \text{mit } \lambda_{1i} > 0$$

Implizit wird bei dieser Berechnung eine Exponential- oder Poissonverteilung des Risikos unterstellt, denn Erwartungswert und Standardabweichung werden dann durch denselben Parameter beschrieben. Die Risikopräferenz des Versicherers ist durch die Grösse des Parameters λ_{1i} definiert. Die Prämienberechnung nach dem erweiterten Mittelwertprinzip wird öfters für die Berechnung von Lebensversicherungsprämien angewandt. Da die Bedeutung von Varianz und Standardabweichung als Risikomasse für asymmetrische Verteilungen nur einen begrenzten Wert haben, kann beim erweiterten Mittelwertprinzip der Value-at-Risk als Vielfaches oder Prozentsatz des Erwartungswertes in die Prämienbestimmung mit eingebracht werden.

2. Varianzprinzip

$$\varepsilon\{BRP_i\} = \varepsilon\{X_i\} + \lambda_{2i}\,\sigma^2(X_i) \qquad \text{mit } \lambda_{2i} > 0$$

Das für verschiedene Schadensversicherungen übliche Varianzprinzip setzt im Prinzip eine exponentielle Nutzenfunktion und symmetrisch verteilte Schäden (z. B. Normalverteilung) voraus. In der Praxis zeigt sich, dass es schwierig ist, die Varianz anschaulich zu erklären, da sie eine andere Dimension als der Erwartungswert hat. Der Parameter λ_{2i} entspricht dem Kehrwert des Risikotoleranzparameters.

3. Prinzip der Standardabweichung

$$\varepsilon\{BRP_i\} = \varepsilon\{X_i\} + \lambda_{3i}\,\sigma(X_i) \text{ mit } \lambda_{3i} > 0$$

Die Prämienberechnung über das Prinzip der Standardabweichung hat den Vorteil, dass die Standardabweichung dieselbe Dimension wie der Erwartungswert hat. Wie in Kapitel 3 gezeigt wurde, lassen sich auch hiermit die Vorstellung einer exponentiellen Nutzenfunktion mit symmetrischer Risikoverteilung verbinden.

6.3 Gestaltungselemente

Die Prozesse der Kapitalbeschaffung und -verwendung oder der Investitionen und Finanzierungen in einem Unternehmen – speziell in einem Versicherungsunternehmen – beinhalten verschiedene Risiken, die nachfolgend etwas näher beschrieben werden sollen.

Das Eintreffen von Risikoereignissen kann **Zielabweichungen** bei den Aktiva, Passiva und der Ertragsrechnung eines Unternehmens verursachen. Dabei werden zum Zeitpunkt der Buchung, der Bestandsaufnahme oder der Planung

- bekannte Risiken und
- unbekannte Risiken

unterschiedlich behandelt. Auch bezüglich ihrer Fristigkeit (Tage, Monate, Jahre) müssen Unterschiede berücksichtigt werden.

Die zum Zeitpunkt der Verbuchung **bekannten Risiken**, wie mögliche Minderungen oder Erhöhungen der Aktiva (z. B. Anlagewerte, Forderungen, Lagerbestände) oder Erhöhungen bzw. Minderungen der Passiva (z. B. Rückstellungen für Restrukturierungsaufwand) werden durch Rückstellungen, Rechnungsabgrenzungen und Wertberichtigungen, die **regelmässig** der Risikolage angepasst werden, bilanziell **ex post** berücksichtigt.

Den zum Zeitpunkt der Verbuchung **unbekannten (ex ante)**, aber auch nur teilweise bekannten **Risiken** wird durch eine Veränderung der **Fremdfinanzierung** oder der **Eigenkapitalfinanzierung** Rechnung getragen (z. B. über die Massnahmen Verschuldung oder Entschuldung, Kapitalherabsetzung oder -erhöhung, Verwendung von Venture Capital, die Auflösung bzw. Bildung von stillen Reserven). Die Auffüllung bzw. Herabsetzung der Reserven erfolgt meist in festem Rhythmus, z. B. jährlich. Bei unversteuerten Reserven ändern sich dabei die Rückstellungen, die Wertberichtigungen oder die stillen Reserven.

Bei versteuerten Reserven ergeben sich durch die Auffüllung bzw. Herabsetzung Änderungen beim Eigenkapital. Die Verteilung der Risiken nach Art, Höhe und Häufigkeit folgt dahingegen meist einem Zufallsprozess (vgl. Abb. 6.19.), obwohl die Abrechnung auch in festen Abständen, aber variabler Höhe als Änderung des Jahresgewinns oder des Jahresschadens erfolgen kann.

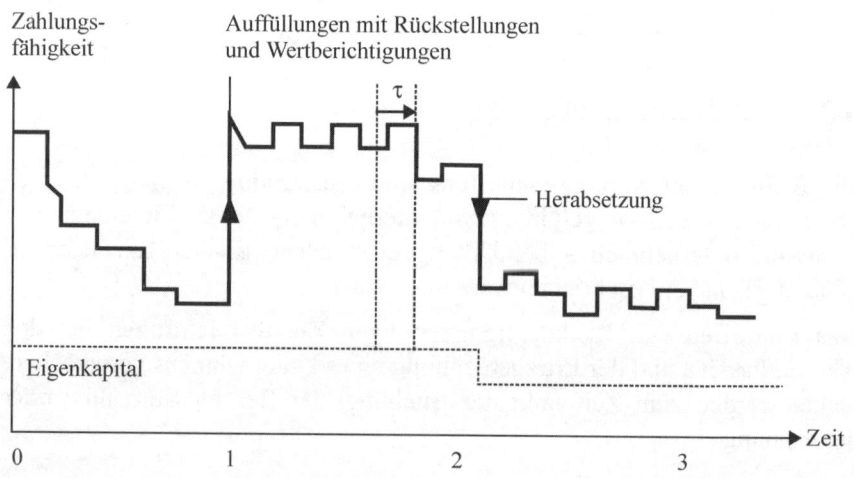

Abb. 6.19. Prozess der Reservebildung

Die Entwicklung der Bestände der Aktiva und Passiva in den Perioden (t−1) und t wird durch die Bestandsgleichungen

$$\text{Bestand}_t = \text{Bestand}_{t-1} + \text{Zugänge}_t - \text{Abgänge}_t$$

beschrieben.

Dabei muss unterschieden werden:

1. zwischen den Entwicklungen der Buch- und Marktwerte (stille Reserven),

2. zwischen deterministischen und stochastischen Komponenten bei Zu- und Abgängen und

3. zwischen dem Zeitpunkt des Eintreffens eines Risikoereignisses und seinen eventuell verzögerten finanziellen Folgen oder Regulierungen.

Man kann normalerweise davon ausgehen, dass eine **Regulierungsdauer** τ verstreicht (z. B. ein bis zwei Monate) ehe ein Risiko zahlungsmässig behandelt wird. Für die Passiva (z. B. Einlagen, Kreditoren) und Ertragsrechnung gilt Ähnliches. Zufällige Wertminderungen der Aktiva gehen verzögert einher mit Verminderungen der Rückstellungen. Damit stellt sich beim Risiko-Management der Unternehmen, insbesondere aber der auf das Risikogeschäft spezialisierten Banken und Versicherungen, immer ein Problem der simultanen Abstimmung von Aktiva und Passiva. Dies ist Inhalt des **Asset- und Liability-Managements**. Meist erfolgen das Risikomanagement und die Durchführung der Massnahmen der Risikopolitik aber nicht simultan, sondern getrennt für Aktiva und Passiva. Sind die unversteuerten (auch stillen) und zweckgebundenen Risikoreserven verbraucht, wird als nächstes der Gewinn oder der Cash-Flow des Unternehmens und schliesslich das (versteuerte) Eigenkapital und möglicherweise die **Solvabilität** des Unternehmens geschmälert (vgl. Abb. 6.19.).

Alle finanziellen Vorgänge sind mit unterschiedlichen Kapitalkosten bzw. Zinsen verbunden, die bei einem Wirtschaftlichkeitsvergleich verschiedener Investitions- oder Desinvestitions- und Finanzierungsentscheidungen berücksichtigt werden müssen.

Als **Solvabilität** wird dabei das Verhältnis der in Geld bewerteten „*freien unbelasteten Eigenmittel*" (Ist-Solvabilität, Total Adjusted Capital) zu den Risiken (Soll-Solvabilität, Risk Based Capital, Value-at-Risk) verstanden:

$$\text{Solvabilität} = \frac{\text{Ist-Solvabilität}}{\text{Soll-Solvalbilität}} \geq 1$$

Während die Forderung nach Solvabilität bei den meisten Unternehmen zur Einhaltung der klassischen Regeln der Eigenkapitalausstattung, Finanzierungsstruktur und Liquidität führt, gelten für die Versicherungen und Banken spezielle Berechnungsformeln und auch gesetzliche Vorschriften, deren Einhaltung von den Aufsichtsbehörden überwacht wird (vgl. z. B. Farny 1995, S. 679-697).

Dabei werden für verschiedene Geschäftszweige **bestimmte Teile des Fremdkapitals** (z. B. Deckungskapital, Rückstellungen) und der **stillen Reserven** der Ist-Solvabilität zugerechnet.

Die Solvabilität bei Versicherungsunternehmen kann z.B. durch die höhere Inanspruchnahme von Rückversicherungen (Reduktion des Risikos bei erhöhten Prämien), aber auch durch eine Aufstockung der Eigenmittel verbessert werden. Für eine Portfolio-Optimierung sind die Solvabilitätsvorschriften als Restriktionen zu verstehen, die die Anlage- und Finanzierungsentscheidungen der Unternehmen einschränken. Diese Restriktionen sind z.T. nichtlinear, wenn die notwendige Reservebildung als Funktion der zuletzt angefallenen Risiken dargestellt wird. Beispielsweise haben die EU-Vorschriften für das Versicherungswesen Minimalbeträge unabhängig von der Grösse des Risikos oder Unstetigkeiten bei der prozentmässigen Kopplungen von Prämienvolumen und Rückstellungen zur Folge.

Im Versicherungsgeschäft sind im planbaren **Risikogeschäft** meist zu Beginn des Jahres Prämienvorauszahlungen fällig, die mit dem Anstieg der Rückstellungen zu einem Anstieg der liquiden Mittel und Forderungen führen. Die Erstattung der zufällig auftretenden Schäden erfolgt als finanzieller Vorgang nach der Bearbeitungs- oder Regulierungsdauer und vermindert verzögert die Liquidität. Analog zum Bankgeschäft verfügen die Versicherungen also über einen „*Float oder Bodensatz*".

Es stellt sich in diesem Zusammenhang zunächst immer ein Anlage- oder **Kassenhaltungsproblem**: Die liquiden Mittel sollen möglichst hoch verzinslich angelegt werden. Im Aktivtausch wird zwischen Geldmarkt-, Obligationen-, Aktien- und Hypothekenanlagen disponiert, ohne dass die Zahlungsfähigkeit an sich gefährdet ist. Falls die liquiden Mittel unter gewisse Sicherheitsbestände Z_{opt} absinken, müssen gebildete Anlagen unter Transaktionskosten wieder verfügbar gemacht werden. Falls die Liquidität über eine Grenze $h_{opt} = 3 Z_{opt}$ ansteigt, werden Kassenbestände etwa nach dem Modell von Miller und Orr (vgl. Abb. 6.20. Miller u. Orr 1966, S. 413) in längerfristige Anlageformen umgewandelt. Bei dieser Liquiditäts- und Anlageplanung können Optimierungsmodelle des Cash- und Portfoliomanagements eine gewisse Hilfe leisten (vgl. Perridon u. Steiner 2003, S. 155-164; Rosenkranz 1999, S. 242-245).

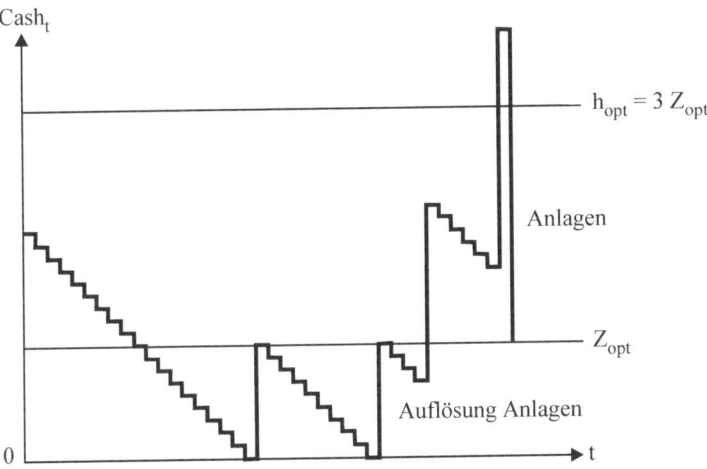

Abb. 6.20. Prinzip der Liquiditätsplanung und Portfoliooptimierung

Dem Anlageerfolg mit seinem Erwartungswert und seiner Varianz einerseits stehen die Transaktions- und Kündigungskosten andererseits gegenüber. Über quantitative Modelle wird teilweise versucht, einen Kompromiss zwischen verschiedenen z. T. gegensätzlichen Zielsetzungen, wie der Solvabilität, der Rentabilität, der Risikohöhe und der Reaktionsschnelligkeit, zu erreichen oder sogar eine optimale Mittelallokation zu bestimmen.

6.3.1 Selbstversicherung

Es hängt von der **Risikokapazität** eines Unternehmens und der gewünschten Risikodiversifizierung ab, in wie weit eine Selbstversicherung von Unternehmensrisiken – also eine Versicherung der Risiken durch das Unternehmen selbst – erfolgen kann. Prinzipiell ist unbestritten, dass die Selbstversicherung an sich die ökonomisch billigste Lösung der Risikovorsorge ist.

Für die Selbstversicherung sprechen die folgenden Gründe:

- Sie hat niedrige Verwaltungskosten für die Risikovorsorge,

- dem Unternehmen entsteht kein Zinsverlust auf liquide Mittel wie bei einer Zusammenarbeit mit einem Fremdversicherer (Float verbleibt im Unternehmen),

- ein etwaiger Gewinnaufschlag verbleibt im Unternehmen,

- gebildete Rückstellungen für die Eigenversicherung müssen meist nicht versteuert werden,

- das Know-how zum spezifischen Risikomanagement wird im Unternehmen direkt gebildet,

- im Unternehmen kann ein professionelles und integriertes Risiko-Management aufgebaut und unterhalten werden.

Gegen die Selbstversicherung sprechen folgende Gründe:

- Im Unternehmen erfolgt meist nur ein ungenügender Risikoausgleich im Kollektiv und in der Zeit. Ein normales Produktions- oder Dienstleistungsunternehmen beschäftigt sich in der Regel mit einer begrenzten Zahl heterogener Risiken. Der über eine statistische Berechnung oder (meist) subjektive Schätzung ermittelte Rücklagen- und Rückstellungsbedarf im Unternehmen ist oft wesentlich höher als bei einer Versicherung, die Risiken poolen kann, vom Diversifikationseffekt profitiert und damit eventuell günstige Prämien bieten kann, weil sie eine grössere Risikotoleranz und kleinere Sicherheitsäquivalente hat.

- Die Bildung hoher Rückstellungen und Fremdfinanzierungen im Unternehmen vergrössert die Bilanzsumme und verringert (ceteris paribus) die relative Eigenkapitalausstattung. Die Versicherungsprämien sind in der Regel steuerlich abzugsfähig, die Bildung von Eigenkapital zur Unterlegung der im Unternehmen verbleibenden Risiken erfolgt hingegen oft aus versteuerten Mitteln. Die den so gebildeten Reserven gegenüberstehenden Aktiva erbringen möglicherweise nicht die anfallenden Kapitalkosten, was gegenüber einer Versicherungslösung zu einer reduzierten Kapitalrendite führen kann.

- Ungenügendes methodisch-statistisches Know-how und – aufgrund der Zielsetzungen des Unternehmens – nur begrenzte Erfahrungen im Risikomanagement (z. B. Risikoreduktion, Benchmarking) sind einer Outsourcing-Lösung unterlegen.

In der Regel kann mit Versicherungs- und Rückversicherungslösungen, die mit an die jeweilige Risikosituation angepassten Abzugsfranchisen arbeiten, ein vernünftiger Kompromiss gefunden werden. So kann für kleinere bzw. mittlere Risiken mit Selbstbehalt, für mittlere bis grosse Schäden mit einer Versicherungslösung, als Schutz gegen die Risiken von Kumulereignissen mit einer Rückversicherungslösung gearbeitet werden. Man nennt diese Kombination von Risikomassnahmen ein **Financial Layering** (vgl. Abb. 6.21.). Wo die quantitativen Grenzen zwischen den verschiedenen Risikomassnahmen gezogen werden, hängt u.a. von der Grösse, der Kapitalausstattung, der Ertragslage und der Risikotoleranz eines Unternehmens ab.

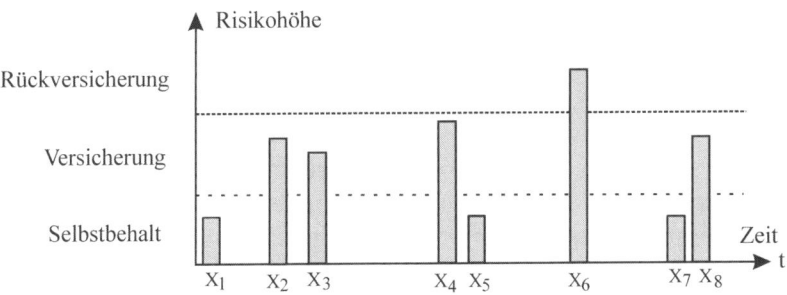

Abb. 6.21. *Financial Layering*

6.3.2 Captives

Bei einer Captive handelt es sich um eine besondere Art der Selbstversicherung: Eine **Captive-Insurance Company** ist eine Versicherungsgesellschaft, die die Risiken der eigenen Muttergesellschaft oder Risiken der Mitglieder eines Verbandes oder einer Gruppe von Gesellschaften versichert.

Man unterscheidet folgende Formen (vgl. Doherty 1985, S. 439-462):

- **Single owned Captives**: Dies ist die vorherrschende Art der Captive. Von einer **Pure Captive** spricht man, wenn die Gesellschaft zu mehr als 80% eigene Risiken versichert; bei einer **Senior Captive** sind dies noch etwa 25-80%, bei einer **Profit Center Captive** unter 25% eigene Risiken. Im letzten Fall akquiriert die Captive mit einem eigenen Vertrieb also mehrheitlich Versicherungsaufträge von Fremdkunden; die Eigentümer der Captive profitieren aber auch aus dem durch die Erledigung von Fremdaufträgen gebildeten Know-how der Captive.

- Von einer **Group Captive** spricht man, wenn mehrere Unternehmen wesentliche Kapitalanteile an der Captive halten. Dieses Modell findet sich z. B. öfters bei Öl-Gesellschaften, die Unfälle und Umweltschäden bei der Exploration von Erdöl versichern, oder bei Pharma-Firmen, die Forschungsrisiken über die Captive versichern.

- Eine **Association Captive** wird öfters von Berufsgruppen wie Ärzten, Anwälten und Revisoren oder Rechnungsprüfern zur Versicherung berufstypischer Haftpflichtrisiken begründet.

- Eine **Non owned Captive** oder eine **Rent a Captive** werden von spezialisierten Versicherungsmaklern oder Versicherungsunternehmen gegründet und verschiedenen Kundengruppen zur Verfügung gestellt.

Captives können sowohl als Erst- wie auch als Rückversicherer tätig werden. Die Rückversicherung über Captives ist bei vielen grösseren internationalen Unternehmen und Organisationen heute die wichtigste Anwendung: Ein Unternehmen versichert seine Risiken bei einem unabhängigen Erstversicherer, der den grössten Teil der Risiken an den firmeneigenen Rückversicherer zediert. Falls die rückversichernde Captive für die Risiken nicht selber einstehen kann, haftet im Innenverhältnis immer noch der Erstversicherer. Man nennt diese Konstruktion ein **Fronting**. Da die Möglichkeiten der Risikoverlagerung in den Bereichen des eigenen Unternehmens jedoch begrenzt sind und keine guten und neuen Möglichkeiten der Diversifizierung bieten, stehen andere Vorteile, die mit der Begründung einer Captive verbunden sind, im Vordergrund. Diese sind:

Zielsetzung und Vorteile von Captives

- Die Captive stellt für das eigene Unternehmen Versicherungsleistungen bereit, die am Versicherungsmarkt nicht zu haben sind (z.B. Haftpflicht für spezielle Berufsgruppen wie Ärzte oder für spezielle Risiken in den Hochtechnologie-Branchen).

- Im Bestand eines normalen Erstversicherers sind möglicherweise viele schlechte Risiken enthalten, die für das ungeschichtete Kollektiv pro Einzelrisiko zu höheren Prämien als bei einer Captive-Lösung führen. Captives können bei Kollektiven mit „guten Risiken" also zu einer Reduktion der Risikokosten führen.

- Bei einer Captive wird durch aktive Beteiligung am Risikomanagement eigenes Know-how im Unternehmen aufgebaut. Fremdrisiken und -verträge werden dann häufig zusätzlich für eine bessere Risiko-Diversifizierung akquiriert.

- Speziell bei einer Erstversicherungs-Captive fallen wenig Vertriebs- und Akquisitionskosten an. Durch eingesparte Provisionen, eine billigere Schadensbearbeitung, die Wahl steuergünstiger Standorte für die Captive und die Ausnutzung günstigerer gesetzlicher Regelungen bei eventuell reduzierter Aufsichtspflicht kann das Unternehmen Verwaltungskosten und Steuern sparen.

- Durch steuerlich voll abzugsfähige und sogar tendenziell überhöhte Prämienzahlungen kann das Unternehmen über die Captive-Lösung möglicherweise weniger hoch versteuerte Risikoreserven als bei einer normalen Versicherungslösung aufbauen. Das Risiko-Kapital der Captive kann zu Finanzierungszwecken im eigenen Unternehmen eingesetzt werden.

Der wirtschaftliche Vergleich der Vorteilhaftigkeit einer Captive-Lösung mit der Selbstversicherung, einer anderen Versicherungslösung oder einem finanziellen Layering muss deswegen in der Regel nach Steuern (z. B. über die Bestimmung von Barwert (NPV) oder eines internen Zinsfusses (IRR) etc.) erfolgen.

6.3.3 Asset- und Liability-Management

Ziel des Asset- und Liability-Managements ist die **simultane Steuerung** und Prognose **der Aktiva und Passiva** des Unternehmens unter Risiko- und Rentabilitätsgesichtspunkten (vgl. Fabozzi u. Konishi 1996). Dabei wird den Laufzeiten, der Höhe und der Frequenz sowie der Streuung bzw. der Volatilität der Risiken Rechnung getragen. Die Zusammenhänge und Wechselwirkungen der Werte einzelner Aktiva und Passiva oder Bilanz-variablen werden durch Gleichungen und Ungleichungen beschrieben.

Solche ergeben sich etwa als Restriktionen aus einer geforderten Eigen-kapitalausstattung, einer Solvabilitätskennzahl, aus der erforderlichen kurz-fristigen Liquidität, einem geplanten Anlagendeckungsgrad oder aus der Forderung einer Fristenkongruenz von Aktiva und Passiva bzw. auch aus geplanten Rentabilitäten usw.

Die relativen Anteile oder Quoten der einzelnen Aktiva und Passiva wer-den beim Asset- und Liability-Management nach Rentabilitäts-, Risiko- und Nutzenkriterien festgelegt. Die Konsequenzen verschiedener Ent-scheidungen lassen sich modellmässig beschreiben, simulieren bzw. auch optimieren. Auch die möglichen Auswirkungen von Kumulereignissen (z. B. Börsencrash, Sturmschäden) auf die Aktiva und Passiva lassen sich im Rahmen von **Stresstests** durch Computerexperimente simultan quanti-fizieren.

Die unmittelbare Vergangenheit zeigt jedoch auch die Schwächen dieses Konzepts. Es wird dabei gefordert, dass bei Tests das eigentlich Undenk-bare gedacht wird. Es gelang durch Stresstests in der Regel allerdings nicht, die Auswirkungen von katastrophalen Ereignissen, wie z. B. des An-griffs auf das World Trade Center oder die rasch absinkende Bewertung der Aktienbestände von Versicherern und Banken während der letzten Baisse, richtig und rechtzeitig vorher zu quantifizieren.

Die Risikopositionen in der Bilanz und Erfolgsrechnung eines Unterneh-mens haben in der Regel unterschiedliche Fristigkeiten oder **Durationen**. Der Barwert einer Passiv- oder Aktivposition bewertet ein mehrperiodiges Risiko zum Bewertungszeitpunkt. Zinsänderungen oder Änderungen der

Währungsparitäten beeinflussen Aktiv- und Passivpositionen simultan und können, wenn die Laufzeiten der Bilanzpositionen stark unterschiedlich sind, zur Notwendigkeit von Massnahmen der Risikovorsorge führen. U. a. können solche Massnahmen aus Finanzierungen oder Termingeschäften bestehen, die eine Fristentransformation von Anlagen und Verbindlichkeiten bewirken und damit zu einer **Immunisierung** einer Bilanz gegen bestimmte Typen von Risiken beitragen: Die Ausgabe einer Firmenanleihe kann beispielsweise zur Transformation von kurzfristigen in langfristige Verbindlichkeiten und Risiken führen.

Bei den Aktivrisiken wäre zu unterscheiden:

- **Immobilien und Produktionsanlagen** sind mittel- bis langfristig gebunden. Ihr Wert wird durch das Preis- und Zinsrisiko des Immobilienmarktes oder das Risiko von ausserplanmässigen Abschreibungen auf die Anlagen beeinflusst.

- **Finanzanlagen** wie **Beteiligungen** oder gegebene **Darlehen** haben ebenfalls eine mittel- bis langfristige Bindungsdauer. Risiken resultieren z.B. aus der Bonität der Schuldner und dem Zinsrisiko des Kreditmarktes.

- Der Wert von **Finanzanlagen** wie **Obligationen** oder **Aktien** wird kurz- und mittelfristig durch die Kurs- und Ertragsrisiken der entsprechenden Märkte beeinflusst.

- **Forderungen an Kunden** sowie die **Lagerbestände** haben eine kurzfristige Bindungsdauer. Risiken resultieren aus der Bonität der Schuldner, den kurzfristigen Zinsen oder der Gefahr von Qualitätsmängeln, der Veralterung der Bestände oder dem Halten von zu grossen und unverzinslichen Sicherheitsbeständen.

- Bei der kurzfristig gebundenen **Liquidität** eines Unternehmens können Zins- und Währungsrisiken einen Einfluss auf die Werte haben.

Die Risiken bei den **Passiva** sind – abgesehen vom Gewinn- oder Ertragsrisiko – gewöhnlich geringer als die Risiken bei den Aktiva, aber lassen sich ebenso unterscheiden:

- Die **kurzfristigen Lieferanten- und Bankverbindlichkeiten** beinhalten z.B. Qualitäts-, Währungs- und Zinsrisiken.

- Die **langfristigen Bankverbindlichkeiten** enthalten möglicherweise Zinsrisiken, die vom Kapitalmarkt und vom jeweiligen Unternehmensrating beeinflusst werden.

- **Rückstellungen** haben kurz- bis langfristigen Charakter und werden zur eigenen Risikoabsicherung gebildet. Sie können zu hoch oder zu niedrig sein, was etwa durch Produktions- und Restrukturierungsrisiken verursacht sein kann.

- Das **Ertrags- oder Gewinnrisiko** ergibt sich aus der Erfolgsrechnung und wird durch alle Typen von Risiken – so etwa durch Umsatz- und Kostenrisiken – beeinflusst.

Asset- und Liability-Management im Versicherungsbereich

Bei den Versicherungen weist das Asset- und Liability-Management einige Besonderheiten auf, die nachfolgend skizziert werden. Sie rühren aus der Art der betriebenen Geschäfte oder Prozesse der Versicherungen her, bei denen grob zwischen dem **Versicherungsgeschäft** und dem **Kapitalanlagegeschäft** unterschieden wird (vgl. Farny 1995, S. 664-699 und Abb. 6.22.).

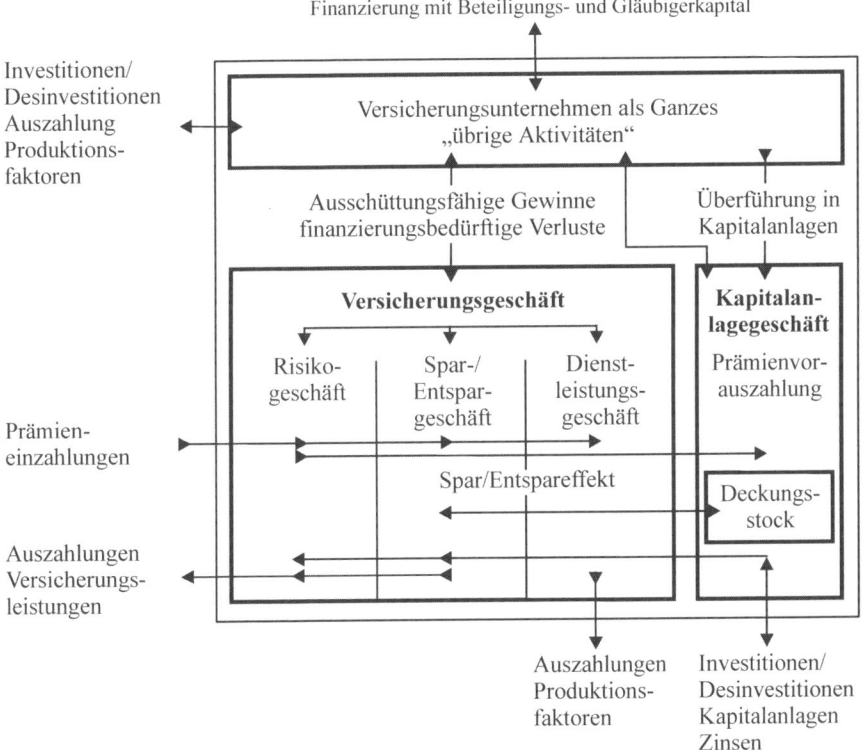

Abb. 6.22. Zahlungsströme im Versicherungsunternehmen (vgl. Farny 1995, S. 675)

Versicherungsgeschäft

Gewöhnlich wird das Risikogeschäft, das Spar- und Entspargeschäft sowie das Dienstleistungsgeschäft unterschieden.

● **Risikogeschäft**

Für die verschiedenen Typen von versicherten Risiken erfolgen gewöhnlich Prämienvorauszahlungen der Kunden. Diese haben einen deterministischen Charakter und erfolgen meist mit konstanter Frequenz und Höhe. Die Auszahlungen aus dem Risikogeschäft erfolgen gegenüber den durch den Schadensprozess zufällig auftretenden Risikoereignissen um die Regulierungsdauer verzögert. Entsprechend dem Versicherungsvertrag wird die Schadensverteilung in eine Entschädigungsverteilung transformiert. Ein Teil der Prämieneinzahlungen wird direkt für die Regulierung der Schäden eingesetzt. Der zunächst überschüssige Teil der Prämien-Vorauszahlungen wird an das Anlagegeschäft transferiert. Bei verschiedenen Versicherungen (manchmal z. B. in der Rückversicherung oder der Maschinenversicherung) werden keine Einzelzahlungen von Prämien und Entschädigungen vorgenommen, sondern ein Ausgleich zwischen Ein- und Auszahlungen findet über speziell geführte Kontokorrentkonten einmal jährlich statt.

● **Spar- und Entspargeschäft**

Dieses Geschäft ist besonders für die Lebensversicherung wichtig. Die regelmässige oder einmalige Einzahlung der Prämien führt meist stark verzögert zu den zufälligen und einmaligen Auszahlungen im Todes- oder Erlebensfall oder zu regelmässigen Auszahlungen, wenn die Zahlung einer Rente oder Pension im Erlebensfall vereinbart wurde. Das verzinsliche Deckungskapital oder der Deckungsstock steht dem Anlagegeschäft zwischenzeitlich zur Verfügung.

● **Dienstleistungsgeschäft**

Im Dienstleistungsgeschäft der Versicherungen erfolgen die Auszahlungen für Personal, Versicherungsberater und EDV-Leistungen meist vor den Einzahlungen der Versicherungsprämien. Diese sind zudem überwiegend anderen Zweigen des Versicherungsgeschäftes zuzuordnen. Versicherungsprovisionen an Makler und Versicherungsagenturen werden oft für mehrere Jahre im Voraus, manchmal aber auch im Nachhinein bezahlt.

Anlagegeschäft

Es resultiert überwiegend aus den verschiedenen Zweigen des Versicherungsgeschäftes und betrifft die oben skizzierten Positionen der Aktiva mit ihren typischen Risiken, die vielfach Marktrisiken sind und durch stochastische Kapitalmarktszenarien beschrieben und prognostiziert werden. Bei weitgehend deterministischer Einzahlung (liquide Mittel) der Risikoprämien, aber zufälligen Entschädigungsverteilungen (liquide Mittel) resultiert ein **dynamisches Portfolio- und Cash-Managementproblem** (vgl. Abb. 6.23.).

Wegen der grossen Komplexität der Anlageprobleme erfolgt die Portfolio-Planung oft getrennt und sequentiell nach den Positionen der Aktiva oder den **Assetklassen** des Anlagegeschäfts und nicht simultan und auch nicht für Einzelpapiere wie bestimmte Aktien oder Obligationen. Reserven werden unter Berücksichtigung der geplanten und prognostizierten Kennzahlen häufig in eigens geschaffenen Fonds angelegt, die von den Versicherern auch am Kapitalmarkt angeboten werden. Dabei handelt es sich sowohl um aktiv gemanagte als auch passive Fonds (**Indexfonds**). Als Differenz der zu Markt- und Buchwerten berechneten Assets ergeben sich die **stillen Reserven**, an denen die Versicherten möglicherweise über die **Überschussbeteiligung** bei der Lebensversicherung beteiligt sind.

Bei den **Passivrisiken** handelt es sich für die Versicherung um ein Portfolio von Verpflichtungen, die überwiegend aus dem Versicherungsvertragsbestand resultieren.

Die Passiva werden durch folgende Risiken verändert:

- die Regelung der Schadensfälle,
- den Ablauf von Versicherungsverträgen,
- die Stornierung und Kündigung von Verträgen,
- die Beitrags- oder Prämienfreistellung, z.B. im Falle der Berufsunfähigkeit bei der Lebensversicherung,
- die Entwicklung des Bestandes an Versicherungsverträgen oder durch das Alt- und Neugeschäft,
- die Begebung und den Ablauf von Unternehmensanleihen.

Die meisten Passivrisiken lassen sich in erster Näherung deterministisch beschreiben. Dies gilt für die mit den Prämien verbundenen Rückstellungen und anderen Verbindlichkeiten sowie für den Umfang des Alt- und Neugeschäftes, das durch verschiedene Neugeschäftsszenarien beschrieben wird. Die Schadensfälle treten jedoch stochastisch auf. Die Bindungsdauer der Passiva ist wegen der jeweils vereinbarten Vertragsdauer tendenziell langfristiger als bei den meisten Aktiva. Passiva werden deshalb öfters über deterministische Simulationen prognostiziert bzw. extrapoliert. So wird beispielsweise für Simulationen angenommen, dass die Zahl der Verträge konstant mit 3% p.a. steigt oder die durchschnittlich notwendigen Rückstellungen pro Vertrag mit 5% p.a. anwachsen etc.

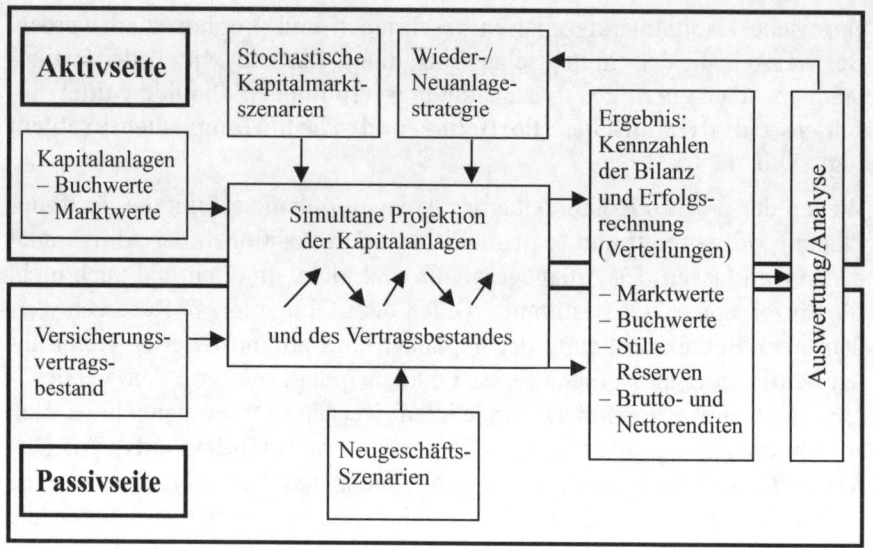

Abb. 6.23. Asset- und Liability-Management (Busson et al. 2000, S. 107)

Das Asset- und Liability-Management versucht, für die Portfolios der Risiken unter den Restriktionen der Bestandsgleichungen und der gesetzlichen Vorschriften entweder schrittweise isoliert oder simultan sinnvolle Lösungen für die jeweiligen Quoten an Risiken zu suchen. Optimale Quoten zwischen den Kategorien der Aktiva und Passiva werden unter vielerlei Restriktionen so bestimmt, dass die Rentabilität des Unternehmens oder der diskontierte Firmenwert einen möglichst hohen Wert erreicht. Es können dabei nicht nur Quoten von verschiedenen Anlagekategorien und Passiva im Sinne eines Risikoausgleichs im Kollektiv optimiert werden, sondern es wird auch versucht, Risiken mit verschiedener Laufzeit auszugleichen und im Sinne eines Risikoausgleichs in der Zeit abzusichern. Vorteilhaft für den Risikoausgleich bei der Diversifizierung ist dabei eine verschwindende oder sogar negative Korrelation zwischen dem Versicherungs- und dem Anlagegeschäft als Ganzes.

Diese negative Korrelation liegt einerseits oft vor; allerdings sind die Risiken der verschiedenen Klassen des Versicherungs- und Anlagegeschäfts andererseits untereinander oft positiv korreliert, was den Risikoausgleich wieder erschwert.

6.4 Übungsaufgaben

Aufgabe 6.4.1: Rückversicherung

Zwei Versicherer A und B haben zwei identische Portfolios mit je 10'000 Policen. Für beide Portfolios sei $\sigma_i \equiv \sigma_j = 400$ (GE) für jedes Einzelrisiko X_i oder X_j. Die Korrelation zwischen den Risiken i und j eines Versicherers, aber auch zwischen Risiken beider Versicherer, sei $r_{ij} = 0.1$. Die Versicherer schliessen einen reziproken Rückversicherungsvertrag ab, der vorsieht, dass A die Hälfte der Prämieneinnahmen von B erhält und dafür auch die Hälfte der anfallenden Schäden von B zu begleichen hat und vice versa.

a) Berechnen Sie die Standardabweichung pro risikotechnischer Einheit eines einzelnen Portfolios.

b) Berechnen Sie die Standardabweichung des Gesamtportfolios eines Versicherers nach der Rückversicherung.

c) Berechnen Sie die Standardabweichung pro risikotechnischer Einheit nach Abschluss der Rückversicherung. Nun sind beide Versicherer gleichzeitig zu berücksichtigen.

d) Nehmen Sie nun an, dass die Prämie pro Police fix 600 (GE) betrage, der erwartete Schaden eines Einzelrisikos 400 (GE) sei und die Versicherer eine Nutzenfunktion haben, die zu einer Bewertung der Risiken mit dem Sicherheitsäquivalent $z_C = (600 - 400) - 2 \cdot \sigma$ führt. Wie hoch ist z_C ohne und mit Rückversicherung pro risikotechnischer Einheit?

e) Bestimmen Sie die 95% Konfidenzintervalle für den erwarteten Überschuss vor und nach Abschluss der Rückversicherung pro risikotechnischer Einheit.

f) Wie gross ist die Ruinwahrscheinlichkeit vor und nach Abschluss der Rückversicherung pro risikotechnischer Einheit, wenn pro Vertrag Rückstellungen von 450 (GE) gebildet werden und von einer Normalverteilung der Schäden ausgegangen werden kann?

Aufgabe 6.4.2: Mergers and Acquisitions

Ein Versicherungsunternehmen A mit 80'000 Einzelrisiken möchte ein anderes Unternehmen B mit 20'000 Risiken übernehmen. Die Risiken zwischen den beiden Firmen sind nicht korreliert, während sie innerhalb einer Firma korreliert sind. Folgende Daten seien gegeben:

Versicherer A: $\mu_A = 1'000$ $\sigma_A = 1'500$ $r_{Aij} = 0.1$
Versicherer B: $\mu_B = 500$ $\sigma_B = 700$ $r_{Bij} = 0.1$

a) Berechnen Sie die Standardabweichung des Gesamtportfolios sowie des Risikos pro risikotechnischer Einheit jeweils für A und B getrennt.

b) Berechnen Sie die entsprechenden Grössen, wenn die Unternehmen A und B fusionieren.

Aufgabe 6.4.3: Value-at-Risk

Vergleichen Sie die Risikocharakteristiken der folgenden drei Firmen A, B und C:

- (A) Fast-Food-Kette: Das Unternehmen besitzt 30 Restaurants, die im Durchschnitt einen Wert von 300'000 (GE) darstellen. Der erwartete Gewinn pro Restaurant und Planperiode beträgt 1'500 (GE), seine Standardabweichung 2'500 (GE). Die Erträge der Restaurants sollen nicht korreliert sein.

- (B) Hersteller von Plastikprodukten:

	Werte (GE)	Erwarteter Gewinn (GE)	Standardabweichung (GE)
Fabrik	5 Mio	30'000	50'000
Lager	2 Mio	10'000	16'667
Distribution	1 Mio	3'000	5'000
Verwaltung	1 Mio	2'000	3'333
Total	9 Mio	45'000	

Die Risiken sind mit $r_{ij} = 0.1$ korreliert.

- (C) Chemische Fertigung: Wert 9 Mio (GE), erwarteter Gewinn pro Planperiode entspricht 0.5% des Wertes von C, Standardabweichung 75'000 (GE).

a) Für welche der drei Firmen würde sich am ehesten eine Versicherung der Risiken anbieten?

b) Geben Sie in allen drei Fällen den Value-at-Risk zum erwarteten Gewinn auf einem Fehlerniveau von 5% an. Legen Sie hierbei jeweils die Normalverteilungsannahme zu Grunde.

Aufgabe 6.4.4:
Produktqualität, Risikonetzwerk mit XOR, OR und AND

Ein Unternehmen führt eine Risikoanalyse durch, mit der die wesentlichen Faktoren für eine mangelnde Produktqualität bestimmt werden sollen.

Mangelnde Produktqualität liegt dann vor, wenn eine oder mehrere der folgenden Ursachen (mit ihren Wahrscheinlichkeiten) identifiziert werden:

- mangelnde Haltbarkeit $\qquad$ $p_H = 0.5$
- fehlende Normgerechtigkeit $\qquad$ $p_N = 0.2$
- keine Zuverlässigkeit $\qquad$ $p_Z = 0.3$

Zudem gelte: $p(H \cap N) \equiv p(H \cap Z) = 0.2$, $p(N \cap Z) = 0.1$, $p(H \cap N \cap Z) = 0.1$.

a) Wie gross ist die Wahrscheinlichkeit dafür, dass mindestens einer der drei Mängel eintritt?

Die Mängel sind folgendermassen begründet:

- Falls *mangelnde Haltbarkeit* vorliegt, kann dies alternativ am Abrieb ($p_{AB} = 0.2$), an Bruchschäden ($p_B = 0.5$) oder an einer Verformung des Produktes ($p = 0.3$) liegen. Abrieb liegt vor, wenn entweder der Boden des Produktes ($p_B = 0.3$) oder der Aufbau ($p_{AU} = 0.7$) des Produktes Abrieb zeigt oder beides eintritt. Es sei $p(B \cap AU) = 0.21$. Falls der Boden Abrieb zeigt, liegt dies alternativ entweder an der Verwendung zu weichen Materials ($p_M = 0.5$) oder an mangelnder Schmierung beim Gebrauch des Produktes ($p_S = 0.5$).

- Falls *keine Normgerechtigkeit* vorliegt, kann dies alternativ aus einer Längenabweichung ($p = 0.3$) oder einer Breitenabweichung ($p = 0.7$) resultieren. Eine Längenabweichung liegt vor, falls eine oder mehrere der folgenden Abweichungen an folgenden Stellen bemerkt werden: Boden ($p_B = 0.5$), Aufbau ($p_{AU} = 0.5$). Es sei hierbei $p(B \cap AU) = 0.25$.

- Falls *keine Produktzuverlässigkeit* festgestellt wird, liegt dies am gleichzeitigen Auftreten von zuviel Reparaturen ($p = 1$) und zu hohem Energieverbrauch ($p = 1$). Reparaturen ergeben sich alternativ am Antrieb ($p = 0.5$), dem Chassis ($p = 0.3$) oder den Einzelteilen ($p = 0.2$) des Produktes.

b) Zeichnen Sie ein Risikonetzwerk zur Beschreibung der obigen Situation.

Aufgabe 6.4.5: Selbstbehalt, Factoring oder Pooling

Das Unternehmen ALFA hat für seine Produkte und Dienstleistungen 10'000 Rechnungen in Höhe von insgesamt 8 Mio (GE) p.a. verschickt. Das Unternehmen erwartet auf Grund früherer Erfahrungen, dass nur 70% seiner Forderungen bezahlt werden. Unternehmen ALFA möchte etwas gegen dieses hohe Delkredererisiko unternehmen. Da die Bonität der Kunden relativ schlecht ist, zieht ALPHA ein Factoring in Betracht. Hier könnten die Forderungen verkauft werden. Die Factoringgesellschaft verlangt für Factoring- und Delkrederegebühren 35% der Gesamtsumme.

Gleichzeitig überlegt sich ALFA aber auch ein Pooling der Risiken mit dem Unternehmen BETA. BETA verschickt 30'000 Rechnungen über insgesamt 24 Mio (GE) p.a. Von seinen Forderungen werden ebenfalls nur 70% bezahlt. Sowohl die Risiken innerhalb einer der Firmen ALPHA oder BETA als auch zwischen den beiden Unternehmen sind leicht positiv korreliert. Die Korrelation zwischen den Risiken von A und B beträgt $r_{ABij} = 0.1$.

Folgende Daten sind pro Rechnung gegeben:

- ALFA: $\mu_A = 800$ $\sigma_A = 600$ $r_{Aij} = 0.1$
- BETA: $\mu_B = 800$ $\sigma_B = 400$ $r_{Bij} = 0.1$

Unternehmen ALFA überlegt nun, ob es seine Forderungen einem Factor verkaufen, ob es ein Pooling mit BETA eingehen oder ob es seine Risiken selber tragen soll. Beraten Sie ALFA in dieser Frage.

Aufgabe 6.4.6: Rückversicherung

Ein Erstversicherer hat ein Portfolio von Risiken, die er entweder selber trägt oder rückversichert. Die nachfolgende Tabelle gibt die Risiken mit ihren geschätzten Eintrittswahrscheinlichkeiten an. Die angegebenen Gewinne bzw. Verluste ΣX_{ij} (GE), $i = (1,n)$ ergeben sich nach Zuschlägen und Prämieneinnahmen pro Planperiode j, aber vor einer etwaigen Rückversicherung.

	Bruttoergebnisse vor Rückversicherung		*Erstattungsbeträge der Rückversicherung*
Zustand j	*Wahrscheinlichkeit* p_j	*Ergebnis* ΣX_{ij}, $i = (1,n)$	*Erstattung* ΣY_{ij}, $i = (1,n)$
1	0.02	+100	0
2	0.05	+ 60	0
3	0.10	+ 50	0
4	0.50	+ 40	0
5	0.10	+ 10	0
6	0.08	− 30	10
7	0.06	− 50	30
8	0.04	− 60	40
9	0.04	− 70	50
10	0.01	−150	130

a) Berechnen Sie den Erwartungswert, die Varianz und die Schiefe der diskreten Bruttoergebnisse vor Rückversicherung (ΣX_{ij}). Erstellen Sie ein Histogramm der Bruttoergebnisse.

b) Berechnen Sie die gleichen Parameter, wenn eine proportionale Rückversicherung abgeschlossen wird, die vorsieht, dass der Rückversicherer mit einer Quote von 30% an den Risiken und den Prämieneinnahmen beteiligt ist. Zusätzlich erhält der Rückversicherer eine Prämie von 4% des von ihm übernommenen Risikos. Erstellen Sie auch hier das entsprechende Histogramm.

c) Berechnen Sie nun die gleichen Grössen, wenn eine nicht-proportionale Rückversicherung abgeschlossen wird, die Folgendes vorsieht: Der Rückversicherer erhält eine fixe Prämie von 5 (GE). Dafür vergütet er die in obiger Tabelle enthaltenen Entschädigungen ΣY_{ij} (GE) pro Planperiode (z.B. Jahresüberschaden). Erstellen Sie das entsprechende Histogramm.

d) Welche Entscheidung sollte der Erstversicherer treffen?

Aufgabe 6.4.7:
Bruttoprämien, Risikoreserve und Ruinwahrscheinlichkeit

In nachfolgender Tabelle ist die diskrete Gesamtrisikodichte eines Unternehmens pro Planperiode beschrieben. Gehen Sie davon aus, dass das Portfolio zwölf unkorrelierte Risiken enthält und dass auf die Nettorisikoprämie ein Sicherheitszuschlag von entweder $\lambda_1 = 0.3$ (Modell 1: erweitertes Mittelwertprinzip), $\lambda_2 = 0.01$ (Modell 2: Varianzprinzip) oder $\lambda_3 = 0.1$ (Modell 3: Prinzip Standardabweichung) berechnet wird. Der Betriebskostenaufschlag betrage eine GE pro Risiko und für den Gewinnaufschlag werden zehn Prozent der Bruttorisikoprämie angesetzt.

	Nettowerte vor Aufschlägen	
Zustand	*Wahrscheinlichkeit*	*Ergebnis* ΣX_{ij} (GE),
j	p_j	i = (1,n)
1	0.02	+100
2	0.05	+ 60
3	0.10	+ 50
4	0.50	+ 40
5	0.10	+ 10
6	0.08	− 30
7	0.06	− 50
8	0.04	− 60
9	0.04	− 70
10	0.01	−150

a) Berechnen Sie die erforderliche Bruttoprämie pro risikotechnischer Einheit unter den drei Modellannahmen.

b) Das Unternehmen hat für die zwölf Risiken eine Rückstellung von 60
(GE) gebildet. Wie gross ist die Verlustwahrscheinlichkeit (Ruinwahrscheinlichkeit) pro Planperiode ohne und mit Rückstellung.?

Aufgabe 6.4.8: Prognoserisiko Derivate, Analyse GOAL
(Geld-Oder-Aktie Lieferung)

Ein bekanntes Schweizer Bankunternehmen bietet Ihnen eine Geldanlage
in sogenannte GOALS an. Dies bedeutet, dass Sie ein täglich an der Börse
notiertes Derivat auf das amerikanische Unternehmen C (Hard- und Software für Netzwerke/Internet) mit folgenden Eigenschaften erwerben können:

- Sie erhalten in jedem Fall 14% p.a. Zinsen auf Ihre Einlage bis zum
  Verfall des Derivats.

- Falls der Kurs von C über 110 (GE) steigt, erhalten Sie bei Verfall des
  Derivats nur 110 (GE) pro Anteil zurück (Strike).

- Unter einem Kurs von 110 (GE) erhalten Sie bei Verfall des Derivats
  eine Aktie von C.

- Die GOAL verfällt in 24 Monaten. Der heutige Kurswert der Aktie von
  C beträgt 102 (GE), ein GOAL-Anteil wird heute für 100 (GE) verkauft. Bei Transaktionen fallen jeweils Kaufspesen oder Verkaufsspe-
  sen von einem Prozent des investierten Betrages an. Bei Verfall des
  GOAL müssen keine extra Gebühren entrichtet werden. Zwar bildet
  sich der Kurs des GOAL am Kapitalmarkt. Nehmen Sie aber der Ein-
  fachheit halber an, dass er sich aus dem Aktienkurs von C nach einer
  festen Relation ermittelt.

Die Kurse von C haben sich in den letzten 30 Monaten wie folgt entwickelt:

Monat	Kurs C	Monat	Kurs C	Monat	KursC
1	20	11	22	21	65
2	23	12	20	22	83
3	16	13	27	23	85
4	20	14	38	24	75
5	26	15	36	25	70
6	22	16	45	26	85
7	18	17	60	27	97
8	24	18	55	28	87
9	27	19	70	29	94
10	27	20	80	30	102

a) Analysieren Sie die Kursentwicklung von C. Überlegen Sie, wie Sie zu sinnvollen Extrapolationen oder Prognosen kommen können.

b) Nehmen Sie nun an, dass heute, nach 30 Monaten, folgende Prognosen gegeben sind:

Monat	p_1	K_1	p_2	K_2	p_3	K_3	p_4	K_4	p_5	K_5
42	0.05	60	0.15	80	0.60	110	0.15	115	0.05	120
54	0.20	50	0.20	90	0.40	110	0.10	115	0.10	130

K_i: i-ter Kurswert von Aktie C
p_i: Wahrscheinlichkeiten dafür, dass der Kurs K_i eintritt

Analysieren Sie die Anlageentscheidung zwischen reiner Aktieanlage und Anlage in GOALS nach einem Jahr (= 42 Monate) und nach zwei Jahren (= 54 Monate) mit Hilfe von Erwartungswert und Varianz der Gewinnverteilung. Welche Investition würden Sie warum vorziehen?

Aufgabe 6.4.9: Verteilung und Franchisen

Eine Versicherung geht von folgenden Gesamtschäden und Schätzwerte p_j für ihre Eintretenswahrscheinlichkeiten aus:

Gesamtschaden (GE)	Wahrscheinlichkeit p_j
80	0.25
100	0.45
120	0.15
140	0.10
160	0.05

a) Berechnen Sie die Parameter der Verteilung und berechnen Sie die Bruttorisikoprämie unter der Annahme, dass 16 Risiken nach dem Prinzip der Standardabweichung mit $\lambda_{3i} = 2$ versichert werden sollen. Bestimmen Sie zudem die erforderliche Bruttoprämie unter der Annahme, dass der Aufschlag für Verwaltungskosten und Gewinne 25% der Bruttorisikoprämie betragen.

b) Berechnen Sie die Verteilung der Entschädigungen und die erforderlichen Prämien, wenn

- eine Abzugsfranchise von 81 (GE)
- eine Selbstbeteiligungsfranchise von 10%
- eine Integralfranchise von 101 (GE)

vereinbart wird. Verwenden Sie die Vorgaben aus a).

Aufgabe 6.4.10: Captives

Die Long Tradition AG hat, solange man sich zurück erinnern kann, ihre Vermögens- und Haftpflichtrisiken immer versichert (vgl. Doherty 1985, S. 453-457). Der neue Risikomanager Herr Forward möchte angesichts der hohen Versicherungskosten von Mio 5.5 (GE) p.a. bei einer durchschnittlichen Schadenssumme von Mio 4 (GE) p.a. untersuchen, ob es Vorteile für die Long Tradition AG hat, wenn auf einer der englischen Kanalinseln eine Captive-Gesellschaft als Erstversicherer gegründet würde. Alternativen sind die bisherige Versicherungslösung und die Selbstversicherung.

Herr Forward nimmt an, dass die erwartete Schadenssumme eines Jahres von Mio 4 (GE) über drei Jahre verteilt geltend gemacht und geregelt wird: Im ersten Jahr Mio 1 (GE), im zweiten Jahr Mio 2 (GE) und im dritten Jahr Mio 1 (GE). Für die noch nicht abgewickelten Beträge müssten bei der neuen Captive jeweils Rückstellungen gebildet werden. Forward unterstellt, dass die Captive jederzeit zahlungsfähig sein muss, um der Muttergesellschaft anfallende Schäden nach dem vorher beschriebenen Zahlungsrhythmus zu ersetzen.

Herr Forward überlegt sich als Nächstes, welche Prämien die Captive von der Muttergesellschaft verlangen sollte: Er meint, dass eine Prämie von Mio 4 (GE) p.a. reichen sollte. Dabei geht er davon aus, dass die Prämien zu Jahresbeginn gezahlt werden und Entschädigungen zum Jahresende bezahlt werden. Für die Captive fallen Gründungskosten von 50 (TGE) im ersten Jahr an. Als Gründungshilfe soll die Muttergesellschaft zu Beginn des ersten Jahres Mio 2.5 (GE) in die Captive einzahlen. Daneben rechnet er für die Captive mit Verwaltungskosten von 500 (TGE) p.a. Zudem rechnet er bei allen seinen Überlegungen damit, dass die Captive notwendigerweise eine Verzinsung von 12% des eingesetzten Kapitals erreichen muss. Ein- und Auszahlungen werden mit entweder 5% (Zinssatz ohne Risiko) oder 8% (Zinssatz mit Risiko) p.a. diskontiert. Forward geht ferner davon aus, dass Erträge der Captive mit 25% Unternehmenssteuern und 1% Versicherungssteuer auf die Prämien belegt werden. Die von der Muttergesellschaft an die Captive bezahlten Prämien sollten bei der Muttergesellschaft steuerlich voll absetzbar sein. Allerdings müssen auch die Auswirkungen geprüft werden, wenn dies von den Steuerbehörden nicht akzeptiert wird. Diese Lösung würde der Eigenversicherung entsprechen. Die Muttergesellschaft zahlt Unternehmenssteuern von 46% der Erträge.

Herr Forward nimmt an, dass eine Captive-Lösung mindestens vier Jahre beibehalten werden müsste. Danach könnte eine Einstellung oder Fortsetzung überlegt werden. In jedem Fall muss zu Vergleichszwecken der Restwert der Captive zu Beginn von Jahr sieben unter der Annahme bestimmt werden, dass Prämien von der Muttergesellschaft nur vier Jahre bezahlt, aber auch die Schäden des vierten Jahres noch von der Captive (in den Jahren vier bis sechs) reguliert werden müssen.

a) Bestimmen Sie die Verteilung der Entschädigungszahlungen und die notwendige Bildung von Rückstellungen bei der Captive sowie die Versicherungseinkünfte der Captive vor Steuern aber nach Gründungs- und Verwaltungskosten sowie Rückstellungen.

b) Bestimmen Sie den Cash Flow (Zahlungen) nach Steuern bei der Captive bezogen auf den Jahresanfang.

c) Berechnen Sie den Barwert des Cash Flows für

- die reine Versicherungslösung,
- die Captive Lösung mit Steuerersparnis auf die Prämie sowie
- die Selbstversicherung (Captive ohne steuerliche Anerkennung der Prämie, aber des Schadensbetrags)

aus Sicht der Long Tradition AG. Welche Lösung sollte Forward vorschlagen?

7 Risikocontrolling

Controlling ist der letzte Schritt im Prozess des Risikomanagements (vgl. Abb. 2.5.). Über parallel ausgeführte Controlling-Aktivitäten werden die anderen Schritte oder Sub-Prozesse dieses Geschäftsprozesses koordiniert und überwacht. In Abb. 7.1. wird durch beidseits gerichtete Pfeile dargestellt, dass die Schritte oder Sub-Geschäftsprozesse des Risikomanagements Rückkopplungen untereinander und mit den Controlling-Tätigkeiten besitzen; z. B. müssen bestimmte Schritte des Risikomanagements wiederholt werden, wenn sie den Qualitätsanforderungen des Controllings nicht genügen oder wenn neuen Erkenntnissen Rechnung getragen werden muss.

Das Risiko-Controlling hat im Wesentlichen zwei Hauptaufgaben:

- Die aktuelle Überwachung und Kontrolle der erkannten Unternehmensrisiken.
- Die Kontrolle und Anpassung des Prozesses des Risikomanagements.

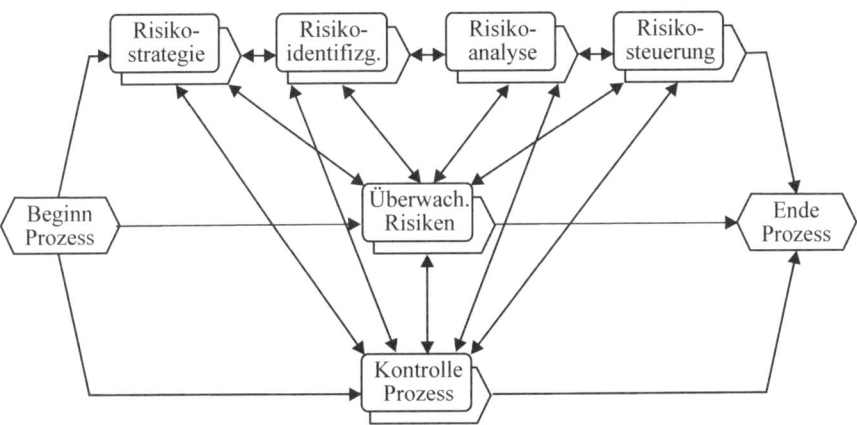

Abb. 7.1. Geschäftsprozess Risikomanagement

Wenn gleich die Notwendigkeit des Controllings von niemandem bestritten wird und Controlling-Aktivitäten nach allgemeiner Einschätzung zum Erhalt und zur Mehrung des Unternehmenswertes beitragen, gibt es dabei eine Reihe prinzipieller Probleme: Zunächst ist die **Erfolgsmessung** des Risikomanagements und insbesondere des Controllings **sehr schwierig**. Diese Schwierigkeit ist sowohl methodologisch und statistisch als auch personell begründet. Bei einem wertorientierten Risikocontrolling werden beispielsweise die Auswirkungen von Planabweichungen bei verschiedenen Risiken auf den Unternehmenswert geprüft. Die meist kurzfristige Orientierung der Berichterstattung lässt jedoch häufig keine saubere Trennung der Auswirkungen von statistischen Zufallseffekten, von falschen Einschätzungen einer Risikosituation und ihrer kausalen Entstehung und den Auswirkungen von Management-Entscheidungen zu. Damit ist der Leistungs- und Erfolgsmassstab des Risikomanagements oft *unscharf* bzw. *nicht genau definierbar.*

Nehmen wir in einer Risikosituation beispielsweise an, dass die Wahrscheinlichkeit für eine negative Planabweichung 30% pro Periode sei. Falls die Risiken zufällig eintreffen und nicht autokorreliert sind, ist eine negative Planabweichung im Einzelfall über drei Perioden immer noch mit rund $0.3^3 \approx 3\%$ möglich. Falls die Planabweichungen Abw_t aber z.B. mit

$$Abw_t = 0.7 \cdot Abw_{t-1}$$

positiv autokorreliert sind – und dies ist etwa bei den mit Investitionsprojekten verbundenen Cash-Flows generell der Fall – dann folgt, dass über drei Perioden immer noch mit $0.3 \cdot 0.7^2 \approx 15\%$ Wahrscheinlichkeit negative Planabweichungen erwartet werden dürfen. Damit besteht also eine recht hohe Wahrscheinlichkeit dafür, dass beim Risikocontrolling einerseits *„unschuldige"* Entscheidende für Planabweichungen gemassregelt werden, die rein zufällig sind, andererseits aber auch Hasardeure nach dem Motto *„das Glück des Tüchtigen"* belobigt werden.

Ein gründliches Risikobenchmarking über längere Perioden ist in der Regel nicht möglich, weil sich die Unternehmensumwelt und die am Risikomanagement-Prozess beteiligten Personen schnell ändern.

Eine zweite prinzipielle Schwierigkeit des Risikocontrollings resultiert aus der **unterschiedlichen Risikotoleranz** der am Prozess beteiligten Personen. Obwohl ein Unternehmen einen formalisierten Prozess des Risikomanagements haben mag, werden strategische Entscheidungen vielfach bei Ungewissheit, Unschärfe oder in Spielsituationen gefällt. Dabei spielt die Risikoneigung der am Entscheidungsprozess Beteiligten eine grosse Rolle.

Es kann Jahre dauern, bis der Erfolg eines Projektes oder einer Entwicklung letztendlich beurteilt werden kann. Unter diesen Umständen gelingt es Managern mit Charisma, Visionen und Überzeugungskraft häufig, eine Gruppe von eher risikoscheuen Kollegen und Aufsichtsgremien für grössere

Aktionen zu begeistern, die dann in grossen Erfolgen oder Misserfolgen resultieren können. Deswegen nun generell *High-Performern* oder *Stars* zu misstrauen, ist sicher übertrieben. Doch bleibt ungelöst, wie solche Personen geführt werden sollen und wie ihre Performance über längere Zeit objektiv gemessen werden kann. Zimmermann (2002, S. 14-15) nennt dieses Problem *„die unzureichende und vor allem nicht innerhalb einer nützlichen Frist feststellbare Unterscheidung von Glück und Können."*

Von diesen unbestreitbaren Schwierigkeiten abgesehen, ist sich die Praxis über den zweckmässigen Inhalt und den Ablauf des Risiko-Controlling allerdings weitgehend einig.

7.1 Überwachung und Kontrolle der Risiken

Bei den regelmässig auszuführenden Überwachungstätigkeiten wird zwischen dem **technischen** und dem **kaufmännischen Controlling** unterschieden. Im Sinne der Balanced Scorecard beschäftigt sich das technische Controlling eher mit Personen, Mengen, Marktanteilen u. Ä. aus den Perspektiven Personal, Geschäftsprozesse und Kundenprozesse. Das kaufmännische Controlling prüft mehr die finanziellen Auswirkungen (vgl. Kaplan u. Norton 2004, S. 8-13) dieser Perspektiven. Entsprechend dem Prozess des Risikomanagements beinhalten beide Typen von Controlling:

- die Kontrolle der Risikoinformationen auf Relevanz:
  - Messen die Daten das, was beabsichtigt und benötigt wurde?
  - Sind die Daten genau, vollständig und aktuell?

- die Kontrolle der bei der Risikoidentifikation und -analyse unterstellten Ursache- und Wirkungsbeziehungen:
  - Stimmt die Klassifikation der angenommenen Entscheidungssituationen?
  - Stimmen die angenommenen Korrelationsstrukturen zwischen den Einzelrisiken?
  - Funktioniert die geplante Risikodiversifikation oder ist es zu Klumpeneffekten gekommen?
  - Welches sind die Gründe für wesentliche Abweichungen bei den Einzel- und Gruppenrisiken?
  - Welche Anpassungen des Risikoportfolios sind notwendig?

- den Soll/Ist-Vergleich der erfassten und analysierten Ist-Risiken mit ihren geplanten Zielgrössen nach Höhe, Frequenz und Auswirkung auf das Unternehmen:

- Welche der geplanten Risken entfallen (ungeplant), welche Risiken sind ungeplant neu hinzugekommen?
- Wie werden Abweichungen der Ist- und Planportfolios der Risiken grafisch dargestellt?
- Wie erfolgt die Kontrolle und Anpassung der Risikomodelle und der Risikoverteilungen auf der Basis neuer Informationen?

- die Prüfung, ob Zielvorgaben und definierte Risikolimiten eingehalten wurden:

  In welchen Abteilungen, Geschäftsfeldern und bei welchen verantwortlichen Personen kam es zu Abweichungen von den Vorgaben bzw. den definierten Verantwortlichkeiten?

- die Überwachung der Massnahmen der Risikosteuerung:

  Wurden die im Managementprozess beschlossenen Risikomassnahmen durchgeführt und hatten sie den gewünschten Effekt?

- die regelmässige und ad hoc-Beobachtung der Risiken und das Reporting an die Unternehmensleitung:

  Haben die Organe des Unternehmens pünktlich vollständige und aussagefähige Risikoberichte erhalten?

  Haben die Gremien zweckmässig reagiert?

7.2 Controlling des Risikomanagementprozesses

Die Bedeutung der Risikokultur eines Unternehmens auf die Resultate des Risikomanagements darf nicht unterschätzt werden. Die Risikokultur kann z. B. über Befragungen eruiert und dann gezielt beeinflusst werden (vgl. Kaplan u. Norton 2004, S. 260-263). Sie schafft die Voraussetzung für das Funktionieren des Prozesses, die richtige Top-Management-Unterstützung, den Status und das Ansehen einer internen und externen Revision. Voraussetzung dafür ist ein von der Unternehmensleitung verabschiedetes und propagiertes **Policy Document** (Clarke u. Varma 1999, S. 417) bzw. ein **Risk Management Charter** als Teil der Risikostrategie.

Im Policy Document wird eine offene Risikokommunikation nach innen und aussen festgelegt, die z. B. auch Auswirkungen auf den Geschäftsbericht des Unternehmens und die Kommunikation mit den externen Abschlussprüfern hat. Aus dem Policy Document wird eine Anleitung oder ein Handbuch mit der Beschreibung der Risikogrundsätze und des Prozesses des Risikomanagements abgeleitet. Das Risikomanagement wird über ein geplantes Projekt eingeführt bzw. den Erfordernissen angepasst (vgl. Elfgen 2002, S. 313-330).

Im Risiko-Handbuch ist auch das im Rahmen des Prozesses zu handhabende Meldesystem sowie die Stellung der in der Organisation als unabhängige Kontrollinstanz fungierenden Spezialisten und die Schulung der mit dem Risikomanagement befassten Mitarbeiter beschrieben.

Bei der organisatorischen Gestaltung des Risikomanagements sind verschiedene Lösungen denkbar. Häufig ist das Risikomanagement dem Finanzbereich zugeordnet.

Dabei kann mit

- serviceorientierten Zentralstellen,
- fallweise eingesetzten Arbeits- oder Projektgruppen,
- dezentralen Fachabteilungen oder
- mit einem weitgehend fremd vergebenen Risikomanagement

gearbeitet werden.

Die **unternehmensinterne und unternehmensexterne Risikorevision** sieht Überwachungsmassnahmen durch Personen vor, die nicht in den Arbeitsablauf des Risikomanagements einbezogen sind und auch keine Verantwortung für die Ergebnisse haben (vgl. Kromschröder u. Lück 2002, S. 232-237). Dies ist eine organisatorische Sicherungsmassnahme zur Überwachung der Funktionsweise des Risikomanagements und -prozesses.

Prüfungsaspekte der Revision sind insbesondere (vgl. Keitsch 2000, S. 75-81; Kromschröder u. Lück 2002, S. 225):

1. die Überprüfung der bekannten Risiken und deren Steuerung;
   - Gibt es ein aktuelles innerbetriebliches und ausserbetriebliches Berichtswesen über die Risiken?

2. die ordnungsgemässe Handhabung des Management-Prozesses;
   - Werden Limitsysteme und Absicherungsstrategien benutzt?

3. die mit dem Prozess gewährleistete Sicherheit;
   - Sind die Kompetenzgrenzen zwischen den Personen und Organisationseinheiten intern/extern sauber definiert und werden sie auch eingehalten?

4. die Wirtschaftlichkeit des Prozesses;
   - Verursacht der Prozess zu hohe Kosten und führt er zur Bürokratisierung?

5. die mit dem Prozess besser ermöglichte Zukunftssicherung des Unternehmens;

6. die Zweckmässigkeit der Prozessschritte und ihrer Abstimmung;

7. die Befugnisse der beteiligten Personen und Organisationseinheiten;

   – Sind Management und Aufsichtsorgane voll in das Risikoberichtswesen eingebunden?

   – Gibt es Unklarheiten über Aufgabenstellungen, Inhalte und Ziele des Risikomanagements?

Das Risikocontrolling soll dabei helfen, die **Schwachstellen des Prozesses** aufzudecken. Dazu müssen die Schritte des entsprechenden Geschäftsprozesses (GP) beschrieben und dokumentiert sein (vgl. auch Brühwiler 2003, S. 315-327; Brabänder et al. 2003, S. 329-353; Rosenkranz 2002, S. 42; Scheer 1990; Staud 2001).

Während das Risikomanagement für die meisten Unternehmen eher ein unterstützender Geschäftsprozess ist, entspricht es bei den Banken und Versicherungen dem eigentlichen Prozess der Leistungserstellung dieser Unternehmen und damit einem zentralen Kernprozess (vgl. Kaplan u. Norton 2004, S. 66-69).

Nach der vielfach benutzten Terminologie der Prozessketten oder der **Prozessgraphen** besteht ein Geschäftsprozess aus **Aktivitäten**, Arbeiten oder Tätigkeiten sowie **Ereignissen, logischen Bedingungen** (XOR, OR, AND) und **Kontrollflüssen**, die die Abfolge- und Anordnungsbeziehungen zwischen diesen generischen Elementen steuern. Über die sequentielle oder parallele Ausführung von Aktivitäten werden betriebliche Leistungen, also Produkte und Dienstleistungen, erstellt.

Tabelle 7.1. enthält eine kurze Zusammenstellung der grafischen Darstellungselemente von GP.

In Abb. 7.2. sind die Elemente an einem Beispiel im Zusammenhang dargestellt. Im Prinzip besteht ein Prozessgraph oder eine Prozesskette aus einer grösseren Menge von Ereignissen, Aktivitäten, logischen Konnektoren sowie Organisationseinheiten mit organisatorischen Zuordnungen und Ressourcen mit Zuordnungsflüssen. Der Prozessgraph beschreibt sowohl die Struktur als auch den Ablauf des Prozesses.

Abbildung 7.3. veranschaulicht die Managementschritte der Risikoidentifikation, der Risikoanalyse und -bewertung an einem kleinen Beispiel, während die anderen Schritte des Prozesses nur aggregiert über Sub-Geschäftsprozesse oder durch Prozesswegweiser dargestellt sind.

Zur Vereinfachung enthält Abb. 7.3. weder Darstellungselemente für Organsationseinheiten und Zuordnungen noch für Produktionsfaktoren und deren Zuordnungsflüsse zu den Aktivitäten des Management-Prozesses.

Tabelle 7.1. Symbole für Geschäftsprozesse

Identifikation der Risiken	Prozesswegweiser / Sub-GP ersetzen ganze Gruppen von Ereignissen und Aktivitäten (vgl. Abb. 7.1.).
Beginn Identifikation	Ereignisse sind Zeitpunkte, zu denen im Prozess gewisse Resultate erreicht werden. Jeder Prozess beginnt mit seinem Anfangsereignis und endet mit seinem Endereignis.
Daten-beschaffung	Aktivitäten sind Arbeiten, Tätigkeiten oder Verrichtungen. Sie haben eine Dauer und benötigen Produktionsfaktoren und verursachen Kosten.
⊖	Logische Bedingungen, wie das AND, OR und XOR, regeln die Reihenfolge- und Parallelitätsbeziehungen zwischen den Aktivitäten und Ereignissen.
Divisions-planung	Organisationseinheit, unter deren Verantwortung eine Aktivität ausgeführt wird. Ungerichtete Zuordnung zu den Aktivitäten.
Liste riskanter Projekte	Informationsobjekte, Produktionsfaktoren, Ressoucen, die zur Ausführung einer Aktivität benötigt werden. Gerichteter Zuordnungsfluss/Informationsfluss zu den Aktivitäten.
	Ein gerichteter Pfeil entspricht dem gerichteten Kontrollfluss. Er legt die Abfolge von Teilprozessen, Ereignissen und Aktivitäten fest.

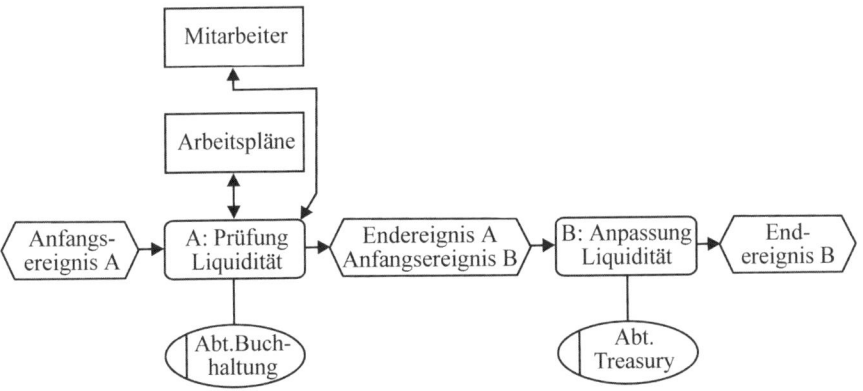

Abb. 7.2. Darstellungselemente einer Prozesskette

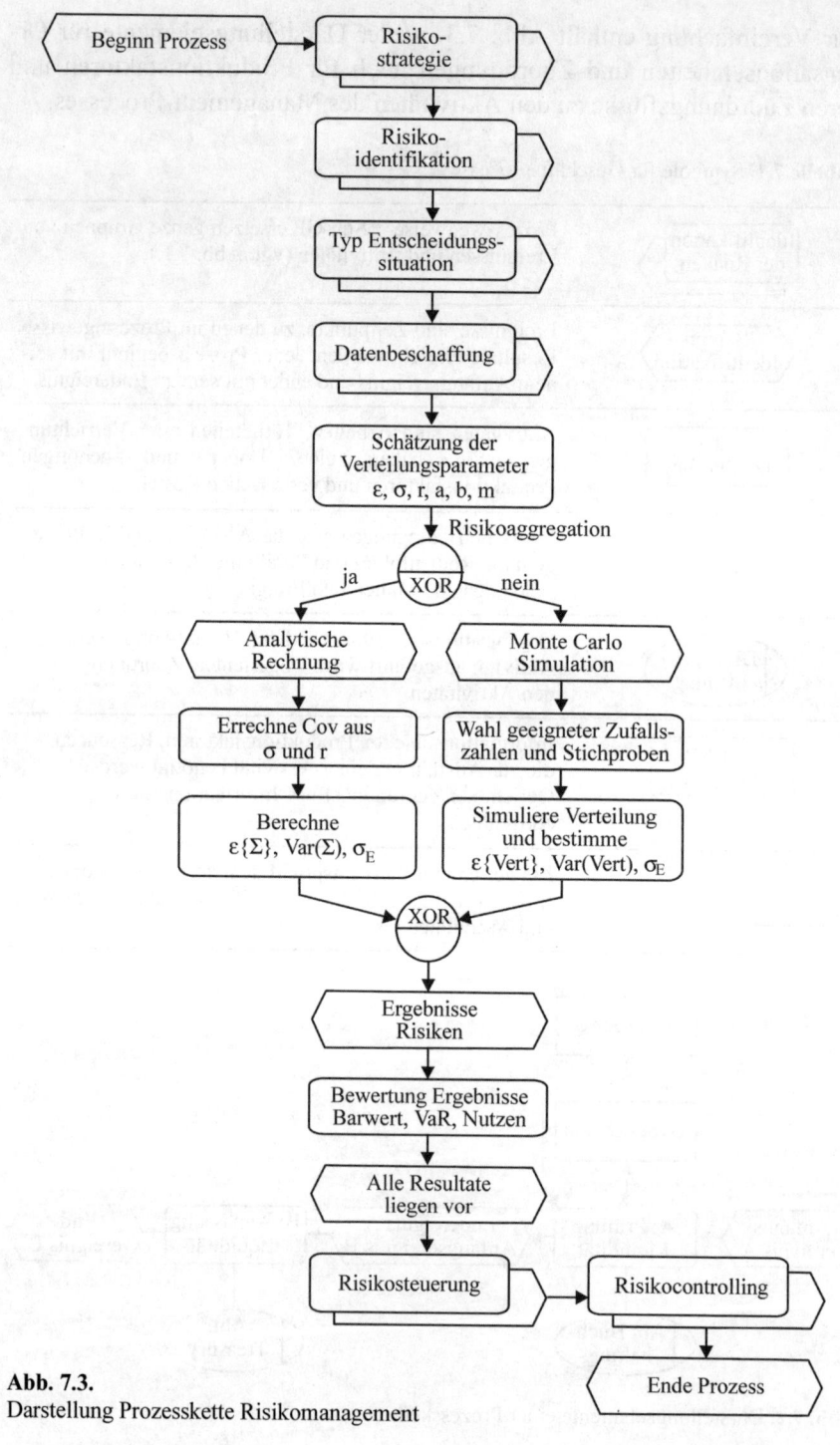

Abb. 7.3.
Darstellung Prozesskette Risikomanagement

Die Praxis kennt viele andere Möglichkeiten der computergestützten Erstellung, Darstellung, Dokumentation und Analyse von GP.

Wichtig für das Risikomanagement ist dabei, dass

- der Prozess grafisch und datenmässig erfasst und dokumentiert wird,

- sich Schnittstellenprobleme und Doppelspurigkeiten zwischen den einzelnen Schritten und die Entstehung von Fehlern im Prozess nachvollziehen und erkennen lassen,

- sich Effizienzmasse des Prozesses wie Durchlaufzeiten, Fehlerraten und Prozesskosten für die Behandlung von Einzelrisiken quantifizieren lassen,

- sich schliesslich **kollaborative Geschäftsprozesse** darstellen und dokumentieren lassen, wenn verschiedene Partner – wie Abschlussprüfer, Banken und Versicherungen, Lieferanten und Kunden – beim Risikomanagement eines Unternehmens netzwerkartig zusammenarbeiten.

8 Lösungen der Übungsaufgaben

8.1 Lösungen zu Kapitel 1

Lösung zu Aufgabe 1.6.1: Klassifikation von Risiken

Die Aufgabe lässt verschiedene Lösungen zu.

Ein Beispiel:

Branche→ Risiken ↓	Maschinenbau	Softwarehaus	Bank
kurzfristig/ operativ	Wechselkurs- schwankungen Auslandslieferungen	Ausfall Haupt- programmierer bei der Softwareentwicklung	Kurzfristige Schwankungen der Aktienkurse
langfristig /strategisch	Zunehmender Einfluss der Mikroelektronik	Software-Plattform für zukünftige Ent- wicklungen	Konjunkturentwick- lung in der Schweiz, Europa oder weltweit
finanziell	Forderungsausfall	Ungeplante Ver- längerung der Entwicklungszeit	Verluste im Options- geschäft
leistungs- wirtschaftlich	Ausfall einer Pro- duktionsmaschine	Unfähigkeit, Lösungs- algorithmus software- technisch umzusetzen	Anwendung eines ineffizienten Ratingsystems
extern	Firmenzusammen- schluss zweier grosser Konkurrenzunter- nehmen	Abwerbung des Chef- programmierers durch die Konkurrenz	Beschränkung Bank- geheimnis durch die Legislative
intern	Fehlen von qualifizier- ten Ingenieuren in der Belegschaft	Schnittstellenproblme bei Softwaremodulen	Ausfall der Internet- verbindungen beim Online-Banking
planbar/ autonom	Abfertigung eines Grossauftrages	Personalaufwand abgegrenztes Software- projekt	Leistungsumfang der Bank (All-Finanz)
nicht planbar/ aufgezwungen	Brand der Montage- halle	Festplattencrash	Auswirkungen Terroranschläge

Lösung zu Aufgabe 1.6.2: Chancen und Risiken

Die Aufgabe lässt verschiedene Lösungen zu.

Ein Beispiel:

	Risiken	*Chancen*
Demographische Entwicklung der Bevölkerung	Umsatzrückgang auf Grund der sinkenden Bevölkerungszahl	Gezielter Aufbau eines Seniorenmarktes
Veränderte Arbeitszeiten	Verkürzte Arbeitszeiten führen zu erhöhten Stückkosten	Verlängerte Arbeitszeiten führen zu weniger Freizeit. Gezielter Ausbau berufsbegleitender Märkte
Qualitätsbewusstsein der Verbraucher	Sortiment veraltet. Es wird bessere Qualität für den gleichen Preis gefordert	Kreation einer eigenen Marke, die den Ansprüchen der Kunden gerecht wird
Verbreitung des Internets	Erhöhte Transparenz für die Verbraucher	Internethandel als zusätzlicher Vertriebsweg
Veränderte Ladenschlussgesetze	Erhöhte Personalkosten ohne Umsatzsteigerung	Flexiblerer Personaleinsatz für neues Kundensegment
Arbeitslosigkeit	Absinken der Kaufkraft der Bevölkerung	Einstellgehälter von qualifizierterem Personal sinken
Konjunkturelle Entwicklung	Kaufzurückhaltung bei schlechter Konjunkturlage	Chance auf Marktbereinigung
Währungsumstellung auf den EURO	Direkter Preisvergleich in ganz Europa	Keine Wechselkursschwankungen mehr innerhalb Europas

8.2 Lösungen zu Kapitel 2

Lösung zu Aufgabe 2.5.1: Klassifikation von Risiken

Begründen Sie ihre Antworten nach den Definitionen von Kapitel 2.2. Bei einigen Beispielen sind unterschiedliche Antworten möglich.

Risiko Nr.	Personen-/ Sachrisiko	Aktiv-/Passiv-/ Ertragsrisiko	Behandlung (wer ist der Risikoträger?)	Höhe des Schadens	Frequenz
1	P / S	A / P / E	Selber tragen oder Versicherung	H	S
2	P / S	A / P	Selber tragen, Staat	H	S
3	P / S	A / P / E	Selber tragen oder Versicherung	H	S
4	P / S	E	Selber tragen (Firmen gingen Konkurs)	H	S
5	P / S	A / P	Selber tragen oder Versicherung	H	S
6	P / S	E	Bank selber	H	S
7	P / S	P	Staatlich	M	S
8	S	A	Selber tragen	H	O
9	P	A	Selber tragen oder Versicherung	N	O
10	S	A / P	Versicherung	M	O
11	S	E	Versicherung	M	O
12	P	A	Selber tragen oder Factoring	M	O
13	P	A	Selber tragen oder Annulationsversicherung	N	O
14	P	P	Selber tragen	M	S
15	P	A / E	Staatlich oder selber tragen	M	O
16	P	A	Selber tragen	N	S
17	P	E	Krankenversicherung	N-H	S
18	P	P	Unfallversicherung oder selber tragen	N	S
19	P	A	Krankenversicherung	N	O
20	P	A	Selber tragen oder Krankenversicherung	N	O

P Personenrisiko	A Aktivrisiko	H Hoch	O Oft
S Sachrisiko	P Passivrisiko	M Mittel	S Selten
	E Ertragsrisiko	N Niedrig	

Lösung zu Aufgabe 2.5.2: Einflussfaktoren Kfz-Schadensfälle

Für die Auswertung wurde die statistische Software SPSS verwendet.

Zunächst wird die Zahl der Unfälle (UNFALLZ) untersucht. Es gibt 40 Datensätze (n = 40). Die mittlere Unfallzahl pro Person beträgt 1.27 und die Standardabweichung hat einen Wert von 1.536.

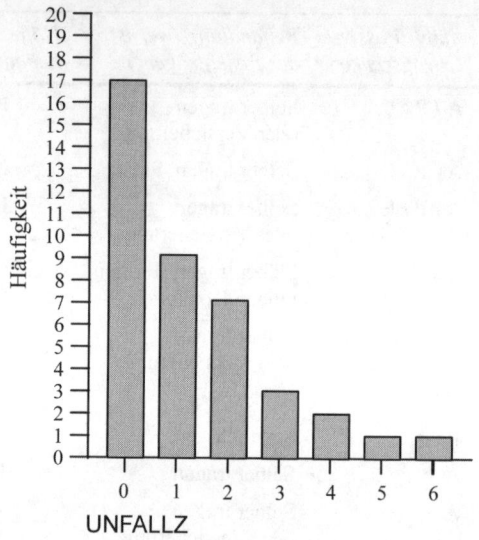

Danach wird die Variable UNFALLZ über Streudiagramme in Abhängigkeit der erklärenden Variablen dargestellt.

Streudiagramm Anzahl der Unfälle (UNFALLZ) / Geschlecht (GESCHL):

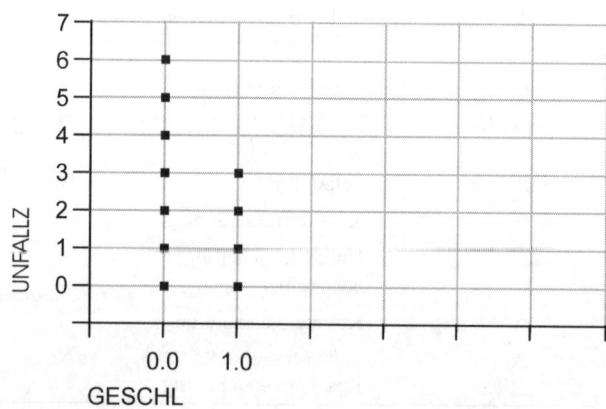

Höhere Unfallzahlen kommen eher bei den *Männern* (0.0) als bei den *Frauen* vor (1.0).

Streudiagramm Anzahl der Unfälle (UNFALLZ) / Jahre Führerschein (JFÜ):

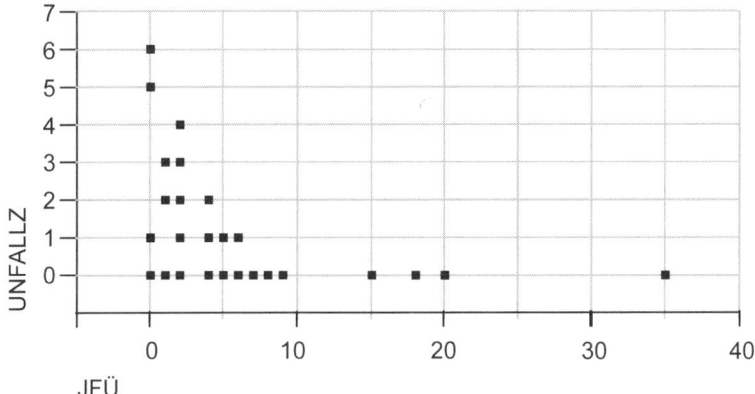

Je länger eine Person den Führerschein besitzt, desto weniger Unfälle hat sie. Betrachtet man statt den Jahren des Führerscheinbesitzes die Inverse (1/JFÜ) dieser Grösse, so gilt: Je grösser die Inverse, desto grösser die Zahl der Unfälle.

Streudiagramm Anzahl der Unfälle (UNFALLZ) / PS-Kfz (PS):

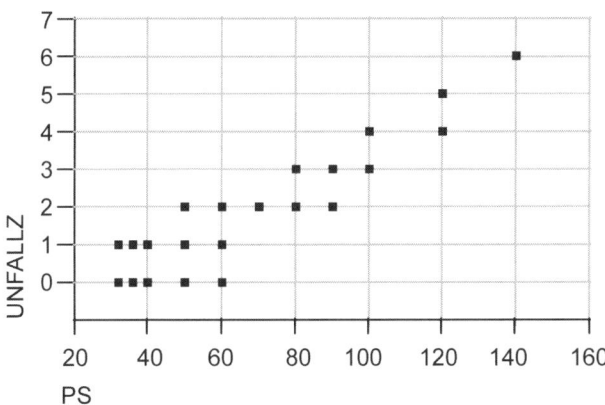

Fahrer mit niedrigen PS-Zahlen haben eher weniger Unfälle als Fahrer mit hohen PS-Zahlen.

Streudiagramm Anzahl der Unfälle (UNFALLZ) / Wohnort (W_ORT):

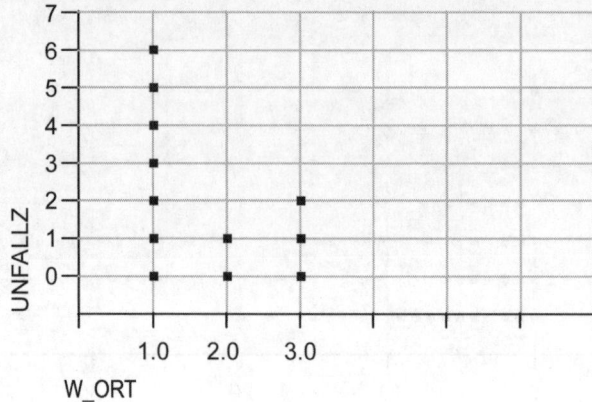

Grossstädter (Codierung 1.0) haben tendenziell mehr Unfälle als Klein-städter (Codierung 2.0) oder Landbewohner (Codierung 3.0). Fahrer aus der Kleinstadt und vom Land verursachen ähnliche Unfallzahlen.

Die deskriptiv erhaltenen Abhängigkeiten können mit einem Regressions-modell überprüft werden (vgl. Kapitel 5.2.2). Dabei wird *UNFALLZ* als abhängige, *PS* und *JFÜ* als unabhängige Variablen definiert. Das Ge-schlecht und der Wohnort werden nicht im Modell berücksichtigt, da beide Variablen nominales Skalenniveau aufweisen (Anm.: mögliche Verwen-dung von Dummy-Variablen).

Die nachfolgende Tabellen zeigen die Ergebnisse der Regression in SPSS:

Das Modell ist hoch signifikant. Selbst bei einer Irrtumswahrscheinlichkeit von nur 1% ist das Modell aussagekräftig. Dieses Ergebnis wird durch den hohen R bzw. R^2-Wert unterstrichen.

Modell		Quadrat-summe	df	Mittel der Quadrate	F	Signifikanz
1	Regression	79.275	2	39.637	115.478	.000(a)
	Residuen	12.700	37	.343		
	Gesamt	91.975	39			

a Einflussvariablen : (Konstante), PS, JFÜ
  Abhängige Variable : UNFALLZ

Modell	R	R-Quadrat	Korrigiertes R-Quadrat	Standardfehler des Schätzers
1	.928(a)	.862	.854	.586

a Einflussvariablen : (Konstante), PS, JFÜ

Die Analyse der Regressionskoeffizienten zeigt, dass besonders die PS-Zahl wichtig für die Erklärung der Unfallzahlen ist. Mit einer Irrtumswahrscheinlichkeit von 5.3% kann auch von einem Einfluss der Variablen JFÜ ausgegangen werden. Wie schon erörtert sinkt UNFALLZ mit zunehmendem JFÜ (negatives Vorzeichen des B-Koeffizienten).

Modell		Nicht standardisierte Koeffizienten		Standardisierte Koeffizienten	T	Signifikanz
		B	Standard-fehler	Beta		
1	Konstante)	−1.396	.260		−5.377	.000
	FÜ	−.028	.014	−.130	−1.995	.053
	'S	.048	.004	.876	13.489	.000

Abhängige Variable: UNFALLZ

Lösung zu Aufgabe 2.5.3: Klassische Risikokennzahlen des Controlling

Nachfolgend werden klassische Kennzahlen der Bilanzanalyse zusammengestellt (vgl. z.b. Burger 1995; Coenenberg 2003; Schierenbeck 2000, S 612-634; Schierenbeck u. Lister 2001, S. 127-142) und dann für das Beispiel berechnet.

Kennzahl	Abk.	Definition allgemein	Definition Bsp. Zeilen
Statischer Verschuldungsgrad	sVG	$\dfrac{\text{Fremdkapital (FK)}}{\text{Eigenkapital (EK)}}$	$\dfrac{7+8+9}{10+11+12}$
Dynamischer Verschuldungsgrad	dVG	$\dfrac{\text{Effektivverschuldung}}{\text{Cash Flow}}$	$\dfrac{7+8+9-1-2}{18+16}$
Dynamischer modifizierter Verschuldungsgrad	dmVG	$\dfrac{\text{Effektivverschuldung}}{\text{Ø Cash Flow der letzten 3 Jahre}}$	$\dfrac{7+8+9-1-2}{\varnothing(18+16)}$ letzte 3 Jahre
Kurzfr. Verschuldungsintensität	kf VI	$\dfrac{\text{kurzfristiges Fremdkapital}}{\text{Fremdkapital}}$	$\dfrac{7}{7+8+9}$
Anlagedeckungsgrad I	ADG I	$\dfrac{\text{Eigenkapital}}{\text{(Netto−)Anlagevermögen(AV)}}$	$\dfrac{10+11+12}{5}$
Anlagedeckungsgrad II	ADG II	$\dfrac{\text{EK + langfr. FK}}{\text{(Netto−)Anlagevermögen (AV)}}$	$\dfrac{10+11+12+8+9}{5}$
Liquidität 1. Grades	Liq 1	$\dfrac{\text{liquide Mittel}}{\text{kurzfristiges Fremdkapital}}$	$\dfrac{1}{7}$

Fortsetzung nächste Seite

Fortsetzung

Kennzahl	Abk.	Definition allgemein	Definition Bsp. Zeilen
Liquidität 2. Grades	Liq 2	$\dfrac{\text{mönetäres Umlaufvermögen}}{\text{kurzfristiges Fremdkapital}}$	$\dfrac{1+2+3}{7}$
Liquidität 3. Grades	Liq 3	$\dfrac{\text{Umlaufvermögen}}{\text{kurzfristiges Fremdkapital}}$	$\dfrac{1+2+3+4}{7}$
Working Capital	WC	Umlaufvermögen – kurzfr. FK	$(1 + 2 + 3 + 4) -7$
Anlagenintensität	AI	$\dfrac{\text{(Netto–)Anlagevermögen}}{\text{Gesamtvermögen}}$	$\dfrac{5}{6}$
Vorratsintensität	VI	$\dfrac{\text{Vorräte}}{\text{Gesamtvermögen}}$	$\dfrac{4}{6}$
Forderungsintensität	FI	$\dfrac{\text{Warenforderungen}}{\text{Gesamtforderungen}}$	$\dfrac{2}{6}$
Kassenmittelintensität	KI	$\dfrac{\text{liquide Mittel}}{\text{Gesamtvermögen}}$	$\dfrac{1}{6}$
Cash Flow	CF	Reingewinn +Abschreibungen	$18 + 16$
Eff. Verschuldung	EV	FK– Forderungen – liquide Mittel	$(7 + 8 + 9) -1- 2$

Abk Abkürzung für die Kennzahl
Bsp mit der Nummerierung aus dem Beispiel

Klassifikation der Begriffe:

Abk	v	h	k	l	KS	VS	RW
sVG	x		x	x			≤ 1
dVG	x	x		x			
dmVG	x	x		x			≤ 3.5
kf VI	x	x		x			
ADG I		x		x	x		≥ 1
ADG II		x		x	x		≥ 1
Liq 1		x	x		x		
Liq 2		x	x		x		≥ 1
Liq 3		x	x		x		≥ 2
WC		x	x		x		
AI	x			x		x	
VI	x			x		x	
FI	x		x			x	
KI	x		x			x	
CF			x			x	
EV		x	x		x		

Abk Abkürzung für die Kennzahl
v vertikale Kennzahl
h horizontale Kennzahl
k kurzfristige Kennzahl
l langfristige Kennzahl
KS Kapitalstruktur
VS Vermögensstruktur
RW Richtwert

Ergebnisse für das Beispiel:

Abk	Planjahre			
	1	*2*	*3*	*4*
sVG	0.429	0.588	0.889	0.913
dVG	0.000	0.400	1.000	1.452
dmVG			1.304	1.570
kf VI	0.333	0.700	0.750	0.762
ADG I	3.500	4.250	4.500	3.833
ADG II	4.500	5.000	5.500	4.667
Liq 1	2.000	0.857	0.667	0.625
Liq 2	3.000	1.143	0.833	0.750
Liq 3	8.000	3.286	2.500	2.375
WC	70	80	90	110
AI	20.0%	14.8%	11.8%	13.6%
VI	50.0%	55.6%	58.8%	59.1%
FI	10.0%	7.4%	5.9%	4.5%
KI	20.0%	22.2%	23.5%	22.7%
CF	14	25	30	31
EV	0	10	30	45

Vergleicht man die Richtwerte mit den berechneten Ergebnissen, so sieht die Lage des Unternehmens recht gut aus. Nur bei der Liquidität 2. Grades ergeben sich für das 3. und 4. Planjahr zu geringe Werte. Die kurzfristigen Verbindlichkeiten hätten in diesen beiden Jahren nicht mit den liquiden und leicht zu verflüssigenden Mitteln beglichen werden können.

Eine solche Situation ist ein Risiko und kann kurzfristig zu Zahlungsschwierigkeiten führen. Da die Liquidität 3. Grades jedoch den Richtwerten entspricht, scheint Entwarnung gegeben, falls die Lagerbestände recht schnell umgesetzt werden können.

Die ersten vier Kennzahlen weisen darauf hin, dass sich die Kapitalstruktur des Unternehmens in den letzten vier Jahren ständig verschlechtert hat. Das FK ist im Verhältnis zum EK stark angestiegen (sVG). Bei dVG und dmVG zeigt sich, dass vor vier Jahren noch gar keine Effektivverschuldung vorlag, während es im letzten Jahr über 1.4 Jahre dauern würde, um diese Verschuldung mit Hilfe des Cash Flows zu decken.

Auch die Veränderung des kfVI zeigt, dass das Risiko eines finanziellen Ungleichgewichts in den betrachteten Perioden beträchtlich gestiegen ist.

Die Entwicklung des Working Capital ist sehr positiv. Betrachtet man jedoch die einzelnen Bestandteile der Kennzahl sieht man, dass die Lagerbestände und die kurzfristigen Verbindlichkeiten in der betrachteten Periode zu stark ansteigen. Absatzprobleme könnten so schnell zu hohen Lagerbeständen führen. Falls diese auch noch fremd finanziert sind, ist höchste Alarmstufe geboten. Auf die höheren Lagerbestände weist auch VI hin. Im Zusammenhang mit steigendem VI ist dann auch zu begründen, warum gleichzeitig AI fällt.

Haben sich die liquiden Mittel z.B. aus Anlagenverkäufen ergeben?

Zu hohe Werte bei der Eigenkapitalausstattung und bzw. oder ein zu hoher Liquiditätsgrad können auf Ertragsrisiken hinweisen. Die Fremdkapitalzinsen sollten über einen Leverageffekt zu höheren Eigenkapitalzinsen bzw. Gewinnen führen. Zu hohe Liquiditätswerte deuten darauf hin, dass das Unternehmen keine genügend rentablen Investitionen gefunden hat.

Lösung zu Aufgabe 2.5.4: Einflussfaktoren Kreditrisiken

Deskriptive Statistiken und Liniendiagramme können auf unterschiedliche Werte der unabhängigen Variablen für die riskanten Firmen und die Firmen mit guter Bonität hinweisen:

Deskriptive Statistiken:

EINSCHÄ		*n*	*Min*	*Max*	*Mittel-wert*	*Standard-abweichung*
Riskant	EK	10	14.0	30.0	19.70	5.478
	UR	10	–3.0	5.0	1.70	2.584
	LIQ_3	10	0.9	3.3	1.88	0.779
	RAT_M	10	2.0	7.0	4.10	1.663
Bonität	EK	10	25.0	60.0	42.00	12.517
	UR	10	2.0	15.0	8.30	3.592
	LIQ_3	10	1.7	3.0	2.20	0.383
	RAT_M	10	5.0	10.0	7.40	1.955

EINSCHÄ	Einschätzung	*LIQ_3*	Liquidität 3. Grades
EK	Eigenkapital	*UR*	Umsatzrentabilität
n	Anzahl der Beobachtungen	*RAT_M*	Rating Managementqualität

Obige Tabelle zeigt, dass sich die statistischen Grössen für die beiden Kundengruppen beim EK, bei der UR und beim RAT_M stärker unterscheiden. Dies wird durch die Liniendiagramme bestätigt.

Liniendiagramme:

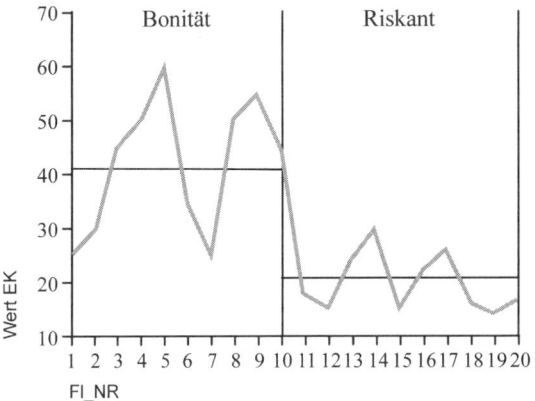

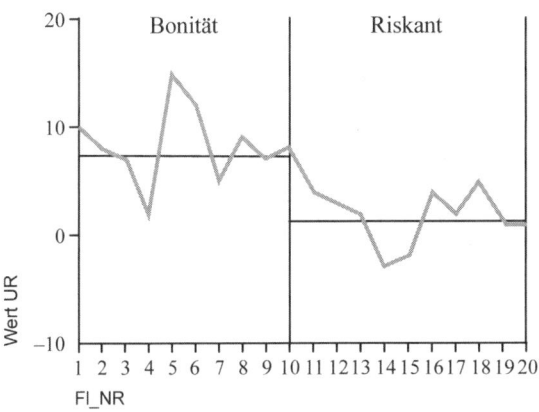

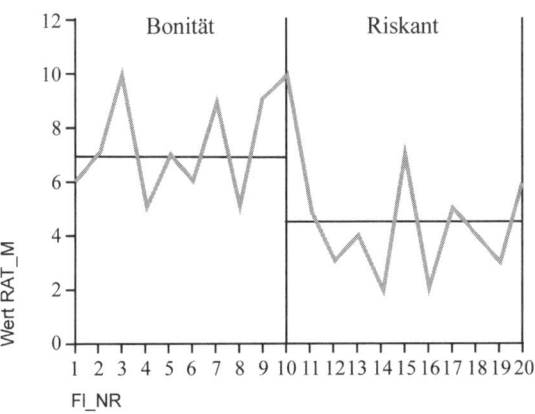

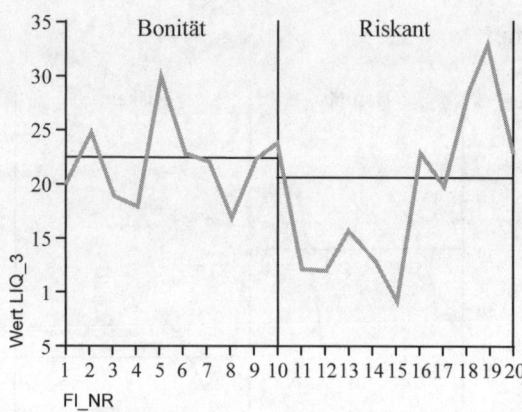

Beim Eigenkapital EK wird offensichtlich, dass die ersten 10 Firmen, die mit „Bonität" eingeschätzt wurden, deutlich höhere Eigenkapitalquoten aufweisen als die Firmen 11-20, die als „Riskant" eingestuft wurden.

Das gleiche gilt für UR und RAT_M, während bei LIQ_3 keine grösseren Unterschiede zu sehen sind.

Die wichtigsten Einflussfaktoren für ein Kreditrating können über eine multivariate Diskriminanzanalyse (vgl. Kapitel 5.2.2) bestimmt werden. Die nominale unabhängige Variable EINSCHÄ wird dabei über die metrischen unabhängigen Variablen EK, UR, LIQ_3 und Rat_M beschrieben.

Gleichheitstest der Gruppenmittelwerte:

	Wilks-Lambda	F	df1	df2	Signifikanz
EK	.403	26.639	1	18	.000
UR	.447	22.250	1	18	.000
LIQ_3	.930	1.360	1	18	.259
RAT_M	.521	16.528	1	18	.001

Aus obiger Statistik wird deutlich, dass die Variablen EK, UR und RAT_M hoch signifikant für das Modell sind. EK hat die grösste Trennschärfe, weil dafür der kleinste Wert für die Kenngrösse Wilks-Lambda und der grösste F-Wert erhalten wird.

Lösung zu Aufgabe 2.5.5: Risikobereiche und Frühwarnung

Die Aufgabe ist nicht eindeutig lösbar. Es existieren vielerlei Lösungsmöglichkeiten. Eine davon ist im Folgenden ausgearbeitet.

a) Mögliche Risikobereiche für OILY sind:

Politische Risiken: Unternehmen aus der Erdölbranche sind z.b. in Entwicklungsländern mit instabilen politischen Systemen tätig. Bürgerkriege und Umstürze können bis hin zum Verbot der Ölförderung führen.

Umweltrisiken: Die aus dem zunehmenden Individualverkehr folgende Luftverunreinigung führt zu schärferen Vorschriften für die Abgaswerte.

Technologische Entwicklungen: Sollte sich der Hybridmotor weltweit durchsetzen, wird die Nachfrage nach Benzin und Öl sinken.

Risiken durch alternative Energien: Der steigende Marktanteil von Erdgas in den europäischen Ländern lässt den Absatz von Heizöl möglicherweise sinken.

Einstellungen der Gesellschaft: Der Umweltschutz rückt immer stärker in das Bewusstsein der Bevölkerung. Alternative Energien bekommen dadurch einen anderen Stellenwert und können sich zu ernsthaften Konkurrenzenergien entwickeln.

Obige Risikobereiche sind oft nicht unabhängig voneinander, sondern wirken ineinander bzw. beeinflussen sich gegenseitig.

b) Kennzahlen (K), Indikatoren (I) und schwache Signale (S):

	Beschaffungsmarkt	*Absatzmarkt*
K	• geförderte Menge Rohöl • Anzahl der Bohrplattformen weltweit • Anzahl der Förderländer • Höhe der Förderkontingente	• tatsächlich abgesetzte Menge an Benzin und Heizöl • Anzahl der eigenen Tankstellen in der Schweiz • Anzahl der zugelassenen Fahrzeuge in Deutschland
I	• Geförderte Menge Rohöl im Verhältnis zu einem Basisjahr • Veränderung des Berri-Index, zur gesamtheitlichen Beurteilung der politischen Lage des Landes A in den letzten 5 Jahren • Beurteilung der aktuellen Ölförderpolitik im Land B	• Durchschnittlicher Benzinverbrauch in der Schweiz pro Fahrzeug und Jahr • Eigener Anteil am Gesamtabsatz von Kraftstoff in Frankreich • Anteile der Fahrzeuge mit Hybridantrieb, Diesel- oder Benzinmotoren in Deutschland
S	• Prognosen über die Erdölreserven auf der Welt • Schleichende Veränderungen der Machtstrukturen in den Förderländern	• Entwicklungsprognosen und Entwicklungsstand für alternative Antriebstechniken auf dem Automobilmarkt (Wasserstoffzellen)

8.3 Lösungen zu Kapitel 3

Lösung zu Aufgabe 3.11.1: Entscheidung bei Sicherheit

a) Bei diesem Entscheidungsproblem bei Sicherheit soll ein optimales Aktienportfolio bestimmt werden.

Die möglichen Aktionen a_i entsprechen den zulässigen Anlagestrategien. Die Anlagestrategien werden durch die gegebene Budgetrestriktion (B) und die Mengenvorgaben (M) der Aktien eingeschränkt. Die Anzahl der gekauften Aktien vom Typ A bzw. vom Typ B wird mit x_A bzw. x_B bezeichnet. Damit lautet die Budgetrestriktion:

$$(B)\ 10 \cdot x_A + 20 \cdot x_B \leq 100 \quad \Leftrightarrow \quad x_A + 2 \cdot x_B \leq 10$$

Die zulässige Aktienstückelung hat folgende Mengenrestriktionen zu erfüllen:

$$(M)\ x_A \geq 2, \quad x_B \geq 1, \quad x_A, x_B \text{ ganzzahlig}$$

Aus diesen Restriktionen ergeben sich insgesamt sieben zulässige Anlagestrategien, deren Stückelungen in nachfolgender Tabelle aufgelistet sind. Zusätzlich wird das Restbudget nach Aktienkauf ausgewiesen.

Aktionen	Anlagestrategien x_A	x_B	Restbudget	Gesamtertrag R
a_1	2	4	0	**6.268**
a_2	3	3	10	5.394
a_3	4	3	0	5.856
a_4	5	2	10	4.982
a_5	6	2	0	5.444
a_6	7	1	10	4.570
a_7	8	1	0	5.032

Das optimale Portfolio wird mit Hilfe des maximalen Renditeertrags R bestimmt, der sich wie folgt aus der Summe der durchschnittlichen Rentabilitätszahlungen aus dem Aktienkauf von A und B errechnet:

$$
\begin{aligned}
R &= r_A \cdot x_A + r_B \cdot x_B \\
&= 0.0462 \cdot 10 \cdot x_A + 0.0668 \cdot 20 \cdot x_B \\
&= 0.462 \cdot x_A + 1.336 \cdot x_B \rightarrow \max
\end{aligned}
$$

Die Anlagestrategie a_1 ergibt den höchsten Gesamtertrag von 6.268 (GE). Das optimale Portfolio enthält zwei Aktien vom Typ A und vier Aktien vom Typ B.

b) Die Aufgabenstellung entspricht einem klassischen linearen Optimierungsproblem mit R als Zielfunktion sowie (B) und (M) als Nebenbedingungen. Da nur zwei Aktien betrachtet werden, kann das Problem im zweidimensionalen Raum dargestellt werden. Durch Parallelverschiebung der Renditengeraden ergibt sich die optimale Lösung (vgl. nachfolgende Abb.). Der graue Bereich entspricht der Menge der zulässigen Lösungen.

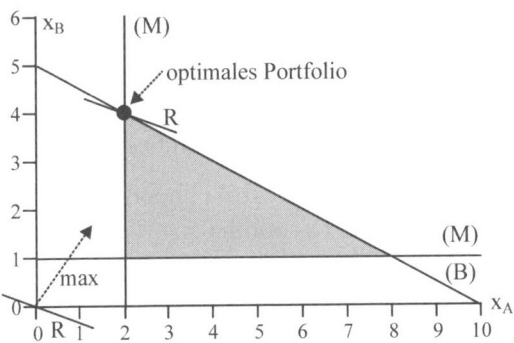

Lösung zu Aufgabe 3.11.2: Entscheidung bei Risiko

a) Im Gegensatz zu Aufgabe 3.11.1 werden nun drei Umweltzustände betrachtet. Alle anderen Gegebenheiten bzgl. (B) und (M) aus Aufgabe 3.11.1 können direkt übernommen werden. Entsprechend den drei Umweltzuständen ergeben sich nun drei Funktionen für die Gesamtrentabilität (RE), die die unterschiedlichen Angaben für r_A und r_B bei der Berechnung berücksichtigen:

$$RE_{Z1} = 0.0462 \cdot 10 \cdot x_A + 0.0668 \cdot 20 \cdot x_B$$
$$RE_{Z2} = 0.0500 \cdot 10 \cdot x_A + 0.0500 \cdot 20 \cdot x_B$$
$$RE_{Z3} = 0.0580 \cdot 10 \cdot x_A + 0.0480 \cdot 20 \cdot x_B$$

Damit ergibt sich folgende Entscheidungsmatrix:

			z_1 $p_1 = 0.25$ $r_A = 0.0462$ $r_B = 0.0668$	z_2 $p_2 = 0.5$ $r_A = 0.05$ $r_B = 0.05$	z_3 $p_3 = 0.25$ $r_A = 0.058$ $r_B = 0.048$
Aktionen	*Anlagestrategien* x_A	x_B			
a_1	2	4	6.268	5.0	5.00
a_2	3	3	5.394	4.5	4.62
a_3	4	3	5.856	5.0	5.20
a_4	5	2	4.982	4.5	4.82
a_5	6	2	5.444	5.0	5.40
a_6	7	1	4.570	4.5	5.02
a_7	8	1	5.032	5.0	5.60

In der Risikosituation kann nach der Maximum-Likelihood-, der Bayes- und der Bernoulli-Regel entschieden werden. Es wird angenommen, dass der Nutzenwert dem Auszahlungswert entspricht. Somit führen Bayes- und Bernoulli-Regel zum selben Ergebnis.

Maximum-Likelihood-Regel:

Zuerst wird der Umweltzustand mit der höchsten Wahrscheinlichkeit ausgewählt. In unserem Beispiel ist das z_2. Der höchste Gesamtertrag beträgt in diesem Fall 5 (TGE).

Dieser Ertrag wird bei mehreren Anlagestrategien realisiert, da die Ertragsfunktion RE_{z_1} und die Budgetrestriktion (B) parallel verlaufen.

Bei Anwendung der Maximum-Likelihood-Regel sind somit die Anlagestrategien a_1, a_3, a_5 und a_7 optimal.

Bayes-Regel:

Die Bayes-Regel sucht nach der Anlagestrategie mit der höchsten erwarteten Gesamtrendite $\varepsilon(RE)$.

Hierbei gilt:

$$\varepsilon\{RE\} = \varepsilon\{r_A\} \cdot 10 \cdot x_A + \varepsilon\{r_B\} \cdot 20 \cdot x_B \qquad \text{mit}$$
$$\varepsilon\{r_A\} = p_1 \cdot r_{Az1} + p_2 \cdot r_{Az2} + p_3 \cdot r_{Az3} = 0.05105 \text{ und}$$
$$\varepsilon\{r_B\} = p_1 \cdot r_{Bz1} + p_2 \cdot r_{Bz2} + p_3 \cdot r_{Bz3} = 0.0537$$

Für die sieben Anlagestrategien ergeben sich somit folgende erwartete Gesamterträge:

Aktionen	Anlagestrategien x_A	x_B	$\varepsilon(RE)$ (TGE)
a_1	2	4	**5.32**
a_2	3	3	4.75
a_3	4	3	5.26
a_4	5	2	4.70
a_5	6	2	5.21
a_6	7	1	4.65
a_7	8	1	5.16

Anlagestrategie a_1 ist optimal, da sie mit 5.32 (GE) den höchsten Gesamtertrag aufweist. Dabei wird in zwei Aktien von Typ A und vier Aktien von Typ B investiert.

b) Hier ist nun die (μ,σ)-Regel anzuwenden. Vom erwarteten Gesamtertrag wird noch ein Risikoterm subtrahiert, der durch die Varianz des Gesamtertrags bestimmt wird:

$$\varepsilon\{RE\} - \frac{1}{2R}\,Var(RE)$$

$$= \varepsilon\{r_A \cdot 10 \cdot x_A + r_B \cdot 20 \cdot x_B\} - \frac{1}{2R}\,Var(r_A \cdot 10 \cdot x_A + r_B \cdot 20 \cdot x_B)$$

Dieser Ausdruck soll maximiert werden.

Der (extrem) risikoscheue Investor vernachlässigt den erwarteten Gesamtertrag und orientiert sich bei seiner Entscheidung ausschliesslich am Risikoterm. Der Risikotoleranzwert R hat im vorliegenden Fall somit keine Auswirkungen auf die Optimierung und muss nicht vorgegeben werden. Der Maximierung einer negativen Grösse entspricht zudem die Minimierung der entsprechenden positiven Grösse. Da die Rentabilitäten der Aktien Zufallsvariablen sind, benötigt man noch folgenden Zusammenhang für die Varianz der Summe zweier Zufallsvariablen r_A und r_B:

$$Var(a \cdot r_A + b \cdot r_B) = a^2 \cdot Var(r_A) + b^2 \cdot Var(r_B) + 2 \cdot a \cdot b \cdot Cov(r_A, r_B)$$

Hierbei sind a und b konstante Werte. Insgesamt ergibt sich somit folgendes Sicherheitsäquivalent $z_C(RE)$:

$$z_C(RE) = \varepsilon(RE) - \frac{1}{2R}\,Var(RE) \rightarrow max$$

$$\Leftrightarrow -\frac{1}{2R}\,Var(RE) \rightarrow max$$

$$\Leftrightarrow Var(RE) \rightarrow min$$

$$\Leftrightarrow Var(r_A \cdot 10 \cdot x_A + r_B \cdot 20 \cdot x_B) \rightarrow min$$

$$\Leftrightarrow Var(r_A) \cdot (10 \cdot x_A)^2 + Var(r_B) \cdot (20 \cdot x_B)^2 +$$
$$+ 2 \cdot Cov(r_A, r_B)(10 \cdot x_A)(20 \cdot x_B) \rightarrow min$$

$$\Leftrightarrow 0.0028 \cdot (10 \cdot x_A)^2 + 0.0038 \cdot (20 \cdot x_B)^2 +$$
$$+ 2 \cdot (-0.0025)(10 \cdot x_A)(20 \cdot x_B) \rightarrow min$$

$$\Leftrightarrow 0.28 \cdot (x_A)^2 + 1.52 \cdot (x_B)^2 + (-1)(x_A)(x_B) = z_C(RE) \rightarrow min$$

Mit Hilfe des Excel-Solvers kann das Minimum ermittelt werden. Die Restriktionen (B) und (M) gelten nach wie vor.
Im Optimum gilt: $x_A = 2$ und $x_B = 1$. Somit ergibt sich ein optimales Sicherheitsäquivalent $z_C(RE)$ in Höhe von 0.64 (GE).

c) Sämtliche Vorarbeiten zur Lösung dieser Aufgabe wurden bereits in a) und b) geleistet. Im Gegensatz zu b) wird nun bei der Lösung auch der erwartete Gesamtertrag berücksichtigt.

Das Optimierungsproblem lautet somit:

$$z_C(RE) = \varepsilon(RE) - \frac{1}{2R} \, Var(RE) \to max$$

$$\Leftrightarrow (\varepsilon\{r_A\} \cdot 10 \cdot x_A + \varepsilon\{r_B\} \cdot 20 \cdot x_B) -$$

$$- \frac{1}{2} \, Var(r_A \cdot 10 \cdot x_A + r_B \cdot 20 \cdot x_B) \to max$$

$$\Leftrightarrow (0.051 \cdot 10 \cdot x_A + 0.0537 \cdot 20 \cdot x_B) -$$

$$- \frac{1}{2}(0.28 \cdot x_A{}^2 + 1.52 \cdot x_B{}^2 - x_A \cdot x_B) = z_C(RE) \to max$$

Mit Hilfe des Excel-Solvers kann das Maximum ermittelt werden. Die Restriktionen (B) und (M) bleiben unverändert. Dies führt zu einem **Lagrange-Optimierungsansatz** mit folgenden Werten im Optimum:

	x_A	x_B	λ	$z_C(RE)$ (TGE)
nicht ganzzahlig	5.408	2.296	-0.014	3.33
ganzzahlig	5	2		3.16

Die Grösse λ entspricht hierbei dem Lagrange-Parameter. Im Sinne einer Sensitivitätsanalyse bedeutet er einen Anstieg des Sicherheitsäquivalents $z_C(RE)$ um 0.014 (TGE), wenn das Budget von 100 (TGE) auf 101 (TGE) erhöht wird.

Lösung zu Aufgabe 3.11.3: Entscheidung bei Ungewissheit

Ausgangsbasis ist die Entscheidungsmatrix aus Aufgabe 3.11.2 a). Auf die dort aufgeführten Ertragsrenditen werden die Entscheidungsregeln für die Ungewissheitssituation angewandt.

Laplace-Regel:

Für jede Aktion ist die mittlere Ertragsrendite zu berechnen:

$$\frac{1}{3}(RE_{z_1} + RE_{z_2} + RE_{z_3})$$

Die grösste mittlere Ertragsrendite bestimmt die beste Anlagestrategie. Die berechneten Resultate für das Beispiel stehen in der nachfolgenden Tabelle in der vorletzten Spalte. Anlagenstrategie a_1 ist optimal. Es werden zwei Aktien vom Typ A und vier vom Typ B gekauft. Bei Anwendung der Flexibilitätsregel ergibt sich die selbe optimale Anlagestrategie.

Modifizierte Bernoulli-Regel:

Alle Aktionen sind durch $z_c(RE)$ aus Aufgabe 3.11.2 c) zu bewerten.

Hierbei ist jedoch zu berücksichtigen, dass in der Ungewissheitssituation $p_i = 1/3$ gilt und sich somit $\varepsilon\{r_A\}$ und $\varepsilon\{r_B\}$ ändern:

$$z_C(RE) = (0.05140 \cdot 10 \cdot x_A + 0.05493 \cdot 20 \cdot x_B) -$$
$$-\frac{1}{2}(0.28 \cdot x_A{}^2 + 1.52 \cdot x_B{}^2 - x_A \cdot x_B)$$

Die Resultate stehen in der letzten Spalte der nachfolgenden Tabelle. Der höchste Wert wird mit a_4 erreicht. Optimal ist es, fünf Aktien vom Typ A und zwei vom Typ B zu kaufen.

Aktion	Anlage x_A	x_B	z_1 $r_A = 0.0462$ $r_B = 0.0668$	z_2 $r_A = 0.05$ $r_B = 0.05$	z_3 $r_A = 0.058$ $r_B = 0.048$	Laplace	Mod. Bernoulli
a_1	2	4	6.268	5.0	5.00	**5.42**	–3.30
a_2	3	3	5.394	4.5	4.62	4.84	1.24
a_3	4	3	5.856	5.0	5.20	5.35	2.27
a_4	5	2	4.982	4.5	4.82	4.77	**3.23**
a_5	6	2	5.444	5.0	5.40	5.28	3.20
a_6	7	1	4.570	4.5	5.02	4.70	0.58
a_7	8	1	5.032	5.0	5.60	5.21	–0.51

Maximax-Regel:

Für jede Aktion wird zuerst die grösste Ertragsrendite gesucht (drittletzte Spalte der nachfolgenden Tabelle). Von diesen Maximalwerten bestimmt wiederum der grösste Wert das Optimum. Auch hier ist die erste Anlagestrategie optimal.

Maximin-Regel:

Für jede Aktion wird die kleinste Ertragsrendite gesucht (vorletzte Spalte der nachfolgenden Tabelle). Von diesen Minimalwerten wird nun das grösste Resultat bestimmt.

Die Anlagestrategien a_1, a_3, a_5 und a_7 sind optimal.

Hurwicz-Regel ($\alpha = 0.5$):

Die kleinsten und grössten Ertragswerte, die bei den vorigen Regeln erhalten wurden, werden nun kombiniert. Die Bewertung lautet somit:

$$0.5 \cdot R_{min} + 0.5 \cdot R_{max}$$

Die letzte Spalte der nachfolgenden Tabelle zeigt die Resultate. Die erste Anlagestrategie ist optimal, da sie den höchsten Wert aufweist.

Aktion	z_1	z_2	z_3	Maximax	Maximin	Hurwicz
a_1	6.268	5.0	5.00	**6.3**	**5.0**	**5.63**
a_2	5.394	4.5	4.62	5.4	4.5	4.95
a_3	5.856	5.0	5.20	5.9	**5.0**	5.43
a_4	4.982	4.5	4.82	5.0	4.5	4.74
a_5	5.444	5.0	5.40	5.4	**5.0**	5.22
a_6	4.570	4.5	5.02	5.0	4.5	4.76
a_7	5.032	5.0	5.60	5.6	**5.0**	5.30

Regret-Regel:

Bei Anwendung der Regret-Regel wird die Entscheidung mit Hilfe der Schadensmatrix S getroffen. In der Schadensmatrix S wird der höchste Schaden angegeben, der bei einer Aktion auftreten kann. Diese Werte sind in S fett markiert und im nachfolgenden Vektor aufgelistet.

Da der Schaden möglichst gering gehalten werden soll, ist die Aktion mit dem kleinsten maximalen Schaden optimal. Hier ist das Optimum Anlagestrategie a_3. Damit sollten vier Aktien vom Typ A und drei Aktien vom Typ B gekauft werden.

$$X = \begin{pmatrix} \mathbf{6.268} & \mathbf{5.0} & 5.00 \\ 5.394 & 4.5 & 4.62 \\ 5.856 & 5.0 & 5.20 \\ 4.982 & 4.5 & 4.82 \\ 5.444 & 5.0 & 5.40 \\ 4.570 & 4.5 & 5.02 \\ 5.032 & 5.0 & \mathbf{5.60} \end{pmatrix} \rightarrow S = \begin{pmatrix} 0.000 & 0.0 & \mathbf{0.60} \\ 0.874 & 0.5 & \mathbf{0.98} \\ \mathbf{0.412} & 0.0 & 0.40 \\ \mathbf{1.286} & 0.5 & 0.78 \\ \mathbf{0.824} & 0.0 & 0.20 \\ \mathbf{1.698} & 0.5 & 0.58 \\ \mathbf{1.236} & 0.0 & 0.00 \end{pmatrix} \rightarrow \begin{pmatrix} 0.60 \\ 0.98 \\ \mathbf{0.41} \\ 1.29 \\ 0.82 \\ 1.70 \\ 1.24 \end{pmatrix}$$

An dieser Aufgabe wird deutlich, dass nicht alle Entscheidungsregeln zum gleichen Ergebnis führen müssen.

Lösung zu Aufgabe 3.11.4:
Entscheidung bei Ungewissheit und Risiko

a) Zuerst sollen die Entscheidungsregeln bei Ungewissheit angewendet werden. Dazu werden die Wahrscheinlichkeiten für die Zustände nicht benötigt.

Laplace-, Maximax-, Maximin-, Hurwicz-Regel:

Aktion	z_1	z_2	z_3	z_4	Laplace	Maximax	Maximin	Hurwicz
a_1	6	9	−7	−1	1.75	**9**	−7	1
a_2	−4	0	8	4	**2.00**	8	−4	2
a_3	1	1	2	3	1.75	3	**1**	2
a_4	0	6	1	0	1.75	6	0	**3**

Regret-Regel:

$$X = \begin{pmatrix} 6 & 9 & -7 & -1 \\ -4 & 0 & 8 & 4 \\ 1 & 1 & 2 & 3 \\ 0 & 6 & 1 & 0 \end{pmatrix} \rightarrow S = \begin{pmatrix} 0 & 0 & \mathbf{15} & 5 \\ \mathbf{10} & 9 & 0 & 0 \\ 5 & \mathbf{8} & 6 & 1 \\ 6 & 3 & 7 & 4 \end{pmatrix} \rightarrow \begin{pmatrix} 15 \\ 10 \\ 8 \\ 7 \end{pmatrix}$$

Flexibilitäts-Regel:

$$X = \begin{pmatrix} 6 & 9 & -7 & -1 \\ -4 & 0 & 8 & 4 \\ 1 & 1 & 2 & 3 \\ 0 & 6 & 1 & 0 \end{pmatrix} \rightarrow N = \begin{pmatrix} 0.183 & 1.000 & 0.000 & 0.375 \\ 0.188 & 0.438 & 0.938 & 0.688 \\ 0.500 & 0.500 & 0.563 & 0.625 \\ 0.438 & 0.183 & 0.500 & 0.438 \end{pmatrix} \rightarrow \begin{pmatrix} 0.547 \\ \mathbf{0.563} \\ 0.547 \\ 0.547 \end{pmatrix}$$

b) Nun liegt die Risikosituation vor, d.h. die Eintrittswahrscheinlichkeiten der Zustände werden bei Anwendung der Entscheidungsregeln berücksichtigt.

Maximum-Likelihood-Regel:

Es wird der wahrscheinlichste Umweltzustand z_4 mit $p_4 = 0.4$ ausgewählt. Im Zustand z_4 wird die Aktion mit der höchsten Auszahlung gesucht. Dies ist a_2. Die vorletzte Spalte der nachfolgenden Tabelle zeigt das Ergebnis.

Bayes-Regel:

Für jede Aktion wird der Erwartungswert der Auszahlungen ermittelt. Der höchste Wert zeigt die optimale Aktion (siehe letzte Spalte der nachfolgenden Tabelle).

	z_1	z_2	z_3	z_4	Maximum Likelihood	Bayes
Aktion	0.1	0.2	0.3	0.4	0.4	
a_1	6	9	-7	-1	-1	-0.1
a_2	-4	0	8	4	**4**	**3.6**
a_3	1	1	2	3	3	2.1
a_4	0	6	1	0	0	1.5

Bernoulli-Regel:

Die Auszahlungsmatrix X soll zuerst auf das Intervall [0, 1] normiert werden. Das ist in Teilaufgabe a) bei der Flexibilitätsregel mit Matrix N bereits geschehen. Somit gilt: $N = X^*$. Die Bernoulli-Regel sucht die Aktion mit dem höchsten erwarteten Nutzen. Drei Nutzenfunktionen sind zu unterscheiden. Die nachfolgenden Tabellen zeigen die Ergebnisse. Die optimale Aktion ist immer a_2.

	$x_{ij}{}^*$				$u_1(x_{ij}{}^*) = x_{ij}{}^*$				
	z_1	z_2	z_3	z_4	z_1	z_2	z_3	z_4	Ber-
Aktion	0.1	0.2	0.3	0.4	0.1	0.2	0.3	0.4	noulli
a_1	0.813	1.000	0.000	0.375	0.813	1.000	0.000	0.375	0.431
a_2	0.188	0.438	0.938	0.688	0.188	0.438	0.938	0.688	**0.663**
a_3	0.500	0.500	0.563	0.625	0.500	0.500	0.563	0.625	0.569
a_4	0.438	0.813	0.500	0.438	0.438	0.813	0.500	0.438	0.531

	$u_1(x_{ij}{}^*) = (x_{ij}{}^*)^2$					$u_1(x_{ij}{}^*) = 1-(1-x_{ij}{}^*)^2$				
	z_1	z_2	z_3	z_4	Ber-	z_1	z_2	z_3	z_4	Ber-
Aktion	0.1	0.2	0.3	0.4	noulli	0.1	0.2	0.3	0.4	noulli
a_1	0.660	1.000	0.000	0.141	0.322	0.965	1.000	0.000	0.609	0.540
a_2	0.035	0.191	0.879	0.473	**0.495**	0.340	0.684	0.996	0.902	**0.830**
a_3	0.250	0.250	0.316	0.391	0.326	0.750	0.750	0.809	0.859	0.811
a_4	0.191	0.660	0.250	0.191	0.303	0.684	0.965	0.750	0.684	0.760

Lösung zu Aufgabe 3.11.5: Entscheidungsmatrix, Risikosituation

a) Wird kein Vertrag abgeschlossen (a_1), so muss der Versicherungsneh mer selbst für seine Schäden in Höhe von $-E_{1j}$ aufkommen. Versiche rungsprämien werden in diesem Fall nicht bezahlt. Wird ein Vertrag abgeschlossen (a_2 bis a_m), sind Versicherungsprämien b_i zu zahlen so wie die nicht versicherten Schäden bzw. Selbstbehalte $-E_{ij}$. Anderer seits erhält der Versicherungsnehmer im Schadensfall X_{ij} (GE) Scha densersatz zurück. Somit ergibt sich für den **Versicherungsnehmer** die folgende Entscheidungsmatrix:

Zustand j →	z_1	z_2	...	z_n
Aktion i ↓	p_1	p_2	...	p_n
a_1	0	$-E_{12}$	...	$-E_{1n}$
a_2	$-b_2$	$-E_{22}-b_2+X_{22}$	...	$-E_{2n}-b_2+X_{2n}$
$\vdots$	$\vdots$	$\vdots$		$\vdots$
a_m	$-b_m$	$-E_{m2}+b_m-X_{m2}$	...	$-E_{mn}-b_m-X_{mn}$

Aus Sicht des Versicherers fallen keine Kosten und Zahlungen an, wenn kein Vertrag abgeschlossen wird (a_1). Andernfalls erhält die Versicherung Prämienzahlungen in Höhe von b_i (GE) und hat k_i (GE) Fixkosten in Abhängigkeit vom Vertragstyp. Im Schadensfall muss die Versicherung zudem Schadensersatz in Höhe von X_{ij} (GE) leisten. Es ergibt sich somit folgende Entscheidungsmatrix für den **Versicherer**:

Zustand j →	z_1	z_2	...	z_n
Aktion i ↓	p_1	p_2	...	p_n
a_1	0	0	...	0
a_2	$-k_2+b_2$	$-k_2+b_2-X_{22}$	...	$-k_2+b_2-X_{2n}$
$\vdots$	$\vdots$	$\vdots$		$\vdots$
a_m	$-k_m+b_m$	$-k_m+b_m-X_{m2}$	...	$-k_m+b_m-X_{mn}$

b) Von **vollständigem Versicherungsschutz** spricht man, wenn die Aufwendungen des Versicherten im Schadensfall seinen Aufwendungen entspricht, die er im ungestörten Zustand ohne Versicherungsschutz hätte, wenn also kein Schaden eintritt und keine Versicherung abgeschlossen ist. Somit muss gelten:

$$- E_{ij} - b_j + X_{ij} = -E_{11}$$

c) Bei der Berechnung der Barwerte wird davon ausgegangen, dass die Risiken z_j mit festen Beträgen zu *verschiedenen* Zeiten $t = [0, T]$ auftreten.

Unter Berücksichtigung eines Kalkulationszinssatzes r und eines Planungshorizonts T ergeben sich folgende Barwerte:

Für den **Versicherungsnehmer** i: Für den **Versicherer**:

$$BW_i = \sum_{t=0}^{T} \frac{(-E_{it} - b_{it} + X_{it})}{(1+r)^t} \qquad BW = \sum_{i=1}^{m} \sum_{t=0}^{T} \frac{(b_{it} - k_{it} - X_{it})}{(1+r)^t}$$

Dabei wird nun angenommen, dass auch die Prämien und Kosten zeitabhängig sind.

Lösung zu Aufgabe 3.11.6:
Entscheidungssituationen bei Risiko, Entscheidungsbaum

a) Der Entscheidungsbaum hat folgendes Aussehen:

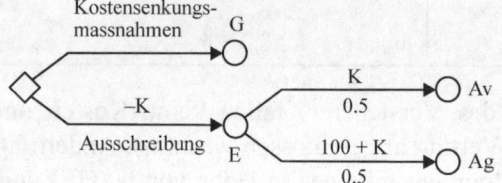

K: Ausschreibungskosten
E: erwartete Rückzahlungen aus der Ausschreibung
Ag: Ausschreibung gewonnen
Av: Ausschreibung verloren
G: Gewinn durch Massnahmen der Kostensenkung

Somit ergibt sich:

$$E = 0.5 \cdot (100 + K) + 0.5 \cdot K = 50 + K$$

Der Gewinn G muss so hoch sein, dass er E abzüglich der Kosten K für die Ausschreibung wenigstens deckt:

$$G = E - K = 50$$

b) Universalmaschine und Spezialmaschine haben den gleichen Preis I. Es ergibt sich folgender Entscheidungsbaum:

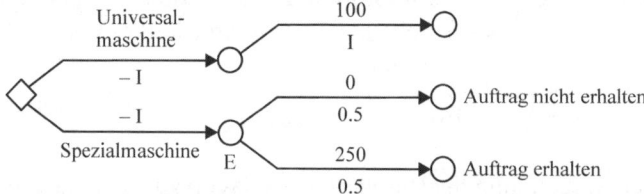

Der Nettoerfolg bei der Universalmaschine U beträgt 100 (GE).

Der erwartete Nettoerfolg bei der Spezialmaschine S beträgt hingegen $E = (0.5 \cdot 0 + 0.5 \cdot 250) = 125$ (GE). Somit wird sich A für die Spezialmaschine entscheiden.

c) Folgender Entscheidungsbaum beschreibt die Situation:

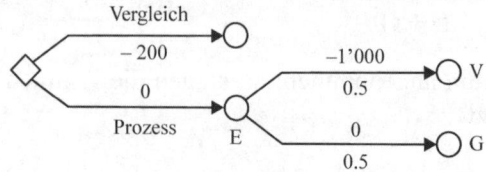

Das erwartete Ergebnis bei Prozessführung beträgt

$$E = 0.5 \cdot (-1'000) + 0.5 \cdot 0 = -500 \text{ (GE)}.$$

Somit ist es für das Unternehmen besser, den Vergleich anzunehmen als den Prozess zu führen. Die Kosten für den Vergleich liegen 300 (GE) unter den erwarteten Kosten, die aus dem Prozess entstehen.

Lösung zu Aufgabe 3.11.7: Entscheidungsbaum

Der folgende Entscheidungsbaum stellt das beschriebene Spiel dar:

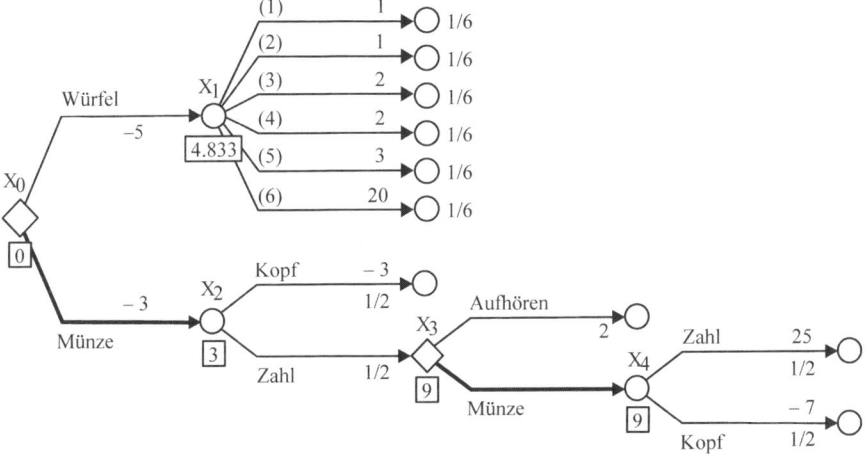

Unterhalb der Entscheidungs- und Zufallsknoten X_i stehen die Zwischenergebnisse des Roll-Back-Verfahrens.

$$X_4 = 0.5 \cdot 25 + 0.5 \cdot (-7) = 9$$
$$X_3 = \max\{2, 9\} = 9 \text{ (Münze werfen)}$$
$$X_2 = 0.5 \cdot (-3) + 0.5 \cdot 9 = 3$$
$$X_1 = 1/6 \cdot 1 + 1/6 \cdot 1 + 1/6 \cdot 2 + 1/6 \cdot 2 + 1/6 \cdot 3 + 1/6 \cdot 20 = 29/6$$
$$= 4.833$$
$$X_0 = \max\{-5 + 4.833; 3 - 3\} = 0 \text{ (Münze werfen)}$$

Zur Maximierung des erwarteten Gewinns sollte zweimal die Münze geworfen werden. In diesem Fall beträgt der erwartete Gewinn 0 (GE).

Lösung zu Aufgabe 3.11.8: Roll-Back-Analyse

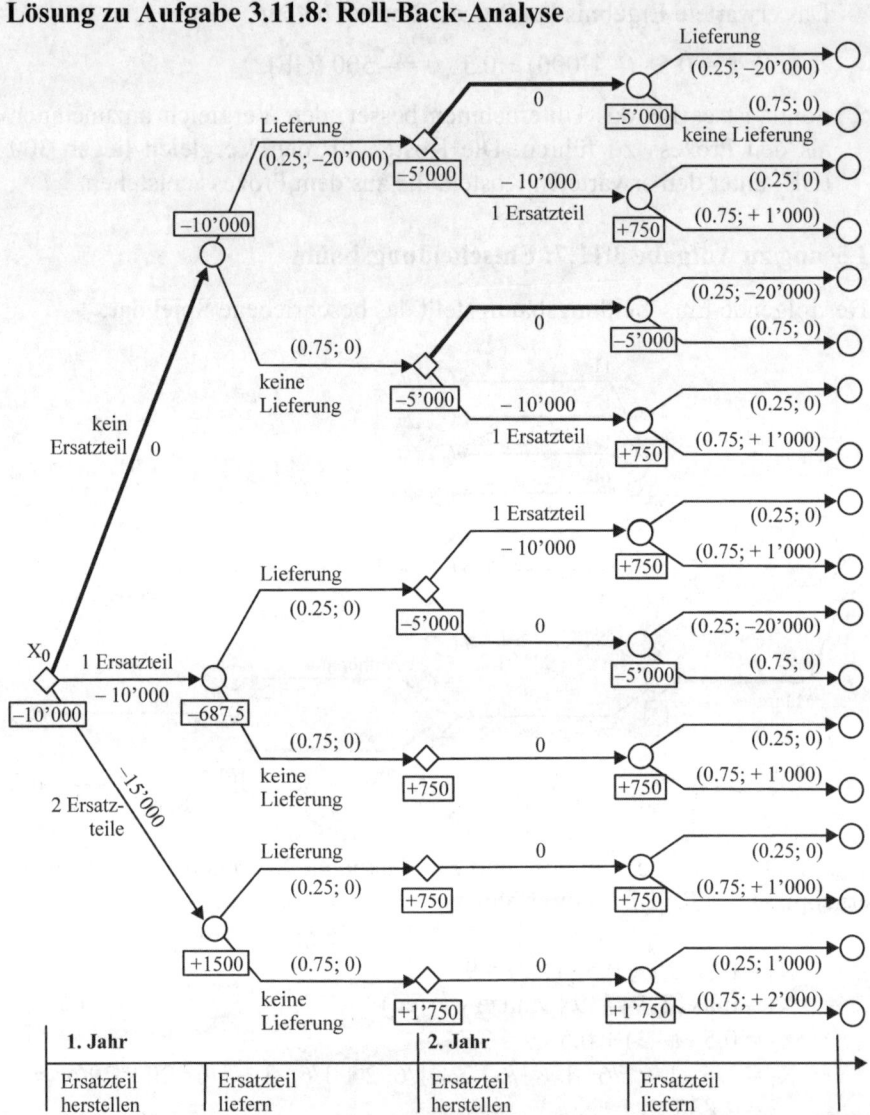

a) Der Entscheidungsbaum beschreibt die gegebene Situation. Das Tupel (p, x) bezeichnet dabei die Wahrscheinlichkeit für den entsprechenden Ast des Baumes und die dann fällige Auszahlung. Unter den Knoten stehen die Ergebnisse der Rückwärtsrechnung.

b) Im Baum ist der optimale Weg durch etwas dickere Striche gekennzeichnet. Somit sollte weder zu Beginn des ersten Jahres noch zu Beginn des zweiten Jahres ein Ersatzteil hergestellt werden. Die Konventionalstrafen sollen in Kauf genommen werden.

Lösung zu Aufgabe 3.11.9: Roll-Back-Analyse, Versicherung

a) Entscheidungsbaum aus Sicht des Klägers:

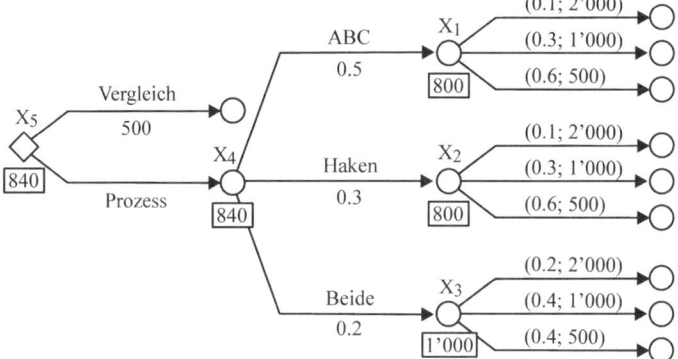

Der Kläger wählt bei Risikoneutralität den Prozess.
Anwaltskosten und dergleichen werden dabei nicht berücksichtigt.

b) Entscheidungsbaum aus Sicht der United Versicherungs AG:

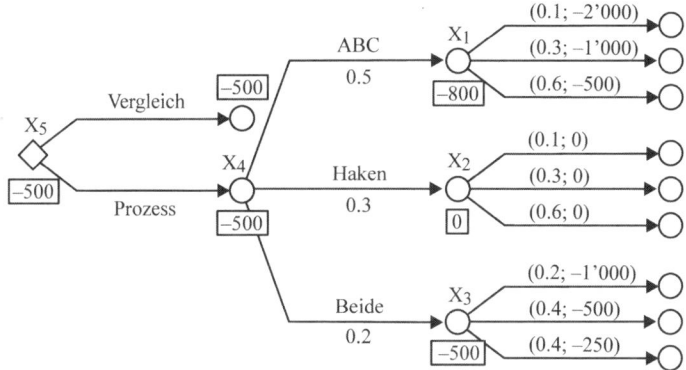

Aus Sicht der United Versicherungs AG ist das Vergleichsangebot bei Risikoneutralität ein faires Angebot.

c) Die Schadenshöhe und die dazugehörigen Wahrscheinlichkeiten können aus dem Baum in b) abgelesen werden:

Schadenshöhe	Wahrscheinlichkeiten	Kumulierte Wahrscheinlichkeiten
0	$0.30 = 0.3 \cdot (0.1 + 0.3 + 0.6)$	0.30
250	$0.08 = 0.2 \cdot 0.4$	0.38
500	$0.38 = 0.5 \cdot 0.6 + 0.2 \cdot 0.4$	0.76
1'000	$0.19 = 0.2 \cdot 0.2 + 0.5 \cdot 0.3$	0.95
2'000	$0.05 = 0.5 \cdot 0.1$	1.00

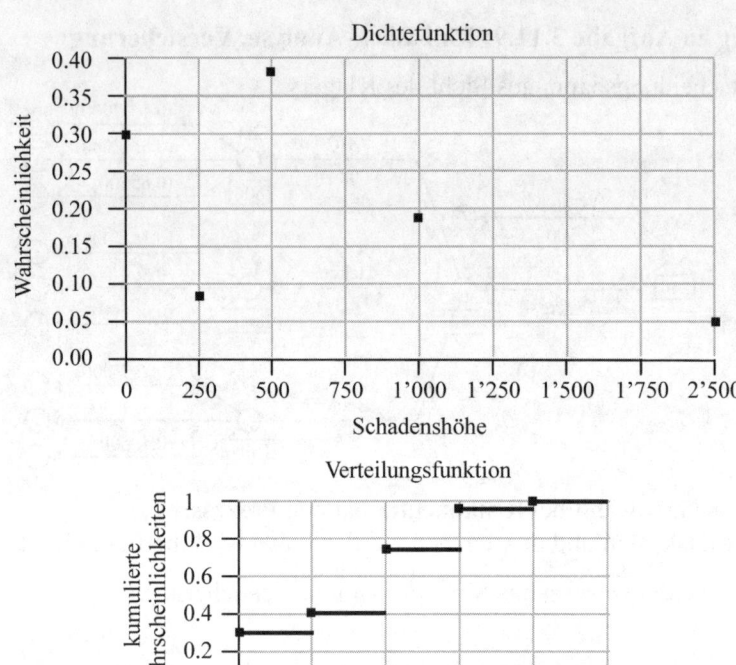

d) Diese Situation lässt sich auch mit Hilfe eine Entscheidungsbaums darstellen. Hierbei seien -X die Kosten für die vollständige Information.

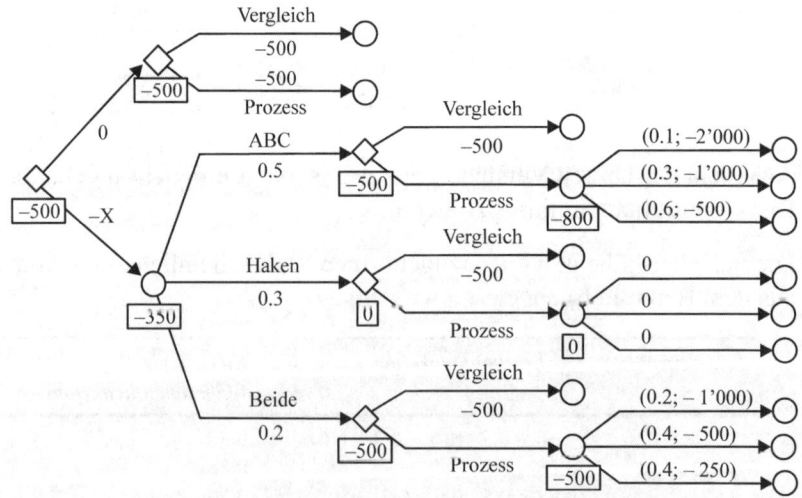

Damit beide Äste gleichwertig sind, darf also maximal –X = – 150 (GE)
für die vollkommene Information bezahlt werden.

Lösung zu Aufgabe 3.11.10: Roll-Back-Analyse, Diskontierung

Der dazugehörige Entscheidungsbaum sieht folgendermassen aus:

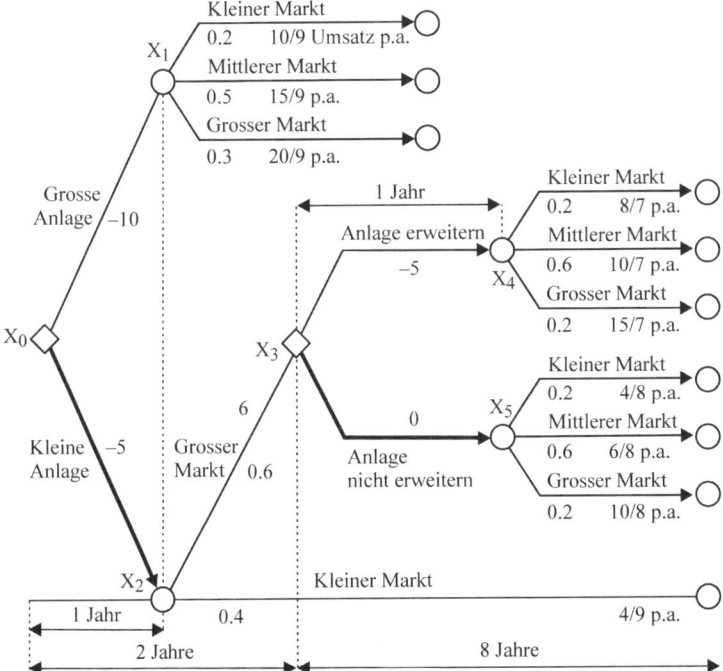

Zur Diskontierung benötigt man den Rentenbarwertfaktor bei $i = 10\%$ für 7, 8 und 9 Jahre:

	n *Jahre*	*Rentenbarwertfaktor*
$i = 10\,\%$	7	4.8684
	8	5.3349
	9	5.7590

Für die Bewertungen $f(X_i)$ der Knoten sind folgende Rechnungen nötig:

$$f(X_1) = 9.92 = 5.7590 \cdot (0.2 \cdot 10/9 + 0.5 \cdot 15/9 + 0.3 \cdot 20/9)$$
$$f(X_4) = 7.37 = 4.8684 \cdot (0.2 \cdot 8/7 + 0.6 \cdot 10/7 + 0.2 \cdot 15/7)$$
$$f(X_5) = 4.26 = 5.3349 \cdot (0.2 \cdot 4/8 + 0.6 \cdot 6/8 + 0.2 \cdot 10/8)$$
$$f(X_3) = 4.26 = \max \{(7.37/1.1 - 5); 4.26\}$$
$$f(X_2) = 6.62 = 5.7590 \cdot 0.4 \cdot 4/9 + 0.6 \cdot (4.26 + 6)/1.1$$
$$f(X_0) = 1.02 = \max \{(9.92/1.1 - 10); (6.62/1.1 - 5)\}$$

Somit wird die kleine Anlage gebaut und nicht erweitert. Die optimalen Entscheidungen sind in obigem Baum hervorgehoben.

Lösung zu Aufgabe 3.11.11:
Roll-Back-Analyse, exponentielle Nutzenfunktion

a) Der folgende Baum bildet die Entscheidungssituation ab:

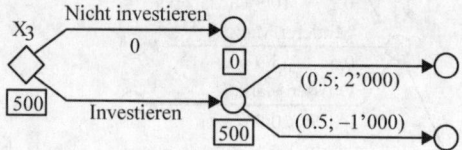

Nach dem Bayes-Prinzip orientiert sich der Entscheidende an der erwarteten Auszahlung und wird somit investieren, da hier die höchste Auszahlung erwartet wird: $\max\{0.5 \cdot 2'000 + 0.5 \cdot (-1'000); 0\} = 500$.

Nach dem Bernoulli-Prinzip werden die Auszahlungen mit Hilfe der Nutzenfunktion bewertet. Die allgemeine Form der Bernoulli-Nutzenfunktion lautet: $u(X) = a - b \cdot \exp(-X/R)$.

Im vorliegenden Fall gilt: $u(X) = 1 - \exp(-X/5'000)$.

Die optimale Entscheidung lautet auch hier investieren, da

$$\max\{0.5 \cdot (1-\exp(-2'000/5'000)) + 0.5 \cdot (1-\exp(1'000/5'000)); 0\} =$$
$$= \max\{0.05414; 0\} = 0.05414.$$

Das Sicherheitsäquivalent z_C ergibt sich aus dem Vergleich dieses Nutzenwertes mit dem Nutzen des Sicherheitsäquivalents.

Damit folgt: $u(z_C) = 1 - \exp(-X/5'000) = 0.05414$.

Somit ergibt sich: $z_C = -5'000 \cdot \ln(1-0.05414) = 278.3$.

Grundsätzlich kann das Sicherheitsäquivalent z_C auch über

$$z_C = \varepsilon\{X\} - \frac{\text{Varianz}(X)}{2 \cdot R} = 278.3$$

bestimmt werden. Kleinere Unterschiede im Ergebnis resultieren aus der dieser Formel zugrunde liegenden Näherung durch die Taylorentwicklung.

b) Solange der Nutzen aus der Aktienanlage grösser Null ist, wird investiert. Indifferenz herrscht bei:

$$0.5 \cdot (1-\exp(-2'000/R)) + 0.5 \cdot (1-\exp(1'000/R)) = 0 \quad \Leftrightarrow$$
$$\exp(-2'000/R) + \exp(1'000/R) = 2$$

Diese Bedingung ist für $R\to\infty$ erfüllt. Dann wäre jedoch $u(X) = 0 \ \forall X$. Damit werden für alle realistischen Werte von R Aktien gekauft.

c) X seien die Kosten für die vollständige Information. Der folgende Entscheidungsbaum beschreibt die Situation:

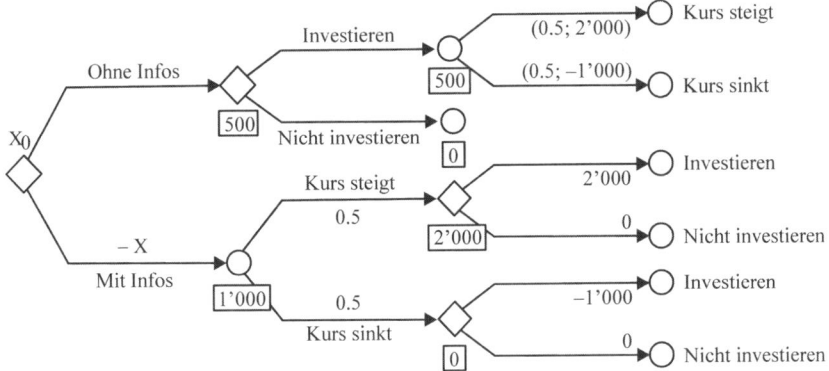

Bei einer Bayes-Lösung darf die Information nicht teurer als 500 (GE) sein.

Lösung zu Aufgabe 3.11.12:
Roll-Back-Analyse, bedingte Wahrscheinlichkeiten

Folgende Notation wird benutzt:

g: gutes Wetter;   s: schlechtes Wetter
V: Vormittag;   N: Nachmittag

Zudem gilt:

$p(gN / gV) = 0.8$ $p(sN / gV) = 0.2$
$p(gN / sV) = 0.2$ $p(sN / sV) = 0.8$

a) Satz von der totalen Wahrscheinlichkeit:

$$p_N = p(gN) = p(gN / gV) \cdot p(gV) + p(gN / sV) \cdot p(sV)$$
$$= 0.8 \cdot p_V + 0.2 \cdot (1 - p_V)$$
$$= 0.2 + 0.6 \cdot p_V$$

und damit

$$q_N = 1 - p_N = 0.8 - 0.6 \cdot p_V$$

b) Folgender Entscheidungsbaum beschreibt die Situation in Abhängigkeit von p_N, q_N, p_V und q_V:

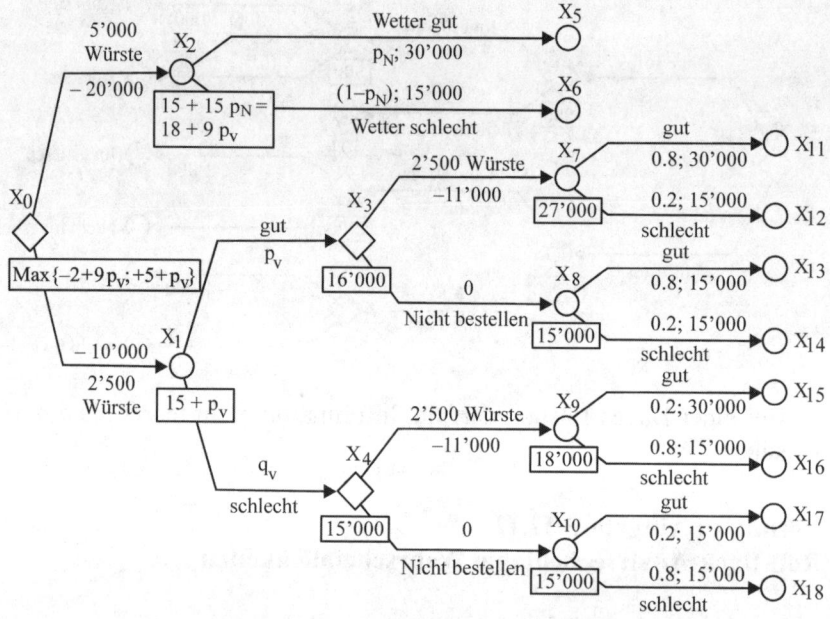

- Für $p_V = 0.5$ gilt in X_0: $\max\{2'500; 5'500\} = 5'500$.
  Somit sollten zuerst 2'500 Würste bestellt werden und der nächste Tag abgewartet werden.

- Für $p_V = 0.95$ gilt in X_0: $\max\{6'550; 5'950\} = 6'550$.
  Somit sollten sofort 5'000 Würste bestellt werden.

c) Folgende Bedingung muss erfüllt sein:

$$f(X_1) > f(X_2) \Leftrightarrow 5 + p_V > -2 + 9p_V \Leftrightarrow 7/8 > p_V \Leftrightarrow 0.875 > p_V$$

Solange die Wahrscheinlichkeit kleiner ist als 87.5%, dass am Vormittag des Spieltages gutes Wetter ist, sollte Herr X nicht alle Würste am Vortag bestellen.

Lösung zu Aufgabe 3.11.13: Entscheidung bei Unschärfe

a) Die Entscheidungssituation stellt sich folgendermassen dar:

	U_1	U_2	U_3	U_4	U_5	U_6	U_7
μ_1	0.80	0.60	0.20	1.00	0.65	0.90	0.75
μ_2	0.60	0.50	i_3	0.30	0.90	0.60	0.60
μ_3	0.20	0.90	0.70	0.60	n_5	0.70	0.85
min	0.20	0.50	$\{0.20; i_3\}$	0.30	$\{0.65; n_5\}$	0.60	0.60

Es muss gelten: $n_5 \geq 0.6$. Beim Wert 0.6 kann der Sieger nicht eindeutig bestimmt werden. Dann sind U_6 und U_7 gleichwertig.

b) Es muss gelten: $i_3 \leq 0.2$.
   Beim Wert 0.2 werden U1 und U_3 gleich schlecht bewertet.

c) Hier muss gelten: ($n_5 < 0.2$) und ($i_3 \geq 0.2$)

d) Unternehmen 6 und 7 teilen sich den ersten Platz:

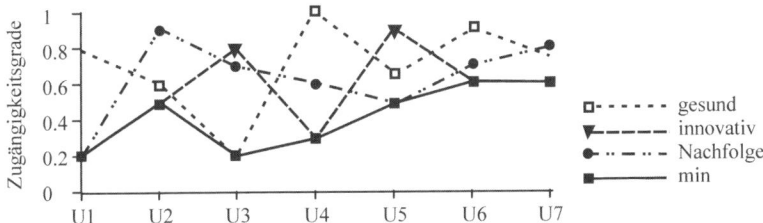

Lösung zu Aufgabe 3.11.14: Spielsituation

a) Die X AG wählt eine Minimax-Strategie:

			Spieler 2			
			G1 b1	G2 b2	G3 b3	min
Spieler 1	G1	a1	10	−10	−5	−10
	G2	a2	8	8	−5	−5
	G3	a3	5	5	**5**	**5**
		max	10	8	**5**	

Aus obiger Tabelle ist ersichtlich, dass die X AG Frau Müller die Gehaltsstufe 3 anbieten wird. Im Übrigen wird die Y AG Frau Müller das gleiche Angebot machen. Somit liegt ein Gleichgewichtspunkt mit einem Spielwert von fünf vor.

b) Das Angebot aller drei Gehaltsstufen sind für die X AG relevant.

c) Für die Y AG zeigt sich, dass b_1 sowohl von b_2 als auch von b_3 dominiert wird. Die Gehaltsstufe 1 wird die Y AG somit ganz sicher nicht anbieten.

Lösung zu Aufgabe 3.11.15: Subjektive Risikoschätzung

Es gelte folgende Notation:

M: Maschinenbau

T: Textilindustrie

m: mit Risiko

o: ohne Risiko

St: Stichprobe

Da gleich viele Unternehmen aus dem Maschinenbau und der Textilindustrie betrachtet werden, gilt $p(M) = p(T) = 0.5$. Eine Stichprobe vom Umfang zwölf könnte z.B. folgendermassen aussehen:

St = (oomomoomomoo).

Die Reihenfolge der Ereignisse ist irrelevant. Die Wahrscheinlichkeit, dass alle Unternehmen der Stichprobe aus entweder dem Maschinenbau bzw. der Textilbranche sind, berechnet sich zu:

$$p(St/M) = 0.7^8 \cdot 0.3^4 = 0.0004669$$
$$p(St/T) = 0.7^4 \cdot 0.3^8 = 0.0000158$$

Unter Anwendung des Satzes von Bayes ergibt sich nun die gesuchte Wahrscheinlichkeit:

$$p(M/St) = \frac{p(St/M) \cdot p(M)}{p(St/M) \cdot p(M) + p(St/T) \cdot p(T)}$$

$$= \frac{0.7^8 \cdot 0.3^4 \cdot 0.5}{0.7^8 \cdot 0.3^4 \cdot 0.5 + 0.7^4 \cdot 0.3^8 \cdot 0.5} = 0.976$$

Mit einer Wahrscheinlichkeit von 97.7% enthielt die Stichprobe Firmen des Maschinenbaus.

Lösung zu Aufgabe 3.11.16:
Risiken, Schadenshäufigkeit, Schadenhöhe und Schadensumme, Gesamtschaden

a) Folgende Kenngrössen und Häufigkeitsverteilungen lassen sich z. B. mit Excel oder SPSS ermitteln:

	Schadenshäufigkeit	Schadenshöhe
Anzahl der Fälle n	100	114
Mittelwert $\overline{X}$	0.34	40.35
Stichprobenvarianz σ^2	0.69	6233.50
Standardabweichung der Stichprobe σ	0.83	78.95

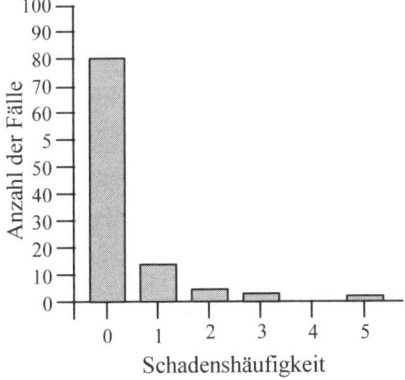

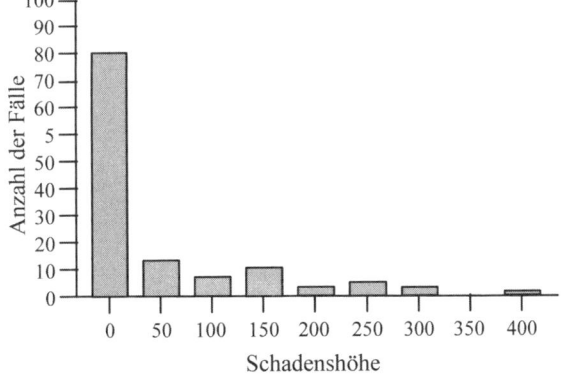

b) Betrachtet man alle 100 Kunden mit ihren jeweiligen Schäden gibt es insgesamt 114 Datensätze. Damit errechnet sich eine Korrelation von r = 0.597 zwischen Schadenshäufigkeit und Schadenshöhe. Diese hohe Korrelation ist nicht verwunderlich, da bei 80 Datensätzen kein Schaden aufgetreten ist. Deshalb ist es sinnvoller, die Korrelation nur über die 34 Datensätze zu berechnen, bei denen auch ein Schaden aufgetreten ist. Es folgt r = -0.153. Somit kann davon ausgegangen werden, dass Schadensfrequenz und -höhe unabhängig voneinander sind.

c) Von den Einzelwerten zu den Werten des Gesamtschadens mit n = 114:

$$\overline{X}_{Gesamtschaden} = n \cdot \overline{X}_{Einzelschaden} = 114 \cdot 40.35 = 4'600$$
$$\sigma_{Gesamtschaden} = \sqrt{n} \cdot \sigma_{Einzelschaden} = \sqrt{114} \cdot 78.95 = 843$$

d) Die Prämie bezieht sich auf die einzelnen Kunden. Somit ergibt sich eine Prämie von 46 (TGE):

$$\frac{Gesamtschadenssumme}{Anzahl\,der\,Kunden} = \frac{4'600}{100} = 46$$

e) Eine gezielte Beeinflussung des Risikos ist möglich durch die

- Risikovermeidung, z. B. dadurch dass nicht allen anfragenden Unternehmen eine Police angeboten wird, und durch die

- Risikoreduktion, z.B. dadurch dass den Kunden Auflagen bezüglich der Handhabung der Maschinen gemacht werden.

8.4 Lösungen zu Kapitel 4

Lösung zu Aufgabe 4.5.1: Fehlerbaumanalyse

a)   Fehlerbaum:

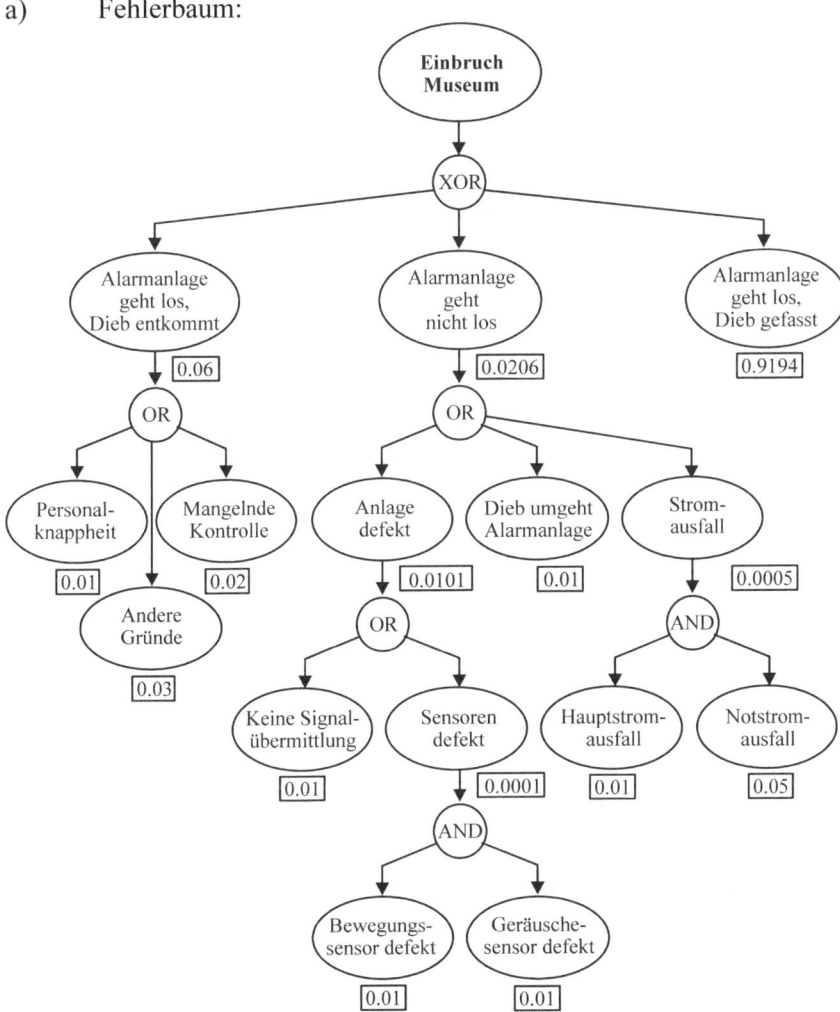

b) Wahrscheinlichkeiten:

- p(Alarmanlage fällt aus) =
  = [0.01· 0.01 + 0.01] + [0.01· 0.05] + [0.01] = 0.0206

- p(Polizei erscheint zu spät am Tatort) =
  = 0.01 + 0.02 + 0.03 = 0.06

- p(Diebe werden gefasst) =
  = 1 − (0.0206 + 0.06) = 0.9194

c) Erwartungswert und Varianz:

$$\varepsilon\{\text{Schaden}\} \;=\; 1\text{ Mio} \cdot 0.0206 + 1\text{ Mio} \cdot 0.06 + 0\text{ Mio} \cdot 0.9194 =$$
$$= 80'600\ (\text{GE})$$

$$\text{Var(Schaden)} = (1\text{ Mio} - 80'600)^2 \cdot 0.0206 +$$
$$+ (1\text{ Mio} - 80'600)^2 \cdot 0.06 +$$
$$+ (0\text{ Mio} - 80'600)^2 \cdot 0.9194 = 62'158 \cdot 10^6\ (\text{GE}^2)$$

$$\sigma(\text{Schaden}) \;=\; 249'315.33\ (\text{GE})$$

Lösung zu Aufgabe 4.5.2: SWOT-Analyse

Es gibt mehrere Lösungen. Ein Vorschlag:

	Interne Stärken: – breite, aktuelle Produkt-palette – sehr flexibles Arbeits-zeitmodell für die MitarbeiterInnen – gute F&E, hochwertige Motoren	Interne Schwächen: – fehlgeschlagene Markt-platzierung des Phaeton – Absatzschwäche beim neu eingeführten Golf V
Externe Chancen: – riesiger Absatzmarkt in China – Gemeinschaftsentwick-lungen mit anderen Automobilherstellern	**Strategievorschlag:** Versuchen, ausgewählte Fahrzeuge auf dem chinesischen Markt zu platzieren.	**Strategievorschlag:** Produktpalette besser auf spezifischen Markt abstimmen. Dem eigenen Image treu bleiben. Zugleich Zusammenarbeit anstreben, um die Entwick-lungskosten zu reduzieren.
Externe Risiken: – hohe Benzinpreise – massiver Preisdruck – weniger Kundentreue – scharfe Konkurrenz durch in- und aus-ländische Automobil-hersteller	**Strategievorschlag:** Gezielte Weiterentwick-lung von benzinsparenden und umweltschonenden Motoren.	**Strategievorschlag:** Preisnachlass oder gezielte Modellaufwertung beim Golf V.

Lösung zu Aufgabe 4.5.3: Balanced Scorecard

Es gibt mehrere Lösungen. Ein Vorschlag:

Perspektive	Strategische Ziele	Kennzahlen
Finanzen	– Umsatzverdoppelung in 5 Jahren – Cash-Flow verdoppeln in 3 Jahren	– Wachstumsrate mit neu entwickelten Produkten – Gewinnspanne in bestehenden Märkten
Kunden	– Partner der Kunden werden – Qualitätssteigerung	– Marktanteil, Kundentreue – Reklamationen
Interne Prozesse	– mehr Automatisierung – schnellere Umsetzung von Entwicklungsaufträgen	– Automatisierungsgrad – kürzere Entwicklungszeiten
MitarbeiterInnen	– Intensiverer Know-How-Aufbau – Stärkung der Mitarbeiterloyalität	– Teilnahme an Schulungsmassnahmen – Fluktuation

Lösung zu Aufgabe 4.5.4: Szenarioanalyse, Kausaldiagramm

Es gibt mehrere Lösungen. Ein Vorschlag:

a) Einflussbereiche und Deskriptoren:

Einflussbereiche	Deskriptoren
Gesetzgebung	Abgasnormen Mindest- und Höchstalter für Fahrerlaubnis
Wirtschaft	Verfügbares Einkommen Kostenstruktur
Kunden	Sicherheitsansprüche Mobilitätsbedarf
Technologie	Energietechnik Werkstofftechnik
Umwelt	Treibhauseffekt Flächenversiegelung
Substitution	Öffentlicher Verkehr (nah und fern) Fahrrad Flugzeug

b) Kausaldiagramm:

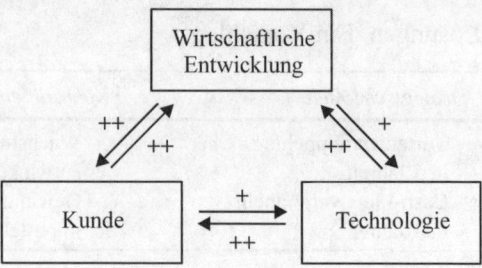

Ist die wirtschaftliche Entwicklung schlecht, wie z.B. in den Jahren 2003/2004 in Deutschland, so drückt sich dies direkt im Konsumverhalten der Käufer aus. Geplante Anschaffungen werden verschoben oder ganz gestrichen. Dadurch wird der Negativtrend der Wirtschaft weiter verstärkt.

Eine gute wirtschaftliche Entwicklung wirkt auf die Konsumenten entsprechend, jedoch mit umgekehrtem Vorzeichen. Bei schlechten wirtschaftlichen Bedingungen wird in der Regel weniger in die Technologieentwicklung investiert, da den Unternehmen vielfach das Geld dazu fehlt. Neue technologische Entwicklungen können jedoch die Wirtschaft vehement ankurbeln.

Während der Kunde nur in einem gewissen Rahmen durch seine Kundenwünsche Einfluss auf die Technologie nehmen kann, können neue technische Entwicklungen das Kaufverhalten entscheidend beeinflussen (vgl. auch von Reibnitz 1987, S. 85-112).

Lösung zu Aufgabe 4.5.5: Kenngrössen

Es gibt mehrere Lösungen. Ein Vorschlag:

Kenngrössen für den IT-Bereich:

Software	Software-Kompatibilität
	Software-Funktionalität
Hardware	Hardware-Kompatibilität
	Hardware-Funktionalität
Management	Schnittstellenmanagement
	Datensicherheit
	Datenschutz
Personal	Aktuelles Know-How
	Lernbereitschaft

Kenngrössen für den F&E-Bereich:

Strategisches Innovationsprogramm	F&E-Strategie F&E-Marktforschung F&E-Partnerschaften F&E-Anreizsysteme
Operatives Innovationsprogramm	F&E-Ideenmanagement F&E-Projektcontrolling
Innovationsleistung	Innovationsquote Zahl Patente pro Jahr Zahl vergebener Lizenzen
F&E-Projektprogramm	Projektattraktivität Projektrisiko
F&E-Personal	Aktueller Ausbildungsstand Lernwilligkeit

Lösung zu Aufgabe 4.5.6: Morphologischer Kasten

Es gibt mehrere Lösungen. Ein Vorschlag:

Baugruppen	*Mögliche Ausprägungen*				
Reifen	Vollgummi	Aufschäumung	Ballonreifen		
Rahmenform	Dreirad	Sattel	Sitzbank	Liegebank	Kabine
Schaltung	Kette	Narbe	Keine	Automatik	
Kraftüber- tragung	Kette	Zahnriemen	Kardanwelle	Motor	Kombi- nation
Gepäck- transport	Taschen	Körbe	Anhänger	Rahmenaus- buchtungen	

Es muss nun diskutiert werden, welche Ausprägungen der Baugruppen sinnvoll kombiniert werden können.

8.5 Lösungen zu Kapitel 5

Lösung zu Aufgabe 5.7.1: Schadensanalyse

a) Einen ersten grafischen Eindruck von den Daten erhält man aus Streu-
   diagrammen von je zwei Variablen. Bei vier Variablen ergeben sich
   insgesamt sechs Streudiagramme, von denen zwei nachfolgend abgebildet sind:

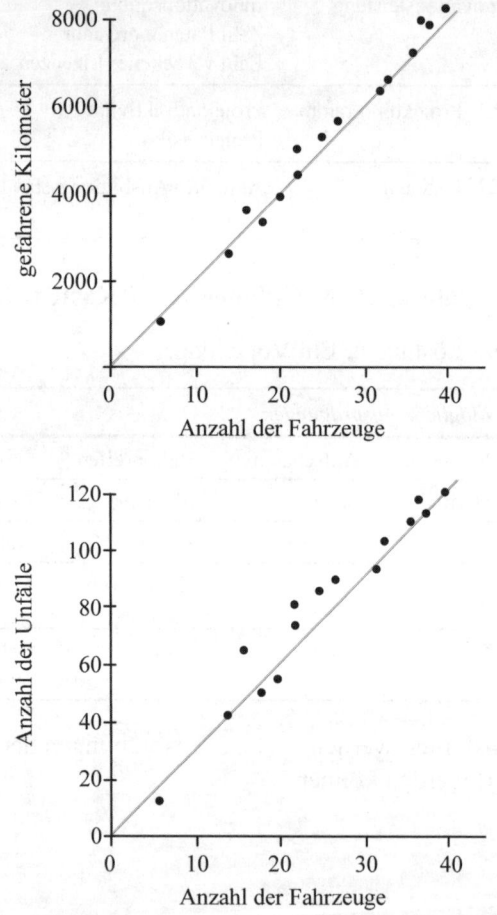

Bei allen sechs Kombinationen deuten die Datenpunkte in den Diagrammen auf starke lineare Zusammenhänge hin.

b) Mit SPSS oder Excel ergibt sich folgende Korrelationsmatrix zwischen den Variablen:

Korrelationen	Anzahl der Fahrzeuge	gefahrene Kilometer	Unfall-zahl	Ø-Schadens-höhe
Anzahl der Fahrzeuge	1	0.993	0.973	0.972
Gefahrene Kilometer	0.993	1	0.988	0.977
Unfallzahl	0.973	0.988	1	0.963
Ø-Schadenshöhe	0.972	0.977	0.963	1

Sämtliche Korrelationen sind bei einem α-Fehler von 1% signifikant von Null verschieden. Bei der Interpretation der Korrelationen muss gefragt werden, welche Korrelationen kausal begründet bzw. welche eher durch Scheinkorrelationen verursacht sind. Die Schadenshöhe hängt z.B. trotz hoher Korrelationen nicht von der Anzahl der Fahrzeuge oder der gefahrenen Kilometer ab. Vielmehr wird sie stark an die Fahrzeugpreise gekoppelt sein.

c) Beide Regressionsmodelle weisen auf einen signifikanten Einfluss der unabhängigen auf die abhängige Variable hin. Die R^2-Werte betragen 0.976 bzw. 0.986.

Konkret ergeben sich folgende Zusammenhänge:

Anzahl der Unfälle   = 3.175 + 14.644 · gefahrene Kilometer
gefahrene Kilometer = − 0.05 +   0.208 · Anzahl der Fahrzeuge

d) Kausaldiagramm:

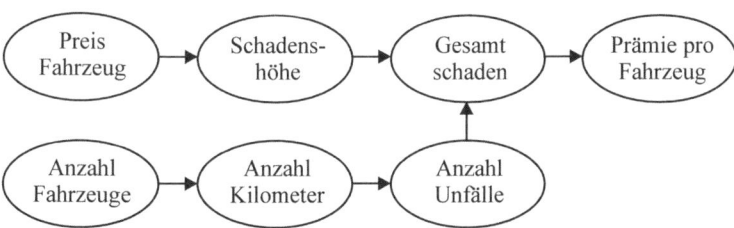

e) Prämie pro Fahrzeug oder Flotte =
= erwarteter Schaden pro Fahrzeug oder Flotte +
+ Verwaltungsaufschlag + Risikoaufschlag + Gewinnaufschlag

Lösung zu Aufgabe 5.7.2: Schadenshäufigkeit

Angenommen wird eine Poisson-Verteilung mit Erwartungswert $\lambda = 30$ für die Anzahl der Schadensfälle y. Die Wahrscheinlichkeit berechnet sich mit Hilfe der Dichtefunktion zu:

$$P(y = 20) = f(20) = e^{-30}\,\frac{30^{20}}{20!} = 0.0134$$

Entsprechend ergibt sich $P(y = 40) = 0.0139$. Die Wahrscheinlichkeit dafür, dass im nächsten Jahr 20 oder 40 Schadensfälle auftreten, beträgt also jeweils nur etwas über ein Prozent.

Lösung zu Aufgabe 5.7.3: Simulation Prozessrisiken

Ausgangssituation und analytisches Modell bei Unabhängigkeit der Kostengrössen und bei $p = 0.4$:

Dreiecksverteilung	a	m	b	ε{Y}	Var(Y)	s(Y)
Ext. PK (E)	200	400	500	366.67	3'888.89	62.36
Int. PK (E)	1'000	3'000	4'500	2'833.33	513'888.89	716.86
PK Erfolg				3'200.00	517'777.78	719.57
Ext. K (M)	50	75	100	75.00	104.17	10.21
Int. K (M)	100	200	300	200.00	1'666.67	40.82
Schaden (M)	5'000	10'000	13'000	9'333.33	2'722'222.22	1'649.92
KostenMisserfolg				9'608.33	2'723'993.06	1'650.45
GKProzess				7'045.00		
Gewinnw. p	0.3	0.4	0.8			

Ext. PK (E):   ExterneProzesskosten bei Erfolg;
Int. PK (E):   InterneProzesskosten bei Erfolg;
PK Erfolg: ProzesskostenErfolg;
Ext. K (M):   ExterneKostenMisserfolg;
Int. K (M):   InterneKostenMisserfolg;
Schaden (M): BetragSchaden bei Misserfolg;
GKProzess: GesamtkostenProzess;
Gewinnw. p: Prozessgewinnwahrscheinlichkeit p;

a: pessimistischer Wert der Dreiecksverteilung;
m: häufigster Wert;
b: optimistischer Wert;
ε{Y}:   Erwartungswert der Kostengrösse;
Var(Y):   Varianz der Kostengrösse;
s(Y):   Standardabweichung der Kostengrösse.

a) Für jede Kostengrösse wird zuerst eine [0,1]-gleichverteilte Zufallsvariable z gezogen, die dann in eine (a, m, b)-dreiecksverteilte Grösse y transformiert wird.

Die Transformationsformel hierbei lautet (vgl. Kapitel 5.4.4):

$$y = a + (z \cdot (b - a)(m - a))^{1/2} \quad \text{für } z \leq (m - a) / (b - a)$$
$$y = b - ((1 - z) \cdot (b - m)(b - a))^{1/2} \quad \text{für } z > (m - a) / (b - a)$$

Ein Excel-Arbeitsblatt zur Darstellung des Simulationsmodells bei $n = 15$ Simulationen könnte wie folgt aussehen:

Simulation	1	2	... 15	$\varepsilon\{Y\}$	$s(Y)$
z	0.34	0.62			
Ext. PK (E)	344.46	393.12		361.47	65.30
z	0.62	0.80			
Int. PK (E)	3'087.62	3'482.85		2'987.84	607.46
PK Erfolg	3'432.08	3'875.96		3'349.31	630.41
z	0.59	0.82			
Ext. K (M)	76.51	85.05		75.69	8.77
z	0.91	0.51			
Int. K (M)	257.67	201.39		183.76	35.22
z	0.25	0.60			
Schaden (M)	8'147.36	9'889.42		9'532.26	1'672.72
KostenMisserfolg	8'481.53	10'175.86		**9'791.72**	**1'667.48**
z = p	0.35	0.14			
E/M	E	E			
GKProzess	3'432.08	3'875.96		**7'031.64**	**3'854.80**

z:	[0,1]-gleichverteilte Zufallszahl;
p:	zufällige Prozessgewinnwahrscheinlichkeit;
E/M:	Erfolg oder Misserfolg;
GKProzess:	GesamtkostenProzess.

Die wichtigen Schätzwerte sind in obiger Simulationstabelle hervorgehoben.

b) Ein Konfidenzintervall KI berechnet sich bei Annahme der Normalverteilung wie folgt:

$$KI = \left[\mu - t_{\alpha/2,(n-1)} \cdot \frac{s}{\sqrt{n}} ; \mu + t_{\alpha/2,(n-1)} \cdot \frac{s}{\sqrt{n}} \right]$$

Der Wert $t_{\alpha/2,(n-1)}$ entspricht dem Fraktilswert der entsprechenden t-Verteilung und beträgt hier 2.145; μ entspricht dem Erwartungswert s der Standardabweichung.

Unter Verwendung der empirischen Erwartungswerte und Varianzen aus der obigen Simulationstabelle ergeben sich folgende Konfidenzintervalle:

KI(GesamtprozessKosten)   = [4'896.92; 9'166.36]
KI(ProzesskostenErfolg)   = [3'000.20; 3'698.42]
KI(KostenMisserfolg)   = [8'868.30; 10'715.14]

c) Die Anzahl der Simulationen entspricht dem Umfang einer Stichprobe n. Somit ergibt sich für n:

$$n = \frac{t_{\alpha/2,(n-1)} \cdot s^2}{e^2}$$

e entspricht dem absoluten zulässigen Fehler und beträgt hier ein Prozent des Erwartungswertes. Das entspricht einem Werte von

e = 0.01 · (7'031.64) = 70.31.

Damit ergibt sich ein n von etwa 13'825.

d) In der Simulation werden die *GesamtkostenProzess* nun nicht mehr in Abhängigkeit vom festen Wert p = 0.4 ermittelt. Man variiert p in kleinen Schritten von 0 bis 1 und berechnet die jeweiligen *Gesamtkosten-Prozess*. Man erhält so die folgende Kurvenverläufe für den Mittelwert und die Standardabweichung der Variablen *GesamtkostenProzess*:

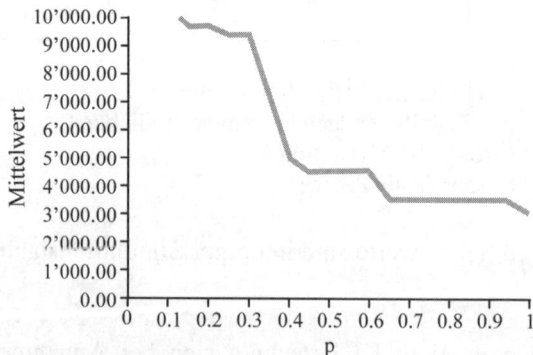

Wie dies auch zu erwarten ist, nehmen die *GesamtkostenProzess* mit steigender Gewinnwahrscheinlichkeit p ab.

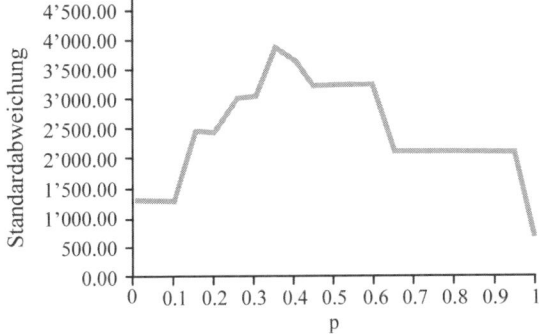

Die Standardabweichung der Variablen *GesamtkostenProzess* ist bei p = 0.4 am höchsten und fällt nach beiden Seiten ab.

e) Die Unabhängigkeitsannahme für die Erfolgswahrscheinlichkeit p wird nun aufgegeben; sie ist nun eine Funktion von *ExterneProzesskosten:*

p = f(Ext. PK(E))

Folgende Rechnungen werden ausgeführt:

1. Beginne mit der [0,1]-gleichverteilten Zufallsvariablen, aus der die *ExterneProzesskosten* berechnet wurden.

2. Transformiere diese Zufallszahl in eine standardnormalverteilte Zufallszahl z_{ext}.

3. Erzeuge eine neue beliebige standardnormalverteilte Zufallszahl z_{neu}.

4. Berechne die korrelierte standardnormalverteilte Zufallszahl z_{korr} nach folgender Formel:

$$z_{korr} = r \cdot z_{ext} + z_{neu} \cdot (1 - r^2)^{1/2}$$

r entspricht dem gegebenen Korrelationskoeffizienten.

5. Transformiere z_{korr} in eine [0,1]-gleichverteilten Zufallszahl.

6. Transformiere die gleichverteilte Zufallszahl in die gewünschte dreiecksverteilte Gewinnwahrscheinlichkeit p(a, m, b).

7. Führe mit dem so erhaltenen p die Simulation weiter wie unter a) beschrieben und bestimme bei jeder Simulation mit zufällig geändertem p, ob der Prozess gewonnen oder verloren wird.

Mit Hilfe des T-Tests bei zwei unabhängigen Stichproben (vgl. z. B. Toutenburg 2000, S. 142-145) wurde überprüft, ob sich die Mittelwerte der Variablen *GesamtkostenProzess* bei unkorrelierter und korrelierter Gewinnwahrscheinlichkeit p unterscheiden. Bei nur 30 Einzelsimulationen ergab sich ein α-Fehler von weniger als 5%. Damit kann die

Nullhypothese der Gleichheit der Mittelwerte beider Stichproben abgelehnt werden. Folgende Tabelle beschreibt die beiden unabhängigen Stichproben:

	n	$\varepsilon\{Y\}$	s(Y)
unkorreliert	30	7'491.13	3'531.93
korreliert	30	5'775.43	3'835.87

Zudem wurde für 20 Simulationsläufe mit je 15 Einzelsimulationen überprüft, ob die Anzahl der Erfolge (E) beim Prozessausgang bei unkorreliertem und korreliertem p gleich sind. Diese Nullhypothese kann sogar mit einer Irrtumswahrscheinlichkeit von nur 1% abgelehnt werden.

Die folgende Tabelle beschreibt die beiden unabhängigen Stichproben:

	n	$\varepsilon\{E\}$	s(E)
unkorreliert	20	6.0	1.78
korreliert	20	8.1	1.65

Damit spricht viel für die Hypothese, dass teure Anwälte die externen Prozesskosten wert sind.

Lösung zu Aufgabe 5.7.4: Simulation Entscheidungsbaum

Der Entscheidungsbaum zur Aufgabe ist als Abb. 3.12. in Kapitel 3.5 dargestellt. Bei den Entscheidungen des Marktes (O) entscheidet der Zufall. In jedem der vier Zufallsknoten x_1, x_2, x_4 und x_5 wird die Entscheidung über eine [0,1]-gleichverteilte Zufallszahl z_i (i=1,4,5,2) „ausgewürfelt". Die Berechnung des Gesamtgewinns erfolgt mit Hilfe des Roll-Back-Verfahrens. Der Gewinn am Knoten x_i (G_{xi}) beträgt:

$$G_{x1} = \begin{cases} 10 & 0 < z_1 \le 0.2 \\ 15 & \text{für } 0.2 < z_1 \le 0.7 \\ 20 & 0.7 < z_1 \le 1 \end{cases} \quad G_{x4} = \begin{cases} 8 & 0 < z_4 \le 0.2 \\ 10 & \text{für } 0.2 < z_4 \le 0.8 \\ 15 & 0.8 < z_4 \le 1 \end{cases}$$

$$G_{x5} = \begin{cases} 4 & 0 < z_5 \le 0.2 \\ 6 & \text{für } 0.2 < z_5 \le 0.8 \\ 10 & 0.8 < z_5 \le 1 \end{cases} \quad G_{x3} = \max\{(G_{x4} - 5); G_{x5}\}$$

$$G_{x2} = \begin{cases} G_{x3} + 6 & 0 < z_2 \le 0.6 \\ 4 & \text{für } 0.6 < z_2 \le 1 \end{cases} \quad G_{x0} = \max\{(G_{x1} - 10); (G_{x2} - 5)\}$$

Ein Simulationslauf kann folgendem Schema entsprechen:

i	1	4	5	3	2	0
z_i	0.43	0.75	0.07	—	0.78	—
G_{xi}	15	10	4	5	4	5

Nach 10 Simulationsläufen ist der Mittelwert und die Varianz von G_{x0} zu bilden. Nachfolgende Abbildung zeigt eine mögliche Dichtefunktion mit $\varepsilon\{G_{x0}\} = 6.7$ und $\text{Var}(G_{x0}) = 10.21$.

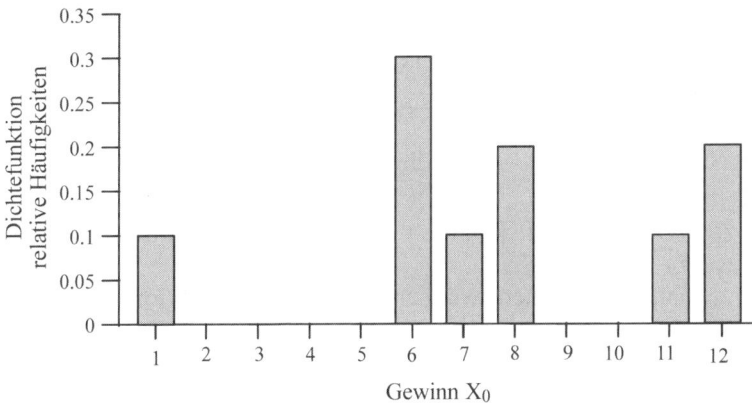

Lösung zu Aufgabe 5.7.5: Konkursversicherung bei vier Unternehmen

Der Entscheidungsbaum für zwei Unternehmen ist in Abb. 5.23. dargestellt. Bei vier Unternehmen kann der reduzierte Baum (rechtes Bild in Abb. 5.23.) für die Berechnung der Faltung der Verteilung von zwei Unternehmen auf vier Unternehmen verwendet werden.

(Nachfolgend Teil 1 der Abbildung,
Teil 2 der Abbildung auf der folgenden Seite

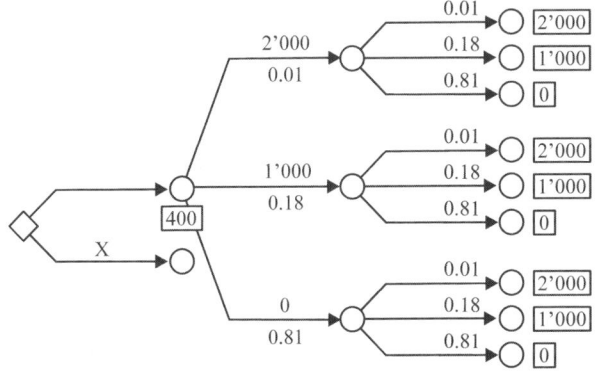

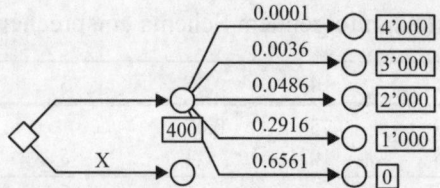

a) Über den Entscheidungsbaum können folgende Werte direkt berechnet werden:

	$\varepsilon\{...\}$	Var$\{...\}$	$\sigma\{...\}$
Gesamtschaden der vier Unternehmen	400	360'000	600
Schaden des Einzelrisikos	100	90'000	150

b) Das Sicherheitsäquivalent für die Versicherung berechnet sich aus:

$$z_C \equiv \sum_{i=1}^{4} \varepsilon\{X_{i1}\} - 4 \cdot \text{Pr}\,\text{ämie} + \frac{1}{2R} \sum_{i=1}^{4} \text{Var}\{X_{i1}\} = 400 - 480 + 36 = -44$$

Bei der angenommenen exponentiellen Nutzenfunktion ergibt sich für die Versicherungsgesellschaft ein Nutzen von 44 Nutzeneinheiten. Die Verträge sind somit für sie interessant.

Lösung zu Aufgabe 5.7.6: Prämie Konkursversicherung

Für ein Unternehmen gilt:

$$\varepsilon\{X_{11}\} = 100 \qquad \text{Var}\{X_{11}\} = 90'000 \qquad \sigma\{X_{11}\} = 300$$

Für n Unternehmen gilt:

$$\varepsilon\{X_{Ges}\} = \varepsilon\left\{\sum_{i=1}^{n} X_{il}\right\} = \sum_{i=1}^{n} \varepsilon\{X_{i1}\} = n \cdot \varepsilon\{X_{11}\} = n \cdot 100$$

$$\text{Var}(X_{Ges}) = \text{Var}\left(\sum_{i=1}^{n} X_{il}\right) = \sum_{i=1}^{n} \text{Var}(X_{il}) = n \cdot \text{Var}(X_{11}) = n \cdot 90'000$$

$$\sigma(X_{Ges}) \quad - \sqrt{n} \cdot \sigma_{11} = \sqrt{n} \cdot 300$$

Die Gesamtprämie (GP) setzt sich folgendermassen zusammen:

GP = erwarteter Gesamtschaden + Risikozuschlag +
 + Transaktionskosten + Gewinnaufschlag

Das entspricht:

$$\text{GP} = \varepsilon\{X_{Ges}\} + 3 \cdot \sigma\{X_{Ges}\} + 40 \cdot n + 20 \cdot n = 160 \cdot n = 160 + 900 \cdot \sqrt{n}$$

a) Somit ergibt sich bei tausend Unternehmen ein erwarteter Gesamt-schaden von 100'000 (GE). Die Gesamtvarianz ist 90'000'000 (GE^2).

b) Die Standardabweichung pro Einzelvertrag (σ_E) ergibt sich aus:

$$\sigma_E = \frac{\sigma_{Ges}}{1'000} = \frac{\sigma(X_{11})}{(1'000)^{1/2}} = 9'486.83$$

c) Der Gesamtprämienbetrag beträgt 188'460.50 (GE).
   Damit ergibt sich pro Vertrag eine Einzelprämie (EP) von 188.46 (GE).

d) Bei 10'000 Unternehmen ist entsprechend zu verfahren:

$$
\begin{aligned}
\varepsilon\{X_{Ges}\} &= 1'000'000 \\
Var(X_{Ges}) &= 900'000'000 \\
\sigma(X_{Ges}) &= 30'000 \\
\sigma_E &= 3 \\
GP &= 1'690'000 \\
EP &= 169
\end{aligned}
$$

Lösung zu Aufgabe 5.7.7: Simulation Gesamtrisiko

a) Sei z_i eine [0,1]-gleichverteilte Zufallszahl und $zz = \sum_{i=1}^{12} z_i$.

Dann kann die (μ,σ)-normalverteilte Zufallszahl y über

$$y = \sigma \cdot (zz - 6) + \mu$$

berechnet werden. Die lognormalverteilte Zufallszahl v ergibt sich aus

$$v = e^y.$$

Eine exponentialverteilte Zufallszahl w mit Parameter λ erhält man über folgende Transformation:

$$w = \frac{\ln(1 - z_i)}{-\lambda}$$

Das Klumpenrisiko wird durch z_i simuliert.

Gilt $0 \le z_i \le 0.8$, dann ist $M = 1$, für $0.8 < z_i \le 0.95$ ist $M = 2$ und bei $0.95 < z_i \le 1.0$ ist $M = 3$.

Nach diesen Vorüberlegungen kann die Eintrittszeit des Risikos, die Anzahl der Risiken pro Ereignis und die Schadenshöhe berechnet werden. Folgende Abbildung zeigt die Struktur des Prozesses.

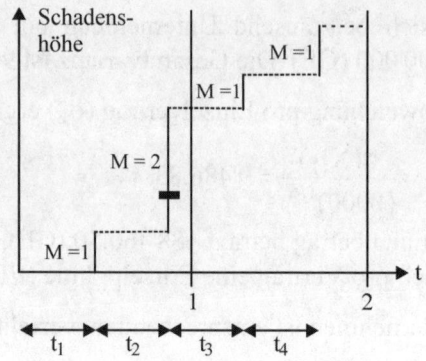

Nachfolgende Tabelle zeigt den Simulationsansatz:

n	t	kum. t	M	X_{1t}	X_{2t}	X_{3t}	GR
1	0.01	0.01	3	19.49	20.67	19.44	59.60
2	0.07	0.08	1	20.88	—	—	80.48
3	0.02	0.10	1	50.81	—	—	131.29
4	0.07	0.17	1	24.21	—	—	155.50
5	0.51	0.68	2	37.09	38.53	—	231.12
6	0.32	**1.00**	1	35.85	—	—	**266.97**
7	0.62	1.62	1	122.70	—	—	389.68
8	0.22	1.83	1	24.25	—	—	413.93
9	0.48	**2.32**	1	4.80	—	—	418.73

n: Anzahl der Simulationen;
t: Zeitspanne;
kum. t: kumulierte Zeit;
M: Risikoanzahl;
X_{it}:   i-te Risikohöhe nach der t-ten Zeitspanne;
GR: Gesamtrisiko.

Bei der sechsten Simulation wird die Einjahresfrist sogar genau getroffen. Das Gesamtrisiko beträgt dann 266.97 (GE).

b) Nun sollen zwei Jahre simuliert werden, d.h. die kumulierte Zeit muss den Wert 2 erreichen oder erstmals übersteigen In obiger Tabelle ist das nach neun Simulationen der Fall. Es werden 10 Simulationen nach dem Schema aus a) durchgerechnet. Aus den so erhaltenen 10 erwarteten Gesamtrisiken werden Erwartungswert und Varianz berechnet. Beispielhafte Ergebnisse sind:

$$\varepsilon\{GR\} = 342.08 \quad Var(GR) = 23'954.58 \quad \sigma(GR) = 154.77$$

c) Der erste Simulationslauf ist beispielhaft in a) wiedergegeben. Risikoanzahl und Risikohöhe verhalten sich wie folgt:

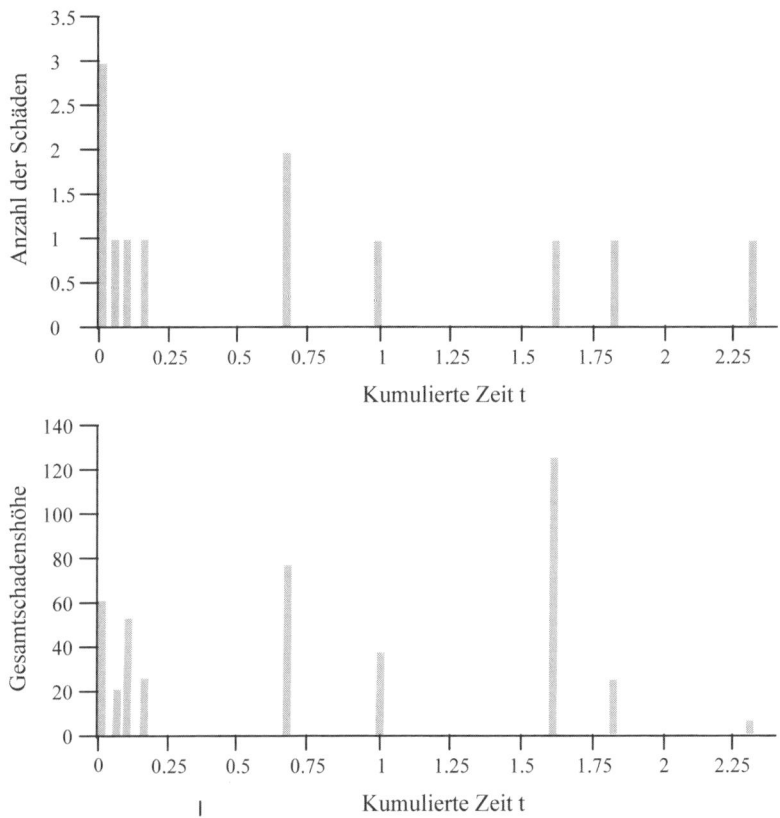

Lösung zu Aufgabe 5.7.8: Veranschaulichung Portfolio-Optimierung

a) Für unabhängige Zufallsvariablen X und Y sowie konstante Werte a, b und c gilt:

$$\varepsilon\{aX+bY+c\} = a \cdot \varepsilon\{X\} + b \cdot \varepsilon\{Y\} + c$$
$$Var(aX+bY+c) = a^2 \cdot Var(X) + b^2 \cdot Var(Y)$$

Daraus folgen die Erwartungswerte und Streuungsmasse für die beiden Renditen:

$$\varepsilon\{R_1\} \equiv 6 + 1.4 \cdot 12.5 = 23.5$$
$$\varepsilon\{R_2\} \equiv 4 + 0.8 \cdot 12.5 = 14.0$$
$$\sigma\{R_1\} \equiv (1.4^2 \cdot 14.9^2 + 65)^{1/2} = 22.36$$
$$\sigma\{R_2\} \equiv (0.8^2 \cdot 14.9^2 + 20)^{1/2} = 12.73$$
$$Cov/R_1, R_2) \equiv 1.4 \cdot 0.8 \cdot 14.9^2 = 249$$

b) Das Portfolio besteht aus zwei Anlagen, in die 100% des Kapitals investiert wurde. Sind x_i (i = 1,2) die Anteilswerte des investierten Kapitals in die beiden Fonds, so gilt:

$$x_1 + x_2 = 1 \quad \text{und} \quad x_2 = 1 - x_1$$

Bei der Portfoliobetrachtung sind die Anteilswerte als konstant zu betrachten, die Renditen der Fonds sind die Zufallsvariablen. Somit ergibt sich für die Rendite des Portfolios (R):

$$\varepsilon\{R\} \equiv \varepsilon\{x_1 \cdot R_1 + (1 - x_1) \cdot R_2\} = x_1 \cdot 23.5 + (1 - x_1) \cdot 14.0$$
$$\sigma(R) \equiv (x_1^2 \cdot \text{Var}(R_1) + (1 - x_1)^2 \cdot \text{Var}(R_2) + 2 \cdot x_1 \cdot (1 - x_1)\text{Cov} \cdot (R_1, R_2))^{\frac{1}{2}} =$$
$$= (x_1^2 \cdot 22.36 + (1 - x_1)^2 \cdot 12.73^2 + 2 \cdot x_1 \cdot (1 - x_1) \cdot 249)^{\frac{1}{2}}$$

Diagramm $\varepsilon\{R\}$ versus $\sigma(R)$:

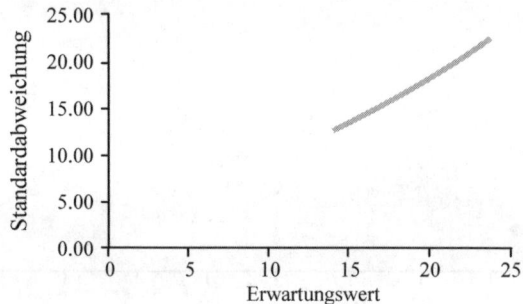

c) Die folgende Zielfunktion ist zu maximieren:

$$ZF = x_1 \cdot 23.5 + x_2 \cdot 14.0 - 0.2(x_1^2 \cdot 22.36^2 + x_2^2 \cdot 12.73^2 + 2x_1x_2 \cdot 249)$$

Sie hat eine elliptische Form.

Zulässiges Gebiet und Höhenlinien:

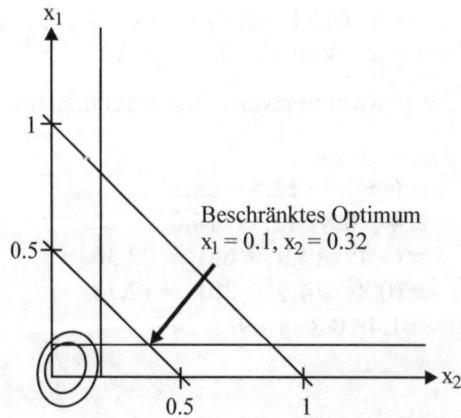

d) Das analytische Optimum ohne Nebenbedingungen erhält man durch Ableiten und Nullsetzen des Gradienten der Zielfunktion:

$$x_{opt}^{ohne\ NB} = \begin{pmatrix} 0.042 \\ 0.151 \end{pmatrix} \text{ mit ZF} \left(x_{opt}^{ohne\ NB}\right) = 1.55$$

e) Bei Berücksichtigung der Nebenbedingungen ergibt sich mit dem Excel-Solver:

$$x_{opt}^{mit\ NB} = \begin{pmatrix} 0.10 \\ 0.32 \end{pmatrix} \text{ mit ZF} \left(x_{opt}^{mit\ NB}\right) = -0.68$$

Lösung zu Aufgabe 5.7.9: Gesamtrisiko als Faltungssumme

a) Lotterie als Baum:

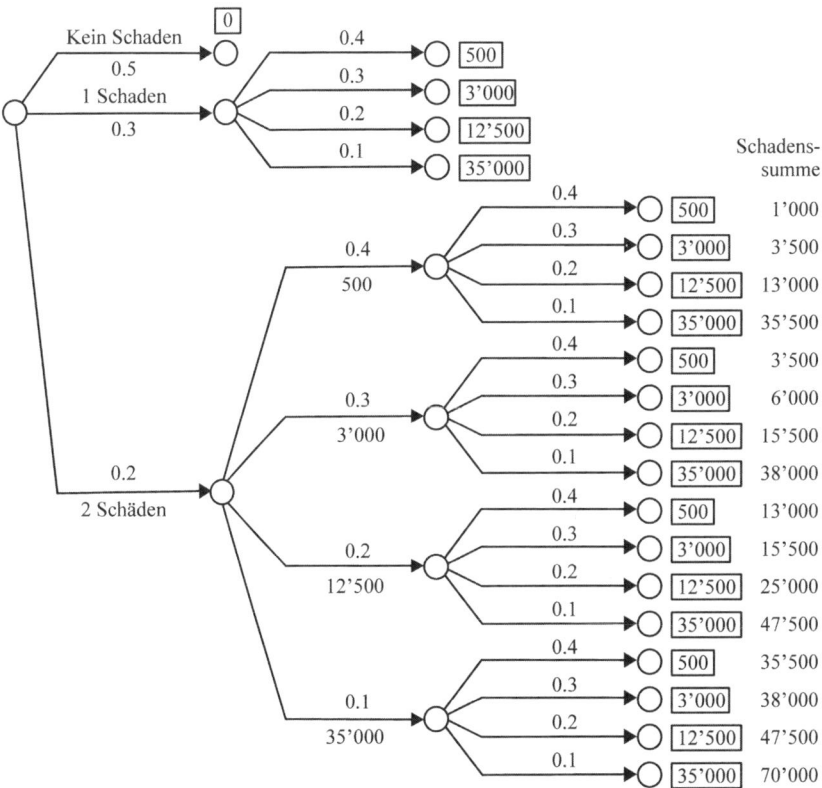

b) Aus der Baumdarstellung können die gefragten Grössen direkt berechnet werden:

$\varepsilon\{$Schadenssumme$\}$ = 4'970
Var(Schadenssumme) = 105'048'100
σ(Schadenssumme) = 10'249.3

c) Die Dichtefunktion hat folgendes Aussehen:

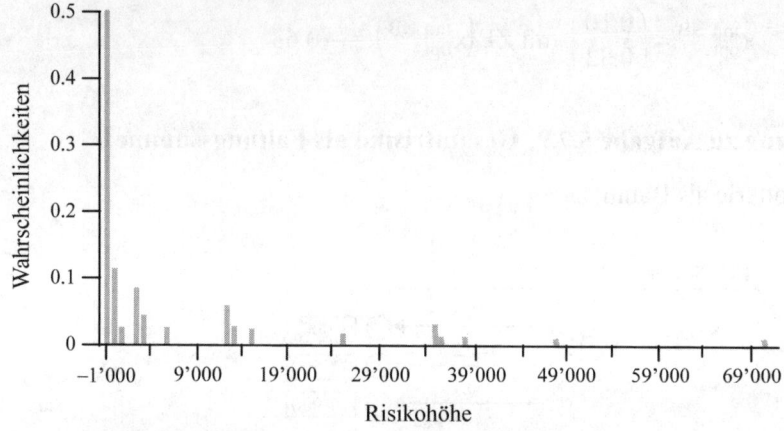

8.6 Lösungen zu Kapitel 6

Lösung zu Aufgabe 6.4.1: Rückversicherung

a) Das Portfolio enthält 10'000 Versicherungseinheiten. Für das Gesamt-portfolio berechnet sich die Gesamtvarianz aus:

$$\sigma^2_{ges} = Var\left(\sum_{i=1}^{n} X_i\right) + 2\sum_{i=1}^{n}\sum_{j=i+1}^{n} Cov(X_i, X_j) \quad \text{mit } i \neq j$$

$$= n \cdot Var(X_1) + n \cdot (n-1) \cdot r_{ij} \cdot \sigma_i \cdot \sigma_j$$

Es gilt zudem $\sigma_i = \sigma_j = \sigma_1 = \sigma_{X1}$ sowie $r_{ij} = r$.

Damit ergibt sich für die Standardabweichung pro risikotechnischer Einheit E des Gesamtportfolios:

$$\sigma_E = \frac{\sigma_{ges}}{n} = \frac{\sigma_1}{n^{1/2}} \cdot (1 + (n-1) \cdot r)^{1/2}$$

Damit beträgt die gesuchte Standardabweichung:

$$\sigma_E = \frac{400}{10'000^{1/2}} = (1 + (10'000 - 1) \cdot 0.1)^{1/2} = 126.5$$

b) Es wird ein Versicherer und somit 10'000 Verträge betrachtet. Nach Abschluss der Rückversicherung halbieren sich sowohl die Prämien als auch die anfallenden Schäden. Unter Berücksichtigung der Definition der Varianz ergibt sich für die Standardabweichung vor Abschluss der Rückversicherung:

$$\sigma \equiv (\sum_{i=1}^{10'000} p_i \cdot (X_{1i} - \varepsilon\{X_{1i}\})^2)^{1/2} = 400$$

Bei Abschluss der Rückversicherung gilt:

$$\sigma_R \equiv \left(\sum_{i=1}^{10'000} p_i \cdot \left(\frac{X_{1i}}{2} - \varepsilon\left\{\frac{X_{1i}}{2}\right\}\right)^2\right)^{1/2} =$$

$$= \frac{1}{2}\left(\sum_{i=1}^{10'000} p_i \cdot (X_{1i} - \varepsilon\{X_{1i}\})^2\right)^{1/2} = \frac{1}{2}\sigma = 200$$

c) Für das Einzelrisiko nach Abschluss der Rückversicherung sind nun alle 20'000 Policen relevant. Die Bestimmung von σ_E erfolgt wie in a) unter Berücksichtigung des Ergebnisses von b):

$$\sigma_E = 200\left(\frac{1+(20'000-1)\cdot 0.1}{20'000}\right)^{1/2} = 63.26$$

d) Vor Abschluss der Rückversicherung: $z_C = 200 - 2 \cdot 126.5 \equiv -53.00$

Nach Abschluss der Rückversicherung ist:

$z_C = 200 - 2 \cdot 63.26 \equiv 73.48$

e) Der erwartete Überschuss beträgt 200 (GE). Für das Konfidenzintervall gilt allgemein (Normalverteilung):

$$KI = [200 - z_{\alpha/2} \cdot \sigma_E,\ 200 + z_{\alpha/2} \cdot \sigma_E]$$

Hierbei beträgt $\alpha = 0.05$ und $z_{\alpha/2} = 1.96$.

Somit ergibt sich für KI   ohne Rückversicherung: [– 47.94; 447.97]
                                mit Rückversicherung: [76.01; 323.99]

f) Gesucht wird die Wahrscheinlichkeit, dass das Einzelrisiko X_i den Rückstellungsbetrag ($z_{R/n}$) übersteigt:

$$P(X_i > z_{R/n}) = 1 - P(X_i \le z_{R/n})$$

$$= 1 - P\left(\frac{X_i - \varepsilon\{X_i\}}{\sigma_E} \le \frac{z_{R/n} - \varepsilon\{X_i\}}{\sigma_E}\right) = 1 - \Phi\left(\frac{z_{R/n} - \varepsilon\{X_i\}}{\sigma_E}\right)$$

Hierbei entspricht Φ der Standardnormalverteilung.

Es ergeben sich somit folgende Ruinwahrscheinlichkeiten:

– ohne Rückversicherung:

$$P(X_i > z_{R/n}) = 1 - \Phi\left(\frac{450-400}{126.5}\right) = 1 - 0.6517 \approx 0.35\%$$

– mit Rückversicherung:

$$P(X_i > z_{R/n}) = 1 - \Phi\left(\frac{450-400}{63.26}\right) = 1 - 0.7852 \approx 0.21\%$$

Lösung zu Aufgabe 6.4.2: Mergers and Acquisitions

a) Entsprechend 6.4.1 a) ergibt sich für Versicherer A:

$$\sigma_{A,ges} = (n \cdot \sigma_1^2 + n \cdot (n-1) \cdot r_{Aij} \cdot \sigma_1^2)^{1/2} = 37'949'466.40$$

$$\sigma_{A,E} = \frac{\sigma_{A,ges}}{n} = 474.37$$

und für Versicherer B:

$$\sigma_{B,ges} = (20'000 \cdot 700^2 \cdot (1 + (20'000 - 1) \cdot 0.1))^{1/2} = 4'428'184.73$$

$$\sigma_{B,E} = \frac{\sigma_{B,ges}}{n} = 221.41$$

b) Nun werden alle 100'000 Risiken zusammen betrachtet:

$$\sigma_{A+B,ges} = \left(Var\left(\sum_{i=1}^{100'000} X_i \right) \right)^{1/2} = \left(Var\left(\sum_{i=1}^{80'000} X_i + \sum_{j=1}^{20'000} X_j \right) \right)^{1/2} =$$

$$= \left(Var\left(\sum_{i=1}^{80'000} X_i \right) + Var\left(\sum_{j=1}^{20'000} X_i \right) \right)^{1/2} =$$

$$= (\sigma_{A,ges}^2 + \sigma_{B,ges}^2)^{1/2} = 38'206'947.27$$

$$\sigma_{A+B,E} = \frac{\sigma_{A+B,ges}}{100'000} = 382.07$$

Lösung zu Aufgabe 6.4.3: Value-at-Risk

a) Firma A: 30 Risiken

$$\varepsilon\left\{ \sum_{i=1}^{30} X_{1i} \right\} = \sum_{i=1}^{30} \varepsilon\{X_{1i}\} = 30 \cdot 1'500 = 45'000$$

$$\sigma\left(\sum_{i=1}^{30} X_{1i} \right) = \left(\sum_{i=1}^{30} Var(X_{1i}) \right)^{1/2} = (30 \cdot 2'500^2)^{1/2} = 13'693.06$$

Firma B: vier Risiken

$$\varepsilon\left\{ \sum_{i=1}^{4} X_{1i} \right\} = \sum_{i=1}^{4} \varepsilon\{X_{1i}\} = 30'000 + 10'000 + 3'000 + 2'000 = 45'000$$

$$\sigma\left(\sum_{i=1}^{4} X_{1i}\right) = \left(\sum_{i=1}^{4} \mathrm{Var}(X_{1i}) + 2\sum_{i=1}^{4}\sum_{j=i+1}^{4} r_{ij} \cdot \sigma_{x_i} \cdot \sigma_{x_j}\right)^{1/2} =$$

$$= \left(\begin{array}{l} 50'000^2 + 16'667^2 + 5'000^2 + 3'333^2 + \\ +2\cdot 0.1\cdot 50'000\cdot 16.667 + 2\cdot 0.1\cdot 50'000\cdot 5'000 + \\ +2\cdot 0.1\cdot 50'000\cdot 3'333 + 2\cdot 0.1\cdot 16'667\cdot 5'000 + \\ +2\cdot 0.1\cdot 16'667\cdot 3'333 + 2\cdot 0.1\cdot 5'000\cdot 3'333 \end{array}\right)^{1/2} = 55'632.80$$

Firma C: ein Risiko

$$\varepsilon\left\{\sum_{i=1}^{1} X_{1i}\right\} = \varepsilon\{X_{11}\} = 0.05 \cdot 9'000'000 = 45'000$$

$$\sigma\left(\sum_{i=1}^{1} X_{1i}\right) = \sigma(X_{11}) = 75'000$$

Die chemische Fertigung C trägt das höchste Risiko, da sie am wenigsten diversifiziert ist. Sie kommt somit für eine Versicherung am ehesten in Frage.

b) Gesucht ist der 0.05-Fraktilswert ($VaR_{0.05}$) der entsprechenden Normalverteilung. Für ihn gilt: $P(X \le VaR_{0.05}) = 0.05$.

Für die drei Unternehmen gilt:

Firma	μ	σ	$VaR_{0.05}$
A	45'000	13'693.06	22'476.92
B	45'000	55'632.80	– 46'507.80
C	45'000	75'000.00	– 78'364.01

Lösung zu Aufgabe 6.4.4:
Produktqualität, Risikonetzwerk mit XOR, OR und AND

a) Es liegt eine OR-Bedingung der drei möglichen Mängel vor:

$$P(H \cup N \cup Z) = p(H) + p(N) + p(Z) - p(H \cap N) - p(H \cap Z) -$$
$$- p(N \cap Z) + 2 \cdot p(H \cap N \cap Z) = 0.7$$

b) Das Risikonetzwerk sieht folgendermassen aus:

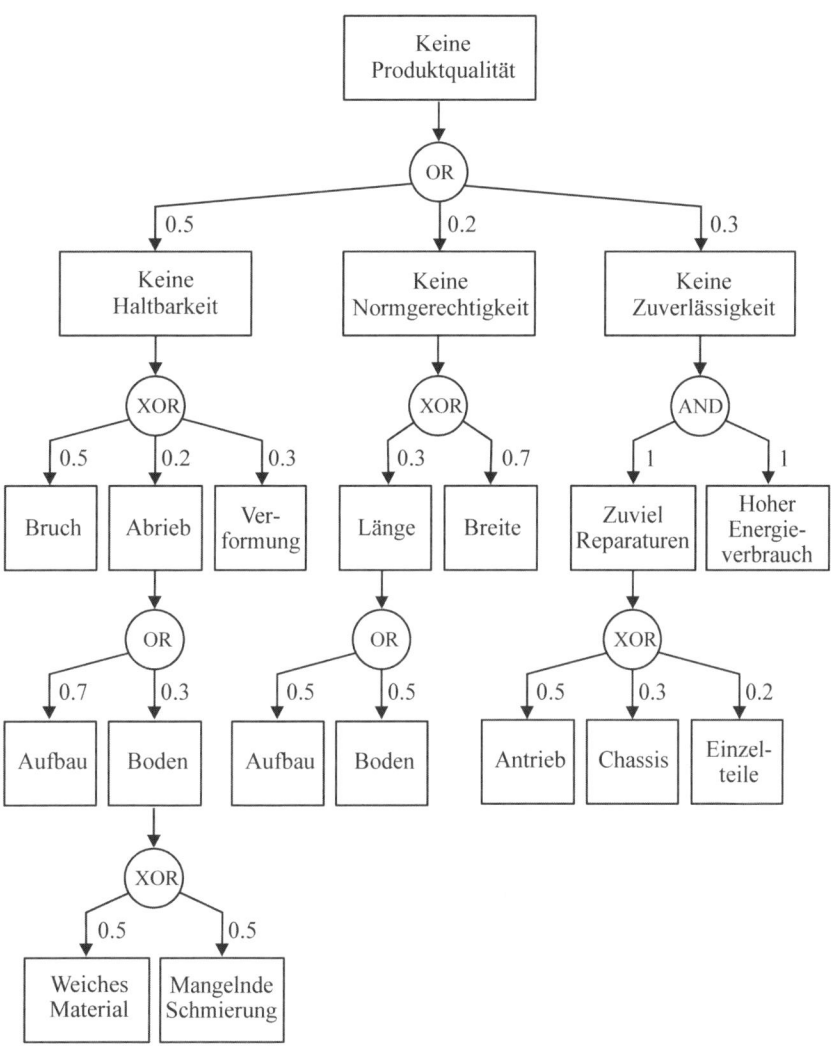

Lösung zu Aufgabe 6.4.5: Selbstbehalt, Factoring oder Pooling

Folgende Abkürzungen werden benutzt: ALFA (A), BETA (B), n_A bzw. n_B Anzahl der jeweiligen Rechnungen i, p Zahlungswahrscheinlichkeit für die Forderungen.

Selbstbehalt (S) für A:

$$\varepsilon\{A\} = p \cdot \mu_A \cdot n_A = 5'600'000$$

$$\sigma_{A,ges} = (n_A \cdot \sigma_A{}^2 + n_A \cdot (n_A - 1) \cdot r_{Aij} \cdot \sigma_A{}^2)^{1/2} = 1'898'220.22$$

$$\sigma_{A,E} = \frac{\sigma_{A,ges}}{n_A} = 189.82$$

Selbstbehalt (S) für B:

$$\varepsilon\{B\} = p \cdot \mu_B \cdot n_B = 16'800'000$$

$$\sigma_{B,ges} = (n_B \cdot \sigma_B{}^2 + n_B \cdot (n_B - 1) \cdot r_{Bij} \cdot \sigma_B{}^2)^{1/2} = 3'795'302.36$$

$$\sigma_{B,E} = \frac{\sigma_{B,ges}}{n_B} = 126.51$$

Factoring (F):

$$\varepsilon\{F\} = \mu_A \cdot n_A \cdot (1 - 0.35) = 5'200'000$$

$$\sigma_{F,ges} = 0$$

$$\sigma_{F,E} = 0$$

Pooling (P):

$$\varepsilon\{P\} = p \cdot (\mu_A \cdot n_A + \mu_B \cdot n_B) \cdot 0.25 = 5'600'000$$

Die Rechnungen beider Unternehmen werden zusammengenommen. ALPHA stellt 25% aller Rechnungen.

$$\sigma_{P,ges} = \left(Var\left(\sum_{i=1}^{40'000} X_i \right) \right)^{1/2} =$$

$$= \left(Var\left(\sum_{i=1}^{10'000} X_i \right) + Var\left(\sum_{j=1}^{30'000} X_j \right) + 2 \cdot \sum_{i=1}^{10'000} \sum_{j=1}^{30'000} Cov(X_i, X_j) \right)^{1/2} =$$

$$= (\sigma^2{}_{A,ges} + \sigma^2{}_{B,ges} + 2 \cdot n_A \cdot n_B \cdot r_{ABij} \cdot \sigma_A \cdot \sigma_B)^{1/2} = 5'692'763.83$$

$$\sigma_{P,E} = \frac{\sigma_{P,ges}}{40'000} = 142.32$$

Bei der Entscheidung zwischen Selbstbehalt und Pooling wird sich ALPHA für das Pooling entschieden, da beide Varianten den gleichen Erwartungswert haben, das Pooling aber die geringere Standardabweichung. Die Entscheidung zwischen Selbstbehalt und Factoring ist bei obigen Angaben nicht eindeutig. Das Factoring hat zwar den geringeren Erwartungswert, bringt aber kein Risiko mit sich. Für eine Entscheidung sind somit die Risikopräferenzen von ALPHA massgeblich. Sie hängen von seiner konkreten Nutzenvorstellung und der Risikotoleranz ab.

Lösung zu Aufgabe 6.4.6: Rückversicherung

a) und b) und c): Die drei Kennzahlen werden mit Hilfe ihrer Definitionen für eine diskrete Verteilung berechnet:

	a)	b)	c)
Bruttoergebnis	$\sum X_{ij}$	$0.7 \cdot \sum X_{ij} - 0.3 \cdot 0.04 \cdot \sum X_{ij}$	$\sum X_{ij} - 5 + \sum Y_{ij}$
Erwartungswert	18.90	13.00	21.40
Standardabweichung	43.24	29.75	28.90
Schiefe	−1.28	−1.28	−0.45

Es ergeben sich die folgenden Histogramme für die Bruttoergebnisse:

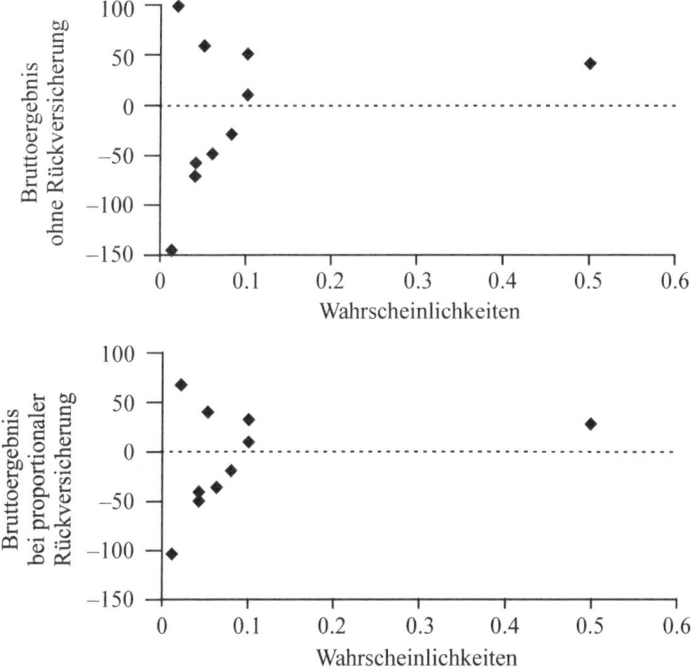

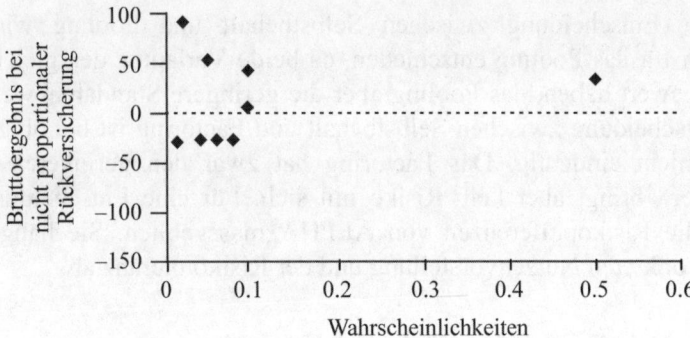

d) Bei der nicht-proportionalen Rückversicherung ergibt sich der höchste Erwartungswert und das geringste Risiko. Somit ist sie den beiden anderen Varianten überlegen. Sie dominiert sie sogar.

Lösung zu Aufgabe 6.4.7:
Bruttoprämien, Risikoreserve und Ruinwahrscheinlichkeit

a) Für das Gesamtportfolio X und damit für die risikotechnische Einheit E bei n = 12 ergeben sich folgende Werte:

$$\varepsilon\{X\} = \quad 18.90 \qquad \sigma^2_X = 1869.79 \qquad \sigma_X = 43.24$$
$$\varepsilon\{E\} = \quad 1.58 \qquad \sigma^2_E = \quad 155.82 \qquad \sigma_E = 12.48$$

Damit lassen sich die Bruttoprämien berechnen:

	Modell 1	Modell 2	Modell 3
λ_i	0.3	0.01	0.1
$NRP_E = \varepsilon\{E\}$	1.58	1.58	1.58
SZ_E	$0.3 \cdot \varepsilon\{E\}$	$0.01 \cdot \sigma^2_E$	$0.1 \cdot \sigma_E$
$BRP_E (= \Sigma)$	2.054	3.1382	2.828
BKZ_E	1	1	1
$GZ_E = 0.1* BRP_E$	0.2054	0.3138	0.2828
$BP_E (= \Sigma)$	3.2594	4.4520	4.1108

b) *Ohne Rückstellungen:* Verluste treten bei negativen Ergebnissen auf. Diese kommen in unserer Aufgabe in den Zuständen 6-10 vor. Die kumulierten Wahrscheinlichkeiten in diesen Zuständen ergeben 0.23. Damit ergibt sich eine Verlustwahrscheinlichkeit von 23%.

Mit Rückstellungen: Hier sind Verluste bis 60 (GE) gedeckt. In den Zuständen neun und zehn liegen höhere Verluste vor. Damit ergibt sich eine Verlustwahrscheinlichkeit von 9%.

Lösung zu Aufgabe 6.4.8:
Prognoserisiko Derivate, Analyse GOAL (Geld-Oder-Aktie Lieferung)

a) Einen ersten Eindruck von der Kursentwicklung erhält man durch die graphische Veranschaulichung der Aktienkurse von C:

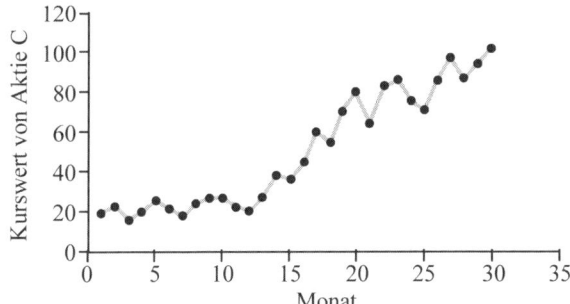

Interessant ist auch die Entwicklung der Kursdifferenzen von Monat t zu Monat (t − 1):

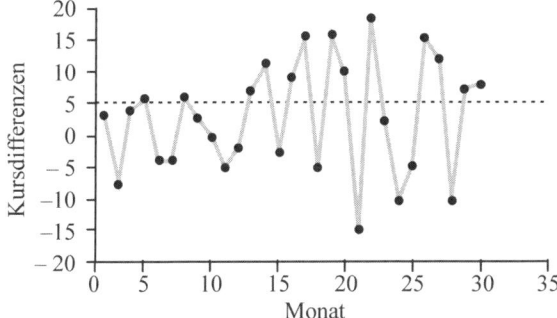

Zudem ergeben sich folgende Kenngrössen:

	Kurse	Kursdifferenzen
ε	50.63 (GE)	2.83 (GE)
σ^2	855.21 (GE^2)	74.08 (GE^2)
σ	29.24 (GE)	8.61 (GE)

Prognosen kann man durch Anwendung der Zeitreihenanalyse z.B. mit Hilfe von Box-Jenkins-Modellen (ARIMA-Prozesse) erhalten (vgl. z.B. Mertens u. Rässler 2005, S. 215-258).

b) Bestimmung des GOAL-Werts:

Wert GOAL nach 1 Jahr = 14 – 1 + min {aktueller Wert der Aktie; 110 (GE)}

Wert GOAL nach 2 Jahren = 28 – 1 + min{aktueller Wert der Aktie; 110 (GE)}

Somit ergibt sich:

Monat	p_i	Wert Aktie (GE)	Wert GOAL (GE)
42	0.05	60	73
	0.15	80	93
	0.60	110	123
	0.15	115	123
	0.05	120	123
ε		104.25	116.00
σ^2		235.69	211.00
σ		15.35	14.53
52	0.20	50	77
	0.20	90	117
	0.40	110	137
	0.10	115	137
	0.10	130	1373
ε		96.50	121.00
σ^2		720.31	569.00
σ		26.84	23.85

Sowohl nach dem ersten als auch nach dem zweiten Jahr würde man sich für die Anlage in GOALs entscheiden, da hier die Erwartungswerte höher und die Standardabweichungen geringer sind als bei der Aktienanlage.

Lösung zu Aufgabe 6.4.9: Verteilung und Franchisen

a) Für das Gesamtportfolio X und damit für die risikotechnische Einheit E bei n = 16 ergeben sich folgende Parameter für die Verteilung:

$$\varepsilon\{X\} = 105.00 \qquad \sigma^2_X = 475.00 \qquad \sigma_X = 21.79$$
$$\varepsilon\{E\} = 6.56 \qquad \sigma^2_E = 29.69 \qquad \sigma_E = 5.45$$

Damit lassen sich die Bruttorisikoprämie und Bruttoprämie berechnen:

	Prinzip der Standardabweichung
λ_{3i}	2
$NRP_E = \varepsilon\{E\}$	6.56
SZ_E	$2 \cdot \sigma_E = 10.90$
$BRP_E (= \Sigma)$	17.46
$BKZ_E + GZ_E = 0.25 \cdot BRP_E$	4.365
$BP_E (= \Sigma)$	21.825

b) Im Folgenden entspricht: Modell 1: Abzugsfranchise von 81 (GE)

Modell 2: Selbstbeteiligungsfranchise von 10%

Modell 3: Integralfranchise von 101 (GE)

Wahrschein-lichkeit	p_{ren}	Modell 1 $\text{Max}\{0; GS - 81\}$	Modell 2 $0.9 \cdot GS$	p_{ren}	Modell 3 GS, falls $GS > 101$
$p_1 = 0.25$	0	0	72	0	0
$p_2 = 0.45$	0.60	19	90	0	0
$p_3 = 0.15$	0.20	39	108	0.50	120
$p_4 = 0.10$	0.13	59	126	0.33	140
$p_5 = 0.05$	0.07	79	144	0.17	160
ε_{ges}		32.33	94.50		133.33
σ^2_{ges}		425.00	384.75		222.22
σ_{ges}		20.62	19.62		14.91
ε_E		2.02	5.91		8.33
σ^2_E		26.56	24.05		13.89
σ_E		5.15	4.90		3.79

GS = Gesamtschaden

Die vorgegebenen Wahrscheinlichkeiten bei Modell 1 und Modell 3 müssen renormiert werden. Bei *Modell 1* tritt der Schaden von 80 (GE) mit $p_1 = 0.25$ nach Abzug der Franchise nicht mehr auf. Folglich müssen die Wahrscheinlichkeiten p_2 bis p_5 auf 100% Wahrscheinlichkeit normiert werden, was über eine Division durch 0.75 erreicht wird. Bei *Modell 3* treten nur die Schäden 120 (GE), 140 (GE) und 160 (GE) mit einer verbleibenden Gesamtwahrscheinlichkeit von 0.3 auf. Eine Renormierung auf 100% erfolgt nun mit Division durch 0.3 und ergibt die entsprechenden Werte von p_{ren}. Damit lassen sich die Bruttorisikoprämie und Bruttoprämie berechnen:

	Modell 1	Modell 2	Modell 3
λ_{3i}	0.3	0.3	0.3
$NRP_E = \varepsilon_E$	1.52	5.91	8.33
$SZ_E = 2 \cdot \sigma_E$	10.76	9.80	7.46
$BRP_E (= \Sigma)$	12.28	15.71	15.79
$BKZ_E + GZ_E = 0.25 \cdot BRP_E$	3.07	3.93	3.95
$BP_E (= \Sigma)$	15.35	19.64	19.74

Lösung zu Aufgabe 6.4.10: Captives

a) Entwicklung der zu erwartenden Entschädigungszahlungen:

Schadens-jahr	Zahlungsjahr 1	2	3	4	5	6	7
1	1'000	2'000	1'000				
2		1'000	2'000	1'000			
3			1'000	2'000	1'000		
4				1'000	2'000	1'000	

Hiermit und mit den Angaben der Aufgabenstellung ergeben sich folgende Entschädigungszahlungen, Rückstellungen sowie Versicherungseinkünfte für die Captive:

Jahr	1	2	3	4
Schäden gesamt	1'000	3'000	4'000	4'000
RST gesamt	3'000	4'000	4'000	4'000
RST Differenz	3'000	1'000	0	0
Zahlungen S+R	− 4'000	− 4'000	− 4'000	− 4'000
Prämie	4'000	4'000	4'000	4'000
Gründungskosten	−50			
Verwaltungskosten	− 500	− 500	− 500	− 500
Einkünfte Captive	− 550	− 500	− 500	− 500

Schäden gesamt: Gesamte Entschädigungszahlungen in einem Jahr

RST gesamt: Summe aller Rückstellungen für die zukünftig noch zu zahlenden Schadensbeträge

RST Differenz: Differenz der Rückstellungen in den Jahren t und (t − 1)

Zahlungen S+R: Gesamtbetrag aus zu zahlenden Schäden und der Differenz der Rückstellungen

b) Cash Flow der Captive:

Jahr	1	2	3	4	5	6	7
Cash Flow	0	5'583	6'985.5	7'514.2	8'090.4	5'818.6	5'342.2
Übertrag aus Vorjahr							
Anfangsbestand							
Prämie	4'000	4'000	4'000	4'000			
Kapitaleinzahlung	2'500						
Gründungskosten	−50						
Verwaltungskosten	−500	−500	−500	−500			
zu investierender Betrag Jahresanfang	5'950	9'083	10'485.5	11'014.2	8'090.4	5'818.6	
Zinsen (12%)	714	1'090	1'258.3	1'321.7	970.9	698.2	
Entschädigungszahlungen	−1'000	−3'000	−4'000	−4'000	−3'000	−1'000	
überschüssiger Betrag Jahresende vor Steuern	**5'664**	**7'173**	**7'743.7**	**8'335.9**	**6'061.3**	**5'516.8**	
Einkünfte Captive aus Geschäftstätigkeit	−550	−500	−500	−500			
Einkünfte Zinsen	714	1'090	1'258.3	1'321.7	970.9	698.2	
Einkünfte gesamt	164	590	758.3	821.7	970.9	698.2	
Unternehmenssteuern (25%)	41	147.5	189.6	205.4	242.7	174.6	
Versicherungssteuern (1% auf Prämie)	40	40	40	40			
Steuern gesamt	81	187.5	229.6	245.4	242.7	174.6	
Cash Flow Jahresende	**5'583**	**6'985.5**	**7'514.2**	**8'090.4**	**5'818.6**	**5'342.2**	

c) Versicherungslösung aus Sicht der Muttergesellschaft:

Jahr	1	2	3	4
Prämie	− 5'500	− 5'500	− 5'500	− 5'500
Steuerabzug auf Prämie (46%)	+2'530	+2'530	+2'530	+2'530
Cash Flow nach Steuern	− 2'970	− 2'970	− 2'970	− 2'970
Barwerte (5%), abdiskontiert	− 2'970	− 2'828.57	− 2'693.88	− 2'565.6
Barwert insgesamt	**−11'058.05**			

Captive-Lösung mit Steueranerkennung aus Sicht der Muttergesellschaft:

Jahr	1	2	3	4	5	6	7
Prämie	– 4'000	– 4'000	– 4'000	– 4'000			
Kapitaleinzahlung	– 2'500						
Steuerabzug auf Prämie (46%)	1'840	1'840	1'840	1'840			
Restwert b)							5'342.2
Cash Flow nach Steuern	– 4'660	– 2'160	–2'160	– 2'160			5'342.2
Barwerte (8%), abdiskontiert	– 4'660	– 2'000	–1'851.85	–1'714.68			3'366.52
Barwert insgs.	**– 6'860**						

Captive-Lösung ohne Steueranerkennung aus Sicht der Muttergesellschaft (Selbstversicherung):

Jahr	1	2	3	4	5	6	7
Schadensbetrag	1'000	3'000	4'000	4'000	3'000	1'000	
Prämie	– 4'000	– 4'000	– 4'000	– 4'000			
Kapitaleinzahlung	– 2'500						
Steuerabzug auf Schadensbetrag (46%)	460	1'380	1'840	1'840	1'380	460	
Restwert b)							5'342.2
Cash Flow nach Steuern	– 6'040	– 2'620	– 2'160	– 2'160	1'380	460	5'342.2
Barwerte (8%), abdiskontiert	– 6'040	– 2'426	– 1'852	– 1'715	1'014	313	3'367
Barwert insges.	**–7'339**						

Herr Forward sollte auf alle Fälle die Captive Lösung favorisieren. Sie ist besser als die reine Versicherungslösung, unabhängig davon, ob die Steuern auf die Prämie oder auf den Schadensbetrag anerkannt werden. In beiden Fällen weist sie den höheren Barwert auf.

Literatur

Ackoff RL (1970) Beering and Branching through Corporate Planning.
In: Proceedings 5th International Conference on Operations Research.
Venedig, Tavistock Publications, London New York, pp 21-30

Albrecht P (1992) Zur Risikotransformationstheorie der Versicherung:
Grundlagen und ökonomische Konsequenzen.
Verlag Versicherungswirtschaft, Karlsruhe

Alexander C, Hull JC (eds) (1999) Risk Management and Analysis:
Measuring and Modelling Financial Risk. John Wiley & Sons, New York

Andrews J (1998) Fault Tree Analysis.
Proceedings of the 16th International Safety Conference,
www.fault-tree.net/papers/andrews-fta-tutor.pdf (Stand 12/2004), pp 1-101

Ansoff HI (1976) Managing Surprise and Discontinuity –
Strategic Response to Weak Signals. ZfbF 28, pp 129-152

Ansoff HI, Declerk PR, Hayes RL (1976) From Strategic Planning to Strategic
Management. John Wiley & Sons, London New York

Axelrod R (1984) The Evolution of Cooperation. Basic Books, New York
(deutsche Übersetzung (1987) Die Evolution der Kooperation.
Oldenbourg, München)

Backhaus K, Erichson B, Plinke W, Weiber R (2003)
Multivariate Analysemethoden. 10. Aufl. Springer, Berlin

Bamberg G, Baur F (2001) Statistik. Oldenbourg, München

Bamberg G, Coenenberg AG (2002) Betriebliche Entscheidungslehre.
11. Aufl. Vahlen, München

Basler Versicherungen (1998) Vorbeugen ist besser als zahlen.
Konzern Jahresbericht, Basel, S 37-39

Bennert R (2004) Soft Computing-Methoden in Sanierungsprüfung und -controlling
– Entscheidungsunterstützung durch Computational Intelligence.
DUV Gabler, Wiesbaden

Berekoven L, Eckert W, Ellenrieder P (2004) Marktforschung – Methodische
Grundlagen und praktische Anwendung. 10. Aufl. Gabler, Wiesbaden

Biewer B (1997) Fuzzy-Methoden. Springer, Berlin

Bitz M (2002) Finanzdienstleistungen. 6. Aufl. Oldenbourg, München

Böhler H (2004) Marktforschung. Kohlhammer, Stuttgart

Bosch K (1994) Finanzmathematik. 4. Aufl. Oldenbourg, München

Brabänder E, Exeler St, Ochs H, Scholz T (2003)
Gestaltung prozessorientierter Risikomanagement-Systeme.
In: Romeike F, Finke RB Erfolgsfaktor Risiko-Management.
Gabler, Wiesbaden, S 329-353

Brühwiler B (2003) Die Integration des Risk Management ins Management System.
In: Romeike F, Finke RB Erfolgsfaktor Risiko-Management.
Gabler, Wiesbaden, S 315-327

Buchner R (1981) Grundzüge der Finanzanalyse. Vahlen, München

Büschgen HE, Börner CJ (2003) Bankbetriebslehre. Lucius & Lucius, Stuttgart

Burger A (1995) Jahresabschlussanalyse. Oldenbourg, München

Burger A, Buchhart A (2002) Risikocontrolling. Oldenbourg, München

Busson MJ, Russ J, Strasser W, Zwiesler HJ (1999)
Asset Liability Management and Alternative Risk Transfer.
Zeitschrift für Versicherungswesen 50, 21: 628-642

Busson MJ, Russ J, Zwiesler HJ (2000) Modernes Asset Liability Management.
Versicherungswirtschaft 2: 104-109

Clarke CJ, Varma S (1999) Strategic Risk Management:
The New Competitive Edge. Long Range Planning 34, 4: 414-424

Clemens PL (1993) Fault Tree Analysis.
www.fault-tree.net/papers/clemens-fta-tutorial.pdf (Stand 12/2004), S 1-96

Coenenberg AG (2003) Jahresabschluss und Jahresabschlussanalyse. 19. Aufl.
Schäffer-Pöschel, Stuttgart

Coenenberg AG, Salfeld R (2003) Wertorientierte Unternehmensführung.
Schäffer-Pöschel, Stuttgart

Churchill GA, Iacobucci D (2002) Marketing Research –
Methodological Foundation, 8th edn, Harcourt College Publishers, Orlando Fl.

Dawkins R (1998) Unweaving the Rainbow: Science Delusion and the Appetite
for Wonder. Penguin Books, London

Dawkins R (1986) The blind Watchmaker. Penguin Books, London

Delaney W, Vaccari E (1989) Dynamic Models and Discrete Event Simulation.
Marcel Dekker Verlag, New York

Dixit AK, Nalebuff BJ (1997) Spieltheorie für Einsteiger
Schäffer-Poeschel, Stuttgart

Doherty NA (2000) Integrated Risk Management. McGraw Hill, New York

Doherty NA (1985) Corporate Risk Management – A Financial Exposition.
McGraw Hill, New York

Eisenführ F, Weber M (2003) Rationales Entscheiden. 4. Aufl. Springer, Berlin

Elfgen R (2002) Implementierung von Risikocontrolling-Systemen.
In: Hölscher R, Elfgen R (Hrsg) Herausforderung Risikomanagement.
Gabler, Wiesbaden, S 313-330

Elton EJ, Gruber MJ (1995) Modern Portfolio Theory and Investment Analysis.
    5. Aufl. John Wiley, New York

Ericson CA (1999) Fault Tree Analysis.
    www.fault-tree.net/papers/ericson-fta-tutorial.pdf (Stand 12/2004), S 1-117

Evans JR, Olson DL (2002) Simulation and Risk Analysis.
    Prentice Hall, Upper Saddle River, N.J.

Everling O (Hrsg) (2001) Rating – Chance für den Mittelstand nach Basel II.
    Gabler, Wiesbaden

Fabozzi FJ, Konishi A (eds) (1996) The Handbook of Asset/Liability Management.
    State-of-the-Art Investment Strategies,
    Risk Controls and Regulatory Requirement. Probus Publishing, Chicago

Farny D (1995) Versicherungsbetriebslehre.
    2. Aufl. Verlag Versicherungswirtschaft, Karlsruhe

Fiedler R (2003) Controlling von Projekten. Vieweg, Wiesbaden

Fishman GS (1995) Monte Carlo. Springer, Heidelberg

Fisz M (1988) Wahrscheinlichkeitsrechnung und mathematische Statistik.
    11. Aufl. Deutscher Verlag der Wissenschaften, Berlin

Friedag HR, Schmidt W (2000) My Balanced Scorecard –
    Das Praxishandbuch für ihre individuelle Lösung. Haufe Verlag, Freiburg

Friedag HR, Schmidt W (2002) Balanced Scorecard. Haufe Verlag, Freiburg

Füser K (2001) Intelligentes Scoring und Rating. Gabler, Wiesbaden

Gausemeier J, Fink A, Schlake O (1995) Szenario-Management:
    Planen und Führen mit Szenarien. Hanser, München

Gehringer J (2000) Frühwarnsystem Balanced Scorecard.
    Metropolitan-Verlag, Düsseldorf

Gersbach H, Wehrspon U (2001) Die Risikogewichte der IRB-Ansätze:
    Basel II und „schlanke" Alternativen.
    http://www.cre-germany.com/Artikel/Gersbach%20-%20Wehrspohn%20-
    %20Risikogewichte%20IRB%20-%202001.pdf (12.2004) S 3-32

Geschka H (1986) Kreativitätstechniken.
    In: Staudt E (Hrsg) Das Management von Innovationen.
    Frankfurter Allgemeine Zeitung, Frankfurt am Main, S 147-160

Gleissner W, Füser K (2003) Leitfaden Rating Basel II:
    Rating-Strategien für den Mittelstand. Vahlen, München

Gleissner W, Meier G (Hrsg) (2001) Wertorientiertes Risiko-Management
    für Industrie und Handel. Gabler, Wiesbaden

Göbel C, Hocke S, Heinzl A (2002)
    Simulative Flexibilitätsanalyse interorganisatorischer Geschäftsprozesse.
    In: Bartmann D (Hrsg) Kopplung von Anwendungssystemen.
    Shaker Verlag, Aachen, S 321-347

Gomez P (1983) Frühwarnung in der Unternehmung. Haupt Verlag, Bern

Günther T, Grüning M (2000) Einsatz von Insolvenzprognoseverfahren
bei der Kreditwürdigkeitsprüfung im Firmenkundenbereich. DBW 1: 39-59

Hager P (2004) Corporate Risk Management – Cash Flow at Risk und Value at
Risk. Bankakademie Verlag, Frankfurt am Main

Hahn D (1979) Frühwarnsysteme, Krisenmanagement und Unternehmensplanung.
In: Albach H, Hahn D, Mertens P (Hrsg) Frühwarnsysteme.
ZfB-Ergänzungsheft 79.2, Gabler, Wiesbaden, S 25-46

Hahn D, Taylor B (1999) Strategische Unternehmensplanung –
Strategische Unternehmensführung. 8. Aufl. Physica, Heidelberg

Haller M (1975) Sicherheit durch Versicherung. Zürich

Haller M, Ackermann W (1995) Versicherungswirtschaft – Kundenorientiert.
Verlag des Schweizerischen Kaufmännischen Verbandes, Zürich

Hartung J, Elpelt B, Klösener KH (1999) Statistik.
12. Aufl. Oldenbourg, München

Hauke W (1998) Fuzzy-Modelle in der Unternehmensplanung.
Physica, Heidelberg

Helten E (1998) Allgemeine Betriebswirtschaftslehre: Risikopolitik.
Vorlesung Universität München

Helten E (1994) Die Erfassung und Messung des Risikos.
Reihe Versicherungsbetriebslehre Bd 11, Gabler, Wiesbaden

Hillier FS, Lieberman GJ (1997) Operations Research.
5. Aufl. Oldenbourg, München

Hölscher R (2002) Von der Versicherung zur integrativen Risikobewältigung:
Die Konzeption eines modernen Risikomanagements.
In: Hölscher R, Elfgen R (Hrsg) Herausforderung Risiko-Management.
Gabler, Wiesbaden, S 3-31

Homburg C (1998): Quantitative Betriebswirtschaftslehre –
Entscheidungsunterstützung durch Modelle. Gabler, Wiesbaden

Horváth & Partner (Hrsg) (2000) Balanced Scorecard umsetzen.
Schäffer-Poeschel, Stuttgart

Huber A (2003) Creditreform Risikoanalysen – Insolvenzrisiken und Portfolio-
analysen. www.creditreformrating.de/images/Creditreform_Risikoanalysen.pdf
(Stand 12/2004), Neuss

Jost PJ (2001) (Hrsg) Die Spieltheorie in der Betriebswirtschaftslehre.
Schäffer-Poeschel, Stuttgart

Kahnemann D, Tversky A (1979) Prospect theory:
An analysis of decision under risk. Econometrica 47: 263-291

Kall P, Ruszczynski A, Frauendorfer K (1998)
Approximation Techniques in stochastic Programming.
In: Ermoliev Y, Wets RJB (eds) Numerical Techniques for Stochastic
Optimization. Springer, Berlin, S 33-64

Kanzow C (2005) Numerik linearer Gleichungssysteme. Springer, Berlin

Karten W (1993) Das Einzelrisiko und seine Kalkulation.
Reihe Versicherungsbetriebslehre Bd 12, Gabler, Wiesbaden

Kaplan RS, Norton DP (2004) Strategy Maps. Schäffer-Poeschel, Stuttgart

Kaplan RS, Norton DP (2001) The Strategy Focused Organization.
Harvard Business School Press, Cambridge Mass.

Kaplan RS, Norton DP (1997) Balanced Scorecard –
Strategien erfolgreich umsetzen. Schäffer-Poeschel, Stuttgart

Keil R (1996) Strategieentwicklung bei qualitativen Zielen.
Verlag Wissenschaft & Praxis, Sternenfels, Berlin

Keitsch D (2003) Risikomanagement als Informationsgrundlage für das Rating.
In: RiskNEWS 07/2003,
http://risknews.risknet.biz/risknews072003/risknews072003.html
(Stand 12/2004), S 20-27

Keitsch D (2000) Risikomanagement. Schäffer-Poeschel, Stuttgart

Klingebiel N (2001) Performance Measurement & Balanced Scorecard.
Vahlen, München

Krämer W (2005) Qualitätsvergleiche bei Kreditausfallprognosen.
In: Mertens P, Rässler S Prognoserechnung. Physica, Heidelberg, S 439-446

Kromschröder B, Lück W (1998) Grundsätze risikoorientierter
Unternehmensüberwachung. Der Betrieb 51, 23-24: 1573-1576

Krystek U, Müller-Stewens G (1993) Frühaufklärung für Unternehmen. Schäffer-
Poeschel, Stuttgart

Laming D (2004) Human Judgement: The eye of the beholder.
Thomson Learning, London

Liebl F (1996) Strategische Frühaufklärung. Oldenbourg, München

Löhneysen von G (1982) Die rechtzeitige Erkennung von Unternehmenskrisen
mit Hilfe von Frühwarnsystemen als Voraussetzung für ein wirksames
Krisenmanagement. Dissertation, Universität Göttingen

Luce RD, Raiffa H (1964) Games and Decisions. 7. Aufl. John Wiley, New York

Lück W (2004) Der Risikobericht deutscher Unternehmen.
Frankfurter Allgemeine Zeitung, 01.03.2004, S 20

Lück W (2000) Managementrisiken im Risikomanagementsystem.
Der Betrieb 53, 30: 1473-1477

Lück W (1998) Der Umgang mit unternehmerischem Risiko
durch ein Risikomanagementsystem und durch ein Überwachungssystem.
Der Betrieb 51, 39: 1925-1930

Lück W, Henke M, Gaenslen Ph (2002)
Die Interne Revision und das Interne Überwachungssystem vor dem
Hintergrund eines integrierten Risikomanagements.
In: Hölscher R, Elfgen R (Hrsg) Herausforderung Risikomanagement.
Gabler, Wiesbaden, S 225-238

Lüscher-Marty M (2003) Das Kreditgeschäft der Banken.
Bd 2: Firmenkundenkredite: Kreditrisikomanagement und Kredite an
Firmenkunden. SwissBanking, Compendio Bildungsmedien AG, Zürich

Masing W (1999) Handbuch der Qualitätssicherung. 4. Aufl. Hanser, München

McNamee P, Celona J (1987) Decision Analysis for the Professional
with Supertree. Scientific Press, Redwood City (Ca)

Mehr RI, Hedges BA (1993) Risk Management in the Business Enterprise.
Richard. D. Irwin, Homewood Ill.

Meister A (1999) Numerik linearer Gleichungssysteme. Vieweg, Braunschweig

Mertens, P., Rässler, S. Hrsg. (2005) Prognoserechnung
6. Aufl. Physica, Heidelberg

Meusel SG, Aschenbrenner-von Dahlen S (2004) Entwicklungen und Parallelen
von Basel II & Solvency II. OR-News November 2004: 5-11

Miller MH, Orr D (1966) Demand for Money by Firms.
Quarterly Journal of Economics 80: 413

Missler-Behr M (2001) Fuzzybasierte Controllinginstrumente –
Entwicklung von unscharfen Ansätzen. DUV Gabler, Wiesbaden

Missler-Behr M (1995) Eindeutige Anordnung im System-Grid.
Zeitschrift für Planung 6: 263-276

Missler-Behr M (1993) Methoden der Szenarioanalyse. DUV Gabler, Wiesbaden

Missler-Behr M, Opitz O (2002) Unscharfe Break-Even-Analyse.
In: Keuper F (Hrsg) Produktion und Controlling.
DUV Gabler, Wiesbaden, S 225-254

Naylor TH (1971) Computer Simulation Experiments
with Models of Economic Systems. John Wiley & Sons, New York

Neumann von J, Morgenstern O (1944)
Theory of Games and Economic Behaviour.
Princeton University Press, Princeton N.J.
(Deutsche Übersetzung (1961)
Spieltheorie und wirtschaftliches Verhalten. Physica, Würzburg)

Nitzsch von R (2002) Entscheidungslehre.
Schäffer-Poeschel, Stuttgart

Nücke H, Feinendegen St (1998) Integriertes Risikomanagement.
http://www.kpmg.de/library/brochures_surveys/pdf/irm.pdf (Stand 12/2004),
KPMG, Berlin

Oehler A, Unser M (2002) Finanzwirtschaftliches Risikomanagement.
Springer, Berlin

Opitz O (1980) Numerische Taxonomie. Gustav Fischer Verlag, Stuttgart

Ossola-Haring C (Hrsg) (1996) Die 499 besten Checklisten für ihr Unternehmen – Managementhilfen für alle Bereiche.
Verlag Moderne Industrie, Landsberg am Lech

Pausenberger E, Nassauer F (2000) Governing the Corporate Risk Management Function: Regulatory Issues.
In: Frenkel M, Hommel U, Rudolf M (eds) Risk Management.
Springer, Berlin, S 263-276

Peppels W (1999) Innovationsmanagement. Cornelsen Girardet Verlag, Berlin

Perridon L, Steiner M (2003) Finanzwirtschaft der Unternehmung.
12. Aufl. Vahlen, München

Peters OH, Meyna A (1988) Sicherheitstechnik.
In: Masing W (Hrsg) Handbuch der Qualitätssicherung.
2. Aufl. Hanser, München, S 301-329

Pfeifer A (1998) Früherkennung von Unternehmensinsolvenzen auf Basis handelsrechtlicher Jahresabschlüsse. Verlag Peter Lang, Frankfurt am Main

Porter M (1980) Competitive Strategy – Techniques for Analyzing Industries and Competitors. Free Press, New York

Raiffa H (1973) Einführung in die Entscheidungstheorie. Oldenbourg, München

Reibnitz von U (1987) Szenarien – Optionen für die Zukunft.
McGraw-Hill, Hamburg

Renn O (2002) Die subjektive Wahrnehmung technischer Risiken.
In: Hölscher R, Elfgen R (Hrsg) Herausforderung Risiko-Management.
Gabler, Wiesbaden, S 73-89

Riemer-Hommel P, Trauth Th (2000) Challenges and Solutions for the Management of Longevity Risk.
In: Frenkel M, Hommel U, Rudolf M (eds) Risk Management.
Springer, Berlin, S 85-100

Romeike F, Finke RB (Hrsg) (2003) Erfolgsfaktor Risiko-Management.
Gabler, Wiesbaden

Rommelfanger HJ (1994) Fuzzy Decision Support-Systeme:
Entscheiden bei Unschärfe. Springer, Berlin

Rommelfanger HJ, Eickemeier S (2002) Entscheidungstheorie –
Klassische Konzepte und Fuzzy-Erweiterungen. Springer, Berlin

Rosenkranz F (2002) Geschäftsprozesse. Springer, Berlin

Rosenkranz F (1999) Unternehmensplanung. 3. Aufl. Oldenbourg, München

Rosenkranz F (1979) An Introduction to Corporate Modeling.
Duke University Press, Durham N.C.

Saaty T L (1990) The Analytical Hierarchy Process.
2. Aufl. RWS Publications, New York

Scheer AW (1990) EDV-orientierte Betriebswirtschaftslehre.
4. Aufl. Springer, Berlin

Schierenbeck H (2000) Betriebswirtschaftslehre.
15. Aufl. Oldenbourg, München

Schierenbeck H (Hrsg) (1999) Risk Controlling in der Praxis. NZZ Verlag, Zürich

Schierenbeck H, Hölscher R (1993) Bank Assurance, Institutionelle Grundlagen der Bank- und Versichungbetriebslehre. 3. Aufl. Schäffer-Poeschel, Stuttgart

Schierenbeck H, Lister M (2001) Value Controlling. Oldenbourg, München

Schlittgen R, Streitberg HJ (2001) Zeitreihenanalyse.
9. Aufl. Oldenbourg, München

Schneeweiss Ch (1991) Planung I:
Systemanalytische und entscheidungstheoretische Grundlagen.
Springer, Berlin

Spremann K (2000) Portfoliomanagement. Oldenbourg, München

Staud J (2001) Geschäftsprozessanalyse. 2. Aufl. Springer, Berlin

Swiss Re (2004) The most costly insurance losses 1970 – 2003.
Sigma 1/2004, www.swissre.com, Zürich
(Anm.: Swissre gibt alleine für versicherte Vermögens- und Betriebsunterbruchschaden 21 Mrd. $ an, ausgeschlossen sind dabei Haftpflichtschäden und Lebens(versicherungs)schäden.)

Toutenburg H (2000) Induktive Statistik. Springer, Berlin

Van der Waerden BL (1965) Mathematische Statistik. Springer, Berlin

Vaughan EJ (1997) Risk Management. John Wiley & Sons, New York

Vose D (2001) Risk Analysis. 2. Aufl. John Wiley & Sons, Chichester

Weber J, Liekweg A (2000) Statutory Regulation of the Risk-Management Function in Germany: Implementation Issues for the Non-Financial Sector.
In: Frenkel M, Hommel U, Rudolf M (eds) Risk Management.
Springer, Berlin, S 277-294

Weber J, Weissenberger BE, Liekweg A (1999) Risk Tracking and Reporting – Unternehmerisches Chancen- und Risikomanagement nach dem KonTraG.
Advanced Controlling 11, Vallendar

Wolf K, Runzheimer B (2003) Risikomanagement und KonTraG:
Konzeption und Implementierung. 4. Aufl. Gabler, Wiesbaden

Zadeh LA (1965) Fuzzy Sets. Information and Control 8: 338-353

Zimmermann H (2002) Gefährliche Stars. Manager Bilanz, Juli 2002, Ausgabe III, S 14-15

Zimmermann HJ (1996) Fuzzy Set Theory and its Applications.
3rd edn Kluwer Academic Publishers, Boston

Zimmermann HJ (1993) Fuzzy Technologien – Prinzipien, Werkzeuge, Potentiale.
VDI-Verlag, Düsseldorf

Zimmermann W, Stache U (2001) Operations Research.
10. Aufl. Oldenbourg, München

Zweifel P, Eisen R (2000) Versicherungsökonomie. Springer, Berlin

Sachverzeichnis

Druck und Bindung: Strauss GmbH, Mörlenbach